Gruber I Neumann

Erfolg im Mathe-Abi

Basiswissen
Hessen

Übungsbuch für den
Leistungskurs
mit Tipps und Lösungen

Freiburger
Verlag

Vorwort

Erfolg von Anfang an

Dieses Übungsbuch ist speziell auf die Anforderungen des Leistungskurs des Mathematik-Abiturs in Hessen abgestimmt und enthält alle Themenbereiche Analysis, Lineare Algebra/ Geometrie und Stochastik.

Viele der Aufgaben lassen sich ohne Taschenrechner lösen und fördern das Grundwissen und die Grundkompetenzen in Mathematik, vom einfachen Rechnen und Formelanwenden bis zu gedanklichen Zusammenhängen. Das Übungsbuch ist eine Hilfe zum Selbstlernen (learning by doing) und bietet die Möglichkeit, sich intensiv auf die Prüfung vorzubereiten und gezielt Themen zu vertiefen. Hat man Erfolg bei den grundlegenden Aufgaben, machen Mathematik und Lernen wieder mehr Spaß.

Der blaue Tippteil

Hat man keine Idee, wie man eine Aufgabe angehen soll, hilft der blaue Tippteil in der Mitte des Buches weiter: Zu jeder Aufgabe gibt es dort Tipps, die helfen, einen Ansatz zu finden, ohne die Lösung vorwegzunehmen.

Wie arbeitet man mit diesem Buch?

Am Anfang jedes Kapitels befindet sich eine kurze Übersicht über die jeweiligen Themen. Die einzelnen Kapitel bauen zwar aufeinander auf, doch ist es nicht zwingend notwendig, das Buch der Reihe nach durchzuarbeiten. Die Aufgaben sind in der Regel in ihrer Schwierigkeit gestaffelt. Von fast jeder Aufgabe gibt es mehrere Variationen zum Vertiefen. In der Mitte des Buches befindet sich der blaue Tippteil mit Denk- und Lösungshilfen. Die Lösungen mit ausführlichem Lösungsweg bilden den dritten Teil des Übungsbuchs. Hier findet man die notwendigen Formeln, Rechenverfahren und Denkschritte sowie sinnvolle alternative Lösungswege.

Allen Schülerinnen und Schülern, die sich auf das Abitur vorbereiten, wünschen wir viel Erfolg.

Helmut Gruber und Robert Neumann

Die Abiturprüfung

Für die Mathematikaufgaben der schriftlichen Abiturprüfung in Hessen gibt es das sogenannte «Abschlussprofil», das die grundlegenden Anforderungen für die Prüfung auflistet:

Analysis Leistungskurs

Differentialrechnung und Integralrechnung

- Grenzwertbegriff, Differenzenquotient, Ableitung an einer Stelle
- Ableitungsregeln: Summenregel, Produktregel, Quotientenregel, Kettenregel (allgemein)
- Ableitungsfunktionen und ihre geometrischen Deutungen, Ableitung der Umkehrfunktion
- Untersuchungen von Funktionen und ihrer Graphen:
  Nullstellen, relative und absolute Extremalpunkte, Wendepunkte, Monotonieverhalten, Krümmungsverhalten
- Tangentengleichungen
- Bestimmung von Funktionen oder Funktionenscharen zu vorgegebenen Bedingungen
- Extremwertaufgaben
- Bestimmtes Integral, Stammfunktion, uneigentliches Integral, Summen- und Faktorregel, Volumenintegral
- Hauptsatz der Differential- und Integralrechnung
- Berechnung des Inhalts eines begrenzten Flächenstücks
- Integration durch partielle Integration

Auswahl der Funktionsklassen

- Ganzrationale Funktionsscharen mit Parameter
- Exponentialfunktionen mit Parameter
- Logarithmusfunktion mit Parameter
- Einfache rationale Funktionen
- Trigonometrische Funktionen mit Parameter

Lineare Algebra / Analytische Geometrie Leistungskurs

- Vektoren
- Geraden und Ebenen
- Parameter- und Koordinatendarstellung von Gerade und Ebene im Raum
- Lagebeziehungen von Punkten, Geraden und Ebenen im Raum
- Geradenscharen, Ebenenscharen

- Skalarprodukt, Betrag eines Vektors, Winkel zweier Vektoren
- Abstandsbestimmungen
- Schnittwinkel
- Vektorprodukt
- Lineare Gleichungssysteme: Homogene und inhomogene lineare Gleichungssysteme, Lösungsverfahren, Lösungsmenge
- Lineare Abbildungen und Matrizen: Produkt von Matrizen, inverse Matrix

Stochastik Leistungskurs

- Ergebnis und Ereignis: Relative Häufigkeit, Empirisches Gesetz der großen Zahlen, Wahrscheinlichkeit eines Ereignisses, Laplace-Wahrscheinlichkeit
- Berechnen von Laplace-Wahrscheinlichkeiten: Geordnete Stichprobe (mit und ohne Zurücklegen), Ungeordnete Stichprobe (ohne Zurücklegen)
- Baumdarstellungen, Summen- und Produktregel
- Bedingte Wahrscheinlichkeit (Baumdarstellung), Unabhängigkeit
- Bernoulli-Kette, Binomialverteilung, Wahrscheinlichkeitsfunktion einer Zufallsgröße, Erwartungswert, Varianz und Standardabweichung
- Normalverteilung
- Einseitiger und zweiseitiger Hypothesentest: Annahmebereich, Ablehnungsbereich, Fehler erster und zweiter Art, Operationscharakteristiken

Der Ablauf der Abiturprüfung

Im Abitur sind, neben einer mathematischen Formelsammlung und einem Wörterbuch der deutschen Rechtschreibung, entweder ein wissenschaftlicher Taschenrechner, ein grafikfähiger Taschenrechner (GTR) oder ein Computer-Algebra-System (CAS) erlaubt. Tabellen zur Stochastik werden vor der Prüfung zur Verfügung gestellt.

Die Schule erhält für jeden Kurs einen Aufgabensatz (je nach Taschenrechnertyp).

Die Schülerin / der Schüler wählt vor der Prüfung aus den sechs zur Verfügung gestellten Aufgaben je eine zur Bearbeitung aus:

Analysis

Analysis Aufgabe 1	oder	Analysis Aufgabe 2

Lineare Algebra / Analytische Geometrie

Lineare Algebra Analytische Geometrie Aufgabe 1	oder	Lineare Algebra Analytische Geometrie Aufgabe 2

Stochastik

Stochastik Aufgabe 1	oder	Stochastik Aufgabe 2

Die Abiturprüfung besteht also aus **drei Teilaufgaben**: Einer Analysisaufgabe, einer Aufgabe der Analytischen Geometrie und einer Stochastikaufgabe. Die Prüfungszeit beträgt im Grundkurs 180 Minuten, im Leistungskurs 240 Minuten.

Inhaltsverzeichnis

Analysis

1 Von der Gleichung zur Kurve

Tipps ab Seite 86, Lösungen ab Seite 122

In diesem Kapitel geht es um die Grundfunktionen und ihre Verschiebung, Streckung und Spiegelung. Dazu sollten Sie die Graphen der wichtigsten Grundfunktionen kennen. Es handelt sich um:

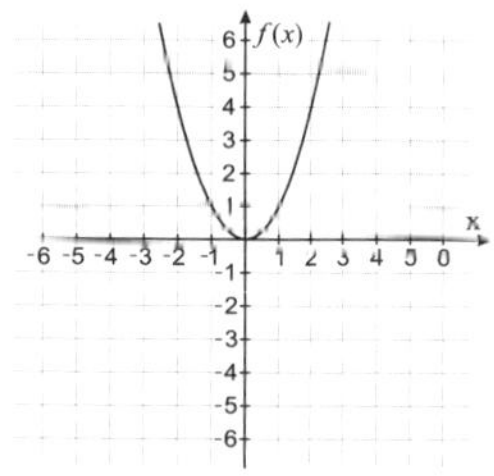

$f(x) = x^2$

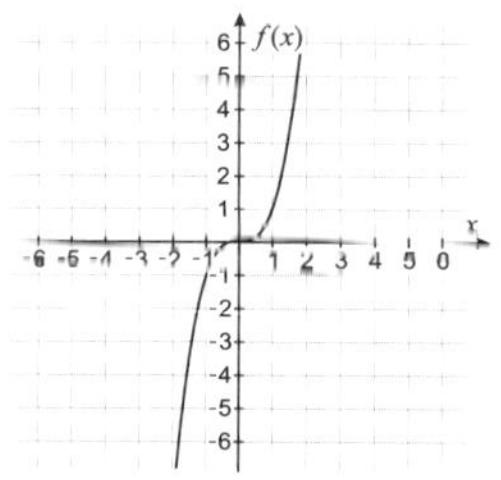

$f(x) = x^3$

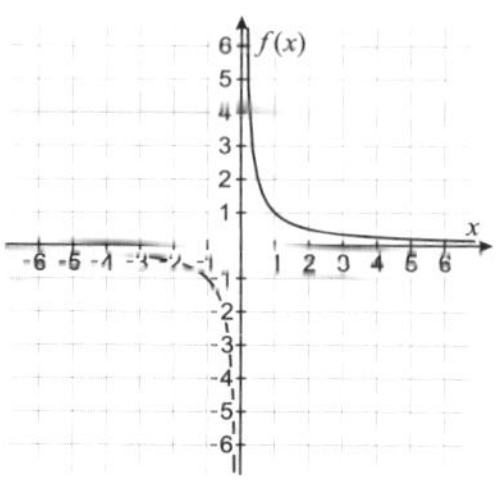

$f(x) = \frac{1}{x}$

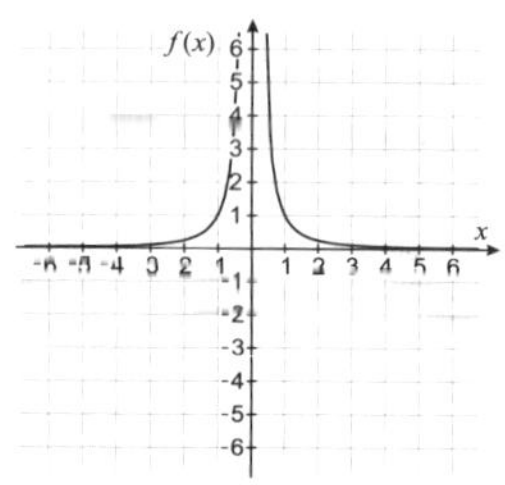

$f(x) = \frac{1}{x^2}$

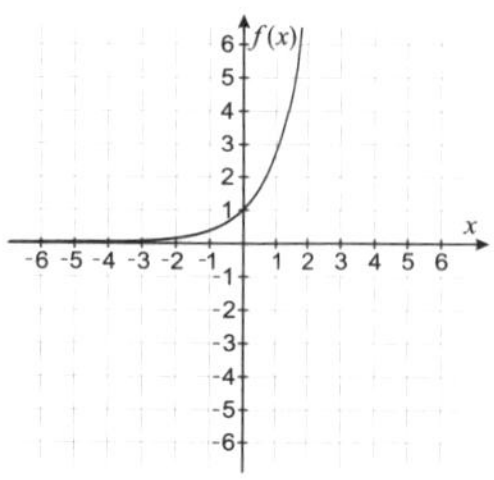

$f(x) = e^x$

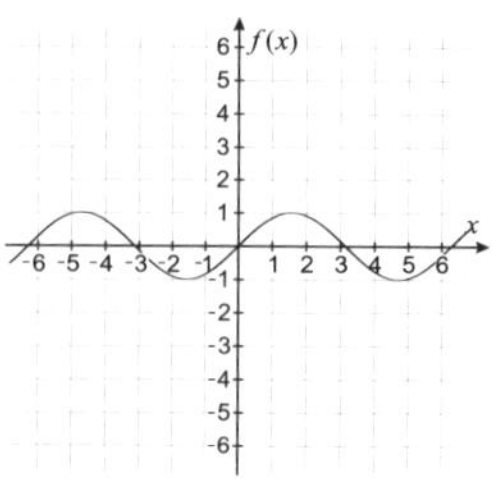

$f(x) = \sin x$

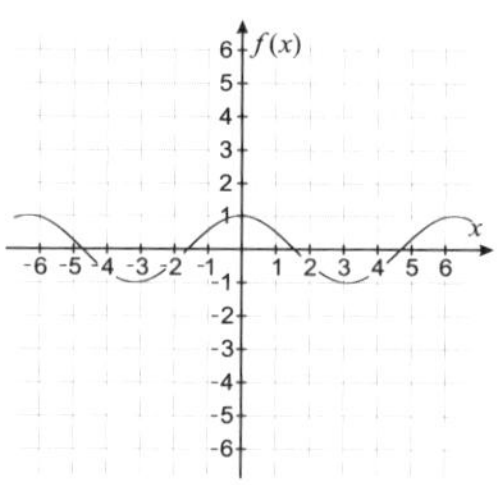

$f(x) = \cos x$

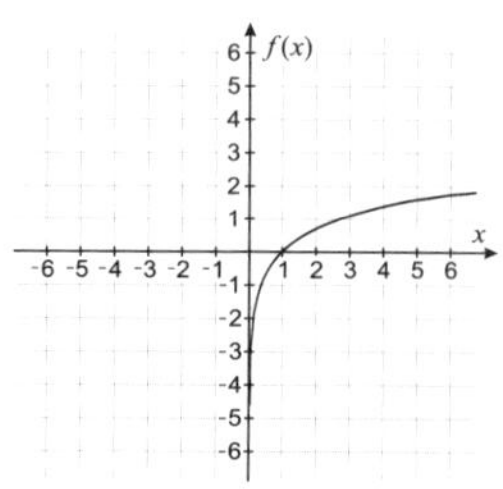

$f(x) = \ln x$

Diese Grundfunktionen lassen sich verschieben und strecken:

Beispiel: Die Parabel $f(x) = x^2$

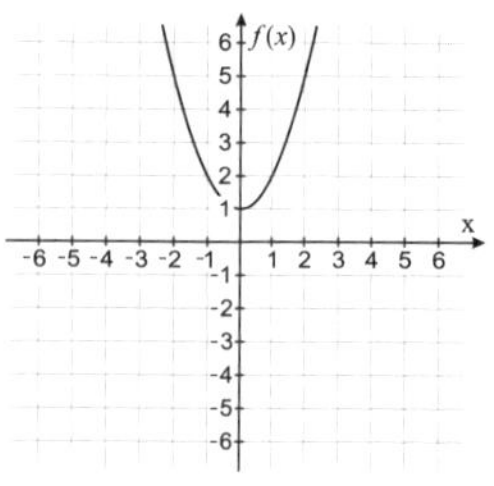

$f(x) = x^2 + 1$

Verschiebung um 1 LE in y-Richtung: das absolute Glied ist 1.

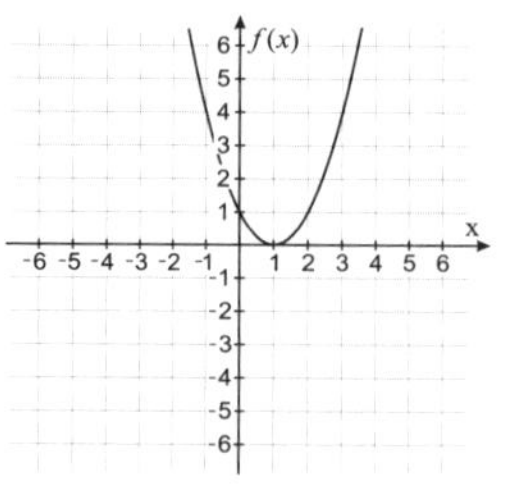

$f(x) = (x-1)^2$

Verschiebung um 1 LE in x-Richtung: x wird ersetzt durch $(x-1)$

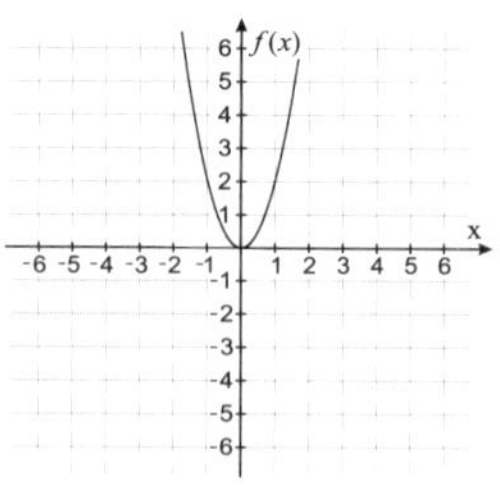

$f(x) = 2 \cdot x^2$

Streckung in y-Richtung um den Faktor 2. Die Funktionsgleichung wird mit 2 multipliziert.

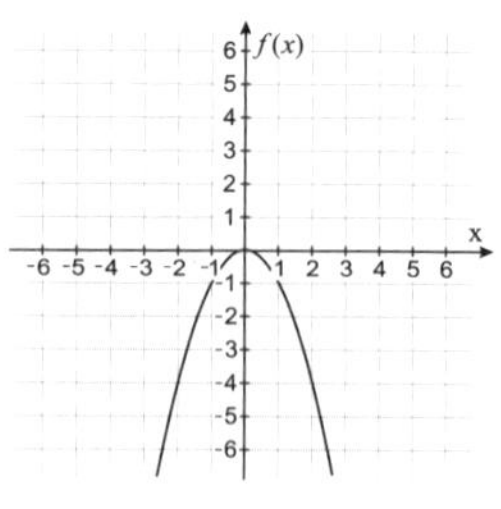

$f(x) = -x^2$

Spiegelung an der x-Achse: Die Funktionsgleichung wird mit -1 multipliziert.

Weitere Variationen:

- Spiegelung an der y-Achse: Hierzu wird x ersetzt durch $(-x)$
- Stauchen in x-Richtung: Hierzu wird x ersetzt durch $a \cdot x$. Der Graph wird bei einem Faktor, der größer als 1 ist, gestaucht, d.h. in x-Richtung «kürzer» und bei einem Faktor, der kleiner als 1 ist, gestreckt, d.h. in x-Richtung «länger».

Tipp: Skizzieren Sie zuerst den Graph der zugehörigen Grundfunktion und anschließend schrittweise eine eventuelle Spiegelung, Streckung/Stauchung sowie die Verschiebungen in x-bzw. y-Richtung.

1.1 Ganzrationale Funktionen

Skizzieren Sie die Graphen folgender Funktionen und bestimmen Sie die Schnittpunkte mit den Koordinatenachsen.

a) $f(x) = \frac{1}{2}x + 1$ b) $f(x) = -\frac{3}{4}x$ c) $f(x) = (x-1)^2 - 4$

d) $f(x) = -(x+1)^2 + 1$ e) $f(x) = -(x+1)^3$ f) $f(x) = 2x^3 - 2$

1.2 Exponentialfunktionen

Skizzieren Sie den Graphen folgender Funktionen und bestimmen Sie jeweils die Asymptote.

a) $f(x) = e^{x-1} + 1$ b) $f(x) = -e^{x-1} + 1$ c) $f(x) = e^{-(x-1)} + 2$

1.3 Gebrochenrationale Funktionen

Skizzieren Sie die Graphen von folgenden Funktionen und bestimmen Sie jeweils die Asymptoten.

a) $f(x) = \frac{1}{x+1} + 2$ b) $f(x) = -\frac{1}{x-1}$ c) $f(x) = -\frac{1}{x-1} - 2$

d) $f(x) = \frac{1}{(x+1)^2} - 1$ e) $f(x) = -\frac{1}{(x+1)^2}$ f) $f(x) = -\frac{1}{(x-1)^2} + 2$

1.4 Logarithmusfunktionen

Skizzieren Sie die Graphen von folgenden Funktionen und geben Sie jeweils den Definitionsbereich und die Asymptoten an.

a) $f(x) = \ln x + 2$ b) $f(x) = \ln(x+2)$ c) $f(x) = -\ln x - 1$

d) $f(x) = -\ln(x-1) + 1$

1.5 Trigonometrische Funktionen

Skizzieren Sie die Graphen von folgenden Funktionen und geben Sie jeweils die Periode an.

a) $f(x) = 2\sin x$ b) $f(x) = \frac{1}{2}\cos x$ c) $f(x) = \sin(2x)$

d) $f(x) = -\sin(2x) + 1$ e) $f(x) = \sin(x+1)$ f) $f(x) = \frac{1}{2}\sin(2x) + \frac{3}{2}$

2 Aufstellen von Funktionen mit Randbedingungen

Tipps ab Seite 87, Lösungen ab Seite 129

Hier geht es darum, eine Funktion so aufzustellen, dass sie bestimmte vorgegebene Bedingungen erfüllt. Dazu wird die gesuchte Funktion zuerst in ihrer allgemeinen Form aufgeschrieben. Aus dieser können Sie die Anzahl der benötigten Parameter ablesen. Für jeden dieser Parameter brauchen Sie eine «Information» aus der Aufgabenstellung. Aus jeder «Information» ergibt sich eine Gleichung. Damit erhalten Sie eine Gleichungssystem, welches Sie mit dem Gaußschen Eliminationsverfahren lösen können.

Beispiel

Gesucht ist der Ansatz zur Bestimmung der Gleichung einer Parabel mit Tiefpunkt $(1 \mid -4)$, die durch den Punkt $(0 \mid -3)$ geht.

Die allgemeine Parabelgleichung lautet: $f(x) = ax^2 + bx + c$, die Ableitung ist $f'(x) = 2ax + b$. Es sind also drei Parameter zu bestimmen. Folgende Bedingungen müssen gelten:
$f(1) = a \cdot 1^2 + b \cdot 1 + c = -4$,
$f'(1) = 2a \cdot 1 + b = 0$ (weil es sich um einen Tiefpunkt mit waagerechter Tangente handelt) und
$f(0) = a \cdot 0^2 + b \cdot 0 + c = -3$. Daraus ergibt sich folgendes Gleichungssystem:

$$\begin{array}{lrcrcrcr} \text{I} & a & + & b & + & c & = & -4 \\ \text{II} & 2a & + & b & & & = & 0 \\ \text{III} & & & & & c & = & -3 \end{array}$$

Aus Gleichung III liest man $c = -3$ ab. Damit erhält man:

$$\begin{array}{lrcrcrcr} \text{Ia} & a & + & b & & & = & -1 \\ \text{II} & 2a & + & b & & & = & 0 \\ \text{III} & & & & & c & = & -3 \end{array}$$

Subtrahiert man Gleichung Ia von Gleichung II, erhält man $a = 1$ und durch Einsetzen $b = -2$. Damit lautet die Gleichung der gesuchten Parabel $f(x) = x^2 - 2x - 3$.

Für andere Funktionenklassen (e-Funktionen, etc.) ist die Vorgehensweise analog: Immer müssen Sie zuerst die allgemeine Funktionsgleichung aufstellen, anschließend bestimmen Sie die Parameter. Zur konkreten Vorgehensweise können Sie im Tippteil nachsehen.

2.1 Ganzrationale Funktionen

a) Eine Parabel geht durch $P_1\,(0 \mid 4)$, $P_2\,(1 \mid 0)$ und $P_3\,(2 \mid 18)$. Bestimmen Sie die Gleichung dieser Parabel.

b) Eine Parabel hat den Hochpunkt $M\,(1 \mid 3)$ und geht durch $Q\,(0 \mid 2)$. Bestimmen Sie die Gleichung der Parabel.

c) Eine zur y-Achse symmetrische Parabel hat in $\mathrm{P}(1 \mid 6)$ die Steigung 2. Bestimmen Sie die Gleichung der Parabel.

d) Eine zur y-Achse symmetrische Parabel schneidet die x-Achse an der Stelle $x = \sqrt{3}$ und geht durch $\mathrm{T}(0 \mid -3)$. Bestimmen Sie die Gleichung der dazugehörigen Funktion.

e) Der Graph einer ganzrationalen Funktion 3. Grades hat den Wendepunkt $\mathrm{W}(0 \mid 0)$ und den Hochpunkt $\mathrm{H}(2 \mid 2)$. Bestimmen Sie die Gleichung der Funktion.

f) Eine Parabel dritten Grades (kubische Parabel) hat im Punkt $\mathrm{P}(0 \mid 1)$ die Steigung $m_{\mathrm{P}} = -1$; ihr Wendepunkt ist $\mathrm{W}(-1 \mid 4)$. Bestimmen Sie die Gleichung dieser Parabel.

g) Bestimmen Sie a und b so, dass der Graph der Funktion f mit $f(x) = ax^4 + bx^2$ den Wendepunkt $\mathrm{W}(1 \mid -2,5)$ hat.

2.2 Exponentialfunktionen

Die allgemeine e-Funktion für natürliches exponentielles Wachstum hat die Gestalt: $f(x) = a \cdot e^{kx}$. Bestimmen Sie bei den folgenden Aufgaben jeweils die Parameter a und k.

a) Eine e-Funktion geht durch die Punkte $\mathrm{P}(0 \mid 2)$ und $\mathrm{Q}\left(4 \mid 2e^{12}\right)$.

b) Eine e-Funktion geht durch die Punkte $\mathrm{A}(0 \mid 3)$ und $\mathrm{B}\left(2 \mid 3e^{8}\right)$.

c) Bei einer e-Funktion ist $f'(0) = 6$ und $f(0) = 3$.

d) Bei einer e-Funktion ist $f'(0) = 4$ und $f(0) = 2$.

e) Eine e-Funktion hat den Anfangswert $f(0) = 5$ und für $x = 0$ die Steigung 10.

2.3 Gebrochenrationale Funktionen

Tipp: Machen Sie sich für die gebrochenrationalen Funktionen unbedingt eine Skizze, anhand derer Sie die Funktionsgleichung stückweise entwickeln können – ein guter Ansatz ist die halbe Lösung!

a) Der Graph einer gebrochenrationalen Funktion hat eine Polstelle mit Vorzeichenwechsel (abgekürzt: VZW) bei $x = 1$, die Gerade mit der Gleichung $y = 4$ ist die waagerechte Asymptote und der Punkt $\mathrm{P}(2 \mid 6)$ liegt auf der Kurve. Bestimmen Sie eine mögliche Funktionsgleichung.

b) Der Graph einer gebrochenrationalen Funktion hat eine Polstelle ohne VZW bei $x = 2$, die Gerade mit der Gleichung $y = x + 1$ ist die schiefe Asymptote und der Punkt $\mathrm{Q}(3 \mid 2)$ liegt auf der Kurve. Bestimmen Sie eine mögliche Funktionsgleichung.

c) Der Graph einer gebrochenrationalen Funktion besitzt Polstellen mit VZW bei $x_1 = 1$ und $x_2 = -1$, die Gerade mit der Gleichung $y = 2x - 3$ ist die schiefe Asymptote und der Punkt R$(2 \mid 3)$ liegt auf der Kurve. Bestimmen Sie eine mögliche Funktionsgleichung.

d) Der Graph einer gebrochenrationalen Funktion hat eine Polstelle mit VZW bei $x_1 = 1$, eine Polstelle ohne VZW bei $x_2 = 2$, die Gerade mit der Gleichung $y = 3x - 2$ ist die schiefe Asymptote und der Punkt P$(0 \mid 1)$ liegt auf der Kurve. Bestimmen Sie eine mögliche Funktionsgleichung.

2.4 Trigonometrische Funktionen

Tipp: Eine verallgemeinerte Sinusfunktion hat die Gleichung:
$f(x) = a \cdot \sin(b \cdot (x - c)) + d$.

a) Der Graph der Sinusfunktion g mit $g(x) = \sin x$ ist um 3 LE nach oben verschoben und hat die Periode $p = \pi$. Bestimmen Sie die Funktionsgleichung der modifizierten Funktion.

b) Der Graph der Sinusfunktion g mit $g(x) = \sin x$ ist um den Faktor 2,5 in y-Richtung gestreckt, hat die Periode $p = \frac{\pi}{2}$ und ist um 3 LE nach rechts und sowie 1,5 LE nach unten verschoben. Bestimmen Sie die Funktionsgleichung der modifizierten Funktion.

c) Der Graph der Sinusfunktion g mit $g(x) = \sin x$ ist um 2 LE nach links und um 4 LE nach oben verschoben, um den Faktor 0,8 in y-Richtung gestaucht und der Abstand zwischen zwei Hochpunkten beträgt 3π LE. Bestimmen Sie die Funktionsgleichung der modifizierten Funktion.

d) Der Graph der Sinusfunktion g mit $g(x) = \sin x$ ist um 1 LE nach rechts und um 2 LE nach unten verschoben, um den Faktor 1,7 in y-Richtung gestreckt und der Abstand zwischen zwei Wendepunkten beträgt $\frac{\pi}{2}$ LE. Bestimmen Sie die Funktionsgleichung der modifizierten Funktion.

e) Der Graph der Sinusfunktion g mit $g(x) = \sin x$ ist um den Faktor 2 in y-Richtung gestreckt und um 3 LE nach unten verschoben. Wie ist die Periode zu wählen, damit der Punkt P$(1 \mid -1)$ auf der modifizierten Kurve liegt?

3 Von der Kurve zur Gleichung

Tipps ab Seite 88, Lösungen ab Seite 134

Wenn der Graph einer Funktion gegeben ist und die Funktionsgleichung gesucht ist, gibt es zwei Möglichkeiten, diese aufzustellen:

1. Man erkennt, dass es sich um den Graphen einer verschobene, gestreckte oder gespiegelte Grundfunktion handelt. Dann beginnen Sie mit einer Gleichung der Grundfunktion und verändern sie so, wie es im Kapitel 1 beschrieben ist, bis die abgebildete Funktion entsteht.
2. Der teilweise etwas aufwändigere Ansatz, der aber immer funktioniert, besteht darin, Punkte und deren Steigung am gegebenen Graphen abzulesen und die Funktionsgleichung analog wie im Kapitel 2 beschrieben zu bestimmen.

3.1 Ganzrationale Funktionen

Nachfolgend sind die Graphen einiger Funktionen angegeben. Bestimmen Sie einen möglichen Funktionsterm.

a)

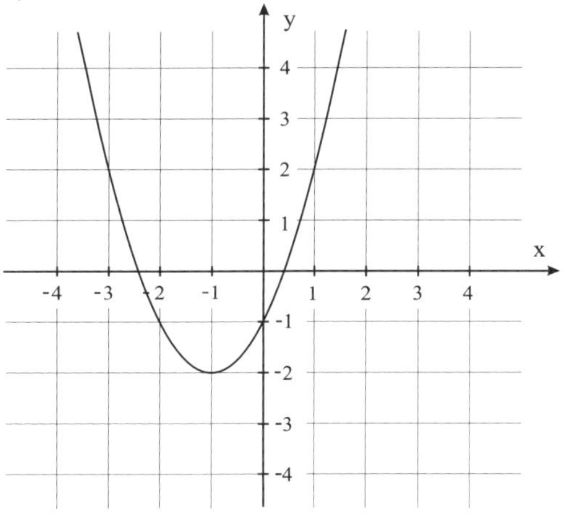

b)

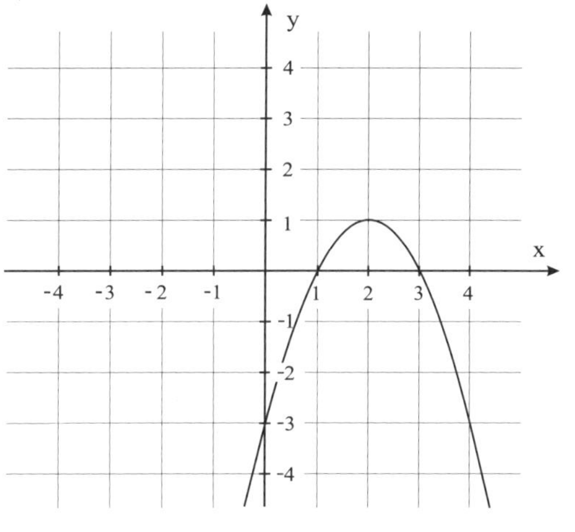

c)

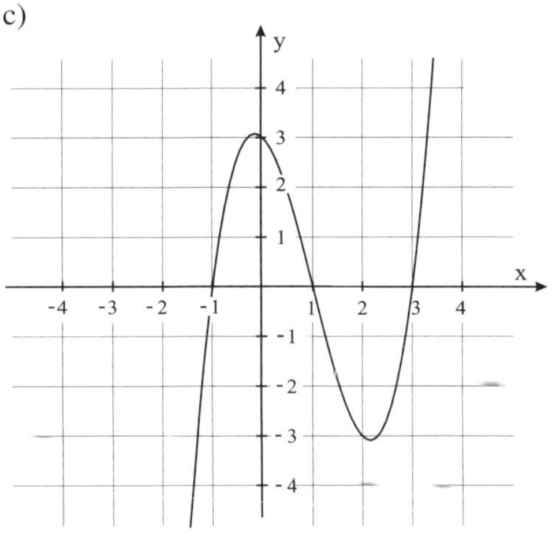

d)

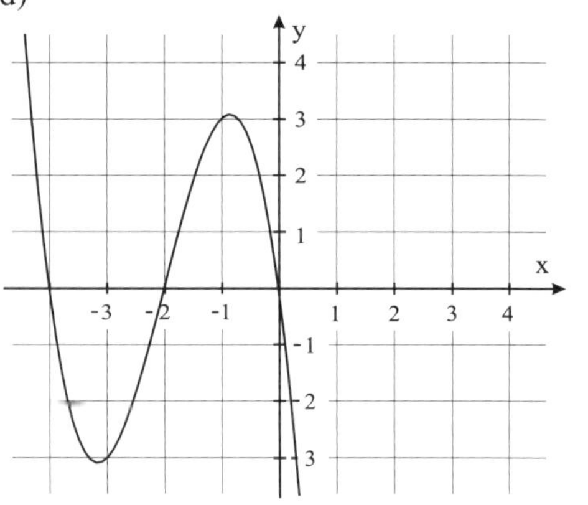

3.2 Gebrochenrationale Funktionen

Nachfolgend sind die Graphen von einigen Funktionen angegeben. Bestimmen Sie einen möglichen Funktionsterm.

Tipp: Überlegen Sie, ob es sich bei den gegebenen Graphen um nach rechts/links oder oben/unten verschobene gebrochenrationale Grundfunktionen handelt. Ansonsten bestimmen Sie die Polstellen (mit bzw. ohne Vorzeichenwechsel), die waagerechte bzw. schiefe Asymptote und die Koordinaten eines gegebenen Punktes des Graphen.

a)

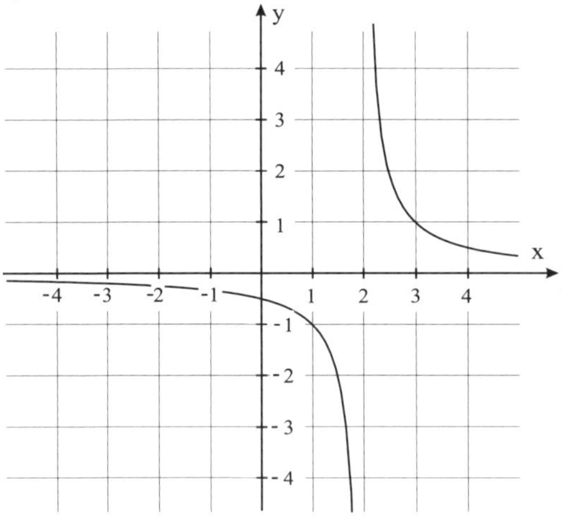

b)

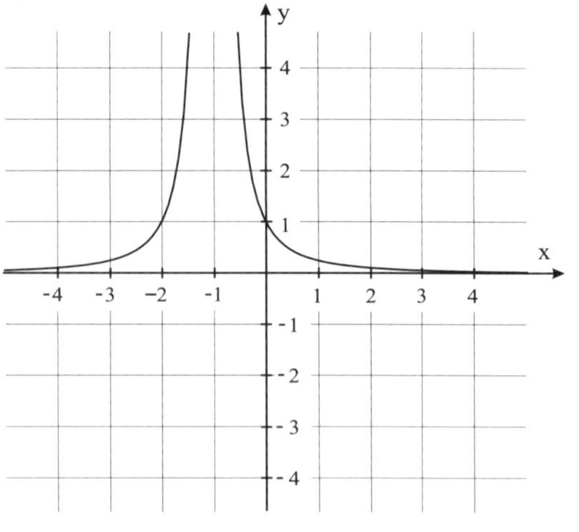

c)

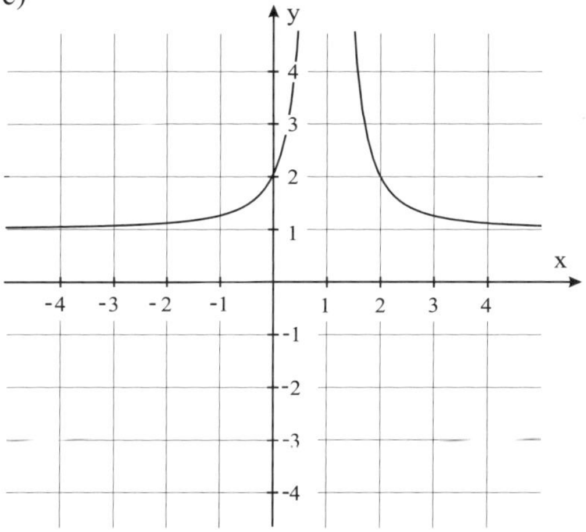

d)

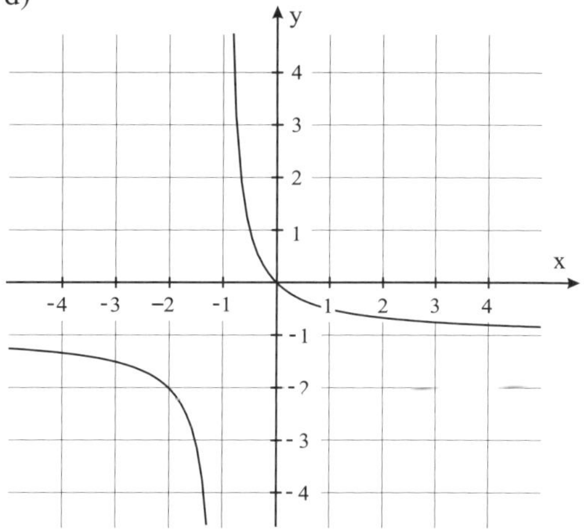

3.3 Trigonometrische Funktionen

Nachfolgend sind die Schaubilder einiger Funktionen angegeben. Bestimmen Sie einen möglichen Funktionsterm.

a)

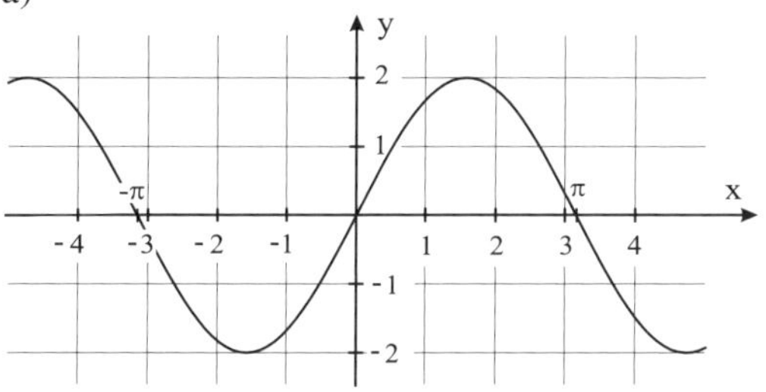

b)

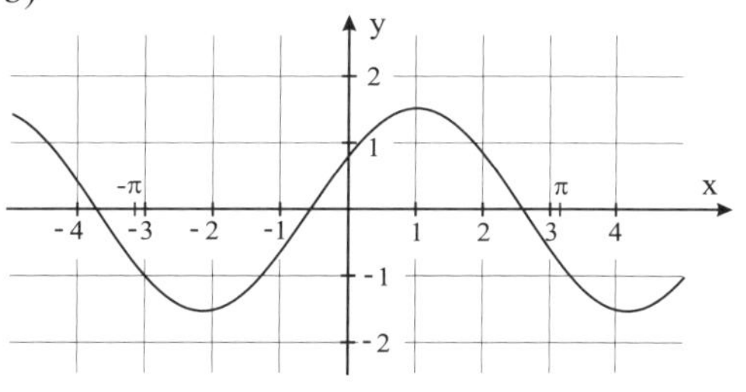

c)

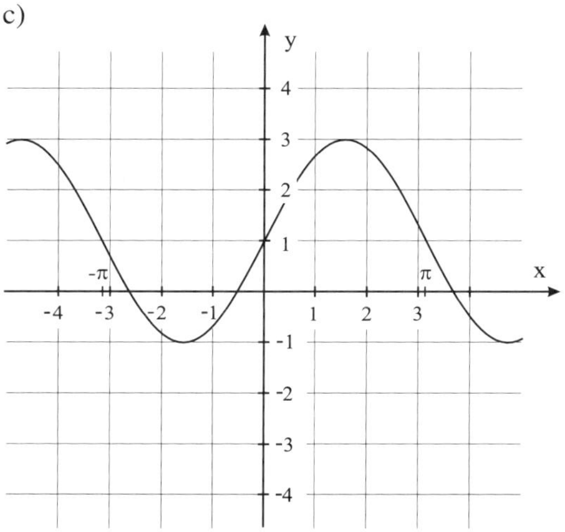

d) *

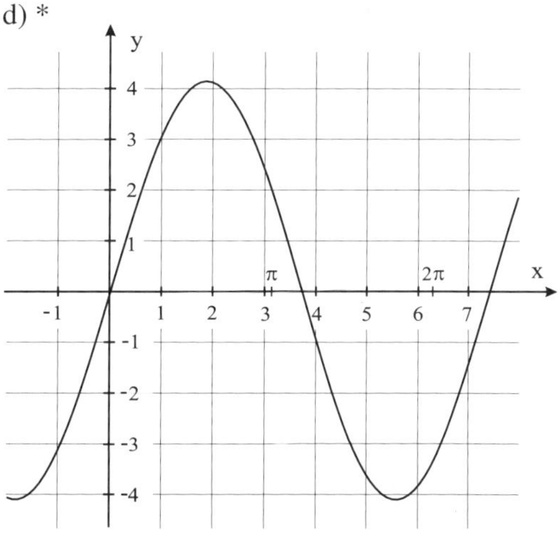

4 Differenzieren

Tipps ab Seite 90, Lösungen ab Seite 137

Die wichtigsten Ableitungsregeln sind:

Name	$f(x)$	$f'(x)$	Bemerkungen
Potenzregel	$a \cdot x^n$	$n \cdot a \cdot x^{n-1}$	Die Potenzregel gilt auch für negative Exponenten
Kettenregel	$u(v(x))$	$u'(v(x)) \cdot v'(x)$	«äußere Ableitung mal innere Ableitung»
Produktregel	$u(x) \cdot v(x)$	$u'(x) \cdot v(x) + u(x) \cdot v'(x)$	«u-Strich mal v plus u mal v-Strich»
Quotientenregel	$\frac{u(x)}{v(x)}$	$\frac{u'(x) \cdot v(x) - u(x) \cdot v'(x)}{(v(x))^2}$	«u-Strich mal v minus u mal v-Strich geteilt durch v-Quadrat»
e-Funktion	e^x	e^x	Die Ableitung ist gleich der Funktion
verkettete e-Funktion	$a \cdot e^{k \cdot x + c}$	$a \cdot k \cdot e^{k \cdot x + c}$	Es gilt die Kettenregel
Sinusfunktion	$\sin x$	$\cos x$	
Kosinusfunktion	$\cos x$	$-\sin x$	
Logarithmusfunktion	$\ln x$	$\frac{1}{x}$	

Leiten Sie alle angegebenen Funktionen einmal ab und vereinfachen Sie die entstehenden Terme:

4.1 Ganzrationale Funktionen

a) $f(x) = 4x^5 - 2x^3$ b) $f(x) = 2ax^3 - 6a^2x^2$ c) $f(x) = t^2x^4 - 3t^3x^2 + 4t^2$

d) $f(x) = (4x+1)^3$ e) $f(x) = \left(2x^2 + a\right)^4$ f) $f(x) = \left(2ax^3 + 3\right)^3$

g) $f(x) = (x-1) \cdot (x-k)^2$ h) $f(x) = 2ax \cdot (x-a)^2$

4.2 Exponentialfunktionen

a) $f(x) = 3x^2 \cdot e^{-4x}$ b) $f(x) = \frac{1}{2}x^3 \cdot e^{2x}$ c) $f(x) = (2x+5)e^{-x}$

d) $f(x) = (x+k)e^{-kx}$ e) $f(x) = (4x + e^{-x})^2$ f) $f(x) = \left(x^2 + e^{2x}\right)^2$

g) $f(x) = (e^x + e^{-x})^2$ h) $f(x) = \left(2k + e^{-2x}\right)^2$

4.3 Gebrochenrationale Funktionen

Leiten Sie alle angegebenen Funktionen einmal ab:

a) $f(x) = \frac{4}{(2x+1)^2}$ b) $f(x) = \frac{x}{(3x+2)^2}$ c) $f(x) = \frac{x^2}{(2x+1)^2}$ d) $f(x) = \frac{ax}{x^2+a}$

e) $f(x) = \frac{3x^2+2x-1}{x^2-1}$ f) $f(x) = \frac{x^3-2x^2+2}{x^2+1}$ g) $f(x) = \frac{2x^4-3x+1}{x^3+x}$ h) $f(x) = \frac{ax^2+2}{x^2+a}$

4.4 Logarithmusfunktionen

Leiten Sie alle angegebenen Funktionen einmal ab:

a) $f(x) = \ln\left(2+3x^2\right)$ b) $f(x) = \ln\left(2x^2+x\right)$ c) $f(x) = \ln\left(4x^2-2x+1\right)$

d) $f(x) = \ln\left(ax^2+bx+c\right)$ e) $f(x) = 2x\cdot\ln(4+x)$ f) $f(x) = x^2\cdot\ln\left(x^2+1\right)$

g) $f(x) = (2x-3)\ln(3x+2)$ h) $f(x) = \left(x^2-2x\right)\ln\left(x^2+1\right)$ i) $f(x) = \ln\left(x^2+t\right)$

4.5 Gebrochene Exponentialfunktionen

Leiten Sie alle angegebenen Funktionen einmal ab:

a) $f(x) = \frac{3}{1+e^x}$ b) $f(x) = \frac{4}{1-e^{-x}}$ c) $f(x) = \frac{x}{2+e^{3x}}$ d) $f(x) = \frac{x^2}{1+e^{-x}}$

e) $f(x) = \frac{e^x}{2-e^{-x}}$ f) $f(x) = \frac{2e^{-x}}{1+e^x}$ g) $f(x) = \frac{e^x+e^{-x}}{1+e^x}$

4.6 Gebrochene ln-Funktionen

Leiten Sie alle angegebenen Funktionen einmal ab:

a) $f(x) = \frac{2}{\ln x}$ b) $f(x) = \frac{2x}{\ln(ax)}$ c) $f(x) = \frac{3}{x\cdot\ln(ax)}$

d) $f(x) = \ln\left(\frac{1+x}{1-x}\right)$ e) $f(x) = \frac{\ln(2x)}{x^2}$ f) $f(x) = \frac{\ln(ax)}{2x+1}$

4.7 Trigonometrische Funktionen

Leiten Sie alle angegebenen Funktionen einmal ab:

a) $f(x) = 2x\cdot\cos\left(\frac{1}{2}x^2+4\right)$ b) $f(x) = x^2\cdot\sin(4x+3)$ c) $f(x) = (x^2-4)\cdot\sin\left(\frac{1}{3}x^2+2\right)$

d) $f(x) = x^2\cdot\cos\left(\frac{1}{2}x-1\right)$ e) $f(x) = (x+\cos x)^2$ f) $f(x) = (\sin x+\cos x)^2$

5 Gleichungslehre

Tipps ab Seite 91, Lösungen ab Seite 141

Bei den meisten Gleichungsaufgaben geht es darum, die Gleichung nach einer Unbekannten aufzulösen. Je nach Gleichungstyp wird dabei unterschiedlich vorgegangen.

5.1 Quadratische, biquadratische und nichtlineare Gleichungen

Bei Gleichungen, in denen x als Quadrat oder höhere Potenz vorliegt, sollten Sie zuerst versuchen, auszuklammern. Geht das nicht, z.B. weil ein absolutes Glied vorliegt, so hilft entweder die pq- oder die abc-Formel weiter. Sie sollten eine dieser beiden Formeln auswendig können.
Oft hilft der Satz vom Nullprodukt: «Ein Produkt ist genau dann gleich Null, wenn (mindestens) einer der Faktoren gleich Null ist.» Hierzu setzt man die einzelnen Faktoren gleich Null.

Beispiel

Gesucht sind die Lösungen der Gleichung $x^3 - 5x^2 + 4x = 0$
Zuerst wird ausgeklammert: $x\left(x^2 - 5x + 4\right) = 0$. Also ist entweder $x_1 = 0$ oder $x^2 - 5x + 4 = 0$. Die Gleichung lässt sich mit der pq- bzw. der abc-Formel lösen. Man erhält $x_2 = 1$ und $x_3 = 4$. Die Lösungen der Ausgangsgleichung sind damit $x_1 = 0$, $x_2 = 1$ und $x_3 = 4$.

Aufgaben:

Lösen Sie die angegebenen Gleichungen:

a) $x^2 + 3x - 4 = 0$
b) $x^2 + x - 56 = 0$
c) $x^2 + \frac{2}{5}x - \frac{3}{5} = 0$
d) $(x-1) \cdot (x-a)^2 = 0$
e) $x^2 \cdot (ax - 4a) = 0$
f) $2x^4 - 3x^3 = 0$
g) $x^4 - 3x^3 + 2x^2 = 0$
h) $x^3 - 4x = 0$
i) $x^4 - 2x^2 = 0$
j) $x^3 - 5x^2 + 6x = 0$
k) $x^4 - 4x^2 + 3 = 0$
l) $x^4 - 13x^2 + 36 = 0$

5.2 Exponential- und Logarithmus-Gleichungen

Beim Lösen von Exponentialgleichung gelten die gleichen Regeln, die oben schon erwähnt wurden. Zusätzlich ist zu beachten:

- Der Satz vom Nullprodukt hilft oft weiter, beachten Sie, dass $e^x \neq 0$ ist.
- Es gilt $e^{2x} = (e^x)^2$, sowie $e^0 = 1$ und $\ln 1 = 0$.

- Um e^x nach x aufzulösen, wird die Gleichung auf beiden Seiten «logarithmiert», da $\ln e^x = x$ ist.
  Beispiel:
$$e^{2x} = 3 \mid \ln$$
$$2x = \ln 3$$
$$x = \frac{\ln 3}{2}$$

  Um $\ln x$ nach x aufzulösen, wird die Gleichung auf beiden Seiten «exponiert», da $e^{\ln x} = x$ ist.
  Beispiel:
$$\ln(x-2) = 0 \mid e^{\cdots}$$
$$(x-2) = e^0$$
$$x-2 = 1$$
$$x = 3$$

Lösen Sie die angegebenen Gleichungen:

a) $(2x-5)e^{-x} = 0$ b) $\left(x^2-4\right)e^{0,5x} = 0$ c) $xe^x = 0$

d) $(x-t)\,e^{-x} = 0$ e) $(2x-4k)\,e^{2kx} = 0$ f) $\left(kx^2-k\right)e^{-kx} = 0$

g) $e^{2x} - 6e^x + 5 = 0$ h) $e^{4x} - 5e^{2x} + 6 = 0$ i) $2 \cdot (1 - \ln x) = 1$

j) $\ln(3-x) = 0$ k) $\ln(2x-3) = 0$

5.3 Wurzelgleichungen

Die Gleichung wird zuerst so umgeformt («geordnet»), dass die Wurzel auf einer Seite alleine steht. Dann kann man die gesamte Gleichung (beide Seiten!) quadrieren und lösen. Durch das Quadrieren können weitere Lösungen hinzukommen; daher müssen Sie zum Schluss alle Lösungen zur Kontrolle in die ursprüngliche Gleichung einsetzen:

Beispiel

Gesucht sind die Lösungen der Gleichung $\sqrt{x-2} + 4 = x$.

Ordnen führt zu $\sqrt{x-2} = x-4$. Die Gleichung wird quadriert:

$$\left(\sqrt{x-2}\right)^2 = x^2 - 8x + 16$$

Erneutes Ordnen ergibt: $x^2 - 9x + 18 = 0$. Diese quadratische Gleichung kann mit der pq-Formel gelöst werden, wobei sich $x_1 = 3$ und $x_2 = 6$ als Lösungen der Gleichung ergeben.

Zum Schluss werden beide Lösungen zur Kontrolle in die Ausgangsgleichung eingesetzt:
Für $x = 3$ gilt: $\sqrt{3-2} + 4 = 5 \neq 3$, für $x = 6$ gilt: $\sqrt{6-2} + 4 = 2 + 4 = 6$, also ist nur $x = 6$ eine Lösung der Aufgabenstellung: $\mathrm{L} = \{6\}$.

Lösen Sie die angegebenen Gleichungen:

a) $\sqrt{x} + x = 12$ b) $x + 5 = \sqrt{x+5}$ c) $\frac{x+5}{\sqrt{x+5}} = 1$

d) $\sqrt{x+7} - x - 5 = 0$ e) $1 - \sqrt{2x-4} - x = 0$ f) $\frac{2}{\sqrt{x}} - \sqrt{x} = -1$

5.4 Trigonometrische Gleichungen

Bei trigonometrischen Gleichungen ist das angegebene Intervall zu beachten.
In jedem Fall ist es hilfreich, sich eine Skizze der Sinusfunktion (bzw. Kosinusfunktion) zu machen. Steht im Argument des Sinus bzw. Kosinus mehr als nur x, geht man wie folgt vor:
Zuerst wird substituiert, dann die entsprechende Gleichung gelöst und zum Schluss wieder resubstituiert. Diese Lösungen der Gleichung müssen im angegebenen Intervall liegen.

Beispiel:

Gesucht ist die Lösungsmenge der Gleichung $\sin(2x) = 1;\ x \subset [0; 2\pi]$.

Die Substitution $2x = z$ führt zu $\sin z = 1$. Um diese Gleichung zu lösen, ist eine Skizze hilfreich:

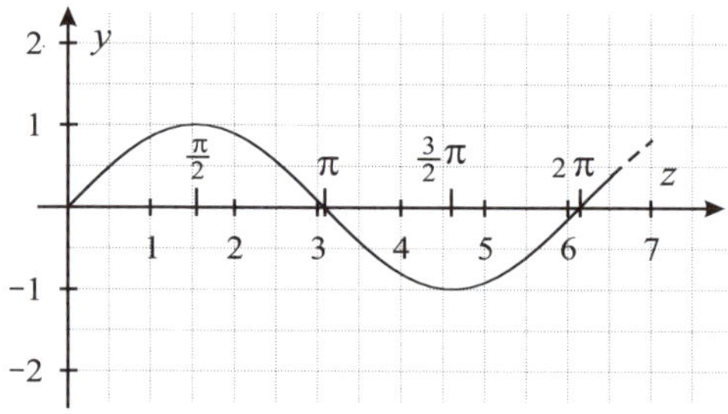

Die Lösungen sind $z = \frac{\pi}{2} + k \cdot 2\pi;\ k \in \mathbb{Z}$, da $\sin z$ die Periode 2π besitzt.
Also sind $z_1 = \frac{\pi}{2}$, $z_2 = \frac{5}{2}\pi$, $z_3 = \frac{9}{2}\pi, \ldots$ mögliche Lösungen.
Die Resubstitution $z_1 = \frac{\pi}{2} = 2x_1$ ergibt $x_1 = \frac{\pi}{4}$, $z_2 = \frac{5}{2}\pi = 2x_2$ ergibt $x_2 = \frac{5}{4}\pi$, $z_3 = \frac{9}{2}\pi = 2x_3$ ergibt $x_3 = \frac{9}{4}\pi = 2{,}25\pi$, diese Lösung liegt aber nicht mehr im angegebenen Intervall $[0; 2\pi]$.
Als Lösungsmenge erhält man also $\mathrm{L} = \left\{ \frac{1}{4}\pi; \frac{5}{4}\pi \right\}$.

Bestimmen Sie für das angegebene Intervall jeweils die Lösungsmenge der Gleichung:

a) $\sin(3x) = 1;\ x \in [0; 2\pi]$

b) $\sin(4x) = 0;\ x \in [0; \pi]$

c) $\cos(2x) = -1;\ x \in [0; 2\pi]$

d) $\cos(3x) = 0;\ x \in [0; \pi]$

e) $\sin(x - \pi) = 0;\ x \in [0; 2\pi]$

f) $\sin(2x - \pi) = 1;\ x \in [0; 2\pi]$

g) $\cos(2x + \pi) = -1;\ x \in [0; 2\pi]$

5.5 Lineare Gleichungssysteme

Geben Sie die Lösungsmengen der folgenden linearen Gleichungssysteme an:

Tipp: Prüfen Sie immer zuerst, ob zwei Gleichungen ein Vielfaches voneinander sind. In diesem Fall wird eine der beiden Gleichungen gestrichen. Ein Gleichungssystem mit drei Variablen und zwei Gleichungen besitzt unendlich viele Lösungen (falls kein Widerspruch auftritt). Man setzt zuerst eine Variable als Parameter t fest und rechnet dann die anderen Variablen aus.

a)
$$\begin{array}{rcrcrcr} x_1 & + & 2x_2 & - & x_3 & = & 8 \\ -x_1 & + & x_2 & + & 2x_3 & = & 0 \\ -x_1 & - & 5x_2 & - & 4x_3 & = & -12 \end{array}$$

b)
$$\begin{array}{rcrcrcr} x_1 & + & 2x_2 & - & 2x_3 & = & 7 \\ x_1 & - & x_2 & - & 4x_3 & = & -9 \\ x_1 & + & 4x_2 & + & 3x_3 & = & 25 \end{array}$$

c)
$$\begin{array}{rcrcrcr} x_1 & + & x_2 & + & 7x_3 & = & 2 \\ 2x_1 & - & x_2 & - & 3x_3 & = & -5 \\ 4x_1 & - & x_2 & + & 4x_3 & = & -7 \end{array}$$

d)
$$\begin{array}{rcrcrcr} x_1 & + & 2x_2 & - & x_3 & = & 4 \\ -x_1 & + & 2x_2 & - & 3x_3 & = & 6 \\ 2x_1 & + & 4x_2 & - & 2x_3 & = & 8 \end{array}$$

e)
$$\begin{array}{rcrcrcr} x & + & 2y & + & z & = & 4 \\ -x & - & 4y & + & z & = & 7 \\ 2x & + & 8y & - & 2z & = & 18 \end{array}$$

f)
$$\begin{array}{rcrcrcr} x & - & y & + & 2z & = & 6 \\ -2x & + & 2y & - & 4z & = & -12 \\ 2x & + & y & + & z & = & 3 \end{array}$$

5.6 Polynomdivision

Tipp: Um eine Polynomdivision durchführen zu können, brauchen Sie zuerst eine Lösung. Diese findet man durch «systematisches Probieren». Setzen Sie einige einfache Zahlen ($\pm 1, \pm 2, \dots$) in die Gleichung ein und prüfen Sie, ob diese die Gleichung lösen.

Zerlegen Sie die Gleichungen in Linearfaktoren, führen Sie dazu Polynomdivisionen durch und bestimmen Sie die Lösungen der Gleichungen:

a) $x^3 - 2x^2 - 5x + 6 = 0$

b) $x^3 + 3x^2 - 6x - 8 = 0$

c) $x^3 + 0,5x^2 - 3,5x - 3 = 0$

d) $x^3 - 4,5x^2 + 3,5x + 3 = 0$

e) $x^4 - x^3 - 13x^2 + x + 12 = 0$

6 Eigenschaften von Kurven

Tipps ab Seite 92, Lösungen ab Seite 151

6.1 Graphen von f, f' und F

Tipps ab Seite 92, Lösungen ab Seite 151

In diesem Kapitel geht es darum, Zusammenhänge zwischen den Graphen von f, f' und F zu erkennen und Aussagen zu beurteilen. Außerdem sollen die Graphen der Ableitungsfunktion oder der Integralfunktion skizziert werden, ohne dass der Funktionsterm bekannt sein muss.

Von f zu f'

Man kann den Graph einer Ableitungsfunktion zeichnen, ohne den Funktionsterm zu kennen.

Dabei gilt, dass die Steigungswerte der Tangente an f in jedem Punkt genau die Werte der Ableitung sind. Verläuft der Graph flach, sind die Werte der Ableitung nahe Null, verläuft es steil, besitzt die Ableitung große Funktionswerte.

Für die charakteristischen Punkte und Eigenschaften der Kurve gilt:

Funktion	**Ableitung**
Hochpunkt	Nullstelle mit VZW von + nach −
Tiefpunkt	Nullstelle mit VZW von − nach +
Wendepunkt	Extrempunkt
Sattelpunkt (Wendepunkt mit Steigung Null)	Nullstelle ohne VZW bzw. Extrempunkt, der die x-Achse berührt
monoton steigend	verläuft oberhalb oder auf der x-Achse
streng monoton steigend	verläuft stets oberhalb der x-Achse
monoton fallend	verläuft unterhalb oder auf der x-Achse
streng monoton fallend	verläuft stets unterhalb der x-Achse

Um den Graph der Ableitungsfunktion zu skizzieren, ist es nötig, den wesentlichen Verlauf der Steigung des Graphen der Funktion zu erfassen. Dazu betrachten Sie z.B.

- Die Lage der Extrem- und Wendepunkte
- Das Monotonieverhalten
- Die «Steigungsentwicklung» für $x \to -\infty$ und $x \to +\infty$

Beispiel

Gesucht ist der Graph der Ableitungsfunktion der linken Kurve.
An der linken Zeichnung liest man ab:

- Hochpunkt bei $x = 1$, also Nullstelle der Ableitung mit VZW von + nach − bei $x = 1$
- Wendepunkt bei $x \approx 2$ mit Drehsinnänderung von rechts nach links, also Tiefpunkt der Ableitung bei $x \approx 2$
- Für $x \to -\infty$ gehen die Funktionswerte gegen $-\infty$. Also werden die Steigungswerte immer größer, die Werte der Ableitung müssen also auch immer größer werden.
- Für $x \to +\infty$ gehen die Funktionswerte gegen Null. Also werden die Steigungswerte immer kleiner, die Werte der Ableitung müssen also auch immer kleiner werden.

In der rechten Zeichnung ist der ungefähre Verlauf der Ableitungsfunktion gezeichnet.

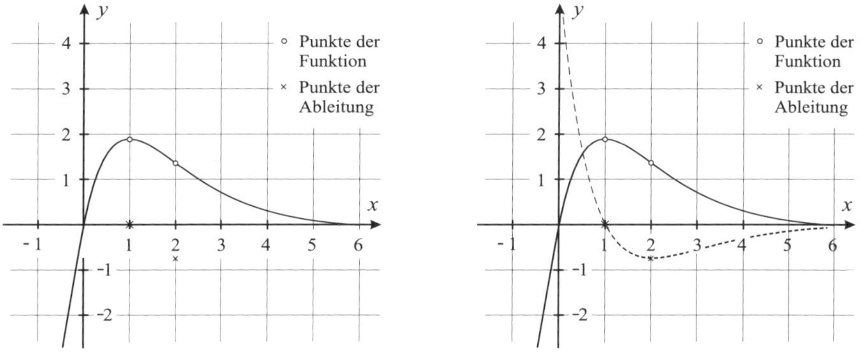

a) Nachfolgend sind die Graphen von Funktionen abgebildet.

I) Zeichnen Sie die Graphen der ersten Ableitung in das Koordinatensystem.

II) Nebenstehend finden Sie mehrere Aussagen. Streichen Sie die Funktionen aus, auf die die Aussagen nicht zutreffen.

f' hat für $x = 1$ ein relatives Maximum	f_1	f_2	f_3	f_4
f' ist für $x > 0$ monoton fallend	f_1	f_2	f_3	f_4
f' ist für $x > 0$ monoton steigend	f_1	f_2	f_3	f_4
f' ist für $x > 1$ negativ	f_1	f_2	f_3	f_4

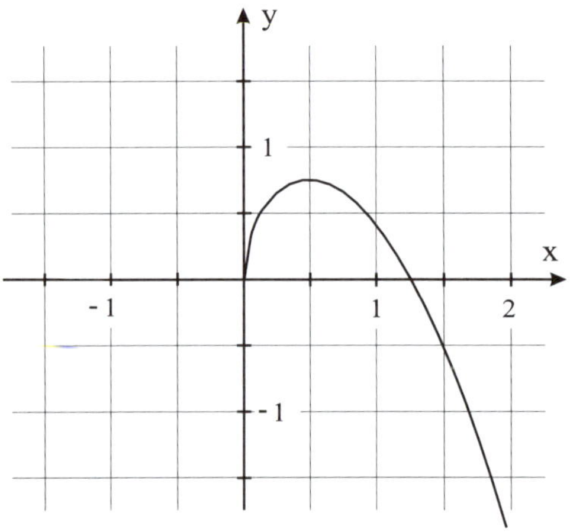

f_1

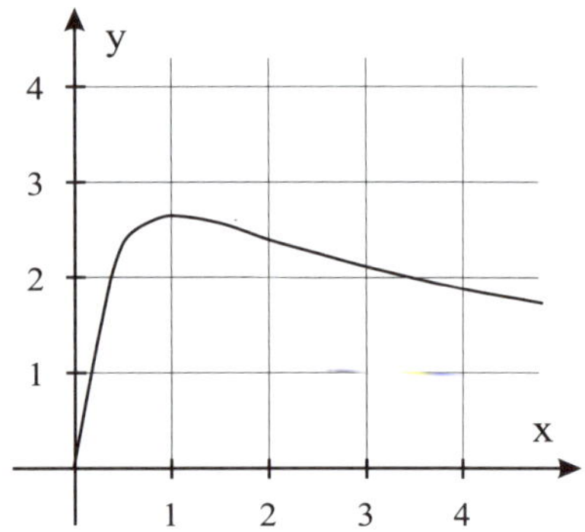

f_2

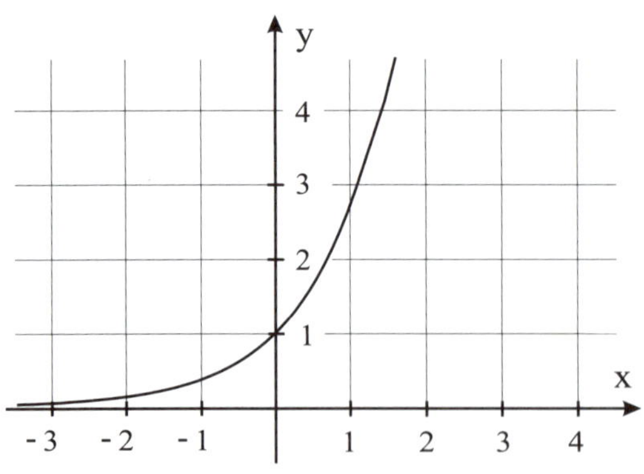

f_3

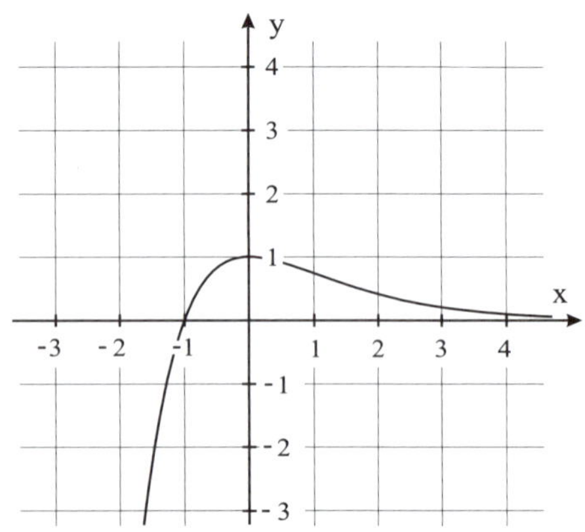

f_4

b) Nachfolgend sind die Graphen von Funktionen abgebildet.

I) Skizzieren Sie die Graphen der ersten Ableitung in das Koordinatensystem.

II) Nebenstehend finden Sie mehrere Aussagen. Streichen Sie die Funktionen aus, auf die die Aussagen nicht zutreffen.

$f'(x) < 0$	f_5	f_6	f_7	f_8
$f''(0) = 0$	f_5	f_6	f_7	f_8
$f'(1) = f'(-1)$	f_5	f_6	f_7	f_8

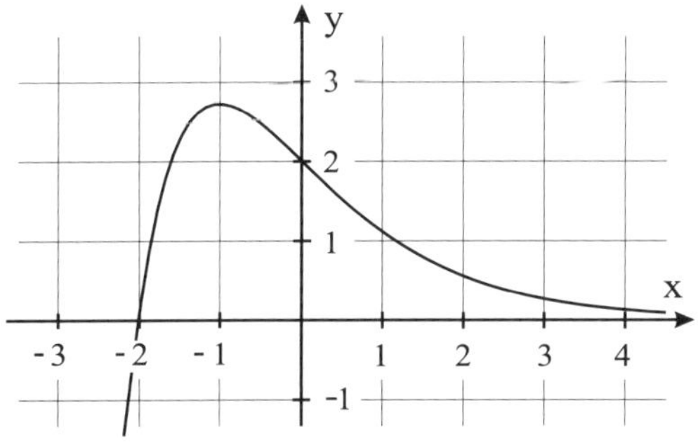

f_5

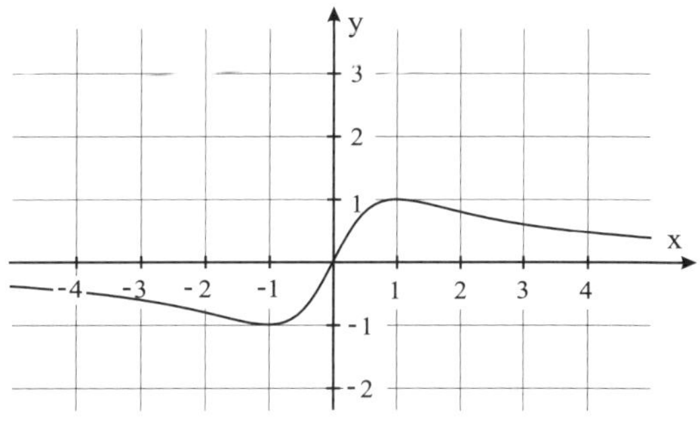

f_6

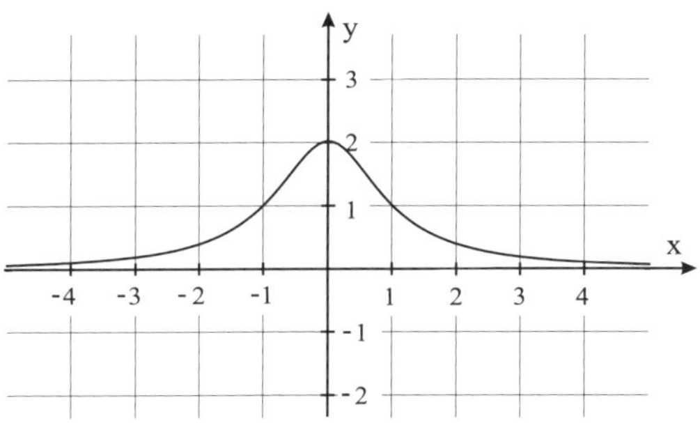

f_7

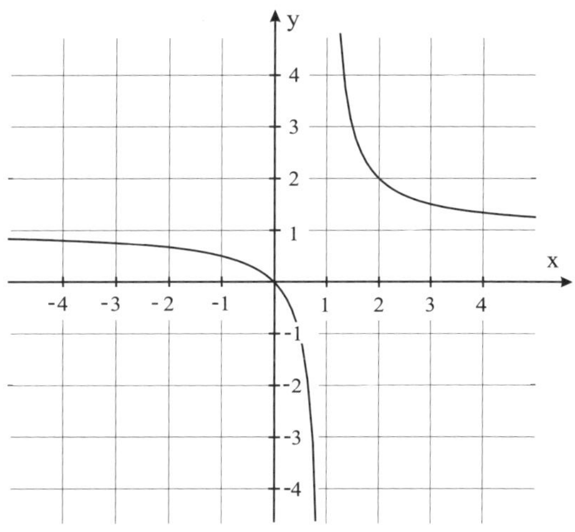

f_8

Von f' zu f

Die Vorgehensweise ist ähnlich wie bei der Bestimmung des Graphen der Ableitungsfunktion, nur gehen Sie umgekehrt vor: Hat der angegebene Graph der Ableitungsfunktion $f'(x)$ z.B. für $x = 1$ den Wert 0 mit Vorzeichenwechsel von + nach −, dann hat der Graph der Funktion f an dieser Stelle einen Hochpunkt usw.

Bei den folgenden Aufgaben ist der Graph der Ableitungsfunktion f' einer Funktion f gegeben. Entscheiden Sie, ob die folgenden Aussagen über f richtig, falsch oder unentscheidbar sind. Begründen Sie dabei Ihre Entscheidung.

a)

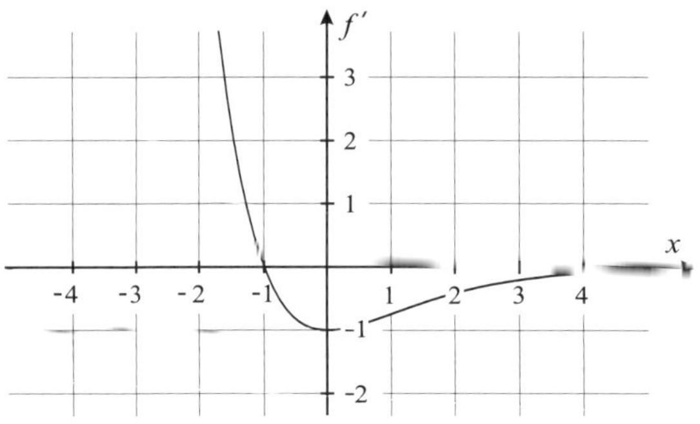

I) Bei $x = 0$ besitzt das Schaubild von f einen Extrempunkt.

II) Bei $x = -1$ besitzt das Schaubild von f eine waagerechte Tangente.

III) Das Schaubild der Funktion f besitzt keine Wendepunkte.

IV) $f(2) > f(0)$.

b)

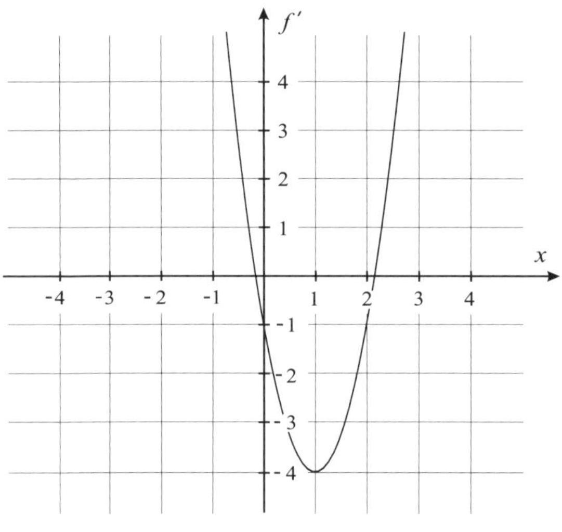

I) An der Stelle $x = 1$ besitzt das Schaubild von f einen Extrempunkt.

II) An der Stelle $x \approx -0,2$ hat das Schaubild von f einen Hochpunkt.

III) Der Grad von f ist mindestens gleich 2.

IV) Bei $x \approx 2,4$ besitzt das Schaubild der Funktion f eine Tangente, die parallel zur Geraden $y = 2x$ ist.

c)

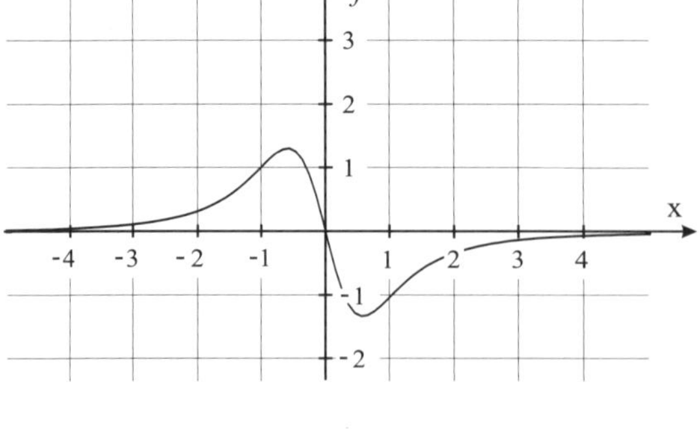

I) Das Schaubild von f ist achsensymmetrisch.

II) Das Schaubild von f ist für $x > 0$ streng monoton wachsend.

III) Das Schaubild von f besitzt bei $x = 0$ einen Tiefpunkt.

IV) Das Schaubild von f besitzt 2 Extrempunkte.

Von f zu F

Zu einer Funktion gibt es unendlich viele Stammfunktionen, die sich durch eine Konstante (das «absolute Glied») unterscheiden. Die Graphen dieser Stammfunktionen unterscheiden sich somit durch Verschiebung in y-Richtung. Erst wenn das absolute Glied gegeben ist, ist der Graph der Stammfunktion in Bezug auf diese Verschiebung festgelegt.

Die Stammfunktion

Gegeben ist der Graph einer Funktion f.

1. Skizzieren Sie den Graph der Ableitungsfunktion f' und den Graph einer Stammfunktion F.
2. Es sind einige Aussagen zur Funktion f bzw. zur Ableitungsfunktion f' und zur Stammfunktion F gegeben. Begründen oder widerlegen Sie diese.

a)

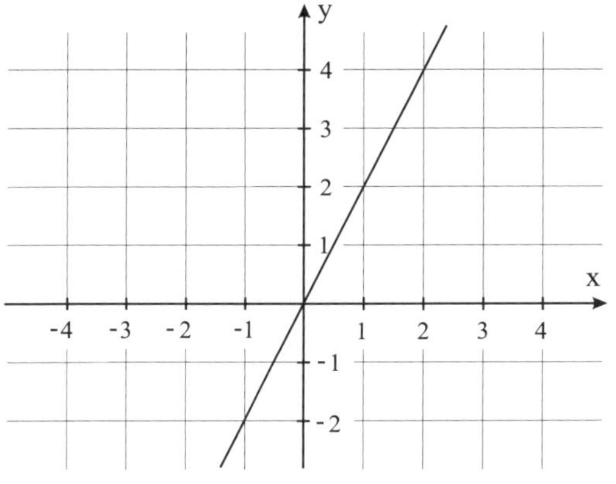

I) Das Schaubild der Ableitungsfunktion ist parallel zur Geraden $y = 1$.

II) Die Stammfunktion F(x) hat an der Stelle $x = 1$ die Steigung 2.

III) Die Ableitungsfunktion f' ist streng monoton wachsend.

IV) Das Schaubild der Ableitungsfunktion ist y-achsensymmetrisch.

b)

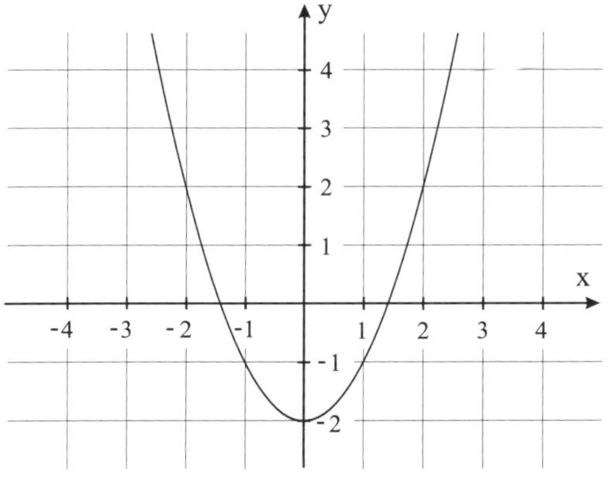

I) f' besitzt im Intervall $[-5;5]$ genau eine Nullstelle.

II) F ist im Intervall $[0;1]$ streng monoton wachsend .

III) F besitzt Extremstellen im Intervall $[-5;5]$.

6.2 Interpretation von Graphen

In diesem Kapitel geht es darum, einige Kurven zu interpretieren. Dabei ist es wichtig, sich die besonderen Punkte des Graphen genau anzusehen. Diese sind z.B. Wende- und Extrempunkte. Diese müssen dann wieder in Bezug auf die Situation interpretiert werden, z.B. kann ein Hochpunkt der Punkt der höchsten Temperatur oder des stärksten Verkaufs sein.
Wichtig ist noch, darauf zu achten, ob in der Kurve eine absolute Zahl «verkaufte Artikel» wie in Aufgabe I oder eine Rate «Besucher *pro Tag*», wie in den Aufgaben II und III angegeben ist.

Aufgabe I

Die Kurve gibt die Gesamtverkaufszahlen eines neuen Produktes an.

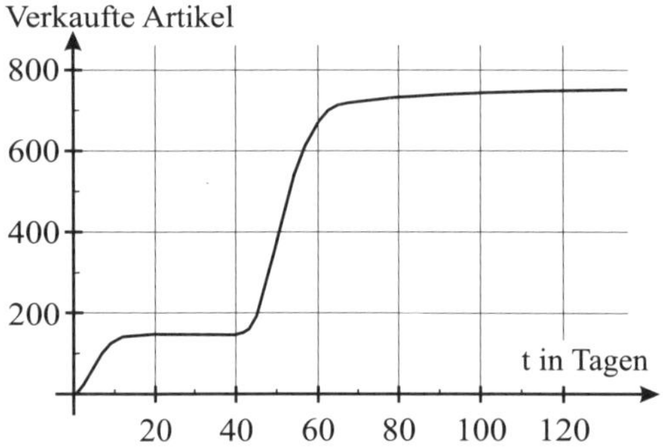

a) Welches sind besondere Punkte im Graph?

b) Wieviele Produkte hat die Firma zwischen der 3. und 4. Woche verkauft?

c) Wieviele Artikel hat die Firma in der Zeit vom 40. bis zum 60. Tag durchschnittlich pro Tag verkauft?

d) Wie hoch ist die Verkaufsrate am 50. Tag?

e) Welche Zukunftsprognose bezüglich der Absatzchancen würden Sie aussprechen?

Aufgabe II

Die Abbildung gibt die Besucherzahl einer Ausstellung an.

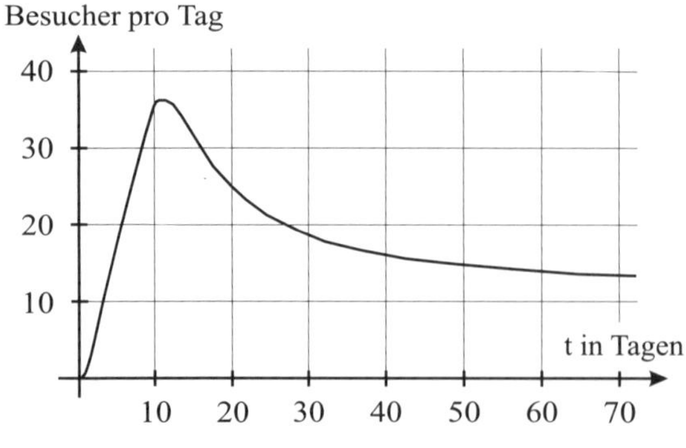

a) Welches sind besondere Punkte im Graph?

b) Welche Bedeutung haben diese besonderen Punkte für die Ausstellung?

c) Schildern Sie einen Weg, um herauszufinden, wie viele Besucher die Ausstellung in den ersten 10 Tagen ungefähr besucht haben.

d) Welche tägliche Besucherzahl erwarten Sie nach 80 Tagen?

Aufgabe III

Die untenstehende Grafik gibt die Anzahl der Besuche der Homepage der Firma XY an. Der Internetauftritt wurde begleitet durch zwei Werbeaktionen: Zuerst wurden Flyer eingesetzt, als dies nicht zu dem gewünschten Erfolg führte, wurden für einen gewissen Zeitraum Fernsehspots gesendet.

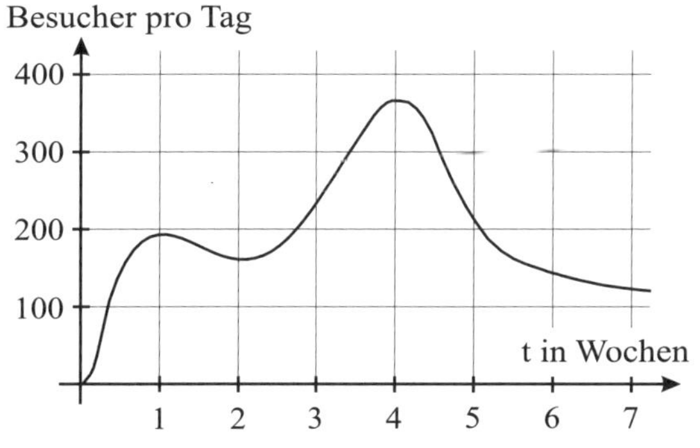

a) In welchen Zeiträumen haben die Werbeaktionen vermutlich stattgefunden?

b) Erläutern Sie anhand des Graphen den Begriff der lokalen Extremstelle.

c) Nennen Sie zwei Funktionen, die keine lokalen Extremstellen besitzen.

7 Kurvendiskussion

Tipps ab Seite 95, Lösungen ab Seite 158

In diesem Kapitel geht es um Aufgaben aus der Kurvendiskussion. Die «klassische» Kurvendiskussion wird als Ganzes im Abitur meist nicht mehr verlangt, doch die einzelnen Elemente sind oft Bestandteil anderer Aufgaben. Meist geht es dabei um das Bestimmen von Extrem- und Wendepunkten, um Symmetrieuntersuchungen, um Definitionslücken und Polstellen und um das Verhalten der Funktion, wenn x gegen $\pm\infty$ geht (waagerechte/ schiefe Asymptoten).

Die wichtigsten Elemente einer Kurvendiskussion sind.

- Schnittpunkte mit der x-Achse: $f(x) = 0$
- Schnittpunkte mit der y-Achse: $x = 0$ in die Funktionsgleichung einsetzen
- (Lokales) Minimum: $f'(x) = 0$ und $f''(x) > 0$ oder $f'(x) = 0$ und Vorzeichenwechsel von $f'(x)$ von $-$ nach $+$
- (Lokales) Maximum: $f'(x) = 0$ und $f''(x) < 0$ oder $f'(x) = 0$ und Vorzeichenwechsel von $f'(x)$ von $+$ nach $-$
- Wendepunkt: $f''(x) = 0$ und $f'''(x) \neq 0$ oder $f''(x) = 0$ und Vorzeichenwechsel von $f''(x)$
- Bei der Untersuchung für $x \to \pm\infty$ müssen Sie untersuchen, wie sich die Funktionswerte verhalten, wenn die Werte für x gegen $+\infty$ oder $-\infty$ gehen, bzw. ob Asymptoten existieren.

7.1 Elemente der Kurvendiskussion

a) Zeigen Sie, dass der Graph von f mit $f(x) = x^2 \cdot e^x$; $x \in \mathbb{R}$ bei $x = 0$ einen Tiefpunkt besitzt.

b) Zeigen Sie, dass der Graph von $f(x) = 3x^3 + 4$; $x \in \mathbb{R}$ an der Stelle $x = 0$ einen Sattelpunkt besitzt.

c) Begründen Sie, dass der Graph von $f(x) = x^2e^{-x} + 1$; $x \in \mathbb{R}$ die Gerade $y = 1$ als Asymptote für $x \to +\infty$ besitzt.

d) Prüfen Sie, ob der Graph von $f(x) = \frac{1}{4}x^4 - x^3 + 4x - 2$; $x \in \mathbb{R}$ an der Stelle $x = 2$ einen Tiefpunkt hat.

e) Zeigen Sie, dass der Graph der Funktion f mit $f(x) = x^2e^{-x}$ zwei Punkte mit waagerechter Tangente hat. Bestimmen Sie die Gleichung der Geraden durch diese beiden Punkte.

f) Zeigen Sie, dass der Graph der Funktion f mit $f(x) = x \cdot e^{-x}$ genau einen Wendepunkt hat.

g) Gegeben ist eine Funktion f und ihre Ableitung $f'(x) = (x-2)^3$. Prüfen Sie, ob der Graph von f einen Tiefpunkt besitzt.

h) Zeigen Sie, dass der Graph der Funktion f mit $f(x) = 2 \cdot \sin\left(x - \frac{\pi}{2}\right)$ im Punkt $P(\pi \mid 2)$ eine waagrechte Tangente hat.

i) Weisen Sie nach, dass der Graph der Funktion f mit $f(x) = \frac{1}{2} \cdot \sin(2x - \pi)$ an der Stelle $x = \pi$ einen Wendepunkt hat.

7.2 Funktionenscharen/ Funktionen mit Parameter

Als Funktionenscharen werden Funktionen bezeichnet, die einen Parameter enthalten. Die dazugehörigen Graphen nennt man Kurvenscharen.

a) Gegeben ist die Funktionenschar $f_t(x) = tx^2$ mit $t \subset \mathbb{R}$.

   I) Skizzieren Sie die Graphen für einige Werte von t. Beschreiben Sie die Veränderung der Graphen bei der Variation von t.

   II) Für welche Werte des Parameters t geht der Graph von f_t durch $P_1(2 \mid 2)$ bzw. durch $P_2(-1 \mid -2)$?

b) Gegeben sind die Funktionen $f(x) = -x^2 + 2$ und $g_t(x) = tx^2 - 1$ mit $t \in \mathbb{R}$. Für welchen Wert von t stehen die Graphen der beiden Funktionen in ihrem Schnittpunkt senkrecht aufeinander?

c) Gegeben sind die Funktionen $f(x) = 2x^2$ und $g_t(x) = -tx^2 + 4$ mit $t \in \mathbb{R}$. Für welchen Wert von t stehen die Graphen der beiden Funktionen in ihrem Schnittpunkt senkrecht aufeinander?

d) Gegeben ist die Funktionenschar f_t mit $f_t(x) = (2x + t) \cdot e^{-x}$ mit $x \in \mathbb{R}$ und $t \geqslant 0$.
Ordnen Sie den abgebildeten Graphen von f_t die zugehörigen Parameter t zu.

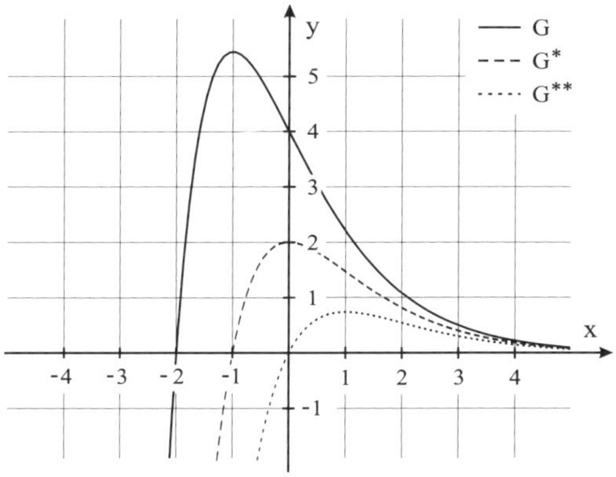

e) Bestimmen Sie t so, dass der Graph der Funktionenschar f_t mit $f_t(x) = x \cdot e^{tx}$; $x \in \mathbb{R}$; $t < 0$ an der Stelle $x = 2$ einen Extrempunkt hat.

f) Für welchen Wert von k hat der Graph der Funktionenschar $f_k(x) = k \cdot \sin(kx)$; $x \in \mathbb{R}$; $k > 0$ im Ursprung die gleiche Steigung wie der Graph der Funktion $g(x) = 2x^3 + 4x$?

g) Für welchen Wert von a hat der Graph der Funktionenschar $f_a(x) = \sin(ax)$; $x \in \mathbb{R}$; $0 < a < \frac{\pi}{2}$ bei $x = 3$ einen Extrempunkt?

7.3 Krümmungsverhalten von Kurven

Eine Kurve kann links- oder rechtsgekrümmt sein. Eine Kurve ist linksgekrümmt, wenn die Steigung streng monoton zunehmend ist. Das bedeutet, dass die Ableitung der Steigung positiv sein muss: $(f'(x))' > 0 \Rightarrow f''(x) > 0$. Entsprechend gilt: Eine Kurve ist rechtsgekrümmt, wenn gilt: $f''(x) < 0$.

Für welche Werte von x ist der Graph der Funktion f links- bzw. rechtsgekrümmt?

a) $f(x) = \frac{1}{3}x^3 - x$ b) $f(x) = (x-1)^5$ c) $f(x) = (2x-3) \cdot e^{-x}$

7.4 Tangenten und Normalen

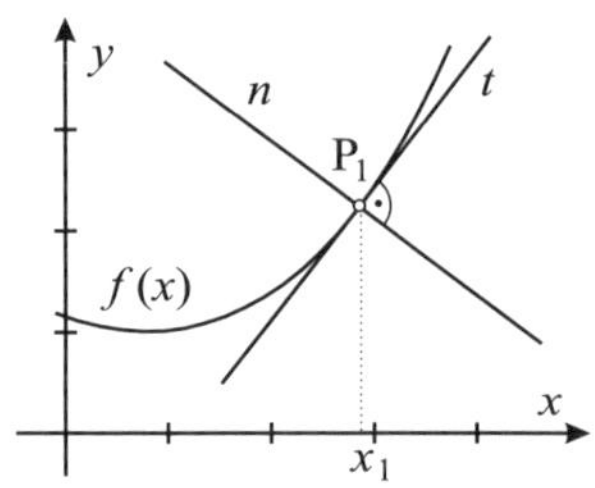

Um die Gleichung einer Tangente t an eine Kurve in einem Punkt $P_1\,(x_1 \mid f(x_1))$ zu bestimmen, benutzt man meist die Punkt-Steigungsform

$$y - y_1 = m \cdot (x - x_1)$$

Dabei gilt: $y_1 = f(x_1)$ und für die Steigung $m = f'(x_1)$, d.h. der Wert der Ableitung an der Stelle x_1. Die Normale steht senkrecht auf der Tangente; für die Steigungen gilt $m_n \cdot m_t = -1$ bzw. $m_n = -\frac{1}{m_t}$ (negativer Kehrwert).

a) Bestimmen Sie die Gleichung der Tangente und der Normalen im Punkt $(1 \mid -1)$ an den Graphen der Funktion f mit $f(x) = x^2 - 4x + 2$.

b) Bestimmen Sie die Gleichung der Tangente und der Normalen im Wendepunkt an den Graphen der Funktion f mit $f(x) = x^3 + x + 1$.

c) Gegeben ist die Funktion f mit $f(x) = x^2 + 4x - 3$. Gesucht ist:

I) Die Gleichung der Tangente mit Steigung $m = -2$.

II) Die Gleichung der Tangente, welche orthogonal ist zur Geraden mit der Gleichung $y = -\frac{1}{3}x + 4$.

III) Die Gleichung der Tangente, welche parallel ist zur Geraden $y = 4x - \frac{7}{2}$.

d) Gegeben ist die Funktion f mit $f(x) = x^2 - 2x + 3$. Ihr Graph sei G.

I) Vom Punkt $P(0 \mid -6)$, welcher nicht auf der Kurve liegt, werden Tangenten an G gelegt. Bestimmen Sie die Koordinaten der Berührpunkte sowie die Tangentengleichungen.

II) Wie lauten die Koordinaten der Berührpunkte, wenn von $Q(1 \mid -7)$ Tangenten an G gelegt werden?

7.5 Berührpunkte zweier Kurven

Wenn sich zwei Kurven schneiden, dann müssen ihre Funktionswerte im Schnittpunkt gleich sein. Wenn sie sich berühren, dann müssen nicht nur die Funktionswerte im Berührpunkt gleich sein, sondern auch die Steigungen.
Für einen Berührpunkt $B(x_B \mid y_B)$ muss also gelten:

1. B ist ein gemeinsamer Punkt beider Kurven: $f(x_B) = g(x_B)$.
2. Im Punkt B haben die Graphen eine gemeinsame Tangente, also die gleiche Tangentensteigung: $f'(x_B) = g'(x_B)$.

a) Zeigen Sie, dass sich die Graphen der Funktion f mit $f(x) = \frac{1}{5}x^3 - 2x^2 + 5x + 3$ und der Funktion g mit $g(x) = -x^2 + 5x + 3$ im Punkt $B(0 \mid 3)$ berühren.

b) Zeigen Sie, dass sich die Graphen der Funktion f mit $f(x) = x^2 + \frac{1}{2}$ und der Funktion g mit $g(x) = -4x^4 + 4x^3 + \frac{1}{2}$ im Punkt $B\left(\frac{1}{2} \mid \frac{3}{4}\right)$ berühren.

c) Berechnen Sie den Berührpunkt der Graphen der Funktion f mit $f(x) = \frac{1}{3}x^3 - 2x^2 + 3x + 4$ und der Funktion g mit $g(x) = -x^2 + 3x + 4$.

d) Berechnen Sie die Berührpunkte der Graphen der Funktion f mit $f(x) = x^2 + 1$ und der Funktion g mit $g(x) = -\frac{1}{4}x^4 + x^3 + 1$.

7.6 Symmetrie

Graphen von Funktionen können achsen- oder punktsymmetrisch sein. Handelt es sich bei der Achse um die y-Achse, so spricht man von y-Achsensymmetrie; handelt es sich beim Punkt, zu dem die Funktion symmetrisch ist, um den Ursprung, spricht man von Ursprungssymmetrie.

- Für y-Achsensymmetrie gilt $f(-x) = f(x)$
- Für Ursprungssymmetrie gilt $f(-x) = -f(x)$.

Sie können die Symmetrie zeigen, indem Sie $(-x)$ für x einsetzen und dann umformen. Dabei ist zu beachten, dass gilt: $(-x)^2 = x^2$ und $(-x)^3 = -x^3$.

a) Begründen Sie, dass der Graph von $f(x) = \frac{1}{x^2} + 3;\ x \in \mathbb{R} \setminus \{0\}$ achsensymmetrisch zur y-Achse ist.

b) Begründen Sie, dass der Graph von $f(x) = 3x^5 - 7{,}2x^3 + x$; $x \in \mathbb{R}$ punktsymmetrisch zum Ursprung ist.

c) Zeigen Sie, dass der Graph von $f(x) = 4 \cdot e^{-\frac{x^2}{2}}$; $x \in \mathbb{R}$ achsensymmetrisch zur y-Achse ist.

d) Zeigen Sie, dass der Graph von $f(x) = x \cdot \ln\left(x^2\right)$; $x \in \mathbb{R} \setminus \{0\}$ punktsymmetrisch zum Ursprung ist.

7.7 Ortskurven

Eine Ortskurve beschreibt den Verlauf eines speziellen Punktes einer Kurvenschar, z.B. des Hochpunktes oder des Wendepunktes.
Um eine Ortskurve zu bestimmen, gehen Sie wie folgt vor:

1. Zuerst wird der spezielle Punkt bestimmt, falls er nicht schon vorliegt, z.B. H $\left(\frac{4}{t} \mid t^2\right)$.
2. Der x-Wert des Punktes wird so umgeformt, dass der Parameter alleine steht: $x = \frac{4}{t} \Rightarrow t = \frac{4}{x}$.
3. Der Parameter (in Abhängigkeit von x) wird in den y-Wert des Punktes eingesetzt: $y = t^2 = \left(\frac{4}{x}\right)^2$.
4. Durch Ausrechnen erhalten Sie den y-Wert in Abhängigkeit von x: $y = \left(\frac{4}{x}\right)^2 = \frac{16}{x^2}$ und damit die Gleichung der Ortskurve.

Aufgaben

a) Bei einer Kurvenschar haben die Extrempunkte die Koordinaten E $\left(\frac{2}{3}t \mid \frac{2}{9}t^3\right)$; $t \in \mathbb{R}$. Bestimmen Sie die Gleichung der Ortskurve, auf der alle Extrempunkte liegen.

b) Bei einer Kurvenschar haben die Hochpunkte die Koordinaten H $\left(\frac{2}{3}t \mid \frac{9}{2t}\right)$; $t \neq 0$. Bestimmen Sie die Gleichung der Ortskurve, auf der alle Hochpunkte liegen.

c) Bei einer Kurvenschar haben die Hochpunkte die Koordinaten H$\left(\frac{t}{2} \mid \frac{t^3}{4} - t\right)$; $t \in \mathbb{R}$. Bestimmen Sie die Gleichung der Ortskurve, auf der alle Hochpunkte liegen.

d) Bestimmen Sie die Gleichung der Ortskurve, auf der alle Tiefpunkte der Kurvenschar f_t mit $f_t(x) = x^3 - 3tx^2$; $t > 0$ liegen.

e) Bestimmen Sie die Gleichung der Ortskurve, auf der alle Wendepunkte der Kurvenschar f_a mit $f_a(x) = (x - a) \cdot e^x$; $a \in \mathbb{R}$ liegen.

7.8 Definitionsbereich

Definitionsbereich

Der Definitionsbereich einer Funktion gibt an, für welche Werte die Funktion definiert ist, d.h. welche Werte für x eingesetzt werden dürfen, wenn es sich um eine Funktion in Abhängigkeit von x handelt. Dabei ist zu beachten:

- Die Zahlen unter einer Wurzel dürfen nicht kleiner als Null sein.
- Bei einem Bruch darf im Nenner keine Null stehen.
- Der Logarithmus ist nur für positive Zahlen definiert.

Bestimmen Sie für folgende Funktionen den maximalen Definitionsbereich:

a) **Gebrochenrationale Funktionen**
I) $f(x) = \frac{3x^5-2x^3}{x-4}$ II) $f(x) = \frac{3x+5}{x^2-5x+6}$ III) $f(x) = \frac{4x^2+3}{x^2+1}$

b) **Logarithmusfunktionen**
I) $f(x) = \ln(2x+3)$ II) $f(x) = \ln(3-2x)$ III) $f(x) = \ln\left(x^2-9\right)$

c) **Vermischte Aufgaben**
I) $f(x) = \frac{4x^2-3}{e^{3x}-2}$ II) $f(x) = \frac{x^2}{x+k}$ III) $f(x) = \frac{2x+1}{2x-k}$
IV) $f(x) = \frac{4x+\ln(5x-3)}{x-4}$ V) $f(x) = \frac{1}{x(1-\ln x)}$

Definitionsbereich und Grenzwerte

Bestimmen Sie jeweils den Definitionsbereich und das Verhalten der Funktionswerte an den Grenzen des Definitionsbereichs:

a) $f(x) = 4\ln(2-x)$ b) $f(x) = \frac{2x^2+1}{x-1}$ c) $f(x) = \frac{4x}{e^{\frac{1}{2}x}}$ d) $f(x) = \frac{x^2}{x-k}$, $k > 0$

7.9 Monotonie

Die Monotonie sagt aus, ob eine Funktion zunehmend oder abnehmend ist. Ist $f'(x) > 0$, so ist f streng monoton zunehmend, ist $f'(x) < 0$, so ist f streng monoton abnehmend. Untersuchen Sie jeweils das Monotonieverhalten der Funktion f:

a) $f(x) = \frac{x^2}{x+1}$ b) $f(x) = \frac{3x}{e^x}$ c) $f(x) = \frac{2x}{\ln x}$

7.10 Umkehrfunktion

Wenn eine Funktion f streng monoton wachsend oder fallend ist, existiert eine zugehörige Umkehrfunktion $\overline{f}$, deren Graph durch Spiegelung an der 1. Winkelhalbierenden aus dem Graphen von f hervorgeht. Man erhält den Funktionsterm von $\overline{f}$. indem man die Gleichung $y = f(x)$ nach x auflöst; anschließend vertauscht man die Variablen x und y.

Beispiel

Es ist die folgende Funktion gegeben: $f(x) = 2 \cdot e^{-0,5x} + 1$

Um zu zeigen, dass eine Umkehrfunktion von f existiert, bestimmt man die 1. Ableitung von f mit Hilfe der Kettenregel:

$$f'(x) = 2 \cdot e^{-0,5x} \cdot (-0,5) = -e^{-0,5x} < 0$$

Damit ist f streng monoton fallend und es existiert eine Umkehrfunktion $\overline{f}$.
Löst man $y = f(x) = 2 \cdot e^{-0,5x} + 1$ nach x auf, so erhält man:

$$y - 1 = 2 \cdot e^{-0,5x} \Rightarrow \frac{y-1}{2} = e^{-0,5x} \Rightarrow \ln\left(\frac{y-1}{2}\right) = -0,5x \Rightarrow -2\ln\left(\frac{y-1}{2}\right) = x$$

Vertauscht man die Variablen x und y, so gilt:

$$-2\ln\left(\frac{x-1}{2}\right) = y.$$

Die Wertemenge von f sind alle positiven reellen Zahlen, die größer sind als 1. Somit ist

$$\overline{f}(x) = -2\ln\left(\frac{x-1}{2}\right); \; x > 1$$

die Umkehrfunktion von $f(x) = 2 \cdot e^{-0,5x} + 1$.

Aufgaben

Zeigen Sie, dass die Funktion f umkehrbar ist und bestimmen Sie jeweils die Umkehrfunktion $\overline{f}$ der gegebenen Funktionen f:

a) $f(x) = (x+1)^2; \; x \geqslant -1$

b) $f(x) = 4 \cdot e^{-2x} + 2$

c) $f(x) = 4 \cdot \ln(2x)\,; \; x > 0$

d) $f(x) = -2 \cdot \ln(x-2)\,; \; x > 2$

7.11 Ableiten der Umkehrfunktion

Bestimmen Sie jeweils die 1. Ableitung der Umkehrfunktion $\overline{f}$ der gegebenen Funktionen f :

a) $f(x) = x^3; \; x > 0$ b) $f(x) = x^3 - 1; \; x > 0$ c) $f(x) = \frac{1}{x^2+1}; \; x > 0$

8 Integralrechnung

Tipps ab Seite 99, Lösungen ab Seite 173

Für eine Stammfunktion F einer Funktion f gilt: $F'(x) = f(x)$.
Das Bilden einer Stammfunktion kann man daher als die Umkehrung des Ableitens bezeichnen. Die Stammfunktion ist nur bis auf den konstanten Faktor c bestimmt, da dieser beim Ableiten wieder wegfällt. Folgende Regeln zum Bestimmen der Stammfunktion sollten Sie kennen:

$f(x)$	$F(x)$	$f(x)$	$F(x)$
$x^n;\ n \neq -1$	$\frac{1}{n+1} \cdot x^{n+1} + c$	$a \cdot x^n;\ n \neq -1$	$\frac{1}{n+1} \cdot a \cdot x^{n+1} + c$
$\frac{1}{x}$	$\ln x + c$	$\frac{1}{k \cdot x + b}$	$\frac{1}{k} \ln(k \cdot x + b) + c$
e^x	$e^x + c$	$a \cdot e^{k \cdot x + b}$	$\frac{a}{k} \cdot e^{k \cdot x + b} + c$
$\sin x$	$-\cos x + c$	$a \cdot \sin(b \cdot x)$	$-\frac{a}{b} \cdot \cos(b \cdot x) + c$
$\cos x$	$\sin x + c$	$a \cdot \cos(b \cdot x)$	$\frac{a}{b} \cdot \sin(b \cdot x) + c$

8.1 Stammfunktionen

Geben Sie eine Stammfunktion für alle folgenden Funktionen an; es gilt $a, t, k \in \mathbb{R}$:

Ganzrationale Funktionen

a) $f(x) = 2x^3 - \frac{4}{3}x^2 + 2$ b) $f(x) = ax^4 + 2ax^3 - x$ c) $f(x) = t^2x^3 - tx^2$

d) $f(x) = 4x^4 - 2tx^2 + tx$ e) $f(x) = -12(2x-3)^2$ f) $f(x) = 6(3x-1)^3$

Exponentialfunktionen

a) $f(x) = 3e^x$ b) $f(x) = 4e^{-x}$ c) $f(x) = t \cdot e^{-tx}$

d) $f(x) = a \cdot e^{3x+2}$ e) $f(x) = 2\left(x^2 - 6e^{3x}\right)$ f) $f(x) = a\left(x^2 - 4e^{4x}\right)$

Gebrochenrationale Funktionen

a) $f(x) = \frac{4}{(2x-3)^2}$ b) $f(x) = \frac{12}{(4x-2)^4}$ c) $f(x) = \frac{3}{x^2}$

d) $f(x) = -\frac{a}{x^3} + 2ax^3$ e) $f(x) = \frac{t^2}{x^4} - tx^2$

Logarithmusfunktionen

a) $f(x) = \frac{6}{x-2}$ b) $f(x) = \frac{3}{2x}$ c) $f(x) = \frac{4}{2x-1}$

Trigonometrische Funktionen

a) $f(x) = 3 \cdot \cos(2x+1)$ b) $f(x) = 4 \cdot \sin(-3x+2)$ c) $f(x) = \frac{2}{3} \cdot \cos(\pi x)$

d) $f(x) = t \cdot \cos(tx+t)$ e) $f(x) = a \cdot \sin\left(ax - a^2\right)$ f) $f(x) = k^2 \cdot \cos(kx)$

8.2 Flächeninhalt zwischen zwei Kurven

Um den Flächeninhalt zwischen zwei Kurven zu bestimmen, berechnet man das Integral der Differenz der Funktionen über dem Intervall der beiden Schnittstellen, dabei gilt «obere Kurve minus untere Kurve»

$$A = \int_{x_1}^{x_2} \left(f(x) - g(x)\right) \mathrm{d}x$$

Sind die Schnittpunkte nicht bekannt, müssen diese zuerst bestimmt werden.

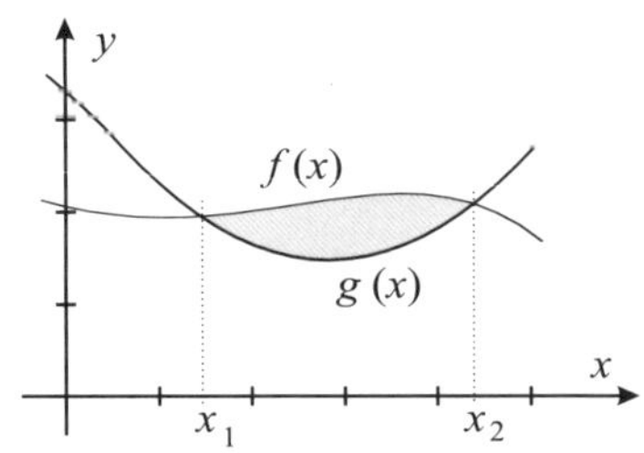

Berechnen Sie den Flächeninhalt zwischen den zwei Kurven:

a) $f(x) = -x+2$, $g(x) = x^2$ b) $f(x) = 4 - x^2$, $g(x) = x^2 - 4$ c) $f(x) = x^2 + 1$, $g(x) = x + 1$ d) $f(x) = e^x - \frac{1}{2}x^2$, $g(x) = e^x - x$

8.3 Ins Unendliche reichende Flächen

Wenn Sie die Fläche unter einer Kurve berechnen wollen, die sich ins Unendliche erstreckt, können Sie dies nicht direkt durchführen. In diesem Fall berechnen Sie zuerst die Fläche bis zu einer Grenze z. Anschließend untersuchen Sie, ob es einen Grenzwert gibt, wenn z gegen Unendlich läuft. Dieser Grenzwert ist dann genau der Flächeninhalt.

a) Berechnen Sie die ins Unendliche reichende Fläche im 1. Quadranten zwischen der Kurve und den beiden Koordinatenachsen:

   I) $f(x) = e^{-x}$ II) $f(x) = e^{-3x+1}$ III) $f(x) = 2e^{-4x-2}$

b) Gegeben sei die Funktion f durch $f(x) = e - e^x$ mit $x \in \mathbb{R}$, ihr Graph sei G.

   I) Der Graph schließt mit der x- und der y-Achse eine Fläche ein. Berechnen Sie dessen Inhalt.

   II) Bestimmen Sie die waagerechte Asymptote von G.

   III) Die y-Achse, die waagerechte Asymptote und G schließen ein ins Unendliche reichendes Flächenstück ein. Berechnen Sie den Inhalt dieses Flächenstücks und prüfen Sie nach, ob dieses Flächenstück so groß ist wie das Flächenstück aus Aufgabe I.

8.4 Angewandte Integrale

Bei diesen Aufgaben kommt es darauf an, aus der Aufgabenstellung die Rechnung zu entwickeln.

a) Die Niederschlagsrate während eines Monsunregens kann modellhaft beschrieben werden durch die Funktion r mit $r(t) = 23 - 0,02 \cdot e^t$ (t in Tagen seit dem Einsetzen des Regens und $r(t)$ in Liter pro Quadratmeter und Tag gemessen).

   I) Wann hört der Regen auf?

   II) Welche Wassermenge geht insgesamt auf jeden Quadratmeter Fläche des betroffenen Gebiets nieder?

   III) Geben Sie die mittlere Regenmenge pro Quadratmeter an, die während des Regens gefallen ist.

b) Der Zu- und Abfluss eines Wasserbeckens kann durch die Funktion f mit $f(t) = -0,5t + 3$ (t in Stunden $f(t)$ in Liter pro Stunde) beschrieben werden. Am Anfang ist das Becken mit 10 Litern gefüllt.
Wieviel Wasser enthält das Becken nach 9 Stunden?

8.5 Rotationskörper

Lässt man eine Kurve um die x-Achse rotieren, entsteht ein sog. «Rotationskörper». Die Formel zur Berechnung eines solchen Rotationskörpers ist

$$\mathrm{V} = \pi \cdot \int_{x_1}^{x_2} \left(f(x)\right)^2 \mathrm{d}x$$

Rotiert die Kurve um die y-Achse, muss zuerst die Umkehrfunktion $f(y)$ bestimmt werden. Diese wird dann integriert.

Rotation um die x-Achse

a) Der Graph der Funktion f mit $f(x) = \frac{1}{4}e^{2x}$ über dem Intervall $[0;1]$ rotiert um die x-Achse. Berechnen Sie das Volumen des Rotationskörpers.

b) Der Graph der Funktion f mit $f(x) = \frac{2}{x}$ über dem Intervall $[1;2]$ rotiert um die x-Achse. Berechnen Sie das Volumen des Rotationskörpers.

c) Die Fläche zwischen dem Graph der Funktion f mit $f(x) = e^x$ und der Geraden $y = e$ sowie der y-Achse rotiert um die x-Achse. Berechnen Sie das Volumen des Rotationskörpers.

Rotation um die y-Achse

a) Der Graph der Funktion f mit $f(x) = \frac{1}{2}x^2 + 1$ begrenzt mit der y-Achse und den Geraden $y = 2$ und $y = 3$ im ersten und zweiten Quadranten eine Fläche, die um die y-Achse rotiert. Berechnen Sie das Volumen des Rotationskörpers.

b) Der Graph der Funktion f mit $f(x) = \frac{6}{x}$; $x > 0$ begrenzt mit der y-Achse und den Geraden $y = 1$ und $y = 3$ eine Fläche, die um die y-Achse rotiert. Berechnen Sie das Volumen des Rotationskörpers.

c) Der Graph der Funktion f mit $f(x) = \ln x$ begrenzt mit der y-Achse und den Geraden $y = 1$ und $y = 2$ eine Fläche, die um die y-Achse rotiert. Berechnen Sie das Volumen des Rotationskörpers.

8.6 Vermischte Aufgaben

a) Bestimmen Sie zu $f(x) = 8x + 3e^{-x}$ diejenige Stammfunktion, deren Graph durch den Punkt $P(0 \mid 5)$ geht.

b) Bestimmen Sie zu $f(x) = \frac{4}{(2x-1)^3}$ diejenige Stammfunktion, deren Graph durch den Punkt $Q(1 \mid 3)$ geht.

c) Bestimmen Sie zu $f(x) = \frac{1}{2} \cdot \cos(2x)$ diejenige Stammfunktion, deren Graph durch den Punkt $R\left(\frac{\pi}{4} \mid 1\right)$ geht.

d) Bestimmen Sie zu $f(t) = t^2 - 2t + 3$ die Integralfunktion $J_1(x) = \int_1^x f(t)\,dt$.

e) Bestimmen Sie zu $f(t) = 2t + 4e^{-\frac{1}{2}t}$ die Integralfunktion $J_2(x) = \int_2^x f(t)\,dt$.

8.7 Partielle Integration

Berechnen Sie folgende Integrale:

a) $\int_1^2 3x \cdot e^x dx$ b) $\int_0^\pi 2x \cdot \cos x\, dx$ c) $\int_1^e 3x \cdot \ln x\, dx$

9 Extremwertaufgaben/ Wachstums- und Zerfallsprozesse

Tipps ab Seite 102, Lösungen ab Seite 179

Bei Extremwertaufgaben geht es darum, dass das Maximum oder Minimum einer Größe (meist eine Fläche oder ein Volumen) gesucht ist. Dabei muss in der Regel zuerst eine Funktion aufgestellt werden, die diese Größe beschreibt. Der Extremwert wird dann mit Hilfe der ersten und zweiten Ableitung dieser Funktion bestimmt. Für alle Anwendungsaufgaben ist es sehr hilfreich, eine Skizze der Aufgabenstellung anzufertigen.

9.1 Extremwertaufgaben

a) Gegeben sei eine Funktion f mit $f(x) = 6 - \frac{1}{4}x^2$; $x \in \mathbb{R}$. Zwischen Kurve und x-Achse ist im 1. und 2. Quadranten ein Rechteck einzuschreiben
   I) mit maximalem Umfang   II) mit maximaler Fläche

   Berechnen Sie den maximalen Umfang bzw. die maximale Fläche.

b) Gegeben ist die Funktion f durch $f(x) = -(x+2)e^{-x}$; $x \in \mathbb{R}$. Ihr Graph sei G. Bestimmen Sie die Gleichung der Normalen im Punkt $W(0 \mid -2)$.
   Die Normale schneidet G in einem weiteren Punkt Q. Berechnen Sie dessen Koordinaten.
   $P(u \mid v)$ mit $-2 < u < 0$ sei ein Punkt auf G. Der Ursprung O und die Punkte P und Q sind die Eckpunkte eines Dreiecks OPQ. Für welchen Wert von u wird die Fläche $A(u)$ maximal?

c) Gegeben sind die Funktion f durch $f(x) = (2x+3) \cdot e^{-x}$; $x \in \mathbb{R}$ und die Funktion g durch $g(x) = e^{-x}$; $x \in \mathbb{R}$. Ihre Graphen seien G_f bzw. G_g.
   Die Gerade $x = u$ mit $u > -1$ schneidet G_f im Punkt P und G_g im Punkt Q.
   Für welchen Wert von u wird die Länge der Strecke PQ maximal?
   Berechnen Sie die maximale Länge der Strecke PQ.

9.2 Wachstums- und Zerfallsprozesse

Wachstumsprozesse können in der Regel mit Exponentialfunktionen beschrieben werden. Je nach Wachstum unterscheidet man zwischen natürlichem exponentiellen Wachstum, das unbeschränkt ist und beschränktem exponentiellen Wachstum.
Die Gleichung für natürliches exponentielles Wachstum lautet: $B(t) = a \cdot e^{k \cdot t}$; $k \in \mathbb{R}$.
a wird als Startwert bezeichnet, k als Wachstumskonstante.
Für das beschränkte Wachstum gilt: $B(t) = S - a \cdot e^{-k \cdot t}$. S ist die obere Schranke und k die Wachstumskonstante.

a) Eine Population besteht heute aus 30 000 Individuen. Vor zwei Jahren waren es noch 90 000. Man geht davon aus, dass ihr Bestand exponentiell nach folgendem Gesetz abnimmt:
   $B(t) = B_0 \cdot e^{k \cdot t}$; $k \in \mathbb{R}$, dabei gilt: ($B(t)$ = Bestand der Population, t = Zeit in Jahren.)

I) Bestimmen Sie das Zerfallsgesetz für $t = 0$ vor zwei Jahren.

II) Wie viele Individuen gibt es in 10 Jahren?

III) Bestimmen Sie den Zeitpunkt t_E, an dem vom Anfangsbestand nur noch 10 % übrig sind.

b) Eine Materialprobe wird in einem Labor erhitzt. Die Erwärmung wird durch die Funktion T mit $T(t) = 80 - 60e^{-0,1 \cdot t}$ (t in Minuten, $T(t)$ in Grad Celsius) beschrieben.

I) Bestimmen Sie die Gleichung der Asymptote des Graphen der Funktion. Welche Bedeutung hat diese Asymptote für das Experiment bzw. die Erwärmung?

II) Zu welchem Zeitpunkt ist die Geschwindigkeit, mit der sich die Probe erwärmt, am größten?

c) In einer Stadt verbreitet sich ein Gerücht. Die Zahl der Personen, die davon gehört haben, nimmt im Laufe einer Woche um 20 % zu. Anfangs kennen 1000 Einwohner das Gerücht.

I) Bestimmen Sie eine Funktionsgleichung, die die Ausbreitung des Gerüchts beschreibt (t in Tagen).

II) Wieviele Menschen kennen das Gerücht nach 10 Tagen?

III) Wie lange dauert es, bis alle Freiburger (200 000 Einwohner) das Gerücht kennen?

d) Im Jahre 1975 gab es auf der Erde ca. 4,033 Milliarden Menschen. Das jährliche Wachstum wird auf 2 % geschätzt.

I) Wie viele Menschen gibt es voraussichtlich im Jahr 2030?

II) In welchen Zeiträumen verdoppelt sich die Weltbevölkerung?

Lineare Algebra/ Analytische Geometrie

In der Geometrie sind die Einsatzmöglichkeiten von GTR und CAS sehr unterschiedlich. Mit einigen Geräten kann man lineare Gleichungssysteme nur lösen, indem man sie als Matrix umschreibt und diese so umformt. Bei anderen Geräten hingegen kann man Geraden direkt vektoriell eingeben und bearbeiten – allerdings nur, wenn das Betriebssystem des CAS auf dem neuesten Stand ist. Aus diesem Grund ist der Lösungsweg in der Regel «mit der Hand» angegeben, je nach Gerät können Sie an einzelnen Stellen abkürzen.

10 Rechnen mit Vektoren

Tipps ab Seite 104, Lösungen ab Seite 183

In diesem Kapitel geht es darum, die Grundkenntnisse des Rechnens mit Vektoren zu wiederholen. Dazu gehören die Addition und Subtraktion von Vektoren. Neben diesen Rechenoperationen ist es wichtig, das Skalarprodukt zu kennen und zu wissen, dass es genau dann gleich Null ist, wenn zwei Vektoren senkrecht aufeinander stehen.

Da mit den Vektoren geometrische Objekte wie Dreiecke, Parallelogramme und verschiedene Körper beschrieben werden können, sollten Sie die grundlegenden Eigenschaften dieser Objekte kennen, z.B. dass in einem gleichschenklichen Dreieck zwei Seiten die gleiche Länge haben. Rechenregeln für das Rechnen mit Vektoren finden Sie bei den Tipps auf Seite 104. Wenn nicht anders angegeben gilt für alle Parameter: $r, s, t, u, \ldots \in \mathbb{R}$.

10.1 Addition und Subtraktion von Vektoren

Gegeben sind die Vektoren $\vec{a} = \begin{pmatrix} -1 \\ 2 \\ 4 \end{pmatrix}$ und $\vec{b} = \begin{pmatrix} 3 \\ 1 \\ 2 \end{pmatrix}$. Berechnen Sie:

a) $\vec{a}+\vec{b}$ b) $\vec{a}-\vec{b}$ c) $2\cdot\vec{a}$ d) $-\vec{a}$ e) $2\vec{a}+3\vec{b}$

f) $\vec{a}\cdot\vec{b}$ g) $|\vec{a}|$ h) $|\vec{b}|$ i) $|\vec{a}+\vec{b}|$

10.2 Orthogonalität von Vektoren

Prüfen Sie, ob folgende Vektoren senkrecht (orthogonal) aufeinander stehen.

a) $\vec{a} = \begin{pmatrix} -1 \\ 0 \\ 1 \end{pmatrix}, \vec{b} = \begin{pmatrix} 2 \\ 2 \\ 0 \end{pmatrix}$, b) $\vec{r} = \begin{pmatrix} 5 \\ -1 \\ 3 \end{pmatrix}, \vec{n} = \begin{pmatrix} 2 \\ 1 \\ -3 \end{pmatrix}$, c) $\vec{z} = \begin{pmatrix} 2 \\ -2 \\ 4 \end{pmatrix}, \vec{w} = \begin{pmatrix} 1 \\ 3 \\ 1 \end{pmatrix}$

10.3 Auffinden von orthogonalen Vektoren

Geben Sie drei verschiedene Vektoren an, die zu $\vec{n} = \begin{pmatrix} 1 \\ 2 \\ -3 \end{pmatrix}$ orthogonal sind.

10.4 Orts- und Verbindungsvektoren

Gegeben sind die Punkte $A\,(2 \mid 3 \mid 2)$, $B\,(7 \mid 4 \mid 3)$ und $C\,(1 \mid 5 \mid -2)$.

a) Bestimmen Sie die Ortsvektoren $\vec{a}$, $\vec{b}$, und $\vec{c}$.

b) Bestimmen Sie die Verbindungsvektoren $\overrightarrow{AB}$, $\overrightarrow{AC}$ und $\overrightarrow{BC}$.

c) Ist jeder Verbindungsvektor ein Ortsvektor? Begründen Sie Ihre Antwort.

10.5 Teilverhältnisse

Gegeben sind die Punkte $A\,(3 \mid -1 \mid 2)$ und $B\,(5 \mid -2 \mid 0)$.

a) Bestimmen Sie die Koordinaten des Punktes S so, dass S die Strecke AB innen im Verhältnis 1 : 2 teilt.

b) Bestimmen Sie die Koordinaten des Punktes T so, dass T die Strecke AB innen im Verhältnis 5 : 4 teilt.

c) In welchem Verhältnis teilt der Punkt $U\,(4{,}5 \mid -1{,}75 \mid 0{,}5)$ die Strecke AB?

10.6 Verschiedene Aufgaben

Tipp: Fertigen Sie eine Skizze zu den jeweiligen Aufgabenstellungen an und stellen Sie Vektorketten auf.

a) Prüfen Sie, ob das Dreieck ABC gleichschenklig ist:

I) $A\,(3 \mid 7 \mid 2)$, $B\,(-1 \mid 5 \mid 1)$, $C\,(2 \mid 3 \mid 0)$

II) $A\,(-5 \mid 2 \mid -1)$, $B\,(0 \mid 5 \mid -3)$, $C\,(-1 \mid 6 \mid -3)$

b) Prüfen Sie, ob das Dreieck ABC rechtwinklig ist:

$A\,(5 \mid 1 \mid 0)$, $B\,(1 \mid 5 \mid 2)$, $C\,(-1 \mid 1 \mid 6)$

c) I) Bestimmen Sie den Mittelpunkt M von $A\,(4 \mid 1 \mid 3)$ und $B\,(-2 \mid 5 \mid -5)$.

II) Bestimmen Sie die Koordinaten des Punktes P so, dass B (4 | 2 | 5) der Mittelpunkt von A (3 | −1 | −4) und P ist.

d) Gegeben sind die Punkte A (4 | 2 | 3), B (1 | 8 | 5) und C (−2 | 1 | −3).

I) Bestimmen Sie den Punkt D so, dass das Viereck ABCD ein Parallelogramm ist.

II) Bestimmen Sie den Punkt D^* so, dass das Viereck ABD^*C ein Parallelogramm ist.

III) Bestimmen Sie den Punkt D' so, dass das Viereck $AD'BC$ ein Parallelogramm ist.

e) Von einem Spat (Körper mit jeweils 4 parallelen Kanten) sind die Punkte A (3 | 1 | 4), B (−2 | 1 | −3), C (5 | −2 | 3) und F (9 | 2 | 6) gegeben.

I) Bestimmen Sie die Koordinaten der übrigen Punkte des Spats.

II) Berechnen Sie die Länge der Raumdiagonalen AG.

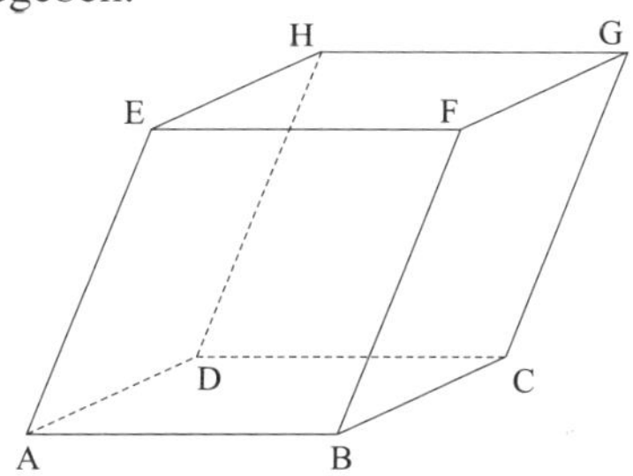

f) Ein schiefes Dreiecksprisma ist gegeben durch die Punkte A (4 | 1 | −3), B (5 | −2 | −1), C (−1 | 3 | −2) und D (7 | 4 | 2).
Bestimmen Sie die Koordinaten der Punkte E und F sowie die Länge der Kante EF.

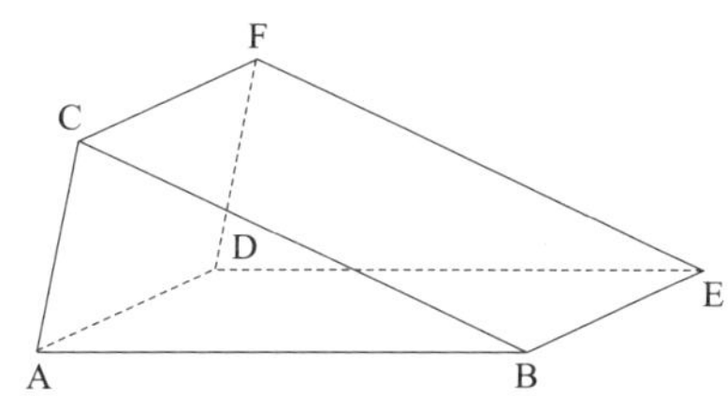

10.7 Lineare Abhängigkeit

Wenn zwei Vektoren $\vec{a}$ und $\vec{b}$ linear abhängig sind, bedeutet das, dass sie ein Vielfaches voneinander sind: $\vec{a} = k \cdot \vec{b}$ mit $k \in \mathbb{R}$, es muss also immer einen Faktor geben, mit dem man einen der beiden Vektoren multiplizieren kann, so dass sich der andere ergibt.

Sind drei Vektoren linear abhängig, dann liegen sie in einer Ebene. Das bedeutet, dass man einen der drei Vektoren als «Linearkombination» der beiden andern ausdrücken kann. Man prüft aber in diesem Fall die Situation, dass man die drei Vektoren aneinanderhängt, so dass sie den Nullvektor ergeben. Anschaulich gesprochen will man «im Kreis» gehen und wieder am Ausgangspunkt ankommen: $r \cdot \vec{a} + s \cdot \vec{b} + t \cdot \vec{c} = \vec{0}$. Sind die Vektoren linear abhängig, gibt es dafür unendlich viele Lösungen. Sind sie linear unabhängig, müssen die Koeffizienten r, s und t gleich Null sein, denn nur so kann man «wieder am Ausgangspunkt ankommen». Man stellt also ein Gleichungssystem auf und bestimmt r, s und t.

a) Prüfen Sie, ob die beiden Vektoren linear abhängig (kollinear) oder unabhängig sind:

I) $\vec{a} = \begin{pmatrix} 2 \\ 1 \\ -3 \end{pmatrix}, \vec{b} = \begin{pmatrix} -4 \\ -2 \\ 6 \end{pmatrix}$ II) $\vec{a} = \begin{pmatrix} 2 \\ 0 \\ 3 \end{pmatrix}, \vec{b} = \begin{pmatrix} -2 \\ 1 \\ -3 \end{pmatrix}$

III) $\vec{a} = \begin{pmatrix} 6 \\ 3 \\ -9 \end{pmatrix}, \vec{b} = \begin{pmatrix} 2 \\ 1 \\ -3 \end{pmatrix}$ IV) $\vec{a} = \begin{pmatrix} 4 \\ -2 \\ 3 \end{pmatrix}, \vec{b} = \begin{pmatrix} 5 \\ 1 \\ 9 \end{pmatrix}$

b) Prüfen Sie, ob die drei angegebenen Vektoren linear abhängig oder unabhängig sind:

I) $\vec{a} = \begin{pmatrix} 2 \\ 1 \\ -3 \end{pmatrix}, \quad \vec{b} = \begin{pmatrix} 4 \\ -2 \\ 1 \end{pmatrix}, \quad \vec{c} = \begin{pmatrix} 3 \\ 5 \\ 0 \end{pmatrix}$

II) $\vec{a} = \begin{pmatrix} 4 \\ 0 \\ -2 \end{pmatrix}, \quad \vec{b} = \begin{pmatrix} 1 \\ 3 \\ -1 \end{pmatrix}, \quad \vec{c} = \begin{pmatrix} 6 \\ 6 \\ -4 \end{pmatrix}$

III) $\vec{a} = \begin{pmatrix} -1 \\ 3 \\ -2 \end{pmatrix}, \quad \vec{b} = \begin{pmatrix} 5 \\ 2 \\ 1 \end{pmatrix}, \quad \vec{c} = \begin{pmatrix} 3 \\ -4 \\ -3 \end{pmatrix}$

11 Geraden

Tipps ab Seite 105, Lösungen ab Seite 190

Die Parameterform der Geradengleichung in der vektoriellen Geometrie lautet

$$g: \vec{x} = \vec{a} + t \cdot \overrightarrow{r_g} \text{ mit } t \in \mathbb{R}$$

Dabei wird der Vektor $\vec{a}$ als Stützvektor bezeichnet, weil er die Gerade «stützt», der Vektor $\overrightarrow{r_g}$ ist der Richtungsvektor der Geraden, da er die Richtung der Geraden angibt. t ist der Parameter.

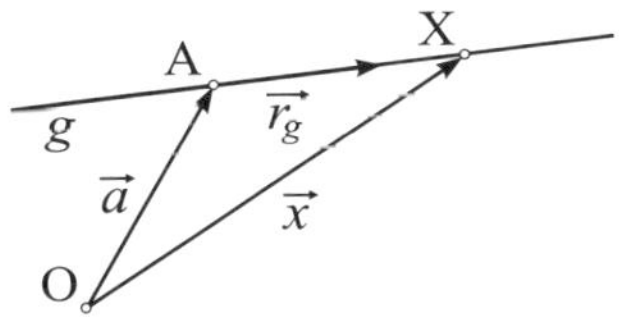

11.1 Aufstellen von Geradengleichungen

Stellen Sie jeweils die Gleichung der Gerade auf, die durch die beiden Punkte geht:

a) A(1 | 0 | 2), B(3 | 1 | 3) b) C(2 | 1 | −4), D(4 | 0 | 1) c) E(1 | 1 | 0), F(0 | 0 | 1)

11.2 Punktprobe

Liegen die gegebenen Punkte A, B, C auf der Geraden $g: \vec{x} = \begin{pmatrix} 1 \\ 3 \\ -2 \end{pmatrix} + r \cdot \begin{pmatrix} 1 \\ 4 \\ 2 \end{pmatrix}$?

a) A(2 | 7 | 0) b) B(3 | 11 | 3) c) C(−2 | −9 | −8)

11.3 Gegenseitige Lage von Geraden

Zwei Geraden können auf vier verschiedene Weise zueinander liegen: Sie können parallel liegen, identisch sein, sich schneiden oder windschief sein. Die genauen Rechenwege zur Bestimmung der gegenseitigen Lage sind in den Tipps beschrieben.

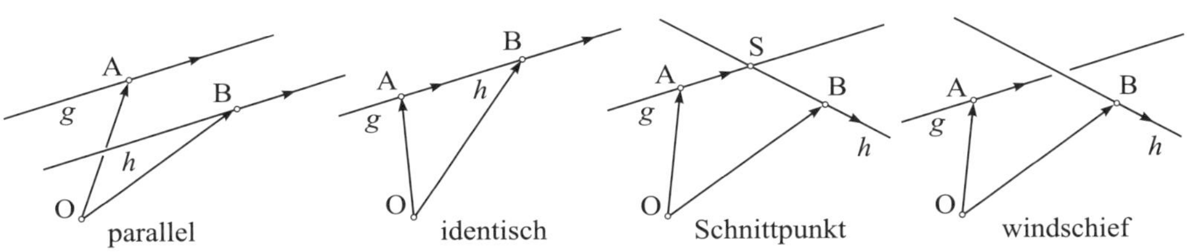

Bestimmen Sie die gegenseitige Lage der beiden gegebenen Geraden:

a) $g_1: \vec{x} = \begin{pmatrix} 4 \\ 2 \\ 5 \end{pmatrix} + t \cdot \begin{pmatrix} 1 \\ 1 \\ 2 \end{pmatrix}$ $\quad g_2: \vec{x} = \begin{pmatrix} 0 \\ 0 \\ 0 \end{pmatrix} + r \cdot \begin{pmatrix} 2 \\ 0 \\ 1 \end{pmatrix}$

b) $g_1: \vec{x} = \begin{pmatrix} 2 \\ 0 \\ 0 \end{pmatrix} + r \cdot \begin{pmatrix} 1 \\ 1 \\ 1 \end{pmatrix}$ $\quad g_2: \vec{x} = \begin{pmatrix} 3 \\ 2 \\ 3 \end{pmatrix} + t \cdot \begin{pmatrix} 3 \\ 4 \\ 5 \end{pmatrix}$

c) $g: \vec{x} = \begin{pmatrix} 1 \\ -3 \\ 5 \end{pmatrix} + s \cdot \begin{pmatrix} 2 \\ 1 \\ -3 \end{pmatrix}$ $\quad h: \vec{x} = \begin{pmatrix} 5 \\ 1 \\ -3 \end{pmatrix} + t \cdot \begin{pmatrix} 4 \\ 5 \\ -1 \end{pmatrix}$

d) $g: \vec{x} = \begin{pmatrix} 1 \\ 2 \\ 1 \end{pmatrix} + t \cdot \begin{pmatrix} 2 \\ 0 \\ 1 \end{pmatrix}$ $\quad h: \vec{x} = \begin{pmatrix} 2 \\ 3 \\ 4 \end{pmatrix} + r \cdot \begin{pmatrix} 0 \\ 1 \\ -1 \end{pmatrix}$

e) $g: \vec{x} = \begin{pmatrix} 4 \\ 0 \\ 1 \end{pmatrix} + s \cdot \begin{pmatrix} 2 \\ -1 \\ 3 \end{pmatrix}$ $\quad h: \vec{x} = \begin{pmatrix} 6 \\ -1 \\ 4 \end{pmatrix} + t \cdot \begin{pmatrix} -2 \\ 1 \\ -3 \end{pmatrix}$

f) $g: \vec{x} = \begin{pmatrix} 1 \\ 2 \\ 3 \end{pmatrix} + r \cdot \begin{pmatrix} 1 \\ -1 \\ 2 \end{pmatrix}$ $\quad h: \vec{x} = \begin{pmatrix} -1 \\ 4 \\ -1 \end{pmatrix} + s \cdot \begin{pmatrix} -3 \\ 3 \\ -6 \end{pmatrix}$

g) $g: \vec{x} = \begin{pmatrix} 1 \\ 4 \\ -2 \end{pmatrix} + t \cdot \begin{pmatrix} -2 \\ -1 \\ 3 \end{pmatrix}$ $\quad h: \vec{x} = \begin{pmatrix} -1 \\ 3 \\ -1 \end{pmatrix} + r \cdot \begin{pmatrix} 4 \\ 2 \\ -6 \end{pmatrix}$

h) $g: \vec{x} = \begin{pmatrix} 0 \\ 1 \\ 4 \end{pmatrix} + s \cdot \begin{pmatrix} 4 \\ 6 \\ -8 \end{pmatrix}$ $\quad h: \vec{x} = \begin{pmatrix} 4 \\ 8 \\ -4 \end{pmatrix} + t \cdot \begin{pmatrix} 2 \\ 3 \\ -4 \end{pmatrix}$

11.4 Parallele Geraden mit Parameter

Für welchen Wert des Parameters $t \in \mathbb{R}$ sind die Geraden g_t und h bzw. g_t und h_t parallel?

a) $g_t: \vec{x} = \begin{pmatrix} 1 \\ 1 \\ 1 \end{pmatrix} + s \cdot \begin{pmatrix} 0 \\ 2 \\ 2t \end{pmatrix}$ $\quad h: \vec{x} = \begin{pmatrix} 4 \\ 1 \\ 7 \end{pmatrix} + r \cdot \begin{pmatrix} 0 \\ 4 \\ 4 \end{pmatrix}$

b) $g_t: \vec{x} = \begin{pmatrix} 2 \\ 1 \\ 3 \end{pmatrix} + s \cdot \begin{pmatrix} 0,5t \\ t \\ 4 \end{pmatrix}$ $\qquad$ $h: \vec{x} = \begin{pmatrix} 3 \\ 4 \\ 5 \end{pmatrix} + r \cdot \begin{pmatrix} 1 \\ 2 \\ -2 \end{pmatrix}$

c) $g_t: \vec{x} = \begin{pmatrix} 0 \\ 0 \\ 1 \end{pmatrix} + r \cdot \begin{pmatrix} t \\ 2t \\ -3 \end{pmatrix}$ $\qquad$ $h_t: \vec{x} = \begin{pmatrix} 0 \\ 1 \\ 0 \end{pmatrix} + s \cdot \begin{pmatrix} 3 \\ 6 \\ -t \end{pmatrix}$

11.5 Allgemeines Verständnis von Geraden

Gegeben seien die Geraden g und h durch $g: \vec{x} = \vec{a} + s \cdot \vec{r}$ und $h: \vec{x} = \vec{b} + t \cdot \vec{v}$.

a) Welche Beziehungen müssen zwischen den genannten Vektoren gelten, damit:

   I) g (echt) parallel zu h ist $\qquad$ II) $g = h$

   III) g senkrecht auf h steht.

b) Wie bestimmt man den Winkel zwischen g und h, falls sich g und h schneiden?

c) Erläutern Sie eine Strategie, wie man die gegenseitige Lage zweier Geraden überprüfen kann.

12 Ebenen

Tipps ab Seite 106, Lösungen ab Seite 196

Um eine Ebene zu beschreiben, gibt es verschiedene Gleichungen: Ähnlich wie für die Gerade gibt es eine *Parametergleichung*, diese lautet:

$$\mathrm{E}\colon \vec{x} = \vec{a} + r \cdot \overrightarrow{v_1} + s \cdot \overrightarrow{v_2}$$

Der Vektor $\vec{a}$ ist auch hier der Stützvektor, die Vektoren $\overrightarrow{v_1}$ und $\overrightarrow{v_2}$ sind die Spannvektoren, da sie die Ebene «aufspannen».

Bei der *Punkt-Normalenform* der Ebene wird die Ebene durch einen Stützpunkt und einen Normalenvektor beschrieben. Der Normalenvektor $\vec{n}$ steht immer senkrecht auf der Ebene. Die dazugehörige Gleichung ist

$$\mathrm{E}\colon (\vec{x} - \vec{a}) \cdot \vec{n} = 0$$

Anschaulich gesprochen bedeutet die Gleichung, dass das Skalarprodukt zwischen dem Normalenvektor $\vec{n}$ und jedem Vektor in der Ebene immer Null sein muss.

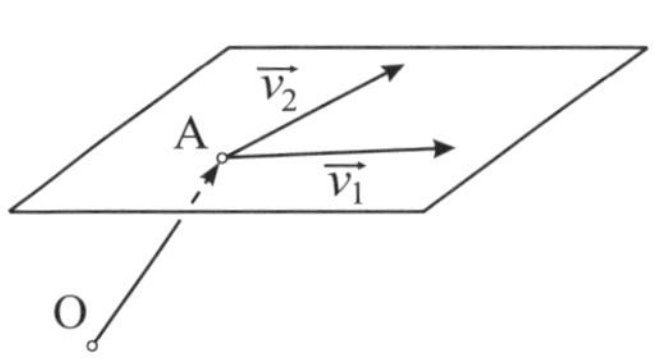

Parameterform

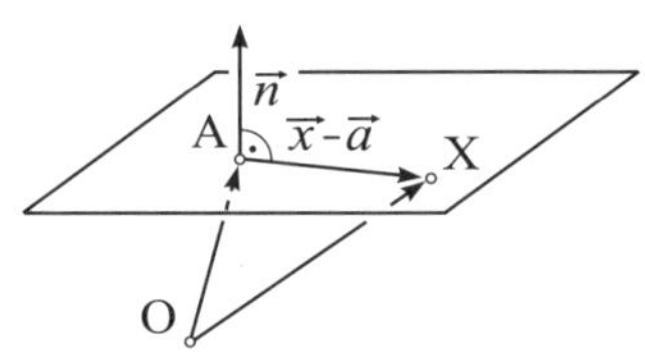

Punkt-Normalenform

Die Koordinatenform erhalten Sie durch Ausrechnen der Punkt-Normalenform. Sie lautet

$$\mathrm{E}\colon n_1 \cdot x_1 + n_2 \cdot x_2 + n_3 \cdot x_3 = d$$

Dabei sind n_1, n_2 und n_3 die Komponenten des Normalenvektors $\vec{n}$.

Ist eine Ebene in Parameterform gegeben und suchen Sie die Koordinatenform, so stellen Sie zuerst die Punkt-Normalenform auf und rechnen diese anschließend aus. Dazu ist ein Normalenvektor gesucht, der senkrecht auf den beiden Spannvektoren $\overrightarrow{v_1}$ und $\overrightarrow{v_2}$ stehen muss. Diesen können Sie mit Hilfe des Skalarprodukts berechnen, indem Sie benutzen, dass $\vec{n} \cdot \overrightarrow{v_1} = 0$ und $\vec{n} \cdot \overrightarrow{v_2} = 0$ sein muss. Sie erhalten so ein Gleichungssystem aus zwei Gleichungen mit dessen Hilfe Sie den Vektor $\vec{n}$ bestimmen können. Ein weiterer Weg führt über das Kreuzprodukt, siehe die nächste Seite.

Tipp: Wenn man einen Vektor $\vec{n}$ sucht, der senkrecht auf zwei gegebenen Vektoren $\vec{a}$ und $\vec{b}$ steht, geschieht dies einfach und schnell mit dem **Vektorprodukt**:

$$\vec{n} = \left(\vec{a} \times \vec{b}\right) = \begin{pmatrix} a_2b_3 & - & a_3b_2 \\ a_3b_1 & - & a_1b_3 \\ a_1b_2 & - & a_2b_1 \end{pmatrix}$$

Die Merkhilfe dazu:

1. Beide Vektoren werden je zweimal untereinandergeschrieben, dann werden die erste und die letzte Zeile gestrichen.
2. Anschließend wird «über Kreuz» multipliziert. Dabei erhalten die abwärts gerichteten Pfeile ein positives und die aufwärts gerichteten Pfeile ein negatives Vorzeichen.
3. Die einzelnen Komponenten werden subtrahiert – fertig!

$$\begin{array}{cc} \cancel{a_1} & \cancel{b_1} \\ a_2 & b_2 \\ a_3 & b_3 \\ a_1 & b_1 \\ a_2 & b_2 \\ \cancel{a_3} & \cancel{b_3} \end{array} \Rightarrow \begin{array}{cc} a_2 & b_2 \\ a_3 & b_3 \\ a_1 & b_1 \\ a_2 & b_2 \end{array} \Rightarrow \begin{pmatrix} a_2b_3 - a_3b_2 \\ a_3b_1 - a_1b_3 \\ a_1b_2 - a_2b_1 \end{pmatrix}$$

Anmerkung: Der Betrag des senkrecht stehenden Vektors entspricht genau der Flächenmaßzahl des Parallelogramms, das von den beiden Vektoren aufgespannt wird.

Beispiel: Sind $\vec{a} = \begin{pmatrix} 1 \\ 3 \\ 2 \end{pmatrix}$ und $\vec{b} = \begin{pmatrix} -1 \\ 4 \\ 0 \end{pmatrix}$, ergibt sich für den gesuchten Vektor:

$$\begin{array}{cc} \cancel{1} & \cancel{-1} \\ 3 & 4 \\ 2 & 0 \\ 1 & -1 \\ 3 & 4 \\ \cancel{2} & \cancel{0} \end{array} \Rightarrow \begin{array}{cc} 3 & 4 \\ 2 & 0 \\ 1 & -1 \\ 3 & 4 \end{array} \Rightarrow \begin{pmatrix} 3\cdot 0 - 2\cdot 4 \\ 2\cdot(-1) - 1\cdot 0 \\ 1\cdot 4 - 3\cdot(-1) \end{pmatrix} = \begin{pmatrix} -8 \\ -2 \\ 7 \end{pmatrix}$$

12.1 Parameterform der Ebenengleichung

Im Folgenden sind jeweils drei Punkte bzw. eine Gerade und ein Punkt gegeben, die eine Ebene festlegen. Geben Sie zu diesen Ebenen jeweils eine Ebenengleichung in Parameterform an.

a) $A(1 \mid 4 \mid 3), B(2 \mid 7 \mid -3), C(3 \mid 5 \mid 1)$ b) $P(3 \mid 1 \mid 2), Q(4 \mid 7 \mid 3), R(4 \mid 0 \mid -1)$

c) $A(1\mid 3\mid 6),\ g\colon \vec{x}=\begin{pmatrix}-1\\2\\4\end{pmatrix}+t\cdot\begin{pmatrix}3\\6\\-1\end{pmatrix}$ d) $B(0\mid 1\mid 2),\ g\colon \vec{x}=\begin{pmatrix}7\\3\\2\end{pmatrix}+t\cdot\begin{pmatrix}1\\2\\1\end{pmatrix}$

12.2 Koordinatengleichung einer Ebene

Bestimmen Sie eine Koordinatengleichung der Ebene E. Es sind entweder drei Punkte, ein Punkt und eine Gerade oder zwei Geraden, die die Ebene aufspannen, gegeben.

a) $A(2\mid 2\mid 2),\ B(4\mid 1\mid 3),\ C(8\mid 4\mid 5)$ b) $P(1\mid 3\mid 5),\ Q(2\mid 7\mid 3),\ R(5\mid 1\mid 3)$

c) $A(4\mid 1\mid 2),\ g\colon \vec{x}=\begin{pmatrix}3\\5\\7\end{pmatrix}+t\cdot\begin{pmatrix}1\\1\\1\end{pmatrix}$ d) $C(4\mid 3\mid 4),\ g\colon \vec{x}=\begin{pmatrix}7\\2\\3\end{pmatrix}+t\cdot\begin{pmatrix}1\\-3\\-3\end{pmatrix}$

e) $g_1\colon \vec{x}=\begin{pmatrix}1\\2\\3\end{pmatrix}+t\cdot\begin{pmatrix}1\\3\\4\end{pmatrix}$ $g_2\colon \vec{x}=\begin{pmatrix}1\\2\\3\end{pmatrix}+s\cdot\begin{pmatrix}2\\-1\\3\end{pmatrix}$

f) $g_1\colon \vec{x}=\begin{pmatrix}1\\2\\4\end{pmatrix}+s\cdot\begin{pmatrix}1\\3\\2\end{pmatrix}$ $g_2\colon \vec{x}=\begin{pmatrix}3\\3\\7\end{pmatrix}+t\cdot\begin{pmatrix}2\\1\\3\end{pmatrix}$

g) $g_1\colon \vec{x}=\begin{pmatrix}3\\1\\6\end{pmatrix}+s\cdot\begin{pmatrix}2\\1\\4\end{pmatrix}$ $g_2\colon \vec{x}=\begin{pmatrix}-1\\-8\\4\end{pmatrix}+t\cdot\begin{pmatrix}1\\4\\-1\end{pmatrix}$

h) $g_1\colon \vec{x}=\begin{pmatrix}1\\0\\2\end{pmatrix}+s\cdot\begin{pmatrix}3\\1\\2\end{pmatrix}$ $g_2\colon \vec{x}=\begin{pmatrix}4\\1\\1\end{pmatrix}+t\cdot\begin{pmatrix}6\\2\\4\end{pmatrix}$

i) $g\colon \vec{x}=\begin{pmatrix}0\\1\\0\end{pmatrix}+s\cdot\begin{pmatrix}2\\1\\2\end{pmatrix}$ $h\colon \vec{x}=\begin{pmatrix}2\\0\\2\end{pmatrix}+t\cdot\begin{pmatrix}-4\\-2\\-4\end{pmatrix}$

j) Die Ebene E ist Spiegelebene zwischen $A(1\mid 4\mid 7)$ und $A^*(3\mid 2\mid 3)$.

k) Die Ebene E enthält die Gerade $g\colon \vec{x}=\begin{pmatrix}3\\1\\2\end{pmatrix}+t\cdot\begin{pmatrix}2\\0\\-1\end{pmatrix}$ und ist orthogonal zur Ebene $F\colon -x_1+x_2+2x_3+2=0$.

l) Prüfen Sie, ob die vier Punkte $A(2\mid 1\mid 2)$, $B(4\mid 3\mid 4)$, $C(7\mid 2\mid 3)$ und $D(8\mid -1\mid 0)$ in einer Ebene liegen.

12.3 Ebenen im Koordinatensystem

Es sind verschiedene Ebenen angegeben. Zeichnen Sie diese mit Hilfe ihrer Spurgeraden in ein kartesisches Koordinatensystem ein:

Tipp: Bestimmen Sie zuerst die Spurpunkte. Das sind die Punkte, in denen die Ebene die Koordinatenachsen schneidet.

a) $E: \; 3x_1 + 4x_2 + 3x_3 = 12$ b) $E: \; 4x_1 - 8x_2 + 4x_3 = 16$ c) $E: \; 3x_1 - 3x_2 - 3x_3 = 9$

d) $E: \; 2x_1 + 4x_2 = 8$ e) $E: \; x_1 + 2x_3 = 4$ f) $E: \; 3x_2 + x_3 = 3$

g) $E: \; x_2 = 3$

12.4 Bestimmen von Geraden und Ebenen in einem Quader

In der Abbildung ist ein Quader dargestellt, M und N seien die Mittelpunkte der beiden Kanten $\overline{BE}$ bzw. $\overline{CF}$.

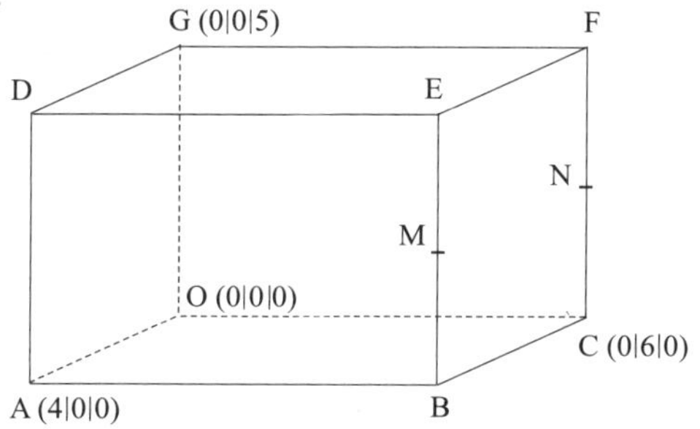

a) Bestimmen Sie die Koordinaten der übrigen Punkte.

b) Geben Sie eine Koordinatengleichung der Ebene durch B, E und F an.

c) Geben Sie eine Geradengleichung der Geraden durch A und N sowie G und M an.

d) Bestimmen Sie die Koordinatengleichung der Ebene durch A, O, E und F.

12.5 Bestimmen von Geraden und Ebenen in einer Pyramide

Gegeben ist die senkrechte Pyramide mit quadratischer Grundfläche wie in der nebenstehenden Abbildung dargestellt. Ihr Mittelpunkt ist $O\,(0 \mid 0 \mid 0)$.

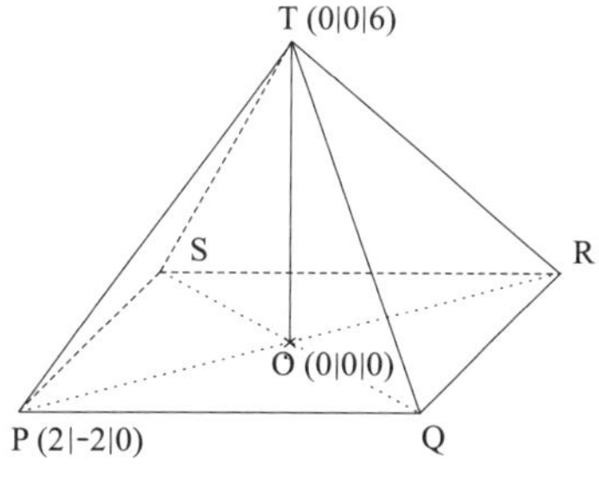

a) Geben Sie die Koordinaten der übrigen Punkte an.

b) Geben Sie eine Gleichung der Geraden durch die Kante PT an.

c) Bestimmen Sie eine Koordinatengleichung der Ebene E, in der die Seitenfläche QRT liegt.

13 Gegenseitige Lage von Geraden und Ebenen

Tipps ab Seite 108, Lösungen ab Seite 204

Eine Gerade und eine Ebene können auf drei verschiedene Weisen zueinander liegen: Die Gerade kann die Ebene schneiden, sie kann parallel zu ihr liegen und sie kann in der Ebene liegen. Liegt die Ebene in der Parameterform vor, werden Geraden- und Ebenengleichung gleichgesetzt. Liegt sie in der Punkt-Normalenform oder der Koordinatenform vor, schreiben Sie die Gerade als «allgemeinen Punkt» um und setzten diesen in die Ebenengleichung ein.

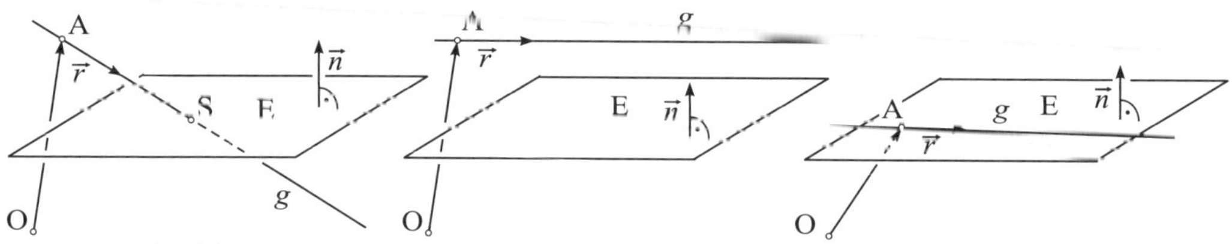

g schneidet E — *g* ist parallel zu E — *g* liegt in E

13.1 Gegenseitige Lage

Bestimmen Sie die gegenseitige Lage der Gerade und der Ebene:

a) $g:\ \vec{x} = \begin{pmatrix} 4 \\ 6 \\ 2 \end{pmatrix} + t \cdot \begin{pmatrix} 1 \\ 2 \\ 3 \end{pmatrix}$ $\qquad$ $E:\ 2x_1 + 4x_2 + 6x_3 + 12 = 0$

b) $g:\ \vec{x} = \begin{pmatrix} 3 \\ 2 \\ 2 \end{pmatrix} + s \cdot \begin{pmatrix} 2 \\ 5 \\ 7 \end{pmatrix}$ $\qquad$ $E:\ 2x_1 + x_2 - 3x_3 = 4$

c) $g:\ \vec{x} = \begin{pmatrix} 4 \\ 1 \\ 3 \end{pmatrix} + t \cdot \begin{pmatrix} 2 \\ -1 \\ 1 \end{pmatrix}$ $\qquad$ $E:\ \vec{x} = \begin{pmatrix} 1 \\ -2 \\ -2 \end{pmatrix} + r \cdot \begin{pmatrix} 3 \\ 6 \\ -3 \end{pmatrix} + s \cdot \begin{pmatrix} 8 \\ -4 \\ 4 \end{pmatrix}$

d) $g:\ \vec{x} = \begin{pmatrix} 3 \\ 4 \\ 7 \end{pmatrix} + t \cdot \begin{pmatrix} 1 \\ 0 \\ 1 \end{pmatrix}$ $\qquad$ $E:\ \vec{x} = \begin{pmatrix} 4 \\ 6 \\ 8 \end{pmatrix} + r \cdot \begin{pmatrix} 3 \\ 8 \\ 9 \end{pmatrix} + s \cdot \begin{pmatrix} 10 \\ 5 \\ 4 \end{pmatrix}$

e) $g:\ \vec{x} = \begin{pmatrix} 1 \\ -2 \\ 3 \end{pmatrix} + s \cdot \begin{pmatrix} 2 \\ 1 \\ 2 \end{pmatrix}$ $\qquad$ $E:\ x_1 - x_3 = 0$

f) $g:\ \vec{x}=\begin{pmatrix}1\\2\\3\end{pmatrix}+t\cdot\begin{pmatrix}1\\3\\4\end{pmatrix}$ $\qquad$ $E:\ 13x_1+5x_2-7x_3-2=0$

13.2 Gerade und Ebene parallel

Bestimmen Sie den Parameter $t\in\mathbb{R}$ so, dass $g_t \parallel E$ bzw. $g_t \parallel E_t$ ist:

a) $g_t:\ \vec{x}=\begin{pmatrix}1\\4\\-2\end{pmatrix}+s\cdot\begin{pmatrix}2\\1\\t\end{pmatrix}$ $\qquad$ $E:\ x_1+2x_2+4x_3=2$

b) $g_t:\ \vec{x}=\begin{pmatrix}2\\1\\2\end{pmatrix}+s\cdot\begin{pmatrix}1\\t\\2\end{pmatrix}$ $\qquad$ $E_t:\ tx_1+2x_2-x_3=7$

c) $g_t:\ \vec{x}=\begin{pmatrix}1\\0\\-1\end{pmatrix}+s\cdot\begin{pmatrix}1\\t\\2\end{pmatrix}$ $\qquad$ $E_t:\ 2tx_1+tx_2-1{,}5x_3-8=0$

13.3 Allgemeines Verständnis von Geraden und Ebenen

a) Gegeben seien die Gerade g und die Ebene E durch:

$g:\ \vec{x}=\vec{a}+t\cdot\vec{r};\quad t\in\mathbb{R}$ $\qquad$ $E:\ n_1x_1+n_2x_2+n_3x_3=b$

Welche Beziehung muss zwischen den Vektoren gelten, damit

I) g (echt) parallel zu E liegt

II) g senkrecht auf E steht

III) g in E liegt

b) Wie kann man nachweisen, dass eine Gerade in einer Ebene enthalten ist?

13.4 Vermischte Aufgaben

a) Gegeben ist die Ebene $E:\ 2x_1+x_2-2x_3=12$. Bestimmen Sie die Gleichung einer Geraden, welche parallel zu E ist und durch den Punkt $P(4\mid 9\mid 7)$ verläuft.

b) Die Ebene E hat die Gleichung $E:\ 4x_1-3x_2+5x_3=17$. Bestimmen Sie die Gleichung der Geraden, die orthogonal zu E ist und durch den Punkt $Q(4\mid -1\mid 3)$ verläuft.

c) Gegeben ist die Ebene $E:\ -2x_1+x_2+2x_3=10$. Im Abstand von 3 LE verläuft eine Gerade g parallel zur Ebene E. Geben Sie eine mögliche Geradengleichung von g an.

14 Gegenseitige Lage zweier Ebenen

Tipps ab Seite 109, Lösungen ab Seite 208

Zwei Ebenen können auf drei verschiedene Arten zueinander liegen: Die beiden Ebenen können sich schneiden, sie können identisch sein oder parallel zueinander liegen. Wenn sich die beiden Ebenen schneiden, entsteht eine Schnittgerade s.

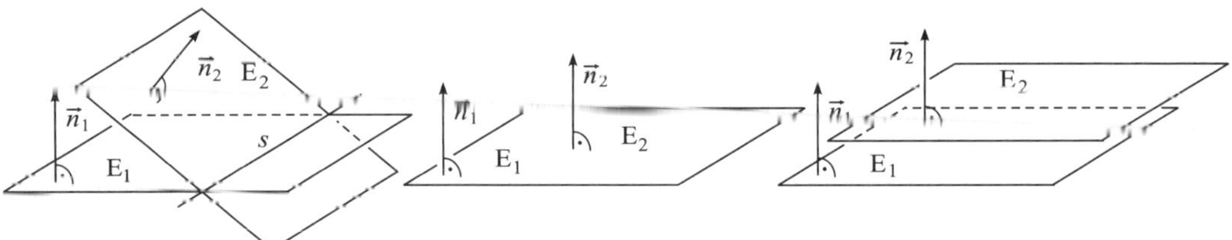

E_1 und E_2 schneiden sich — E_1 und E_2 sind identisch — E_1 und E_2 sind parallel

Liegen die Ebenen in Koordinatenform vor, so läßt sich die Aufgabe relativ einfach dadurch lösen, dass Sie die beiden Gleichungen als Gleichungssystem mit drei Unbekannten auffassen. Sie lösen dieses Gleichungssystem und können die Lösung als Geradengleichung schreiben, indem der Parameter der Lösung zum Geradenparameter wird. Liegen die Ebenen in Parametergleichung vor, setzen Sie diese gleich und benutzen das Gaußverfahren um nach einem Parameter aufzulösen. Sie erhalten so einen Ausdruck in Abhängigkeit vom anderen Parameter, setzen diesen in die Ebenengleichung ein und erhalten so die Schnittgerade.

14.1 Schnitt von zwei Ebenen

Bestimmen Sie eine Gleichung der Schnittgerade der beiden Ebenen, es gilt für alle Parameter: $r, s, t, u \in \mathbb{R}$

a) $E_1: x_1 + 2x_3 = 6$
$E_2: x_1 + x_2 + x_3 = 1$

b) $E_1: 6x_1 - x_2 + x_3 = 6$
$E_2: 2x_1 + x_2 - x_3 = -2$

c) $E_1: 4x_2 = 8$
$E_2: 2x_1 + 6x_3 = 0$

d) $E_1: \vec{x} = \begin{pmatrix} 5 \\ 6 \\ -4 \end{pmatrix} + r \cdot \begin{pmatrix} 0 \\ -4 \\ 7 \end{pmatrix} + s \cdot \begin{pmatrix} 2 \\ -3 \\ 4 \end{pmatrix}, \; E_2: 2x_1 - x_2 + x_3 = 0$

e) $E_1: \vec{x} = \begin{pmatrix} 2 \\ 2 \\ 2 \end{pmatrix} + r \cdot \begin{pmatrix} -1 \\ 2 \\ 1 \end{pmatrix} + s \cdot \begin{pmatrix} 1 \\ -1 \\ 2 \end{pmatrix}, \; E_2: x_1 + x_2 - 2x_3 = -4$

f) $E_1: \vec{x} = \begin{pmatrix} -4 \\ 1 \\ 6 \end{pmatrix} + r \cdot \begin{pmatrix} 5 \\ -3 \\ -2 \end{pmatrix} + s \cdot \begin{pmatrix} 2 \\ 2 \\ -1 \end{pmatrix}, \; E_2: \vec{x} = \begin{pmatrix} 4 \\ 5 \\ -3 \end{pmatrix} + t \cdot \begin{pmatrix} 0 \\ -2 \\ 1 \end{pmatrix} + u \cdot \begin{pmatrix} -3 \\ 1 \\ 3 \end{pmatrix}$

g) $E_1: \vec{x} = \begin{pmatrix} 4 \\ 5 \\ 7 \end{pmatrix} + r \cdot \begin{pmatrix} 1 \\ 1 \\ 2 \end{pmatrix} + s \cdot \begin{pmatrix} 2 \\ 3 \\ 6 \end{pmatrix}$, $E_2: \vec{x} = \begin{pmatrix} 3 \\ 2 \\ 11 \end{pmatrix} + t \cdot \begin{pmatrix} 1 \\ -1 \\ 2 \end{pmatrix} + u \cdot \begin{pmatrix} 2 \\ -5 \\ 8 \end{pmatrix}$

14.2 Parallele Ebenen

Zeigen Sie, dass die beiden Ebenen parallel sind, bzw. bestimmen Sie t so, dass die beiden Ebenen parallel sind:

a) $E: \; 4x_1 + 3x_2 - 2x_3 = -7$
$F: \; 8x_1 + 6x_2 - 4x_3 + 15 = 0$

b) $E: \; -x_1 + x_2 + 2x_3 = 0$
$F: \; 2x_1 - 2x_2 - 4x_3 = 5$

c) $E: \; 3x_1 + 6x_2 = 5$
$F: \; -x_1 - 2x_2 = 2$

d) $E_t: \; tx_1 - 2tx_2 - 4x_3 = 6$
$F: \; -2x_1 + 4x_2 - 4x_3 = 7$

e) $E_t: \; 2tx_1 + x_2 + 3x_3 = 8$
$F: \; 8x_1 - 2x_2 - 6x_3 = 7$

14.3 Verschiedene Aufgaben zur Lage zweier Ebenen

a) Zeigen Sie, dass die Ebene $E: \; 4x_1 + x_2 - 2x_3 = -8$ identisch ist mit der Ebene $F: \; -6x_1 - 1{,}5x_2 + 3x_3 = 12$.

b) Für welchen Wert von d ist $E_d: \; 2x_1 + x_2 - 3x_3 = d$ identisch mit der Ebene $F: \; -4x_1 - 2x_2 + 6x_3 = 9$?

c) Zeigen Sie, dass die Ebene $E: \; 3x_1 + 4x_2 - 2x_3 = 7$ orthogonal zur Ebene $F: \; 2x_1 + x_2 + 5x_3 = 9$ ist.

d) Für welchen Wert von t ist $E: \; 2x_1 - x_2 + 3x_3 = 7$ orthogonal zur Ebene $E_t: \; tx_1 - 2tx_2 - 4x_3 = 6$?

e) Gegeben sind die Ebenen $E: \; ax_1 + bx_2 + cx_3 = d$ und $F: \; ex_1 + fx_2 + gx_3 = h$; $a, \ldots, h \in \mathbb{R}$.
Welche Beziehung muss zwischen den Ebenen bestehen, damit

I) E (echt) parallel zu F liegt

II) E senkrecht auf F steht

III) E und F identisch sind.

15 Abstandsberechnungen

Tipps ab Seite 110, Lösungen ab Seite 213

Die verschiedenen Aufgaben der Abstandsberechnungen lassen sich oft auf die Berechnung des Abstands eines Punktes von einer Ebene oder des Abstands eines Punktes zu einem Punkt zurückführen. So können Sie den Abstand eines Punktes P zu einer Geraden g mit einer Hilfsebene E_H berechnen. Diese steht senkrecht auf g und enthält den Punkt P. Der Abstand ist dann die Länge des Vektors $\overrightarrow{LP}$. (Alternativ können Sie auch das Skalarprodukt benutzen.)

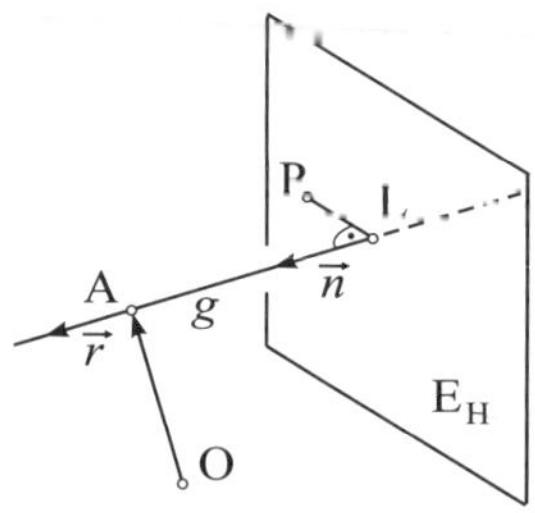

Den Abstand eines Punktes von einer Ebene berechnet man entweder mit einer Hilfsgeraden, mit der man den Lotfußpunkt bestimmt oder mit der Hesseschen Normalenform (HNF).

Auch den Abstand von zwei windschiefen Geraden können Sie auf zwei Weisen bestimmen: Entweder mit Hilfe der Abstandsformel (siehe Seite 111) oder indem Sie einen «allgemeinen» Verbindungsvektor der beiden Geraden aufstellen und jeweils das Skalarprodukt mit den beiden Richtungsvektoren bilden, welches gleich Null sein muss, damit dieser Verbindungsvektor senkrecht auf den beiden Geraden steht.

15.1 Abstand Punkt – Ebene

Berechnen Sie den Abstand des Punktes von der Ebene:

a) $P(2\,|\,4\,|\,-1)$, $E:\ 2x_1 - x_2 + 2x_3 = 1$ b) $S(9\,|\,4\,|\,-3)$, $E:\ x_1 + 2x_2 + 2x_3 = -3$

c) $Q(8\,|\,1\,|\,1)$, $E:\ x_1 - 4x_2 - 4x_3 = 0$ d) $R(6\,|\,9\,|\,4)$, $E:\ \left(\vec{x} - \begin{pmatrix} 7 \\ 5 \\ 2 \end{pmatrix}\right) \cdot \begin{pmatrix} 2 \\ 2 \\ 1 \end{pmatrix} = 0$

15.2 Abstand Punkt – Gerade

Berechnen Sie den Abstand des Punktes von der Geraden:

a) $g:\ \vec{x} = \begin{pmatrix} 4 \\ 5 \\ 6 \end{pmatrix} + t \cdot \begin{pmatrix} -2 \\ 1 \\ 1 \end{pmatrix}$, $T(6\,|\,-6\,|\,9)$ b) $g:\ \vec{x} = \begin{pmatrix} -2 \\ -4 \\ 2 \end{pmatrix} + t \cdot \begin{pmatrix} 3 \\ 0 \\ -2 \end{pmatrix}$, $P(-1\,|\,2\,|\,-3)$

15.3 Abstand paralleler Geraden

Zeigen Sie, dass die beiden Geraden parallel sind, und berechnen Sie den Abstand der beiden Geraden:

a) $g: \vec{x} = \begin{pmatrix} 2 \\ 1 \\ 2 \end{pmatrix} + t \cdot \begin{pmatrix} 1 \\ 0 \\ 1 \end{pmatrix}$ $\qquad h: \vec{x} = \begin{pmatrix} 2 \\ 3 \\ 4 \end{pmatrix} + s \cdot \begin{pmatrix} 3 \\ 0 \\ 3 \end{pmatrix}$

b) $g: \vec{x} = \begin{pmatrix} 5 \\ -1 \\ 3 \end{pmatrix} + t \cdot \begin{pmatrix} 1 \\ 3 \\ 4 \end{pmatrix}$ $\qquad h: \vec{x} = \begin{pmatrix} 7 \\ -7 \\ 7 \end{pmatrix} + s \cdot \begin{pmatrix} -2 \\ -6 \\ -8 \end{pmatrix}$

15.4 Verschiedene Aufgaben

a) Bestimmen Sie denjenigen Punkt A auf $g: \vec{x} = \begin{pmatrix} 2 \\ 1 \\ 3 \end{pmatrix} + t \cdot \begin{pmatrix} 2 \\ 1 \\ 2 \end{pmatrix}$,

welcher von P$(5 \mid 1 \mid 0)$ und Q$(6 \mid 3 \mid 7)$ die gleiche Entfernung hat.

b) Bestimmen Sie denjenigen Punkt M auf $g: \vec{x} = \begin{pmatrix} -1 \\ 4 \\ 1 \end{pmatrix} + t \cdot \begin{pmatrix} 2 \\ -2 \\ 1 \end{pmatrix}$,

der von A$(2 \mid -2 \mid 1)$ und C$(-1 \mid 4 \mid -1)$ gleich weit entfernt ist.

c) Bestimmen Sie diejenigen Punkte auf $g: \vec{x} = \begin{pmatrix} 1 \\ 0 \\ 2 \end{pmatrix} + t \cdot \begin{pmatrix} 2 \\ 1 \\ 2 \end{pmatrix}$,

welche von A$(3 \mid 1 \mid 4)$ die Entfernung 3 LE haben.

d) Die Punkte A$(1 \mid 1 \mid 1)$, B$(3 \mid 3 \mid 1)$ und C$(0 \mid 4 \mid 5)$ sowie S$(6 \mid -2 \mid 8)$ bilden eine Pyramide mit der Grundfläche ABC. Berechnen Sie die Höhe der Pyramide.

e) Von welcher Ebene $E_b: \ 2x_1 + x_2 - 2x_3 = b$ hat der Punkt P$(-1 \mid 2 \mid -3)$ den Abstand 2 LE?

f) Welche Punkte der Geraden $g: \vec{x} = \begin{pmatrix} 1 \\ -3 \\ 5 \end{pmatrix} + s \cdot \begin{pmatrix} 2 \\ 1 \\ -3 \end{pmatrix}$ haben von der

Ebene $E: \ x_1 - 4x_2 + 8x_3 = 1$ den Abstand 13 LE?

g) Welche Punkte der Geraden $g:\ \vec{x}=\begin{pmatrix}2\\-5\\-3\end{pmatrix}+t\cdot\begin{pmatrix}2\\4\\5\end{pmatrix}$ haben von der Ebene $E:\ 2x_1+x_2+2x_3-11=0$ den Abstand 3 LE?

h) Berechnen Sie die Koordinaten der Punkte auf $g:\ \vec{x}=\begin{pmatrix}0\\4\\-2\end{pmatrix}+t\cdot\begin{pmatrix}2\\2\\1\end{pmatrix}$, die von der Ebene $E:\ x_1+2x_2+2x_3=12$ den Abstand 8 LE haben.

i) Zeigen Sie, dass $g:\ \vec{x}=\begin{pmatrix}1\\2\\3\end{pmatrix}+t\cdot\begin{pmatrix}2\\-1\\3\end{pmatrix}$ parallel zu $E:\ 4x_1-x_2-3x_3=19$ ist und berechnen Sie den Abstand von g zu E.

j) Zeigen Sie, dass die Ebene $E_1:\ 2x_1-3x_2+x_3=4$ parallel ist zu $E_2:\ -2x_1+3x_2-x_3=-7$ und berechnen Sie den Abstand von E_1 zu E_2.

15.5 Abstand windschiefer Geraden

Berechnen Sie jeweils den Abstand der beiden windschiefen Geraden:

a) $g:\ \vec{x}=\begin{pmatrix}-1\\-3\\5\end{pmatrix}+s\cdot\begin{pmatrix}4\\1\\-1\end{pmatrix}$ $\quad h:\ \vec{x}=\begin{pmatrix}0\\-4\\8\end{pmatrix}+t\cdot\begin{pmatrix}2\\0\\-1\end{pmatrix}$

b) $g:\ \vec{x}=\begin{pmatrix}6\\1\\3\end{pmatrix}+t\cdot\begin{pmatrix}2\\1\\-2\end{pmatrix}$ $\quad h:\ \vec{x}=\begin{pmatrix}4\\5\\-3\end{pmatrix}+s\cdot\begin{pmatrix}0\\1\\2\end{pmatrix}$

c) Erläutern Sie die wesentlichen Arbeitsschritte, wie man ohne Formel den Abstand zweier windschiefer Geraden g und h bestimmen kann.

16 Winkelberechnungen

Tipps ab Seite 112, Lösungen ab Seite 218

Die verschiedenen Aufgaben der Winkelberechnungen lassen sich auf die Berechnung des Winkels α zwischen zwei Vektoren $\vec{a}$ und $\vec{b}$ zurückführen, den man mit Hilfe der Formel $\cos\alpha = \frac{\vec{a}\cdot\vec{b}}{|\vec{a}|\,|\vec{b}|}$ bestimmen kann.

Will man den spitzen Winkel zwischen zwei Geraden oder zwei Ebenen berechnen, verwendet man die Formel $\cos\alpha = \frac{|\vec{a}\cdot\vec{b}|}{|\vec{a}|\,|\vec{b}|}$, wobei $\vec{a}$ und $\vec{b}$ die beiden Richtungsvektoren der Geraden bzw. die beiden Normalenvektoren sind.

Will man den spitzen Winkel zwischen einer Geraden und einer Ebene berechnen, verwendet man die Formel $\sin\alpha = \frac{|\vec{a}\cdot\vec{b}|}{|\vec{a}|\,|\vec{b}|}$, wobei $\vec{a}$ der Richtungsvektor der Geraden und $\vec{b}$ der Normalenvektor der Ebene ist.

Ohne Taschenrechner lässt sich der Winkel in der Regel nur dann bestimmen, wenn es sich um einen rechten Winkel handelt. Bestimmen Sie ansonsten den Ausdruck für den Kosinus bzw. den Sinus des Winkels.

16.1 Winkel zwischen Vektoren und Geraden

Tipp: Machen Sie eine Skizze. Überlegen Sie, welche Vektoren der Geraden den Winkel einschließen.

a) Berechnen Sie die Innenwinkel des Dreiecks ABC: A $(6\,|\,-1\,|\,1)$, B $(4\,|\,3\,|\,-3)$, C $(0\,|\,5\,|\,1)$.

b) Berechnen Sie den Winkel zwischen den beiden Geraden:

I) $g:\ \vec{x} = \begin{pmatrix} 2 \\ 1 \\ -1 \end{pmatrix} + s\cdot\begin{pmatrix} -1 \\ 3 \\ 5 \end{pmatrix}$ $\qquad h:\ \vec{x} = \begin{pmatrix} 2 \\ 1 \\ -1 \end{pmatrix} + t\cdot\begin{pmatrix} 7 \\ -1 \\ 2 \end{pmatrix}$

II) $g:\ \vec{x} = \begin{pmatrix} 4 \\ 0 \\ 1 \end{pmatrix} + s\cdot\begin{pmatrix} 2 \\ -6 \\ 10 \end{pmatrix}$ $\qquad h:\ \vec{x} = \begin{pmatrix} 4 \\ 0 \\ 1 \end{pmatrix} + t\cdot\begin{pmatrix} 2 \\ 3 \\ 5 \end{pmatrix}$

16.2 Winkel zwischen Ebenen

Berechnen Sie den Winkel zwischen den Ebenen:

a) $E_1:\ x_1 - x_2 + 2x_3 = 7$
$E_2:\ 6x_1 + x_2 - x_3 + 7 = 0$

b) $E_1:\ 4x_2 = 5$
$E_2:\ 6x_1 + 5x_3 = 0$

16.3 Winkel zwischen Gerade und Ebene

Berechnen Sie jeweils den Winkel zwischen der Gerade und der Ebene:

a) $g:\ \vec{x} = \begin{pmatrix} 3 \\ 7 \\ -4 \end{pmatrix} + t \cdot \begin{pmatrix} 1 \\ 2 \\ -1 \end{pmatrix}$ E: $3x_1 + 5x_2 - 2x_3 - 7 = 0$

b) $g: x_2$-Achse E: $6x_1 + 10x_2 - 4x_3 = 14$

c) $g:\ \vec{x} = \begin{pmatrix} 4 \\ 6 \\ 2 \end{pmatrix} + t \cdot \begin{pmatrix} 1 \\ 2 \\ 3 \end{pmatrix}$ E: x_1-x_2-Ebene

17 Spiegelungen

Tipps ab Seite 112, Lösungen ab Seite 220

Die Aufgaben der Spiegelungen lassen sich oft auf die Spiegelung eines Punktes an einem Punkt zurückführen. Hierzu stellt man eine geeignete Vektorkette mit Hilfe des Ursprungs auf.
Um einen Punkt an einer Ebene zu spiegeln, schneidet man die Lotgerade durch diesen Punkt mit der Ebene.
Um einen Punkt an einer Geraden zu spiegeln, stellt man eine orthogonale Hilfsebene durch diesen Punkt auf und schneidet sie mit der Geraden.

17.1 Punkt an Punkt

Spiegeln Sie den Punkt $P(3 \mid 4 \mid 5)$ jeweils an den angegebenen Punkten:

a) $Q(2 \mid 1 \mid 2)$ b) $R(0 \mid 3 \mid -2)$ c) $S(-3 \mid 1 \mid 4)$

17.2 Punkt an Ebene

Spiegeln Sie den Punkt an der Ebene:

a) $A(1 \mid 4 \mid 7)$
$E: \; x_1 - x_2 - 2x_3 + 11 = 0$

b) $S(-1 \mid -4 \mid -9)$
$E: \; 2x_1 - 2x_2 + x_3 = 6$

c) $P(2 \mid 3 \mid 4)$
$E: \; 4x_1 + x_2 - x_3 = 3$

Tipp: Legen Sie eine Skizze an. Oft lässt sich ein neues Problem auf ein schon bekanntes zurückführen, wie die Spiegelung eines Punktes an einer Ebene auf die Spiegelung eines Punktes an einem Punkt.

17.3 Punkt an Gerade

Spiegeln Sie den Punkt an der Geraden:

a) $P(2 \mid 3 \mid 4),\; g: \vec{x} = \begin{pmatrix} 2 \\ 1 \\ 2 \end{pmatrix} + t \cdot \begin{pmatrix} 1 \\ 0 \\ 1 \end{pmatrix}$ b) $B(5 \mid -2 \mid 1),\; g: \vec{x} = \begin{pmatrix} -1 \\ 6 \\ 5 \end{pmatrix} + t \cdot \begin{pmatrix} 4 \\ -1 \\ -1 \end{pmatrix}$

17.4 Allgemeine Spiegelungen

a) Geben Sie die wesentlichen Arbeitsschritte zur Spiegelung einer Geraden an einer Ebene an, falls gilt:
I) $g \parallel E$ II) g schneidet E.

b) Geben Sie die wesentlichen Arbeitsschritte zur Spiegelung einer Ebene an einer Ebene an (mit Fallunterscheidung).

18 Lineare Abbildungen und Matrizen

Tipps ab Seite 113, Lösungen ab Seite 222

In diesem Kapitel geht es um das grundlegende Rechnen mit Matrizen. Matrizen haben folgende Eigenschaften:

1. Matrizen werden als $n \times m$ (gelesen «n kreuz m») Matrizen bezeichnet, wobei n die Anzahl der Zeilen und m die Anzahl der Spalten ist (Merkhilfe: ZVS = Zeile vor Spalte).
2. Die Zahlen, die in der Matrix stehen, heißen Elemente oder Einträge, sie werden in der Regel durch zwei Indices gekennzeichnet. Dabei gibt der erste Index die jeweilige Zeile und der zweite die jeweilige Spalte an.
$$A = \begin{pmatrix} a_{11} & a_{12} \\ a_{21} & a_{22} \end{pmatrix}$$
Manchmal werden 2×2 Matrizen auch als $\begin{pmatrix} a_1 & b_1 \\ a_2 & b_2 \end{pmatrix}$ dargestellt. Bei dieser Darstellung kann man leichter den Überblick behalten, da nur ein Index vorhanden ist.
Die *Einheitsmatrix* besteht nur aus Einsen und Nullen. Die Einsen stehen dabei auf der *Hauptdiagonale*:
$$E = \begin{pmatrix} 1 & 0 \\ 0 & 1 \end{pmatrix}$$
3. Vektoren haben eine Spalte und können daher beim Rechnen als 3×1 (oder 2×1) Matrizen behandelt werden.
4. Matrizen werden mit Großbuchstaben gekennzeichnet, die Einträge mit Kleinbuchstaben.

Die Regeln zum «konkreten» Rechnen mit Matrizen finden Sie bei den Tipps auf Seite **??**.

Aufgaben:
Wie bei allen Aufgaben gilt, dass Sie langwierige Rechnungen, wie z.B. die mehrfache Multiplikation von Matrizen mit dem GTR bzw. dem CAS(je nach Taschenrechner im Kurs) durchführen sollten. Die zugrundeliegenden Regeln sollten Sie aber verstanden haben, daher ist es sinnvoll, den GTR bzw. das CAS in diesem Kapitel nur zur Kontrolle einzusetzen.

18.1 Rechnen mit Matrizen

a) Gegeben sind $A = \begin{pmatrix} 2 & 1 \\ 3 & 2 \end{pmatrix}$, $B = \begin{pmatrix} 4 & 0 \\ 1 & 3 \end{pmatrix}$, $\vec{x} = \begin{pmatrix} 3 \\ 1 \end{pmatrix}$ und $\vec{y} = \begin{pmatrix} 4 \\ -1 \end{pmatrix}$.

Berechnen Sie:

I) $A + B$	II) $3 \cdot A$	III) $(-2) \cdot B$	IV) $\vec{x} \cdot \vec{y}$
V) $A \cdot \vec{x}$	VI) $B \cdot \vec{y}$	VII) $A \cdot B$	VIII) $B \cdot A$

b) Gegeben sind:

$$A = \begin{pmatrix} 3 & 2 & -1 \\ 1 & 0 & 1 \\ 2 & 1 & 2 \end{pmatrix}, B = \begin{pmatrix} 4 & 1 & 0 \\ 2 & -1 & 1 \\ 3 & 0 & -2 \end{pmatrix}, \vec{x} = \begin{pmatrix} 1 \\ 4 \\ -2 \end{pmatrix} \text{ und } \vec{y} = \begin{pmatrix} 0 \\ -2 \\ 1 \end{pmatrix}.$$

Berechnen Sie:

I) $\vec{x} \cdot \vec{y}$ II) $A \cdot \vec{x}$ III) $B \cdot \vec{y}$ IV) $A \cdot B$

V) $B \cdot A$

c) Berechnen Sie: I) $\begin{pmatrix} 2 & 4 \\ 9 & 0 \\ 3 & -1 \end{pmatrix} \cdot \begin{pmatrix} 1 \\ 3 \end{pmatrix}$ II) $\begin{pmatrix} 2 & 1 \\ 4 & 2 \\ 1 & 5 \end{pmatrix} \cdot \begin{pmatrix} 4 & 2 & 1 \\ 1 & 3 & 2 \end{pmatrix}$

18.2 Matrizen bei Abbildungen

Eine affine Abbildung ist eine geradentreue und umkehrbare Abbildung; das Bild einer Geraden ist also wieder eine Gerade. Außerdem ist sie parallelen- und teilverhältnistreu; das bedeutet, dass parallele Geraden parallele Bildgeraden besitzen und sich die Teilverhältnisse von Punkten auf der Geraden durch die affine Abbildung nicht ändern.

Die Matrixdarstellung einer affinen Abbildung α hat die Gestalt:

$$\alpha : \begin{pmatrix} x_1' \\ x_2' \end{pmatrix} = \begin{pmatrix} a_1 & b_1 \\ a_2 & b_2 \end{pmatrix} \cdot \begin{pmatrix} x_1 \\ x_2 \end{pmatrix} + \begin{pmatrix} c_1 \\ c_2 \end{pmatrix}$$

Dabei bewirkt die Multiplikation mit der Matrix eine Spiegelung bzw. Drehstreckung und die Addition des Vektors $\vec{c}$ eine Verschiebung. Die Koordinatendarstellung der Abbildung als Gleichungssystem hat folgende Gestalt:

$$\begin{aligned} x_1' &= a_1x_1 + b_1x_2 + c_1 \\ x_2' &= a_2x_1 + b_2x_2 + c_2 \end{aligned}$$

a) Gegeben ist die affine Abbildung $\alpha : \vec{x}' = \begin{pmatrix} 1 & 2 \\ 5 & -4 \end{pmatrix} \cdot \vec{x} + \begin{pmatrix} -4 \\ 7 \end{pmatrix}$.

Berechnen Sie die Koordinaten der Bilder der Punkte P (2 | 3), Q (−1 | 4) sowie der Geraden $g : \vec{x} = \begin{pmatrix} 4 \\ -3 \end{pmatrix} + t \cdot \begin{pmatrix} 1 \\ 2 \end{pmatrix}$.

b) Bestimmen Sie die Matrixdarstellung der affinen Abbildung α, welche O(0 | 0) auf O′ (2 | 5), E_1 (1 | 0) auf E_1' (7 | 2) und E_2 (0 | 1) auf E_2' (−2 | 6) abbildet.

c) Die affine Abbildung α bildet A (2 | 3) auf A′(7 | −6), B (5 | 1) auf B′(11 | −2) und C (−2 | −3) auf C′(−7 | 6) ab.

Bestimmen Sie die Matrixdarstellung von α.

d) Die affine Abbildung α bildet A$(3 \mid 0)$ auf A$'(-1 \mid -2)$, B$(0 \mid -3)$ auf B$'(-7 \mid -5)$ und C$(-2 \mid 0)$ auf C$'(-1 \mid -2)$ ab.

Bestimmen Sie die Matrixdarstellung von α.

e) Bestimmen Sie jeweils die Matrixdarstellung folgender Abbildungen:

α: Verschiebung um $\begin{pmatrix} -1 \\ 3 \end{pmatrix}$

β: Drehung um O um 60°

γ: Zentrische Streckung von O aus mit Streckfaktor $k = -\frac{2}{5}$

δ: Spiegelung an der Geraden $g: \vec{x} = t \cdot \begin{pmatrix} 2 \\ 3 \end{pmatrix}$.

f) Prüfen Sie, ob es sich bei α bzw. β um eine Drehung oder um eine Spiegelung handelt.

$\alpha: \vec{x}' = \begin{pmatrix} \frac{12}{13} & \frac{5}{13} \\ \frac{5}{13} & -\frac{12}{13} \end{pmatrix} \cdot \vec{x}$ $\qquad$ $\beta: \vec{x}' = \begin{pmatrix} \frac{12}{13} & -\frac{5}{13} \\ \frac{5}{13} & \frac{12}{13} \end{pmatrix} \cdot \vec{x}$

18.3 Verkettete Abbildungen

Die Verkettung von Abbildungen bedeutet die Hintereinanderausführung von mehreren Abbildungen. Dabei ist zu beachten, die die Verkettung «von rechts» abgearbeitet wird. Es bedeutet daher $\beta \circ \alpha$ «erst α, dann β», damit hat die zugehörige Verkettungsmatrix M folgende Gestalt: $\mathrm{M} = \mathrm{B} \cdot \mathrm{A}$.

Bestimmen Sie zuerst die Matrizen für die einzelnen Abbildungen und anschließend die Verkettungsmatrix als Matrizenprodukt (Reihenfolge beachten).

a) Gegeben sind die Abbildungen $\alpha: \vec{x}' = \begin{pmatrix} 2 & 3 \\ 0 & 4 \end{pmatrix} \cdot \vec{x}$ und $\beta: \vec{x}' = \begin{pmatrix} 0 & -2 \\ -2 & 0 \end{pmatrix} \cdot \vec{x}$.

Bestimmen Sie die Matrixdarstellung folgender Verkettungen:

I) «erst α, dann β»: $\beta \circ \alpha$ (gelesen «β nach α»)

II) «erst β, dann α»: $\alpha \circ \beta$

b) Bestimmen Sie jeweils die Matrixdarstellung folgender zusammengesetzter Abbildungen:

I) Zuerst um O$(0 \mid 0)$ um 30° drehen, dann an der Geraden $g: \vec{x} = t \cdot \begin{pmatrix} 1 \\ 1 \end{pmatrix}$ spiegeln.

II) Zuerst von O$(0 \mid 0)$ aus um den Faktor $k = 3$ strecken, dann an der x_2-Achse spiegeln.

18.4 Inverse Matrizen

Die Inverse Matrix A^{-1} zu einer Matrix A ist die Matrix, mit der man A multiplizieren muss, um die Einheitsmatrix E zu erhalten: $A \cdot A^{-1} = E$. (Analog zu den reellen Zahlen, bei denen gilt: $a \cdot a^{-1} = a \cdot \frac{1}{a} = 1$. Allerdings darf man bei Matrizen nicht einfach teilen, sondern muss A^{-1} erst berechnen.) Die Rechenregeln zur Berechnung der inversen Matrix finden Sie bei den Tipps auf Seite 116.

a) Zeigen Sie, dass die Matrizen A und B zueinander invers sind.

I) $A = \begin{pmatrix} 1 & -3 \\ 1 & -4 \end{pmatrix}$, $B = \begin{pmatrix} 4 & -3 \\ 1 & -1 \end{pmatrix}$

II) $A = \begin{pmatrix} -1 & 2 & 0 \\ 0 & -1 & 1 \\ 1 & 1 & 1 \end{pmatrix}$, $B = \begin{pmatrix} -\frac{1}{2} & -\frac{1}{2} & \frac{1}{2} \\ \frac{1}{4} & -\frac{1}{4} & \frac{1}{4} \\ \frac{1}{4} & \frac{3}{4} & \frac{1}{4} \end{pmatrix}$

b) Bestimmen Sie die Matrix B so, dass sie zur Matrix $A = \begin{pmatrix} 3 & 1 \\ -2 & -1 \end{pmatrix}$ invers ist.

c) Bestimmen Sie die inverse Matrix A^{-1} von $A = \begin{pmatrix} 1 & 4 \\ 2 & 6 \end{pmatrix}$ mit Hilfe des Gauß-Verfahrens.

d) Bestimmen Sie die inverse Matrix A^{-1} von $A = \begin{pmatrix} 1 & 1 & 1 \\ 2 & 4 & 1 \\ 1 & 5 & 0 \end{pmatrix}$ mit Hilfe des Gauß-Verfahrens.

e) Bestimmen Sie die inverse Matrix A^{-1} von $A = \begin{pmatrix} 1 & 4 & -2 \\ 2 & 2 & -1 \\ -1 & -2 & 2 \end{pmatrix}$ mit Hilfe des Gauß-Verfahrens.

f) Zeigen Sie, dass die Matrix $A = \begin{pmatrix} 1 & -1 & 3 \\ 2 & 1 & 2 \\ 4 & -1 & 8 \end{pmatrix}$ keine Inverse besitzt.

Stochastik

19 Berechnung von Wahrscheinlichkeiten

Tipps ab Seite 117, Lösungen ab Seite 230

In diesem Kapitel geht es darum, mithilfe bereits bekannter Wahrscheinlichkeiten von Ereignissen die Wahrscheinlichkeiten weiterer, oft «komplizierterer» Ereignisse zu bestimmen. Dabei werden folgende Operatoren verwendet:

$A \cup B$ bedeutet: entweder A oder B oder A und B tritt ein

$A \cap B$ bedeutet: A und B treten ein

Ein wichtiges Hilfsmittel sind *Vierfeldertafeln*. Mit Hilfe einer Vierfeldertafel kann man beispielsweise in folgendem Beispiel arbeiten:
In einer Eisdiele wurde über längere Zeit das Kaufverhalten der Kunden beobachtet. Bei Kunden, die genau zwei Kugeln Eis bestellten, konnte folgende Regelmäßigkeit festgestellt werden: Die Wahrscheinlichkeit, dass die 1. der genannten Sorten Vanille ist, liegt bei $p = 0,4$. Für die Wahrscheinlichkeit, dass die 2. genannte Sorte Schokolade ist, gilt $p = 0,3$.

A bezeichnet dann das Ereigniss «Die 1. bestellte Sorte ist Vanille», $\overline{A}$ entsprechend «Die 1. bestellte Sorte ist nicht Vanille». Dabei werden zuerst die Werte in den Randspalten bzw. Zeilen eingetragen; die Werte in der Mitte ergeben sich durch Multiplikation.

	A	$\overline{A}$	
B	0,12	0,18	0,3
$\overline{B}$	0,28	0,42	0,7
	0,4	0,6	

Baumdiagramme sind insbesondere bei mehrstufigen Zufallsexperimenten hilfreich. Eine Verzweigung entspricht dabei den möglichen Versuchausgängen der jeweiligen Stufe; längs der «Äste» werden die zugehörigen Wahrscheinlichkeiten notiert. Ein Beispiel für ein Baumdiagramm, das sich auf das obere Beispiel bezieht, ist:

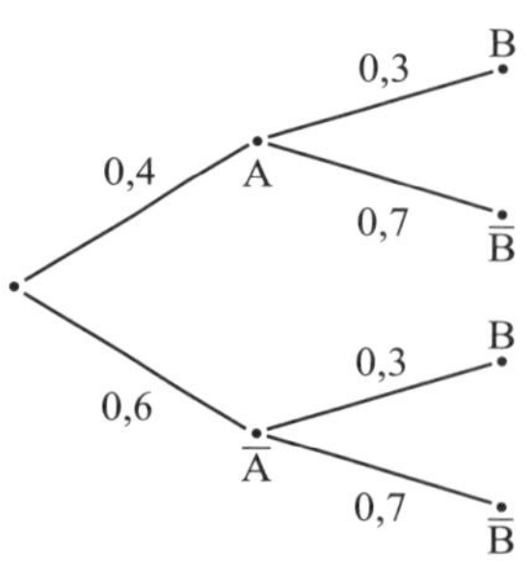

Wichtige Rechenregeln für Baumdiagramme sind die 1. *Pfadregel* und die 2. *Pfadregel*:
Die 1. Pfadregel (auch: Produktregel der Stochastik) besagt, dass man die Wahrscheinlichkeit längs eines Pfades berechnet, indem man die Wahrscheinlichkeiten der zugehörigen Äste miteinander multipliziert.
Mit der 2. Pfadregel (auch: Summenregel der Stochastik) kann man die Wahrscheinlichkeit eines Ereignisses berechnen, indem man die Wahrscheinlichkeiten aller zugehörigen Pfade addiert.

Ein Beispiel zum abgebildeten Baumdiagramm ist: $P(A \cap B) = 0,4 \cdot 0,3 = 0,12$

19.1 Additionssatz, Vierfeldertafel

a) Ergänzen Sie die folgenden Vierfeldertafeln:

I)

	A	$\overline{A}$	
B	0,3		
$\overline{B}$		0,1	
	0,8		

II)

	A	$\overline{A}$	
B			
$\overline{B}$	$\frac{1}{4}$		$\frac{3}{8}$
		$\frac{5}{8}$	

b) In einer Schule begeistern sich 70 % der Schüler für Fußball, 60 % für Schwimmen, 10 % mögen keine der beiden Sportarten.

I) Stellen Sie eine Vierfeldertafel auf und bestimmen Sie daraus den Anteil der Schüler, die sich für beide Sportarten begeistern.

II) Prüfen Sie den Additionssatz an diesem Beispiel nach.

19.2 Baumdiagramme und Pfadregeln

a) In einer Urne befinden sich 2 grüne, 3 rote und 5 blaue Kugeln. Es werden nacheinander ohne Zurücklegen 2 Kugeln gezogen.

I) Stellen sie ein Baumdiagramm auf.

II) Bestimmen Sie die Wahrscheinlichkeiten der folgenden Ereignisse:
A: Es werden die beiden grünen Kugeln gezogen.
B: Es wird zuerst eine rote und dann eine blaue Kugel gezogen.
C: Es werden eine rote und eine grüne Kugel gezogen.
D: Es werden 2 gleichfarbige Kugeln gezogen.
E: Es wird keine blaue Kugel gezogen.

b) Ein ungewöhnlicher Würfel trägt auf einer Seite die Zahl 1, auf vier anderen Seiten die Zahl 2 und auf einer Seite die Zahl 3. Er wird zweimal nacheinander geworfen und das Ergebnis als zweistellige Zahl notiert.

I) Stellen Sie ein Baumdiagramm auf.

II) Bestimmen Sie die Wahrscheinlichkeiten der folgenden Ereignisse:

A: Das Ergebnis ist 12.
B: Das Ergebnis ist eine gerade Zahl.
C: Das Ergebnis ist kleiner als 20.
D: Die Quersumme des Ergebnisses ist 4.
E: Das Ergebnis ist eine Primzahl.

c) Ein Fertigungsteil durchläuft mehrmals dieselbe Kontrolle, da mit einer Wahrscheinlichkeit von 20 % ein Fehler übersehen wird.

I) Bestimmen Sie mit Hilfe eines Baumdiagramms die Wahrscheinlichkeit, dass ein vorhandener Fehler zweimal übersehen und beim 3. Mal erkannt wird.

II) Wie groß ist die Wahrscheinlichkeit, dass ein vorhandener Fehler spätestens beim 3. Mal erkannt wird?

d) Mit einem Glücksrad, das drei gleich große Sektoren mit den Zahlen 0, 1 und 2 besitzt, und einem Würfel wird folgendermaßen gespielt:
Zunächst wird das Glücksrad gedreht. Anschließend darf so oft gewürfelt werden, wie das Glücksrad anzeigt. Sobald man eine Sechs würfelt, hat man gewonnen.
Wie groß ist die Wahrscheinlichkeit, bei diesem Spiel zu gewinnen?

e) In einer Urne befinden sich 2 rote und 2 weiße Kugeln. Es werden so lange einzelne Kugeln ohne Zurücklegen herausgenommen, bis die beiden weißen Kugeln gezogen sind. Wie groß ist die Wahrscheinlichkeit, dass man dabei alle 4 Kugeln aus der Urne nehmen muss?

f) Berechnen Sie die Gewinnwahrscheinlichkeit bei folgendem Spiel: Ein Würfel wird so oft geworfen, bis die Summe der gewürfelten Augenzahlen 3 oder mehr beträgt.
Man gewinnt, wenn die Summe genau 3 beträgt.

19.3 Unabhängigkeit von zwei Ereignissen

Zwei Ereignisse A und B heißen *(stochastisch) unabhängig* genau dann, wenn der *spezielle Multiplikationssatz* gilt:

$$P(A \cap B) = P(A) \cdot P(B)$$

Die *bedingte Wahrscheinlichkeit* $P_B(A)$ ist die Wahrscheinlichkeit dafür, dass das Ereignis A eintritt, unter der Bedingung, dass B bereits eingetreten ist. Dafür gilt:

$$P_B(A) = \frac{P(A \cap B)}{P(B)}$$

Beispiel:

Geworfen werden ein roter und ein schwarzer Würfel, die jeweils mit den Zahlen 1 bis 6 beschriftet sind. Berechnet werden soll die Wahrscheinlichkeit dafür, dass der schwarze Würfel «6» ergibt (Ereignis A), wenn die Gesamtaugenzahl «11» beträgt (Ereignis B). Da der rote Würfel dann ja 5 anzeigen «muss» und die beiden Würfe unabhängig voneinander sind. Man erhält:

$$P(A \cap B) = P(\{5;6\}) = \frac{1}{6} \cdot \frac{1}{6} = \frac{1}{36}$$

Weiter ist:

$$P(B) = P(\{5;6\};\{6;5\}) = \frac{2}{36} = \frac{1}{18}$$

(da es nur diese beiden Möglichkeiten gibt, insgesamt auf «11» zu kommen). Somit folgt:

$$P_B(A) = \frac{P(A \cap B)}{P(B)} = \frac{\frac{1}{36}}{\frac{1}{18}} = \frac{18}{36} = \frac{1}{2}$$

Die gesuchte bedingte Wahrscheinlichkeit beträgt hier also gerade 0,5.
Im allgemeinen – wenn der spezielle Multiplikationssatz nicht gilt – berechnet man die Wahrscheinlichkeit, dass die Ereignisse A und B beide eintreten, mit Hilfe der bedingten Wahrscheinlichkeit:

$$P(A \cap B) = P(B) \cdot P_B(A)$$

Beispiel:
Die Wahrscheinlichkeit, an einer gewissen Infektion zu erkranken, ist für Männer und Frauen unterschiedlich (die Merkmale «Geschlecht» und «Infektion positiv/negativ» sind also *nicht* unabhängig). Die Wahrscheinlichkeit, eine infizierte Person anzutreffen, liegt bei 2 %. Trifft man auf eine infizierte Person, so beträgt die Wahrscheinlichkeit, dass es sich dabei um einen Mann handelt, etwa 53 %. Bezeichne A die Merkmalsausprägung «Mann», und bezeichne «B» die Merkmalsausprägung «Infektion positiv». Es ist damit $P(B) = 0,02$ und $P_B(A) = 0,53$.
Die Wahrscheinlichkeit, eine infizierte männliche Person zu treffen, beträgt demnach etwas mehr als 1 %:

$$P(A \cap B) = P(B) \cdot P_B(A) = 0,02 \cdot 0,53 = 0,0106 = 1,06\,\%$$

a) Vervollständigen Sie die folgenden Vierfeldertafeln unter der Bedingung, dass A und B unabhängige Ereignisse sind.

I)

	A	$\overline{A}$	
B			0,4
$\overline{B}$			
	0,8		

II)

	A	$\overline{A}$	
B	$\frac{3}{5}$		
$\overline{B}$			
		$\frac{1}{10}$	

III)

	A	$\overline{A}$	
B	$\frac{1}{20}$		
$\overline{B}$			
	$\frac{1}{5}$		

b) Ein Fragebogen enthält die Zeilen

männlich ☐ weiblich ☐
Raucher ☐ Nichtraucher ☐

Von 200 befragten Personen waren 90 männlich (m), 80 waren Raucher (R). Es gab 36 männliche Raucher. Ist auf Grund der Umfrage zu schließen, dass Geschlecht und Rauchverhalten der befragten Personen unabhängig voneinander sind?

19.4 Bedingte Wahrscheinlichkeit

a) In einem Stadtteil sind 30 % der Einwohner über 70 Jahre alt, davon sind 40 % Männer. Unter den jüngeren Einwohnern (bis 70 Jahre) beträgt der Anteil der Männer 50 %. Wieviel Prozent der Männer sind höchstens 70 Jahre alt?

b) Eine Frauenzeitschrift machte eine Umfrage unter 250 Frauen. 65 Frauen waren über 40 Jahre alt. Insgesamt gaben 100 Frauen an, die Zeitschrift zu lesen. Unter den Leserinnen

waren 32 Frauen über 40 Jahre alt.
Wie groß war der Anteil der Leserinnen unter den über 40-jährigen?
Wie groß war der Anteil der Leserinnen unter den jüngeren Befragten (bis 40 Jahre)?
Welche Tendenz über das Alter der Leserinnen lässt sich erkennen?

c) In einer Stadt sind 20 % der Bevölkerung an Aids erkrankt. Von einem Aids-Test weiß man, dass er nicht ganz sicher ist. Es können zwei Fehler auftreten:

1. Bei 96 % der Erkrankten fällt der Test positiv aus, beim Rest wird die Krankheit nicht erkannt.
2. Bei 94 % der Gesunden fällt der Test negativ aus, beim Rest wird fälschlicherweise ein Aidsverdacht ausgesprochen.

I) Wie groß ist die Wahrscheinlichkeit, dass eine Person, bei der der Test positiv ausfällt, wirklich an Aids erkrankt ist?
Wie groß ist die Wahrscheinlichkeit, dass eine Person, bei der der Test negativ ausfällt, wirklich gesund ist?

II) Beantworten Sie die Fragen aus Aufgabe I), wenn der Anteil der Aidskranken in der Bevölkerung auf 50 % steigt.
Beschreiben Sie die Veränderung.

20 Erwartungswert und Standardabweichung

Tipps ab Seite 118, Lösungen ab Seite 236

In diesem Kapitel geht es um *Zufallsvariablen*. Bei Zufallsvariablen handelt es sich nicht wirklich um Variablen, sondern um Funktionen. Eine Zufallsvariable ordnet den konkreten Beobachtungen eines Zufallsexperiments Werte zu.

Beispiel:

Bei der Ziehung von 4 Kugeln aus einer Urne mit 15 grünen und 5 gelben Kugeln kann man X definieren als Zufallsvariable für die Anzahl der gezogenen gelben Kugeln. Für den Versuchsausgang $\omega = \{\text{grün; gelb; gelb; gelb}\}$ gilt dann $X(\omega) = 3$, weil gelb drei Mal gezogen wurde. Eine weitere Zufallsvariable Y kann beispielsweise definiert werden für die Anzahl der gezogenen grünen Kugeln. Es ist dann $Y(\omega) = 1$.

Der *Erwartungswert* einer Zufallsvariablen wird häufig für die Gewinnerwartung eines Spiels oder für die Beurteilung der «Fairness» eines Spiels herangezogen. Anschaulich ergibt sich der Erwartungswert einer Zufallsvariable X bei genügend häufiger Wiederholung eines Zufallsexperiments als Mittelwert der Realisierungen von X.

Kann eine Zufallsvariable X bei jeder Durchführung des Zufallsexperiments k verschiedene Werte $x_1; x_2; \ldots x_k$ annehmen und sind die zugehörigen Wahrscheinlichkeiten gerade $p_1; p_2; \ldots p_k$ (mit $\sum_{j=1}^{k} p_j = 1$), so ergibt sich als Erwartungswert von X:

$$E[X] = \sum_{j=1}^{k} x_j \cdot p_j$$

Beispiel:

Bei einem Spiel mit einem fairen Würfel erhält der Spieler die von ihm erwürfelte Augenzahl in Euro ausgezahlt. Der zu erwartende Gewinn beträgt mit X als Zufallsvariable für die Höhe des Gewinns:

$$E[X] = \sum_{j=1}^{6} j \cdot \frac{1}{6} = \frac{1}{6} + \frac{2}{6} + \ldots + \frac{6}{6} = \frac{7}{2}$$

Ein Spieler hat also mit einem durchschnittlichen Gewinn von 3,50 Euro zu rechnen. Soll das Spiel fair sein, so müsste der Einsatz des Spielers ebenfalls 3,50 Euro betragen. Zahlt er einen höheren Einsatz, so begünstigt das Spiel die Bank; zahlt er einen geringeren Einsatz, so wird der Spieler begünstigt.

Die *Varianz* und *Standardabweichung* einer Zufallsvariablen sind Maße für die Streuung der Zufallsvariablen, das heißt, Maße für die mittlere quadratische Abweichung der Zufallsvariablen von ihrem Erwartungswert. Ist μ der Erwartungswert der Zufallsvariable X, so gilt für die zugehörige Varianz:

$$\text{Var}(X) = V(X) = E\left[(X-\mu)^2\right]$$

Die Quadratwurzel der Varianz wird als Standardabweichung bezeichnet. Es ist:

$$\sigma(X) = \sqrt{V(X)} \text{ bzw. } \sigma^2(X) = V(X) = E\left[(X-\mu)^2\right]$$

Beispiel:
Bei einem Glücksspiel zieht ein Spieler pro Runde eine von insgesamt 30 Kugeln aus einer Urne. 18 dieser Kugeln sind mit dem Wert 1 , die übrigen 12 sind mit dem Wert -2 beschriftet. Im ersten Fall bekommt der Spieler einen Euro von der Bank; im zweiten Fall muss er zwei Euro an die Bank zahlen. Die Zufallsgröße X für den «Gewinn» des Spielers in einer gewissen Runde kann die Werte 1 und -2 annehmen. Es ist $P(X=1)=\frac{18}{30}=\frac{3}{5}$ und $P(X=-2)=\frac{12}{30}=\frac{2}{5}$.
Der Erwartungswert von X ist:

$$E[X]=1\cdot\frac{3}{5}-2\cdot\frac{2}{5}=-\frac{1}{5}$$

Das Spiel ist also nicht fair; die Bank wird bevorzugt, da der Spieler durchschnittlich 0,20 Euro pro Spiel verliert.
Für die zugehörige Varianz ergibt sich:

$$\begin{aligned}V(X)&=E\left[\left(X-\left(-\frac{1}{5}\right)\right)^2\right]=E\left[\left(X+\frac{1}{5}\right)^2\right]\\&=\left(1+\frac{1}{5}\right)^2\cdot\frac{3}{5}+\left(-2+\frac{1}{5}\right)^2\cdot\frac{2}{5}\\&=\frac{36}{25}\cdot\frac{3}{5}+\frac{81}{25}\cdot\frac{2}{5}=\frac{270}{125}=\frac{54}{25}\end{aligned}$$

Die Varianz von X beträgt demnach $V(X)=2,16$. Als Standardabweichung von X erhält man damit direkt:

$$\sigma(X)=\sqrt{V(X)}=\sqrt{2,16}\approx 1,47$$

20.1 Erwartungswert

a) Aus einer Urne mit 2 weißen und 8 roten Kugeln werden nacheinander ohne Zurücklegen so lange einzelne Kugeln entnommen, bis die erste rote Kugel auftritt.
Wie oft muss man durchschnittlich ziehen?

b) Es wird folgendes Spiel vereinbart: Zwei Würfel werden gleichzeitig geworfen und ihre Augensumme betrachtet. Beträgt sie 2, werden 4 Euro ausgezahlt, beträgt sie 3 oder 4, wird 1 Euro ausgezahlt, in allen anderen Fällen erfolgt keine Auszahlung. Wie viel Geld wird durchschnittlich ausgezahlt?

c) In einer Schachtel sind sechs 50-Cent-Münzen, drei 1-Euro-Münzen und eine 2-Euro-Münze.

I) Es wird blindlings eine Münze entnommen. Mit wieviel Geld kann man durchschnittlich rechnen?

II) Es werden blindlings zwei Münzen entnommen. Wieviel Geld erhält man jetzt im Durchschnitt?

d) In einer Urne sind 6 schwarze und 4 weiße Kugeln. Es werden 3 Kugeln auf einmal entnommen. Für jede schwarze Kugel erhält man einen Punkt, für jede weiße zwei Punkte. Wieviele Punkte erhält man durchschnittlich?

20.2 Varianz und Standardabweichung

a) I) In einer Urne sind 10 Kugeln: 1 weiße, 1 rote und 8 schwarze. Es wird eine Kugel gezogen. Bei «weiß» erhält man 4 Euro, bei «rot» 8 Euro und bei «schwarz» nichts. Bestimmen Sie den Erwartungswert, die Varianz und die Standardabweichung für den Gewinn.

II) In einer anderen Urne sind ebenfalls 10 Kugeln: 4 weiße, 4 rote und 2 schwarze. Es wird eine Kugel gezogen. Diesmal erhält man bei «weiß» 1 Euro, bei «rot» 2 Euro und bei «schwarz» wieder nichts.
Bestimmen Sie ebenfalls den Erwartungswert, die Varianz und die Standardabweichung für den Gewinn.

III) Vergleichen Sie die beiden Spiele in Bezug auf Erwartungswert und Standardabweichung und geben Sie eine anschauliche Erklärung. Welches Spiel würden Sie aus welchen Gründen bevorzugen?

b) In einer Klasse mit 30 Schülern wurden zwei Klassenarbeiten mit folgenden Ergebnissen geschrieben:

I)

Note	1	2	3	4	5	6
Anzahl	3	7	11	6	2	1

II)

Note	1	2	3	4	5	6
Anzahl	5	8	5	8	2	2

Bestimmen Sie jeweils den Notendurchschnitt und die Standardabweichung.

21 Binomialverteilung

Tipps ab Seite 119, Lösungen ab Seite 240

Eine *Wahrscheinlichkeitsverteilung* gibt an, mit welchen Wahrscheinlichkeiten eine Zufallsvariable die möglichen Werte annimmt. In diesem Kapitel geht es um eine sehr häufige Wahrscheinlichkeitsverteilung, die sogenannte *Binomialverteilung*. Immer dann, wenn das einer Zufallsvariable zugrunde liegende Zufallsexperiment eine *Bernoullikette* ist, liegt eine Binomialverteilung vor.

Ein *Bernoulliexperiment* ist ein Zufallsexperiment, das genau zwei mögliche Ausgänge hat (bspw. Münzwurf mit Ausgängen «Kopf» und «Zahl», Wurf eines Würfels mit Ausgängen «Zahl gerade» und «Zahl ungerade» oder «1» und «Zahl größer als 1») .

Bernoulliketten sind Versuchsreihen, bei denen jeder Versuch ein identisches Bernoulliexperiment ist, also genau zwei mögliche Ausgänge hat (bspw. mehrmaliger Münzwurf). Bernoulliketten sind charakterisiert durch ihre *Länge* n («Anzahl der Versuche/Beobachtungen») und durch die sogenannte *Trefferwahrscheinlichkeit* p. Ist X Zufallsvariable für die «Anzahl der Treffer» in insgesamt n Bernoulliversuchen und ist «$X_i = 1$» gleichbedeutend mit «Treffer im i-ten Versuch» und «$X_i = 0$» gleichbedeutend mit «kein Treffer im i-ten Versuch», $1 \leqslant i \leqslant n$, so gilt für die Wahrscheinlichkeit, genau k, $0 \leqslant k \leqslant n$, Treffer zu erzielen:

$$P(X = k) = P\left(\sum_{i=1}^{n} X_i = k\right) = \binom{n}{k} \cdot p^k \cdot (1-p)^{n-k}$$

Beispiel:

Die Wahrscheinlichkeit, dass eine bestimmte Person in einem beliebigen Jahr an einem Wochenende Geburtstag hat, liegt näherungsweise bei $\frac{2}{7}$. Es halten sich 12 Personen in einem Raum auf. Die Wahrscheinlichkeit dafür, dass genau 5 Personen im kommenden Jahr an einem Wochenende Geburtstag haben, bestimmt man folgendermaßen:

Man stellt sich die «Befragung» der 12 Personen als Bernoullikette der Länge $n = 12$ vor, denn jede Einzelbefragung nach dem Wochentag erlaubt die beiden Ausgänge «Wochenende» (Treffer, $X_i = 1$, $1 \leqslant i \leqslant 12$) und «nicht Wochenende» (kein Treffer, $X_i = 0$, $1 \leqslant i \leqslant 12$). Man wählt also X als Zufallsvariable für die Anzahl derjenigen unter den Anwesenden, welche im kommenden Jahr an einem Samstag oder Sonntag Geburtstag haben. Gesucht ist also $P(X = 5)$. Es ist:

$$P(X = 5) = P\left(\sum_{i=1}^{12} X_i = 5\right) = \binom{12}{5} \cdot \left(\frac{2}{7}\right)^5 \cdot \left(\frac{5}{7}\right)^7 \approx 0{,}143$$

Mit einer Wahrscheinlichkeit von etwas mehr als 14 % tritt also das Ereignis ein, dass genau 5 der 12 Anwesenden im nächsten Jahr an einem Wochenende Geburtstag haben werden.

Oft ist von Interesse, mit welcher Wahrscheinlichkeit eine Zufallsvariable einen Wert kleiner oder größer als ein vorgegebenes k erzielt. Dafür müssen die einzelnen Wahrscheinlichkeiten addiert werden:

$$P(X \leqslant k) = \sum_{j=1}^{k} \binom{n}{j} \cdot p^j \cdot (1-p)^{n-j}$$

bzw.

$$P(X > k) = 1 - P(X \leqslant k) = 1 - \sum_{j=1}^{k} \binom{n}{j} \cdot p^j \cdot (1-p)^{n-j}$$

Beispiel:

Betrachtet man im obigen Beispiel den Fall, dass höchstens 2 der 12 Anwesenden im betreffenden Jahr an einem Samstag oder Sonntag Geburtstag haben, so erhält man als zugehörige Wahrscheinlichkeit:

$$P(X \leqslant 2) - \sum_{j=0}^{2} \binom{12}{j} \cdot \left(\frac{2}{7}\right)^j \cdot \left(\frac{5}{7}\right)^{12-j}$$

$$= \underbrace{\binom{12}{0} \cdot \left(\frac{2}{7}\right)^0 \cdot \left(\frac{5}{7}\right)^{12}}_{\text{0 Personen}} + \underbrace{\binom{12}{1} \cdot \left(\frac{2}{7}\right)^1 \cdot \left(\frac{5}{7}\right)^{11}}_{\text{1 Person}} + \underbrace{\binom{12}{2} \cdot \left(\frac{2}{7}\right)^2 \cdot \left(\frac{5}{7}\right)^{10}}_{\text{2 Personen}}$$

$$\approx 0{,}018 + 0{,}085 + 0{,}186 = 0{,}289$$

Um die Werte der Binomialverteilung zu bestimmen, schaut man den entsprechenden Wert in der Tabelle zur Normalverteilung bzw. zur zugehörigen Summenfunktion auf Seite 251 nach.

Für den *Erwartungswert einer binomialverteilten Zufallsvariable* gilt:

$$E[X] = n \cdot p$$

Für die zu einer *binomialverteilten Zufallsvariable* gehörigen *Varianz* gilt:

$$V(X) = n \cdot p \cdot (1-p)$$

21.1 Bernoulliketten

a) Erklären Sie die Begriffe Bernoulli-Experiment, Trefferwahrscheinlichkeit, Bernoullikette und Länge einer Bernoullikette.

b) Bei welchen der folgenden Zufallsexperimente handelt es sich um Bernoulliketten? Geben Sie, wenn möglich, die Trefferwahrscheinlichkeit p und die Länge n der Bernoullikette an.

I) Ein Würfel wird dreimal geworfen und die Anzahl der Sechsen notiert.

II) Ein Würfel wird dreimal geworfen und die Augensumme notiert.

III) Aus einer Urne mit 3 weißen und 7 roten Kugeln wird so lange ohne Zurücklegen eine Kugel gezogen, bis die erste rote Kugel erscheint.

IV) Aus einer Urne mit 3 weißen und 7 roten Kugeln wird 4-mal mit Zurücklegen jeweils eine Kugel gezogen.

V) Bei einem Glücksrad erscheint in 50 % der Fälle eine «1», in jeweils 25 % der Fälle eine «2» bzw. «3». Das Rad wird viermal gedreht und die Ziffern notiert.

VI) Das Glücksrad aus Aufgabe V) wird achtmal gedreht. Jedes Mal, wenn die «3» erscheint, erhält man 10 Cent.

VII) Das Glücksrad aus Aufgabe V) wird so oft gedreht, bis die «3» erscheint, höchstens jedoch fünfmal.

21.2 Binomialverteilung mit Gebrauch der Formel (Taschenrechner)

Tipp: $\lg(a^n) = n \cdot \lg(a)$ $P(X > k) = 1 - P(X \leqslant k)$

a) Eine Münze wird fünfmal geworfen. Wie groß ist die Wahrscheinlichkeit folgender Ereignisse?

A: Es tritt zweimal Zahl auf.

B: Es tritt nur Wappen auf.

C: Es tritt höchstens einmal Zahl auf.

D: Es tritt mindestens einmal Zahl auf.

b) Ein Glücksrad hat 3 gleich große Sektoren mit den Symbolen Kreis, Kreuz und Stern. Es wird viermal gedreht. Wie groß ist die Wahrscheinlichkeit folgender Ereignisse?

A: Es tritt dreimal Stern auf.

B: Es tritt mindestens dreimal Stern auf.

C: Es tritt höchtens einmal Stern auf.

c) Von einer großen Ladung Apfelsinen sind 20 % verdorben. Es werden 5 Stück entnommen. Wie groß ist die Wahrscheinlichkeit für folgende Ereignisse?

A: Eine Apfelsine ist verdorben.

B: Alle Apfelsinen sind in Ordnung.

C: Mindestens 2 Apfelsinen sind verdorben.

d) Die Wahrscheinlichkeit für die Geburt eines Mädchens beträgt 0,49, für die Geburt eines Jungen 0,51. Wie groß ist die Wahrscheinlichkeit, dass in einer Familie mit 4 Kindern

A: genau 2 Mädchen sind?

B: höchstens 3 Mädchen sind?

e) Wie oft muss man eine Münze werfen, um mit einer Wahrscheinlichkeit von 99 % (oder mehr) mindestens einmal «Wappen» zu erhalten?

f) Wie oft muss man würfeln, um mit einer Wahrscheinlichkeit von 90 % (oder mehr) mindestens eine «Sechs» zu bekommen?

21.3 Binomialverteilung mit Gebrauch der Tabelle

Tipp: $P(X < k) = P(X \leqslant k-1)$
$P(X > k) = 1 - P(X \leqslant k)$
$P(X = k) = P(X \leqslant k) - P(X \leqslant k-1)$

Für die Aufgaben in diesem Kapitel wird die Tabelle auf Seite 251 benötigt. Sie gibt für verschiedene Werte von n, p und k die Wahrscheinlichkeiten für $P(X \leqslant k)$ an.

a) Bestimmen Sie für $n = 20$ und $p = \frac{1}{3}$ die folgenden Wahrscheinlichkeiten:

$P(X \leqslant 5)$ $P(X < 10)$ $P(X > 6)$

$P(X \geqslant 3)$ $P(4 \leqslant X \leqslant 10)$

b) Bestimmen Sie für $n = 100$ und $p = 0,4$ die folgenden Wahrscheinlichkeiten:

$P(X \leqslant 40)$ $P(X > 45)$ $P(X \geqslant 50)$

$P(X < 30)$ $P(X = 40)$ $P(35 \leqslant X \leqslant 45)$

c) Ein Würfel wird 50-mal geworfen. Wie groß ist die Wahrscheinlichkeit für folgende Ereignisse?

A: Man wirft höchstens 10 «Sechsen».

B: Man wirft mindestens 10 «Sechsen».

C: Man wirft genau 10 «Sechsen».

D: Die Anzahl der «Sechsen» liegt zwischen 5 und 11 einschließlich.

E: Man wirft mehr als 3 und weniger als 14 «Sechsen».

F: Die Augenzahl ist in weniger als 20 Fällen gerade.

G: Die Augenzahl ist in mehr als 25 Fällen gerade.

H: Es treten mehr als 20 und weniger als 30 gerade Augenzahlen auf.

d) Bestimmen Sie für $n = 50$ und $p = 0,7$ folgende Wahrscheinlichkeiten:

$P(X \leqslant 40)$ $P(X < 30)$ $P(X = 35)$

$P(32 \leqslant X \leqslant 38)$ $P(X > 36)$

e) Jemand kauft 20 Blumenzwiebeln einer Sorte, bei der erfahrungsgemäß 90 % der Zwiebeln keimen. Wie groß ist die Wahrscheinlichkeit, dass von den 20 Zwiebeln

A: mindestens 16 keimen?

B: mindestens 18 keimen?

C: alle keimen?

f) Eine Volleyballmannschaft hat in der letzten Saison von 21 Spielen 7 gewonnen. Wie groß ist die Wahrscheinlichkeit, dass sie in der nächsten Saison von 20 Spielen

A: genau 7 gewinnt?

B: mehr als 7 gewinnt?

C: mehr als die Hälfte gewinnt?

21.4 Erwartungswert und Standardabweichung

a) Ein Händler behauptet, dass höchstens 4 % der von ihm gelieferten Glühbirnen defekt sind. Wie viele defekte Glühbirnen kann man bei einer Entnahme von 150 Glühbirnen durchschnittlich erwarten?

Bestimmen Sie die zugehörige Standardabweichung.

b) Die Zufallsgröße X sei binomialverteilt. Bestimmen Sie jeweils den Erwartungswert und die Standardabweichung von X.

I) $n = 80,\ p = 0,3$
II) $n = 50,\ p = 0,4$
III) $n = 20,\ p = 0,6$

c) Von einer großen Ladung Tomaten sind 20 % verdorben. Wie viele verdorbene Tomaten kann man bei einer Entnahme von 30 kg erwarten? Bestimmen Sie die zugehörige Standardabweichung.

d) Bei der Herstellung von Spielzeugautos gibt es durchschnittlich bei 8 % der Autos Mängel. An einem Tag werden 2300 Autos hergestellt. Mit wie vielen mängelbehafteten Autos ist zu rechnen? Wie groß ist die zugehörige Standardabweichung?

22 Normalverteilung

Tipps ab Seite 120, Lösungen ab Seite 244

In diesem Kapitel geht es um eine weitere Wahrscheinlichkeitsverteilung, die sogenannte *Normalverteilung*. Viele naturwissenschaftliche Vorgänge lassen sich in guter Näherung durch normalverteilte Zufallsvariablen beschreiben – der menschliche Kopfumfang ist beispielsweise in etwa normalverteilt. Die zur *Dichtefunktion* φ der Normalverteilung zugehörige Kurve ist sehr bekannt und wird oft als *Gaußsche Glockenkurve* bezeichnet.

Ist eine Zufallsvariable X normalverteilt mit $E[X] = \mu$ und $\sigma(X) > 0$, so gilt für die Wahrscheinlichkeit, dass X den Wert z annimmt, in guter Näherung:

$$P(X = z) = \varphi\left(\frac{z-\mu}{\sigma}\right)$$

Eine Approximation für die Wahrscheinlichkeit, dass X kleiner als ein gewisser Wert z ist, erhält man mit der zu φ gehörigen *Verteilungsfunktion* ϕ:

$$P(X \leqslant z) = \phi\left(\frac{z-\mu}{\sigma}\right)$$

Ebenso gilt für die Wahrscheinlichkeit, dass X größer als ein Wert z ist:

$$P(X > z) = 1 - \phi\left(\frac{z-\mu}{\sigma}\right)$$

Für die Wahrscheinlichkeit, dass X zwischen zwei Werten z_1 und z_2 liegt, gilt:

$$P(z_1 \leqslant X \leqslant z_2) = \phi\left(\frac{z_2-\mu}{\sigma}\right) - \phi\left(\frac{z_1-\mu}{\sigma}\right)$$

Die Werte zur Dichtefunktion φ der Normalverteilung sowie zur zugehörigen Verteilungsfunktion ϕ finden Sie in der Tabelle auf Seite253.

22.1 Berechnung von Wahrscheinlichkeiten

a) Der Intelligenzquotient IQ ist näherungsweise normalverteilt mit dem Erwartungswert $\mu = 100$ und der Standardabweichung $\sigma = 15$.
Berechnen Sie folgende Wahrscheinlichkeiten:

   I) Der IQ liegt zwischen 85 und 115.
   II) Der IQ ist kleiner als 90.
   III) Der IQ ist größer als 120.

b) In einer Bäckerei läßt sich das Gewicht von Brezeln durch eine Normalverteilung mit dem Erwartungswert $\mu = 58\,\text{g}$ und der Standardabweichung $\sigma = 2\,\text{g}$ beschreiben.
Berechnen Sie folgende Wahrscheinlichkeiten:

I) Eine Brezel wiegt weniger als 54 g. II) Eine Brezel wiegt zwischen 55 g und 61 g.

II) Eine Brezel wiegt mehr als 60 g.

c) Das Gewicht einer Birnensorte ist aufgrund der EU-Verordnung normalverteilt mit dem Erwartungswert $\mu = 150$ g und der Standardabweichung $\sigma = 5$ g.
Eine Packung (Leergewicht 50 g) enthält 6 Birnen.
Berechnen Sie folgende Wahrscheinlichkeiten:
I) Das Gesamtgewicht liegt zwischen 930 g und 960 g.
II) Das Gesamtgewicht beträgt weniger als 925 g.
III) Das Gesamtgewicht beträgt mehr als 980 g.

22.2 Erwartungswert und Standardabweichung

a) Bei Klassenarbeiten sind die Noten normalverteilt mit dem Erwartungswert $\mu = 3,5$ und der Standardabweichung $\sigma = 1,3$. Der Durchschnitt einer Mathematikarbeit betrug bei 34 Klassenarbeiten $\overline{x} = 3,9$.
Testen Sie die Hypothese, dass der Erwartungswert von Klassenarbeiten eingehalten wird.

b) In einer Fruchtsaftfabrik wird Apfelsaft mit einer Sollmenge von 1000 ml bei einer Standardabweichung von $\sigma = 10$ ml in Flaschen gefüllt. Bei einer Kontrolle von 20 Flaschen betrug die mittlere Füllmenge 995 ml.
Muss man die Hypothese, dass der Erwartungswert $\mu = 1000$ ml eingehalten wird, verwerfen und die Befüllungsanlage neu einstellen?

c) Die erwartete Leuchtdauer von Glühlampen beträgt 500 Stunden bei einer Standardabweichung von $\sigma = 20$ Stunden.
Bei einem Test mit 100 Lampen betrug die mittlere Leuchtdauer 495 Stunden.
Muss man die Hypothese, dass der Erwartungswert $\mu = 500$ Stunden eingehalten wird, verwerfen und auf der Verpackung eine andere Leuchtdauer angeben?

d) Das Gewicht von Feuerbohnen ist normalverteilt mit dem Erwartungswert $\mu = 0,4$ g und der Standardabweichung $\sigma = 0,1$ g.
Eine Packung Feuerbohnen wiegt 250 g.
Testen Sie die Hypothese: «Die Packung enthält 620 Feuerbohnen».

e) Wie viele Menschen benötigt man für eine Menschenkette der Länge 1 km, wenn die Spannweite der Arme normalverteilt ist mit dem Erwartungswert $\mu = 1,6$ m und der Standardabweichung $\sigma = 0,4$ m?

f) Das Gewicht einer Schraubensorte bei der Produktion von Schrauben ist normalverteilt mit einer Standardabweichung von $\sigma = 0,3$ g.
Bei einer Stichprobe wiegen 30 Schrauben 162 g.
Welches Gewicht kann man mit einer Wahrscheinlichkeit von 95 % für eine Schraube erwarten?

23 Hypothesentests

Tipps ab Seite 121, Lösungen ab Seite 247

Beim Testen geht es darum, anhand vorliegender Daten eine *begründete* Entscheidung für oder gegen die Gültigkeit einer (Null-)Hypothese zu treffen. Die *Nullhypothese* bezieht sich normalerweise auf den «status quo»; wird sie abgelehnt, so wird die sogenannte «*Alternative*» angenommen. Da die Daten hierbei immer in Form von Realisationen von Zufallsvariablen vorliegen, lässt sich niemals mit absoluter Wahrscheinlichkeit sagen, dass die Entscheidung richtig ist. Um die Wahrscheinlichkeit einer Fehlentscheidung zu kontrollieren und möglichst gering zu halten, orientiert man sich am sogenannten *Signifikanzniveau* α. Standardmäßig wählt man $\alpha = 5\,\%$; es kann manchmal aber auch $\alpha = 2\,\%$ oder sogar $\alpha = 1\,\%$ gewählt werden.
Diejenigen Daten, welche zur Annahme der Nullhypothese führen, werden als Annahmebereich A bezeichnet; das Komplement dazu, der Ablehnungsbereich, mit $\overline{\text{A}}$.
Ein *Fehler 1. Art* liegt vor, wenn die Nullyhypothese fälschlicherweise abgelehnt wird: die Nullhypothese wird verworfen, obwohl sie wahr ist. Von einem *Fehler 2. Art* spricht man, wenn die Nullhypothese fälschlicherweise angenommen wird: die Nullhypothese wird angenommen, obwohl sie falsch ist.
Die Wahrscheinlichkeit für einen Fehler 1. Art wird als *Signifikanzniveau* oder *Irrtumswahrscheinlichkeit* bezeichnet und soll normalerweise höchstens $5\,\%$ betragen. Damit kann in vielen Aufgaben der Annahmebereich A bestimmt werden.
Man unterscheidet beim Hypothesentest folgende Typen: Bei einem *rechtsseitigen Hypothesentest* besteht der Ablehnungsbereich aus Werten, die größer sind als die zum Annahmebereich gehörigen. Beim *linksseitigen Hypothesentest* ist das Gegenteil der Fall: Die Werte des Ablehnungsbereichs liegen hier auf dem Zahlenstrahl «links» von den Werten des Annahmbereichs, sind also kleiner. Ein *zweiseitiger Test* hat einen zweiteiligen Ablehnungsbereich: er liegt in diesem Fall sowohl «links» als auch «rechts» des Annahmebereichs. Diese beiden Teile werden so bestimmt, dass die Irrtumswahrscheinlichkeit für jeden der Teile höchstens $\frac{\alpha}{2}$ beträgt.
Es werden hier nur Hypothesentests behandelt, die auf einer binomialverteilten Zufallsvariable basieren. Die Aufgaben sind im Allgemeinen mithilfe der Tabelle zur Binomialverteilung auf Seite 251 zu lösen.

23.1 Grundbegriffe, Fehler 1. und 2. Art

a) Ein Würfel soll getestet werden. Man nimmt an, dass die Wahrscheinlichkeit für eine «Sechs» wie üblich $\frac{1}{6}$ beträgt. Um die Annahme zu testen, wird er 60-mal geworfen. Kommt dabei mindestens 8-mal und höchstens 12-mal eine «Sechs» vor, geht man davon aus, dass der Würfel in Ordnung ist.
Wie lautet bei diesem Test die Nullhypothese?
Schreiben Sie den Annahmebereich A und den Ablehnungsbereich $\overline{\text{A}}$ als Menge auf.

Obwohl der Würfel in Ordnung ist (er wurde vorher genau untersucht), fällt bei obigem Test nur 7-mal eine Sechs. Welche Art von Fehler begeht man in diesem Fall?
Erläutern Sie den Begriff Irrtumswahrscheinlichkeit am vorliegenden Test.

b) Ein Händler garantiert, dass höchstens 5 % der gelieferten Äpfel nicht einwandfrei sind. Ein Käufer will die Aussage überprüfen, indem er eine Stichprobe von 50 Äpfeln entnimmt.
Wie lautet die Nullhypothese (Aussage des Händlers) in diesem Fall formal?
Geben Sie einen möglichen Annahme- und Ablehnungsbereich an.
Handelt es sich um einen rechts-, links- oder zweiseitigen Test?
Wie verändert sich die Wahrscheinlichkeit für einen Fehler 1. Art bzw. 2. Art, wenn Sie den Annahmebereich vergrößern?

23.2 Einseitiger Test

Bei einseitigen Tests besteht der Ablehnungsbereich nur aus besonders großen Werten (rechtsseitiger Test) oder besonders kleinen Werten (linksseitiger Test).

a) I) Für H_0: $p \leqslant 0,4$ und $n = 100$ wird $\overline{A} = \{50, ..., 100\}$ festgelegt. Wie groß ist α?
Wie groß wird α, wenn man zu $\overline{A}$ noch die Zahl 49 hinzunimmt?

II) Für H_0: $p \geqslant 0,8$ und $n = 100$ wird als Annahmebereich $A = \{75, ..., 100\}$ gewählt.
Bestimmen Sie α.

b) I) Bestimmen Sie für H_0: $p \leqslant 0,1$ und $n = 100$ den Ablehnungsbereich für
$\alpha = 5\%$, $\alpha = 2\,\%$ und $\alpha = 1\,\%$.

II) Bestimmen Sie für H_0: $p \geqslant 0,3$ und $n = 50$ den Ablehnungsbereich für
$\alpha = 5\,\%$, $\alpha = 2\,\%$ und $\alpha = 1\,\%$.

c) Ein Chiphersteller garantiert, dass der Anteil an Ausschuss höchstens 4 % beträgt. Ein Käufer findet unter 100 Chips ~~9 defekte~~ Chips. Kann man hieraus mit einer Irrtumswahrscheinlichkeit von 5 % schließen, dass der Anteil an Ausschuss größer als 4 % ist?

d) Eine Partei hat bei der letzten Wahl 30 % der abgegebenen Stimmen erhalten. Um zu überprüfen, ob sie bei der nächsten Wahl mit mindestens 30 % der Stimmen rechnen kann, werden 100 Personen befragt. Es geben nur 25 Personen an, die Partei wählen zu wollen. Kann man mit einer Irrtumswahrscheinlichkeit von 5 % darauf schließen, dass der Stimmenanteil unter 30 % gesunken ist?

e) Ein Großhändler garantiert einem Kunden, dass höchstens 4 % der gelieferten Glühbirnen defekt sind. Der Kunde nimmt eine Stichprobe von 50 Birnen. Er schickt die Lieferung zurück, wenn mehr als 4 Birnen defekt sind.
Wie groß ist die Wahrscheinlichkeit, dass er die Lieferung irrtümlich ablehnt?
Wie muss man den Ablehnungsbereich wählen, wenn die Irrtumswahrscheinlichkeit 2 % betragen soll?

23.3 Zweiseitiger Test

Bei einem zweiseitigen Test besteht der Ablehnungsbereich aus einem oberen und einem unteren Teil. Sie werden so bestimmt, dass die Irrtumswahrscheinlichkeit für jeden einzelnen Teil höchstens $\frac{\alpha}{2}$ beträgt.

a) I) Für H_0: $p = \frac{1}{2}$ und $n = 20$ wird $A = \{8, ..., 12\}$ festgelegt. Wie groß ist α?
   II) Für H_0: $p = \frac{1}{6}$ und $n = 50$ wird $A = \{4, ..., 13\}$ festgelegt. Wie groß ist α?

b) Bestimmen Sie für H_0: $p = \frac{1}{3}$ und $n = 100$ den Annahme- und Ablehnungsbereich für $\alpha = 5\,\%$, $\alpha = 2\,\%$ und $\alpha = 1\,\%$.

c) Eine Münze wird 50-mal geworfen, dabei tritt 30-mal «Zahl» auf. Kann man mit einer Irrtumswahrscheinlichkeit von 5 % darauf schließen, dass die Münze nicht ideal ist?

d) An einem Glücksspielautomaten gewinnt man angeblich in 20 % der Spiele.
Wie muss man bei einer Überprüfung von 100 Spielen den Annahme- und Ablehnungsbereich wählen, um bei einer Beanstandung eine Irrtumswahrscheinlichkeit von 2 % zu haben?

e) Der Bekanntheitsgrad einer Popgruppe unter Jugendlichen lag bisher bei 60 %. Nun soll durch Befragen von 100 Jugendlichen festgestellt werden, ob er gleich geblieben ist. Man geht davon aus, dass er immer noch 60 % beträgt, wenn mehr als 52 und weniger als 68 die Gruppe kennen.
   I) Wie groß ist die Wahrscheinlichkeit, dass man fälschlicherweise von einer Veränderung ausgeht?
   II) Wie muss $\overline{A}$ gewählt werden, damit die Irrtumswahrscheinlichkeit 5 % beträgt?

Tipp – Analysis

1 Von der Gleichung zur Kurve

1.1 Ganzrationale Funktionen

Den Schnittpunkt mit der y-Achse erhalten Sie durch Einsetzen von $x = 0$ in $f(x)$, die Schnittpunkte mit der x-Achse erhalten Sie durch Lösen der Gleichung $f(x) = 0$.
Zuerst wird gespiegelt und gestreckt, anschließend verschoben (Reihenfolge beachten!).

a) - b) Die Graphen sind Geraden. Hat eine Gerade die Gleichung $y = mx + b$, so ist b der y-Achsenabschnitt und m die Steigung der Geraden.

c) - f) Die Graphen sind Variationen der Graphen der beiden Grundfunktionen $f(x) = x^2$ (Parabel) oder $g(x) = x^3$ (kubische Parabel).

Ist $f(x) = a(x-b)^2 + c$ bzw. $g(x) = a(x-b)^3 + c$, so gibt es folgende Verwandlungen:
a: Streckfaktor in y-Richtung; $a < 0$: zusätzlich Spiegelung an der x-Achse.
$b > 0$ bzw. $b < 0$: Verschiebung nach rechts bzw. links.
$c > 0$ bzw. $c < 0$: Verschiebung nach oben bzw. unten.

1.2 Exponentialfunktionen

Zur Bestimmung der Asymptoten betrachten Sie $f(x)$ für $x \to \pm\infty$.
Die Graphen sind Variationen der Grundfunktionen $f(x) = e^x$ bzw. $g(x) = e^{-x}$.
Ist $f(x) = a \cdot e^{x-b} + c$ bzw. $g(x) = a \cdot e^{-(x-b)} + c$, so gibt es folgende Verwandlungen:
a: Streckfaktor in y-Richtung; $a < 0$: zusätzlich Spiegelung an der x-Achse.
$b > 0$ bzw. $b < 0$: Verschiebung nach rechts bzw. links.
$c > 0$ bzw. $c < 0$: Verschiebung nach oben bzw. unten.

1.3 Gebrochenrationale Funktionen

Die Asymptoten der Graphen der Funktionen erhalten Sie, indem Sie den Nenner gleich Null setzen und $f(x)$ für $x \to \pm\infty$ betrachten.
Die Graphen sind Variationen der Graphen der Grundfunktionen $f(x) = \frac{1}{x}$ bzw. $g(x) = \frac{1}{x^2}$.
Falls vor dem Bruch ein Minuszeichen steht, müssen Sie zuerst an der x-Achse spiegeln und anschließend in x- bzw. y-Richtung verschieben.
Ist $f(x) = \frac{a}{x-b} + c$ bzw. $g(x) = \frac{a}{(x-b)^2} + c$, so gibt es folgende Verwandlungen:
a: Streckfaktor in y-Richtung; $a < 0$: zusätzlich Spiegelung an der x-Achse.
$b > 0$ bzw. $b < 0$: Verschiebung nach rechts bzw. links.
$c > 0$ bzw. $c < 0$: Verschiebung nach oben bzw. unten.
Asymptoten: $x = b$ senkrechte Asymptote (Pol) und $y = c$ waagrechte Asymptote.

1.4 Logarithmusfunktionen

Zur Bestimmung des Definitionsbereichs müssen Sie beachten, dass das Argument der Logarithmusfunktion (der Ausdruck in der Klammer) stets positiv sein muss.

Ist $f(x) = a \cdot \ln(x - b) + c$, so gibt es folgende Verwandlungen:
a: Streckfaktor in y-Richtung; $a < 0$: zusätzlich Spiegelung an der x-Achse.
$b > 0$ bzw. $b < 0$: Verschiebung nach rechts bzw. links.
$c > 0$ bzw. $c < 0$: Verschiebung nach oben bzw. unten.

1.5 Trigonometrische Funktionen

Die Graphen sind Variationen der Grundfunktionen $f(x) = \sin x$ bzw. $g(x) = \cos x$.
Ist $f(x) = a \cdot \sin(b \cdot (x - c)) + d$ bzw. $g(x) = a \cdot \cos(b \cdot (x - c)) + d$, so gibt es folgende Verwandlungen:
a: Streckfaktor in y-Richtung; $a < 0$: zusätzlich Spiegelung an der x-Achse.
b: Streckfaktor in x-Richtung.
$c > 0$ bzw. $c < 0$: Verschiebung nach rechts bzw. links.
$d > 0$ bzw. $d < 0$: Verschiebung nach oben bzw. unten.
Periode: $p = \frac{2\pi}{b}$.

2 Aufstellen von Funktionen mit Randbedingungen

2.1 Ganzrationale Funktionen

Für alle ganzrationalen Funktionen gilt:

- Parabel 2. Grades: $f(x) = ax^2 + bx + c$
- Zur y-Achse symmetrische Parabel 2. Grades: $f(x) = ax^2 + b$
- Parabel 3. Grades: $f(x) = ax^3 + bx^2 + cx + d$
- Zum Ursprung punktsymmetrische Parabel 3. Grades: $f(x) = ax^3 + bx$

Zum Aufstellen der Funktionen:

1. Bilden Sie die 1. und 2. Ableitung des jeweiligen Ansatzes (dies ist nicht nötig, falls es keine Angaben über die Steigung oder über die Extrempunkte gibt).
2. Verwenden Sie die Bedingungen der Kurvendiskussion:
    - Schnittpunkt mit der x-Achse: $f(x) = 0$
    - Schnittpunkt mit der y-Achse: $x = 0$
    - Extrempunkt: $f'(x) = 0$
    - Wendepunkt: $f''(x) = 0$
3. Sie brauchen so viele Gleichungen wie Unbekannte! Stellen Sie die Gleichungen auf und lösen Sie sie nach den Parametern (a, b, c, ...) auf.

2.2 Exponentialfunktionen

a)-e) Stellen Sie zwei Gleichungen mit zwei Unbekannten auf, dazu müssen Sie eventuell noch ableiten.

2.3 Gebrochenrationale Funktionen

- Stellen Sie möglichst einfache Bruchterme auf.
- Eine gebrochenrationale Funktion, deren Graph eine waagerechte/ schiefe Asymptote besitzt, hat folgenden Ansatz.
  «$f(x)$ = Asymptotengleichung + Bruchterm»
- Polstelle: Der Nenner des Bruchterms muss gleich Null sein.
- Hat der Bruchterm die Form $\frac{1}{(x-p)^n}$, so gilt:

  n ist ungerade $\Rightarrow$ Pol mit Vorzeichenwechsel
  n ist gerade $\Rightarrow$ Pol ohne Vorzeichenwechsel

2.4 Trigonometrische Funktionen

Eine verallgemeinerte Sinusfunktion hat die Gleichung $f(x) = a \cdot \sin(b \cdot (x-c)) + d$.
Die Eigenschaften des Graphen und die Koeffizienten a, b, c, d hängen dabei folgendermaßen zusammen:

- Streckfaktor in y-Richtung: a
- Streckfaktor in x-Richtung: b
- Verschiebung nach links bzw. rechts: $c < 0$ bzw. $c > 0$
- Verschiebung nach unten bzw. oben: $d < 0$ bzw. $d > 0$
- Periode: $p = \frac{2\pi}{b}$ bzw. $b = \frac{2\pi}{p}$

3 Von der Kurve zur Gleichung

3.1 Ganzrationale Funktionen

Allgemeine Tipps für ganzrationale Funktionen:

Es handelt sich bei allen Graphen um verschobene Funktionen 2. bis 4. Grades. Es gibt verschiedene Lösungswege:

1. Ansatz als allgemeine Funktion (ähnlich wie das Aufstellen von Funktionen mit Randbedingungen), z.B. $f(x) = ax^2 + bx + c$. Aus der Zeichnung werden drei Punkte bestimmt und drei Gleichungen aufgestellt, die man anschließend nach a, b und c auflöst. Dieser Weg ist etwas langwierig, führt aber immer zum Ziel.

2. Ansatz mit Hilfe der Linearfaktoren. Dieser Ansatz funktioniert nur dann, wenn die Funktion eindeutig ablesbare Nullstellen besitzt (z.B. bei den Aufgaben c) und d)).
   Der Hintergrund ist, dass sich eine Polynomfunktion (d.h. ein Funktionsterm der Gestalt $f(x) = a_n x^n + a_{n-1}x^{n-1} + ... + a_2x^2 + a_1x + a_0$) auch als Produkt von Linearfaktoren schreiben lässt, z.B. $f(x) = x^2 - x - 2 = (x-2)\cdot(x+1)$. Die Nullstellen dieser Funktion sind $x_1 = 2$ und $x_2 = -1$.
   Da der Graph noch gestreckt oder gestaucht sein kann, muss im Ansatz noch ein zusätzlicher Faktor a vorhanden sein (z.B. $f(x) = a\cdot(x-2)\cdot(x+1)$, der mit Hilfe eines abgelesenen Punktes bestimmt werden kann.

3. Ansatz als verschobene Normalparabel: Wenn man eine Normalparabel $f(x) = x^2$ nach oben oder unten verschieben will, so addiert man eine Konstante c. Will man sie nach rechts oder links verschieben, so setzt man für eine Verschiebung nach rechts um eine Längeneinheit den Ausdruck $(x-1)$ statt x ein. Bei einer Verschiebung um 2 LE nach links entsprechend $(x+2)$ statt x.

Tipps für die Aufgaben:

a) $f(x) = x^2$, nach links und unten verschoben

b) $f(x) = -x^2$, nach rechts und oben verschoben

c) - d) Ansatz mit Hilfe der Nullstellen (Linearfaktorzerlegung)

3.2 Gebrochenrationale Funktionen

Die einfachsten gebrochenrationalen Funktionen sind:

$f(x) = \frac{1}{x}$ (Pol mit VZW) bzw. $f(x) = \frac{1}{x^2}$ (Pol ohne VZW)

a) - b) Nach rechts/ links verschobene Grundfunktionen

c) - d) Nach rechts/ links *und* oben/ unten verschobene Grundfunktionen

3.3 Trigonometrische Funktionen

Allgemeine Tipps: Siehe Kapitel 2.4

Es handelt sich um Sinus- bzw. Kosinusfunktionen der Form $f(x) = a\cdot\sin(b\cdot(x-c)) + d$ bzw. $f(x) = a\cdot\cos(b\cdot(x-c)) + d$. Überlegen Sie, welche der in Kapitel 1 aufgezählten Veränderungen des Schaubilds in Frage kommen. Prüfen Sie zuerst, ob der Graph nach oben verschoben ist (bestimmen Sie die waagerechte «Mittelachse»). Prüfen Sie dann, ob der Graph nach links oder rechts verschoben ist (eine unverschobene Sinusfunktion hat einen Wendepunkt bei $x = 0$) und bestimmen Sie anschließend die Periode p. Zum Schluß bestimmen Sie den Abstand des Hoch- bzw. Tiefpunkts zur «Mittelachse» und damit die Amplitude a.

4 Differenzieren

4.1 Ganzrationale Funktionen

a) - c) Verwenden Sie die Potenzregel $(a \cdot x^n)' = a \cdot n \cdot x^{n-1}$; beachten Sie, dass teilweise Parameter vorhanden sind.

d) - f) Wenden Sie die Kettenregel an (äußere Ableitung mal innere Ableitung).

g) - h) Wenden Sie zuerst die Produktregel an: $(u \cdot v)' = u'v + uv'$, dann die Kettenregel.

4.2 Exponentialfunktionen

a) - d) Zuerst die Produktregel anwenden: $(u \cdot v)' = u'v + uv'$, dann die Kettenregel.

e) - h) Kettenregel anwenden, teilweise mehrfach.

4.3 Gebrochenrationale Funktionen

a) - h) Alle Funktionen lassen sich mit der Quotientenregel $\left(\frac{u}{v}\right)' = \frac{u'v - uv'}{v^2}$ und der Kettenregel ableiten.

4.4 Logarithmusfunktionen

a) - d) Anwenden der Kettenregel.

e) - h) Zuerst die Produktregel anwenden, dann die Kettenregel.

i) Anwenden der Kettenregel.

4.5 Gebrochene Exponentialfunktionen

a) - g) Zum Ableiten der Funktion die Quotientenregel anwenden, für den Zähler bzw. Nenner die Kettenregel.

4.6 Gebrochene ln-Funktionen

a) Verwenden Sie die Quotientenregel.

b) Erst die Quotientenregel anwenden, dann die Kettenregel.

c) Erst die Quotientenregel anwenden, dann die Produkt- und Kettenregel.

d) Erst die Kettenregel anwenden, dann die Quotientenregel.

e) Erst die Quotientenregel anwenden, dann die Kettenregel.

f) Erst die Quotientenregel anwenden, dann die Kettenregel.

4.7 Trigonometrische Funktionen

a) - d) Zuerst die Produktregel anwenden, dann die Kettenregel.

e) - f) Kettenregel anwenden, teilweise mehrfach.

5 Gleichungslehre

5.1 Quadratische, biquadratische und nichtlineare Gleichungen

a) - c) pq- bzw. abc-Formel verwenden (Zahlen unter der Wurzel als Bruch schreiben).

d) - e) Setzen Sie jeden einzelnen Faktor gleich Null und überlegen Sie, ob Lösungen existieren.

f) Klammern Sie x^3 aus.

g) Klammern Sie x^2 aus, lösen Sie dann die quadratische Gleichung mit der pq- oder abc-Formel.

h) - j) Klammern Sie x aus und bestimmen Sie damit die erste Lösung. Danach wiederholtes Ausklammern oder Lösen der Gleichung mit der pq- oder abc-Formel.

k) - l) Biquadratische Gleichungen: Substitution $x^2 = v$, die Gleichung lösen und rücksubstituieren (Zahlen unter der Wurzel als Bruch schreiben).

5.2 Exponential- und Logarithmus-Gleichungen

a) - f) Setzen Sie jeden einzelnen Faktor gleich Null und überlegen Sie, ob Lösungen existieren.

g) - h) Substitution $e^x = v$ bzw. $e^{2x} = v$, dann Lösen der quadratischen Gleichung mit der pq- oder abc-Formel, Rücksubstitution und x berechnen (Zahlen unter der Wurzel als Bruch schreiben).

i) - k) Vereinfachen Sie die Gleichungen so, dass Sie beide Seiten «e-hoch» nehmen können.

5.3 Wurzelgleichungen

Wurzelgleichungen werden gelöst, indem man die Gleichung so umformt, dass die Wurzel alleine auf der einen Seite der Gleichung steht. Dann wird quadriert und die entstehende (meist quadratische) Gleichung gelöst. Wichtig: Zum Schluss muss immer eine Probe in der Ausgangsgleichung gemacht werden, um zu kontrollieren, ob die Lösung in der Definitionsmenge enthalten ist.

a) - f) Isolieren Sie die Wurzel, quadrieren Sie die Gleichung und lösen Sie die entstehende Gleichung mit Hilfe der pq- oder abc-Formel. Machen Sie zum Schluss eine Probe in der Ausgangsgleichung.

5.4 Trigonometrische Gleichungen

Skizzieren Sie den Verlauf von $\sin x$ bzw. $\cos x$. Achten Sie auf das Lösungsintervall.

a) - g) Substituieren Sie den Term in der Klammer durch z, lösen Sie die Gleichung und resubstituieren Sie wieder.

5.5 Lineare Gleichungssysteme

a) - f) Anwenden des Gaußschen Eliminierungsverfahrens: Zuerst werden zwei Gleichungen so zusammengezählt, dass eine Unbekannte wegfällt (eventuell muss man dazu vorher eine Gleichung mit einem Faktor wie -1 oder -2 multiplizieren).
Im nächsten Schritt löst man die beiden Gleichungen, die nur noch zwei Unbekannte enthalten, nach einer Unbekannten auf.
Zum Schluss wird schrittweise eingesetzt und die Unbekannten werden bestimmt.

5.6 Polynomdivision

a) - e) Die erste Lösung muss durch «systematisches Probieren» bestimmt werden. Meist ist dies eine relativ einfache Lösung, z.B. $x_1 = 1$. Anschließend wird die Gleichung durch «x minus bekannte Lösung» geteilt. Die Lösungen der dann vorliegenden quadratischen Gleichung können mit der pq- oder abc-Formel bestimmt werden. Liegt nach der 1. Polynomdivision immer noch eine Gleichung 3. Grades vor, muss eventuell eine erneute Polynomdivision ausgeführt werden.

6 Eigenschaften von Kurven

6.1 Graphen von f, f' und F

Von f zu f'

a) f_1 : Bestimmen Sie die Steigung für einige wichtige Punkte, es bietet sich auf jeden Fall der Extrempunkt an. Überlegen Sie, wie die Steigung nahe des Koordinatenursprungs ist.
f_2: Bestimmen Sie die Steigung für einige wichtige Punkte; es bieten sich der Hoch- und der Wendepunkt an.
f_3: Bestimmen Sie die Steigung für einige Stellen, z.B. für $x = 0$ und für $x = 1$. Überlegen Sie, welche spezielle Kurve einen derartigen Verlauf zeigt.
f_4: Bestimmen Sie die Steigung für einige Stellen, z.B. $x = -1$ und $x = 0$. Bestimmen Sie den Wendepunkt und dessen Steigung.

b) f_5: Bestimmen Sie die Steigung für den Schnittpunkt mit der x-Achse, den Hochpunkt und den Wendepunkt.
f_6: Bestimmen Sie die Steigungen der Extrempunkte und der Wendepunkte.
f_7: Bestimmen Sie die Steigungen in den beiden Wendepunkten und im Extrempunkt.
f_8: Das Schaubild besitzt keine Extrempunkte. Bestimmen Sie daher die Steigung in einigen geeigneten Punkten, z.B. für $x = -1$, für $x = 0$ und für $x = 3$. Betrachten Sie die Steigung in der Umgebung von $x = 1$.

Von f' zu f

Es sind Aussagen über eine Stammfunktion f der gezeichneten Kurve von f' zu bewerten. Dabei gilt für alle Stammfunktionen f:

- $f'(x) = 0$ und VZW von $+$ nach $- \Rightarrow$ Das Schaubild von f hat einen Hochpunkt.
- $f'(x) = 0$ und VZW von $-$ nach $+ \Rightarrow$ Das Schaubild von f hat einen Tiefpunkt.
- $f'(x)$ hat einen Extrempunkt $\Rightarrow$ Das Schaubild von f hat einen Wendepunkt.

a) I) Überlegen Sie, was es für die Ableitung einer Funktion bedeutet, wenn das Schaubild der Funktion einen Extrempunkt besitzt.

II) Was bedeutet es für eine Kurve, wenn sie in einem Punkt eine waagerechte Tangente besitzt? Welche Steigung hat die Kurve in einem derartigen Punkt?

III) Was bedeutet es für die Ableitungskurve, wenn das Schaubild der Funktion f einen Wendepunkt besitzt? Finden Sie solche Punkte in der Kurve von f'?

IV) Beachten Sie, ob das Schaubild von f' für $0 \leqslant x \leqslant 2$ oberhalb oder unterhalb der x-Achse verläuft.

b) I) Überlegen Sie, was es für die Ableitung einer Funktion bedeutet, wenn das Schaubild der Funktion einen Extrempunkt besitzt.

II) Welchen Wert nimmt die Ableitung einer Funktion an einem Extremwert an? Was muss zusätzlich noch gelten, damit es sich um einen Hochpunkt handelt (wie sehen die Vorzeichenwechsel der Steigung aus)?

III) Überlegen Sie, welchen Grad das Polynom der gezeichneten Ableitungskurve besitzt.

IV) Überlegen Sie, was man tun muss, um Informationen über die Steigung einer Kurve in einem Punkt zu bekommen. Welche Funktion gibt «Auskunft» über die Steigungswerte der Kurve in jedem Punkt?

c) I) Skizzieren Sie das Schaubild einer Funktion zur gegebenen Ableitungsfunktion; benutzen Sie dazu die Extremwerte und die Nullstelle der angegebenen Ableitungsfunktion. Hat das Schaubild von f bei $x = 0$ einen Hoch- oder Tiefpunkt (Vorzeichenwechsel beachten)?

II) Beachten Sie, ob das Schaubild von f' stets oberhalb oder unterhalb der x-Achse verläuft.

III) Prüfen Sie, welche Bedingungen die Kurve der angegebenen Ableitungsfunktion erfüllen muss, damit die Funktion f an der Stelle $x = 0$ einen Tiefpunkt hat. Beachten Sie den Vorzeichenwechsel.

IV) Überlegen Sie, was es für das Schaubild der Ableitung bedeutet, wenn eine Kurve einen oder mehrere Extrempunkte besitzt.

Von f zu F

Allgemeine Tipps:

- Skizzieren Sie zuerst die Ableitung bzw. eine Stammfunktion.
- Das Schaubild von F hat einen Hochpunkt an der Stelle x_1, wenn $f(x_1) = 0$ und an dieser Nullstelle bei f ein Vorzeichenwechsel (VZW) von $+$ nach $-$ stattfindet.

- Das Schaubild von F hat einen Tiefpunkt an der Stelle x_2, wenn $f(x_2) = 0$ und bei f an dieser Stelle ein VZW von $-$ nach $+$ stattfindet.
- Das Schaubild von F hat einen Wendepunkt an der Stelle x_3, wenn f einen Extrempunkt an dieser Stelle hat.

Die Stammfunktion

a) I) Überlegen Sie, welche Art von Funktion vorliegt. Wie sieht das Schaubild der Ableitungsfunktion einer Geraden aus?

II) Bestimmen Sie $f'(1)$ und beachten Sie, dass $f(x) = F'(x)$ ist.

III) Streng monoton zunehmend für f bedeutet, dass f' immer > 0 ist (warum?). In der Aufgabe ist allerdings gefragt, ob f' monoton zunehmend ist. Also muss man f'' untersuchen.

IV) y-achsensymmetrisch bedeutet $f(-x) = f(x)$.

b) I) Welche Gestalt besitzt das Schaubild der Ableitungsfunktion einer Parabel 2. Grades? Überlegen Sie, welche Aussagen Sie sicher über dieses Schaubild treffen können.

II) Beachten Sie, ob das Schaubild von f für $0 \leqslant x \leqslant 1$ oberhalb oder unterhalb der x-Achse verläuft.

III) Überlegen Sie, was es für die Funktion f bedeutet, wenn die Stammfunktion Extremstellen besitzt (f ist die 1. Ableitung von F).

6.2 Interpretation von Graphen

Aufgabe I

a) Besondere Punkte im Graph sind die Punkte, an denen sich die Steigung stark ändert.

b) Überlegen Sie, ob die y-Werte des Graphen die verkauften Artikel *pro Tag* oder *insgesamt* angeben.

c) Lesen Sie die Verkaufszahlen des 40. und des 60. Tages an der Zeichnung ab und berechnen Sie den Durchschnitt.

d) Die Verkaufsrate entspricht der Steigung der Kurve am 50. Tag. Legen Sie eine Gerade durch die Kurve, die die Steigung des 50. Tages besitzt, und bestimmen Sie die Steigung dieser Geraden.

e) Schätzen Sie ab, wie sich die Kurve weiterentwickeln wird. Wie ist die Steigung der Kurve?

Aufgabe II

a) Besondere Punkte im Graph sind die Punkte, an denen sich die Steigung stark ändert.

b) Überlegen Sie, welche Aussagen die Kurve trifft. Was bedeutet die unter a) angesprochene Steigungsänderung?

c) Überlegen Sie, was man tun muss, um die Funktionswerte der einzelnen Tage zu addieren. Was kann man tun, wenn man die Funktion nicht genau kennt? Wie könnte eine Näherungsfunktion aussehen?

d) Die Besucherzahlen scheinen sich auf einen gewissen Wert «einzupendeln». Wie groß ist dieser Wert?

Aufgabe III

a) Finden Sie die Stellen, an denen die Besucherzahl der Homepage am größten war.

b) Es gibt lokale und globale Extremstellen. Wo findet sich im Graph welche Art der Extremstellen?

c) Überlegen Sie, welche Funktionen Sie kennen, die keinerlei Extremstellen besitzen (mit anderen Worten: Die Funktion wächst immer weiter bzw. fällt immer weiter).

7 Kurvendiskussion

7.1 Elemente der Kurvendiskussion

a) Die Bedingungen für ein Minimum sind: $f'(x) = 0$ und Vorzeichenwechsel von f' von $-$ nach $+$ bzw. $f''(x) > 0$. Prüfen Sie, ob diese auf den Punkt zutreffen. Benutzen Sie zum Ableiten die Produktregel.

b) Die Bedingung für einen Sattelpunkt ist $f'(x_0) = 0$ und kein Vorzeichenwechsel von f' an der Stelle x_0.

c) Überlegen Sie, welche Terme für $x \longrightarrow +\infty$ gegen Null gehen und welche übrigbleiben.

d) Die Bedingungen für ein Minimum sind $f'(x) = 0$ und Vorzeichenwechsel von f' von $-$ nach $+$. Prüfen Sie, ob diese auf den Punkt zutreffen.

e) Punkte mit waagerechter Tangente haben die Steigung Null, also wird die 1. Ableitung Null gesetzt. Für die Gleichung der Geraden durch die beiden Punkte ist zuerst die Steigung zu berechnen: $m = \frac{y_2 - y_1}{x_2 - x_1}$.

f) Wendepunkte bestimmen Sie mit Hilfe von $f''(x)$ und $f'''(x)$.

g) Überlegen Sie, an welcher Stelle x die 1. Ableitung Null ist und ob die 1. Ableitung das Vorzeichen von $-$ nach $+$ wechselt.

h) Berechnen Sie die Steigung in P mit Hilfe der 1. Ableitung. Überlegen Sie, welche Art von Punkten eine waagerechte Tangente hat.

i) Für den Nachweis eines Wendepunkts verwenden Sie die 2. und 3. Ableitung.

7.2 Funktionenscharen/ Funktionen mit Parameter

a) I) Setzen Sie für t Werte wie ± 1; ± 2 bzw. 0 ein und skizzieren Sie die Kurven.
II) Setzen Sie die entsprechenden Punkte in die Funktionsgleichung ein und stellen Sie nach t um.

b) - c) Bestimmen Sie zuerst die Schnittstelle x_s. Für die Ableitungen im Schnittpunkt muss gelten: $f'(x_s) \cdot g'(x_s) = -1$. Setzen Sie die Ableitungen ein, setzen Sie dann den Ausdruck für x_s ein und lösen Sie nach t auf.

d) Berechnen Sie die Nullstelle des Graphen der Funktion f_t in Abhängigkeit von t und lesen Sie die Nullstellen der abgebildeten Graphen ab. Setzen Sie diese Terme gleich. Alternativ können Sie auch die Schnittpunkte der Graphen mit der y-Achse ablesen und den Schnittpunkt des Graphen von f_t mit der y-Achse in Abhängigkeit von t berechnen.

e) Bestimmen Sie mit Hilfe der Produkt- und Kettenregel die 1. und 2. Ableitung von f_t. Setzen Sie die 1. Ableitung gleich Null und berechnen Sie die Extremstelle von $f_t(x)$. Prüfen Sie mit Hilfe der 2. Ableitung, ob es sich tatsächlich um eine Extremstelle handelt. Schließlich setzen Sie $x = 2$ mit der berechneten Extremstelle gleich und lösen die Gleichung nach t auf.

f) Berechnen Sie mit Hilfe der 1. Ableitung von $f_k(x)$ und $g(x)$ jeweils die Steigung der Graphen von g und von f_k im Ursprung und setzen diese gleich; lösen Sie die Gleichung nach k auf und beachten Sie den Wertebereich von k.

g) Bestimmen Sie mögliche Extremstellen in Abhängigkeit von a und setzen Sie $x = 3$ ein; beachten Sie den Wertebereich von a.

7.3 Krümmungsverhalten von Kurven

Bestimmen Sie mit Hilfe von Ketten-, Produkt- und Quotientenregel die 1. und 2. Ableitung. Eine Kurve ist linksgekrümmt, wenn gilt: $f''(x) > 0$, sie ist rechtsgekrümmt, wenn $f''(x) < 0$. Lösen Sie jeweils die entstandene Ungleichung.
Manchmal ist es hilfreich, die linke Seite der Ungleichung als weitere Kurve aufzufassen und sich zu überlegen, wann diese oberhalb bzw. unterhalb der x-Achse verläuft.

7.4 Tangenten und Normalen

Geradengleichungen kann man mit der Punkt-Steigungsform $y - y_1 = m \cdot (x - x_1)$ aufstellen.

a) Bestimmen Sie die Tangentensteigung mit Hilfe der 1. Ableitung. Benutzen Sie dann die Steigung und den Punkt, um die Geradengleichung aufzustellen. Für die Normalensteigung m_n gilt: $m_n = -\frac{1}{m_t}$ mit m_t = Steigung der Tangente.

b) Bestimmen Sie zuerst den Wendepunkt und dann die Steigung der Tangente bzw. der Normalen und stellen Sie die Geradengleichungen auf.

c) I) Da die Tangentensteigung schon bekannt ist, muss in dieser Aufgabe der Punkt P bestimmt werden, in dem der Graph von f die Steigung $m = -2$ besitzt. Also wird die erste Ableitung gleich -2 gesetzt und x_P bestimmt. Mit den Koordinaten des Punktes und der Steigung wird anschließend die Tangentengleichung aufgestellt.

II) Man verfährt ähnlich wie bei I), nur muss die Steigung der Tangente erst aus der Steigung der angegebenen Geraden ermittelt werden. Für die Steigung zweier aufeinander senkrecht stehender Geraden m_1 und m_2 gilt: $m_2 = -\frac{1}{m_1}$.

III) Man verfährt ähnlich wie bei I), die Steigung paralleler Geraden ist gleich: $m_t = m_g = 4$.

d) Für I) und II) gilt: Wenn von einem Punkt P, der nicht auf einer Kurve liegt, eine Tangente an eine Kurve gelegt werden soll, kann man folgendermaßen vorgehen:

1. Der Berührpunkt hat die Koordinaten $B\,(u \mid f(u))$.
2. Mit Hilfe der 1. Ableitung und B bestimmt man die Tangentengleichung in Abhängigkeit von u.
3. Da P auf der Tangente liegt, kann man diesen einsetzen und man erhält eine Gleichung, welche nach u aufgelöst wird.
4. In Punkt B bzw. in die Tangentengleichung wird u eingesetzt.

7.5 Berührpunkte zweier Kurven

Damit sich zwei Graphen in einem Punkt $B\,(x_B \mid y_B)$ berühren, müssen zwei Bedingungen erfüllt sein:

1. B ist ein gemeinsamer Punkt beider Kurven: $f(x_B) = g(x_B)$.
2. Im Punkt B haben die Graphen eine gemeinsame Tangente, also die gleiche Tangentensteigung $f'(x_B) = g'(x_B)$.

7.6 Symmetrie

a) Die Bedingung für y-Achsensymmetrie ist $f(-x) = f(x)$.

b) Die Bedingung für Ursprungssymmetrie ist $f(-x) = -f(x)$.

c) Die Bedingung für y-Achsensymmetrie ist $f(-x) = f(x)$.

d) Die Bedingung für Punktsymmetrie zum Ursprung ist $f(-x) = -f(x)$.

7.7 Ortskurven

Die Gleichung der Ortskurve beschreibt den Zusammenhang zwischen dem gegebenen x-Wert und dem gegebenen y-Wert (jeweils in Abhängigkeit eines Parameters), d.h. man sucht die Gleichung, in die man den x-Wert einsetzen kann, um den y-Wert zu erhalten.
Gehen Sie folgendermaßen vor:

1. x-Wert so umformen, dass der Parameter alleine steht, z.B. $x = \frac{4}{t} \Rightarrow t = \frac{4}{x}$.
2. Parameter (in Abhängigkeit von x) in den y-Wert einsetzen, z.B. $y = t^2 = \left(\frac{4}{x}\right)^2$.
3. Durch Ausrechnen erhalten Sie den y-Wert in Abhängigkeit von x, z.B. $y = \frac{16}{x^2}$ und damit die Gleichung der Ortskurve.

Bei den Aufgaben d) und e) müssen Sie zunächst den gesuchten Punkt bestimmen. Hierbei gehen Sie wie bei einer «normalen» Funktion ohne Parameter vor. Beachten Sie: Die Parameter werden beim Ableiten wie Zahlen behandelt!

7.8 Definitionsbereich

Definitionsbereich

a) **Gebrochenrationale Funktionen**
Bei gebrochenrationalen Funktionen darf der Nenner nicht Null sein, da man nicht durch Null teilen darf. Man bestimmt also die Nullstellen des Nenners und erhält somit die Werte, die nicht für x eingesetzt werden dürfen.

b) **Logarithmusfunktionen**
Bei Logarithmusfunktionen muss das Argument (der Term, auf den der ln angewendet wird) immer größer als Null sein. Es ist also auch hier eine Ungleichung zu lösen.

c) **Vermischte Aufgaben**
Es sind jeweils Kombinationen von a) und b) zu berücksichtigen.

Definitionsbereich und Grenzwerte

Zur Bestimmung des Definitionsbereichs überlegen Sie, welche Werte für x nicht in die Funktion eingesetzt werden dürfen. Das Verhalten der Funktion an den Grenzen des Definitionsbereichs wird untersucht, indem man Grenzwerte (lim) bildet. Bei Funktionen mit Definitionslücken müssen Sie sich dieser Definitionslücke von beiden Seiten nähern.

7.9 Monotonie

Bestimmen Sie jeweils mit Hilfe der Quotientenregel die 1. Ableitung von f und überlegen Sie, für welche Werte von x der Zähler bzw. der Nenner größer oder kleiner als Null ist.

7.10 Umkehrfunktion

Lösen Sie die Gleichung $y = f(x)$ nach x auf; vertauschen Sie anschließend die Variablen x und y und geben Sie die Umkehrfunktion $\overline{f}$ an. Die Definitionsmenge von $\overline{f}$ ist die Wertemenge (d.h. alle möglichen y-Werte) von f.

7.11 Ableiten der Umkehrfunktion

Ermitteln Sie zuerst die Umkehrfunktion $\overline{f}(y)$, indem Sie $y = f(x)$ nach x auflösen. Anschließend vertauschen Sie die Variablen x und y. Falls sich die Umkehrfunktion ohne Probleme ableiten lässt, kann die 1. Ableitung von $\overline{f}$ direkt bestimmt werden.
Alternativ können Sie für die 1. Ableitung einer umkehrbaren Funktion folgende Formel verwenden: $\overline{f}\,'(y) = \frac{1}{f'(x)}$ falls $f'(x) \neq 0$. Um die Umkehrfunktion und ihre Ableitung in Abhängigkeit von x anzugeben, ersetzen Sie in $\overline{f}(y)$ und $\overline{f}\,'(y)$ jeweils x durch $\overline{f}(y)$ und dann y durch x.

8 Integralrechnung

8.1 Stammfunktionen

Ganzrationale Funktionen

a)-d) Benutzen Sie die Integrationsregel für Potenzfunktionen: Besitzt f die Form $f(x) = a \cdot x^n$, dann ist $\mathrm{F}(x) = a \cdot \frac{1}{n+1} x^{n+1} + c$ falls $n \neq -1$ eine Stammfunktion.

e)-f) Für verkettete (verschachtelte) Funktionen mit innerem *linearem* Ausdruck gilt die Integrationsregel für lineare Substitution:
«Äußere Stammfunktion geteilt durch innere Ableitung»

Exponentialfunktionen

a)-d) Für verkettete (verschachtelte) Funktionen mit innerem *linearem* Ausdruck gilt die Integrationsregel für lineare Substitution:
«Äußere Stammfunktion geteilt durch innere Ableitung»
Bei e-Funktion mit $f(x) = a \cdot e^{k \cdot x + b}$ ist $e^{(\dots)}$ die äußere Funktion und $k \cdot x + b$ die innere Funktion. Der Parameter a verändert sich nicht beim Integrieren.

e)-f) Lösen Sie zunächst die Klammer auf und verwenden Sie die Regeln für die Potenzfunktionen (da in der Klammer *kein* linearer Ausdruck steht).

Gebrochenrationale Funktionen

a)-b) Verwenden Sie die Integrationsregel für lineare Substitution:
«Äußere Stammfunktion geteilt durch innere Ableitung»

c)-e) Schreiben Sie den Bruch als Potenz mit negativem Exponenten und verwenden Sie die Integrationsregel für Potenzfunktionen.

Logarithmusfunktionen

a) - c) Für verkettete (verschachtelte) Funktionen mit innerem *linearem* Ausdruck gilt die Integrationsregel für lineare Substitution:
«Äußere Stammfunktion geteilt durch innere Ableitung»
Bei gebrochenrationalen Funktionen mit $f(x) = a \cdot \frac{1}{bx+c}$, bei denen der Ausdruck im Nenner den Exponent 1 hat, ist $\frac{1}{(...)}$ die äußere Funktion und $bx+c$ die innere Funktion. Eine Stammfunktion der äußeren Funktion ist $\ln|(...)|$. Der Parameter a verändert sich nicht beim Integrieren.

Trigonometrische Funktionen

a) - f) Beachten Sie, dass $\sin x$ eine Stammfunktion von $\cos x$ und $-\cos x$ eine Stammfunktion von $\sin x$ ist.
Auch bei diesen Aufgaben gilt die Regel für verkettete Funktionen mit innerem *linearem* Ausdruck:
«Äußere Stammfunktion geteilt durch innere Ableitung»
Ist $f(x) = a \cdot \sin(bx+c)$, so ist $\sin(...)$ die äußere Funktion und $bx+c$ die innere Funktion. Der Parameter a verändert sich nicht beim Integrieren.

8.2 Flächeninhalt zwischen zwei Kurven

a) - d) Bestimmen Sie jeweils die Integrationsgrenzen durch Gleichsetzen der Funktionsterme. Prüfen Sie, welche Kurve die obere Kurve ist. Wenden Sie den Hauptsatz der Differential- und Integralrechnung an: $\int_a^b f(x)dx = \mathrm{F}(b) - \mathrm{F}(a)$.

8.3 Ins Unendliche reichende Flächen

a) Die Fläche wird anfänglich durch die vertikale Gerade $x = z$ mit $z > 0$ begrenzt. Setzen Sie z als obere Grenze ein und bestimmen Sie $\mathrm{A}(z)$. Lassen Sie dann $z \to \infty$ gehen.

b) I) Bestimmen Sie die Grenzen des Integrals und integrieren Sie die Funktion.

II) Betrachten Sie das Verhalten der Funktion für $x \to -\infty$. Welcher Term fällt weg?

III) Die Fläche zwischen zwei Kurven wird berechnet, indem man die Funktionsgleichung der unteren Kurve von der der oberen Kurve abzieht und dann integriert. Für die ins Unendliche reichende Fläche setzt man als untere Grenze z ein und bildet dann den Grenzwert $\lim\limits_{z \to -\infty} \mathrm{A}(z)$.

8.4 Angewandte Integrale

a) I) Der Regen hört auf, wenn die Niederschlagsrate gleich Null ist; bestimmen Sie die Nullstelle der Funktion.

II) Die gesamte Wassermenge können Sie bestimmen, indem Sie die Niederschlagsrate vom Beginn des Regens bis zum Ende integrieren.

III) Die mittlere Regenmenge erhalten Sie, indem Sie die Gesamtmenge durch die Anzahl der Tage teilen.

b) Die gegebene Funktion f beschreibt die Änderungsrate. Um zu berechnen, wieviel Wasser das Becken nach 9 Stunden enthält, müssen Sie zuerst eine Stammfunktion F von f bestimmen. Die Integrationskonstante c bestimmen Sie mit Hilfe des Anfangswerts. Anschließend müssen Sie $t = 9$ in die Integralfunktion einsetzen.

8.5 Rotationskörper

Rotation um die x-Achse

Rotiert der Graph einer Funktion f über dem Intervall $[a;b]$ um die x-Achse, so verwenden Sie die Formel:

$V_{rot} = \pi \cdot \int_a^b (f(x))^2 \, dx$. Beachten Sie, dass Sie unter Umständen die Binomischen Formeln verwenden müssen, um den Ausdruck in der Klammer auszurechnen.

Rotiert eine Fläche um die x-Achse, so müssen Sie zuerst die Integrationsgrenzen bestimmen (Schnittstellen) und anschließend für jede Kurve das Volumenintegral berechnen. Zum Schluss bilden Sie die Differenz der Volumenintegrale.

Rotation um die y-Achse

Rotiert eine Fläche zwischen dem Graph einer Funktion f, der y-Achse und den Geraden $y = c$ und $y = d$ um die y-Achse, so benötigen Sie die Umkehrfunktion $\overline{f}$ sowie die Formel:

$$V_{rot} = \pi \cdot \int_c^d \left(\overline{f}(y)\right)^2 dy$$

8.6 Vermischte Aufgaben

a)-c) Bestimmen Sie entsprechend der Aufgaben in Kapitel 8.1 eine Stammfunktion mit absolutem Glied ($+c$) und berechnen Sie c durch Einsetzen des Punktes in Ihren Ansatz.

d)-e) Verwenden Sie den Hauptsatz der Differential- und Integralrechnung $\int_a^b f(x)dx = \mathrm{F}(b) - \mathrm{F}(a)$, wobei F eine Stammfunktion von f ist.

8.7 Partielle Integration

Wenn Sie ein Produkt zweier Funktionen integrieren, so verwenden Sie die Formel zur partiellen Integration:

$$\int_a^b u(x) \cdot v'(x)dx = \left[u(x) \cdot v(x)\right]_a^b - \int_a^b u'(x) \cdot v(x)dx$$

Wählen Sie dabei $u(x)$ und $v'(x)$ so, dass $u'(x) \cdot v(x)$ «einfacher» als $u(x) \cdot v'(x)$ integrierbar ist.

a) Setzen Sie $u(x) = 3x$ und $v'(x) = e^x$

b) Setzen Sie $u(x) = 2x$ und $v'(x) = \cos x$

c) Setzen Sie $u(x) = \ln x$ und $v'(x) = 3x$

9 Extremwertaufgaben/ Wachstums- und Zerfallsprozesse

9.1 Extremwertaufgaben

Allgemein können Sie beim Lösen von Extremwertaufgaben nach folgendem Schema vorgehen:

1. Skizzieren Sie die Problemstellung.
2. Schreiben Sie die Größe auf, die minimiert oder maximiert werden soll. Das kann z.B. $A = r \cdot h$ für eine Fläche in Abhängigkeit von r und h sein. In diesem Ausdruck dürfen verschiedene Variablen vorkommen.
3. Formulieren Sie die Nebenbedingungen. Im Beispiel von oben könnte dies z.B. $r + h = 100$ sein, wenn in der Aufgabe formuliert ist, dass r und h zusammen 100 ergeben müssen.
4. Lösen Sie die Nebenbedingung nach einer Variablen auf, z.B. $r = 100 - h$, und setzen Sie diese in den Ausdruck bei 2. ein. Dadurch ergibt sich, von welcher Variablen die sogenannte «Zielfunktion» abhängig ist. Löst man die Nebenbedingung nach r auf und setzt sie in die Gleichung unter 2. ein, ergibt sich im Beispiel: $A(h) = (100 - h) \cdot h$.
5. Nun können die Extremstellen der Zielfunktion der Fläche in Abhängigkeit von h durch Ableiten und Nullsetzen der Ableitung untersucht werden. Handelt es sich um ein lokales Minimum, muss man noch die Randwerte überpüfen, d.h. man setzt den kleinst- und größtmöglichen x-Wert der Definitionsmenge in die Zielfunktion ein und vergleicht mit den Werten der Extremstelle. (Dies ist allerdings nicht nötig, wenn die 2. Ableitung keine Variablen mehr enthält, also inbesondere bei allen quadratsichen Funktionen.)

Zu den Aufgaben:

a) I) Die gesuchte Größe ist der Umfang des Rechtecks. Die Grundseite des Rechtecks wird als $2x$ gewählt. Nebenbedingung: Für die Höhe h gilt $h = f(x)$. Stellen Sie die Zielfunktion für den Umfang auf, setzen Sie die Nebenbedingung ein und bestimmen Sie das Maximum.

II) Die gesuchte Größe ist die Fläche des Rechtecks. Die Grundseite des Rechtecks wird als $2x$ gewählt. Nebenbedingung: Für die Höhe h gilt $h = f(x)$. Stellen Sie die Zielfunktion für die Fläche auf, setzen Sie die Nebenbedingung ein und bestimmen Sie das Maximum.

b) Die gesuchte Größe ist der Flächeninhalt des Dreiecks OPQ. Nach dem Ableiten stellt man die Gleichung der Normalen auf. Für die Normalensteigung gilt $m_n = -\frac{1}{m_t}$ (wobei m_t die Tangentensteigung ist). Diese wird mit der Kurve G geschnitten, um den Schnittpunkt Q zu bestimmen. Anschließend wird eine Flächenfunktion aufgestellt, wobei die Strecke $\overline{OQ}$ die Grundseite des Dreiecks bildet und $|\, f(u) \,|$ die Höhe. Die Flächenfunktion wird abgeleitet und der Extremwert bestimmt.

c) Skizzieren Sie die Graphen der beiden Funktionen.
Bestimmen Sie die Koordinaten der Punkte P und Q und überlegen Sie sich, wie Sie die

Länge von PQ in Abhängigkeit von u bestimmen können. Stellen Sie hierzu eine Funktionsgleichung (Zielfunktion) auf. Zur Berechnung des Maximums verwenden Sie die 1. und 2. Ableitung (Produkt- und Kettenregel).
Die maximale Länge erhalten Sie, indem Sie das berechnete u in die Zielfunktion einsetzen.

9.2 Wachstums- und Zerfallsprozesse

a) I) Bestimmen Sie zuerst den Startwert B_0. Anschließend setzt man diesen und den Funktionswert für $t = 2$ in die Funktion ein und bestimmt so k.

II) Überlegen Sie, wie t gewählt werden muss, wenn der Bestand in 10 Jahren ab heute gesucht ist. Setzen Sie diesen Wert in die Funktionsgleichung ein.

III) Für den Zeitpunkt, an dem von der Ausgangspopulation nur noch 10 % übrig sind, ist die Populationsgröße $\frac{1}{10} \cdot B_0$. Diesen Wert setzt man in die Funktion ein und löst dann nach t_E auf.

b) I) Bestimmen Sie die Gleichung der Asymptote, indem Sie das Verhalten der Funktion für $t \longrightarrow \infty$ betrachten. Welcher Term fällt weg?

II) Die Kurve gibt die jeweilige Temperatur der Probe an. Wie muss die Steigung der Kurve aussehen, wenn sich die Temperatur schnell ändert?

c) I) Da es sich um natürliches exponentielles Wachstum handelt, verwenden Sie den Ansatz: $G(t) = a \cdot e^{k \cdot t}$. Beachten Sie, dass t in Tagen gerechnet wird. Mit Hilfe der gegebenen Daten können Sie durch Aufstellen von zwei Gleichungen die beiden Unbekannten a und k bestimmen.

II) Setzen Sie $t = 10$ in $G(t)$ ein.

III) Setzen Sie $G(t) = 200\,000$ und lösen Sie die Gleichung nach t auf.

d) I) Stellen Sie mit Hilfe der gegebenen Daten eine Funktionsgleichung für das Wachstum der Bevölkerung auf.
Verwenden Sie den Ansatz $B(t) = a \cdot e^{k \cdot t}$, da es sich um natürliches exponentielles Wachstum handelt. Setzen Sie $t = 0$ im Jahre 1975. Stellen Sie zwei Gleichungen mit zwei Unbekannten auf und lösen Sie diese.
Überlegen Sie, welchen Wert t im Jahre 2030 hat.

II) Sie können die Verdoppelungszeit berechnen, indem Sie die Bevölkerung im Jahre 1975 verdoppeln und mit $B(t)$ gleichsetzen. Lösen Sie die Gleichung nach t auf.

Lineare Algebra/ Analytische Geometrie

10 Rechnen mit Vektoren

10.1 Addition und Subtraktion von Vektoren

Für das Rechnen mit Vektoren gelten folgende Gesetze:

Addition: $\begin{pmatrix} a_1 \\ a_2 \\ a_3 \end{pmatrix} + \begin{pmatrix} b_1 \\ b_2 \\ b_3 \end{pmatrix} = \begin{pmatrix} a_1 + b_1 \\ a_2 + b_2 \\ a_3 + b_3 \end{pmatrix}$, Subtraktion: $\begin{pmatrix} a_1 \\ a_2 \\ a_3 \end{pmatrix} - \begin{pmatrix} b_1 \\ b_2 \\ b_3 \end{pmatrix} = \begin{pmatrix} a_1 - b_1 \\ a_2 - b_2 \\ a_3 - b_3 \end{pmatrix}$

Skalare Multiplikation: $s \cdot \begin{pmatrix} a_1 \\ a_2 \\ a_3 \end{pmatrix} = \begin{pmatrix} s \cdot a_1 \\ s \cdot a_2 \\ s \cdot a_3 \end{pmatrix}$ (Zahl · Vektor = Vektor) für $s \in \mathbb{R}$.

Skalarprodukt: $\begin{pmatrix} a_1 \\ a_2 \\ a_3 \end{pmatrix} \cdot \begin{pmatrix} b_1 \\ b_2 \\ b_3 \end{pmatrix} = a_1 \cdot b_1 + a_2 \cdot b_2 + a_3 \cdot b_3$ (Vektor · Vektor = Zahl),

Betrag bzw. Länge: $\left| \begin{pmatrix} a_1 \\ a_2 \\ a_3 \end{pmatrix} \right| = \sqrt{a_1^2 + a_2^2 + a_3^2}$.

10.2 Orthogonalität von Vektoren

Zwei Vektoren stehen genau dann senkrecht aufeinander, wenn das Skalarprodukt gleich Null ist. Ist das Skalarprodukt ungleich Null, dann sind die beiden Vektoren nicht orthogonal.

10.3 Auffinden von orthogonalen Vektoren

Es sind Vektoren zu suchen, deren Skalarprodukt mit $\vec{n}$ Null ergibt.

10.4 Orts- und Verbindungsvektoren

Ortsvektoren setzen am Ursprung O(0 | 0 | 0) an. Verbindungsvektoren zwischen zwei Punkten erhält man mit Hilfe der Ortsvektoren.

10.5 Teilverhältnisse

a) - b) Erstellen Sie jeweils eine Skizze. Berechnen Sie die Länge des Vektors $\overrightarrow{AB}$ und stellen Sie eine geeignete Vektorkette für den Ortsvektor von S bzw. T auf.

c) Überlegen Sie, wo der Punkt U liegt, berechnen Sie die Längen der Vektoren $\overrightarrow{AU}$ und $\overrightarrow{UB}$ und teilen Sie die Ergebnisse durcheinander.

10.6 Verschiedene Aufgaben

a) Stellen Sie jeweils drei Verbindungsvektoren zwischen je zwei Punkten auf und berechnen Sie deren Länge.

b) Die Orthogonalität lässt sich mit dem Skalarprodukt überprüfen.

c) Tragen Sie in Ihre Skizze jeweils die gegebenen und gesuchten Punkte sowie den Ursprung O ein. Bestimmen Sie mit Hilfe einer Vektorkette den Ortsvektor des gesuchten Punktes. Geben Sie die Koordinaten des gesuchten Punktes an.

d) Tragen Sie in Ihre Skizze die gegebenen und gesuchten Punkte sowie den Ursprung O ein. Achten Sie dabei auf die Reihenfolge der Punkte (*gegen* den Uhrzeigersinn). Bestimmen Sie jeweils mit Hilfe einer Vektorkette den Ortsvektor des gesuchten Punktes. Geben Sie die Koordinaten des gesuchten Punktes an.

e) Da je vier Kanten parallel sind, gilt:
$\overrightarrow{BF} = \overrightarrow{CG} = \overrightarrow{DH} = \overrightarrow{AE}$, $\overrightarrow{BC} = \overrightarrow{AD} = \overrightarrow{FG} = \overrightarrow{EH}$ und $\overrightarrow{AB} = \overrightarrow{EF} = \overrightarrow{DC} = \overrightarrow{HG}$.
Bestimmen Sie mit Hilfe einer Vektorkette den Ortsvektor des gesuchten Punktes. Geben Sie die Koordinaten des gesuchten Punktes an.

f) Tragen Sie in ihre Skizze die gegebenen und gesuchten Punkte sowie den Ursprung O ein. Bestimmen Sie mit Hilfe einer Vektorkette den Ortsvektor des gesuchten Punktes. Geben Sie die Koordinaten des gesuchten Punktes an. Die Länge einer Kante ist die Länge des Verbindungsvektors der beiden Eckpunkte.

10.7 Lineare Abhängigkeit

a) Wenn zwei Vektoren linear abhängig sind, dann ist der eine Vektor ein Vielfaches des anderen, d.h. sie müssen eine Zahl k finden, so dass gilt: $k \cdot \vec{a} = \vec{b}$; $k \in \mathbb{R}$.

b) Wenn drei Vektoren linear unabhängig sind, so hat der Nullvektor $\vec{0}$ eine eindeutige Darstellung als Linearkombination der drei Vektoren: Wählen Sie als Ansatz $r \cdot \vec{a} + s \cdot \vec{b} + t \cdot \vec{c} = \vec{0}$ und berechnen r, s und t aus dem entstandenen Gleichungssystem. Ist die einzige Lösung $r = s = t = 0$, so sind $\vec{a}$, $\vec{b}$ und $\vec{c}$ linear unabhängig.

11 Geraden

11.1 Aufstellen von Geradengleichungen

Verwenden Sie den Ortsvektor des einen Punktes als Stützvektor. Bilden Sie den Richtungsvektor, indem Sie den Verbindungsvektor zwischen den beiden Punkten aufstellen.

11.2 Punktprobe

Setzen Sie den Ortsvektor des Punktes in die Geradengleichung ein und prüfen Sie, ob sich für alle drei Komponenten der gleiche Parameter ergibt.

11.3 Gegenseitige Lage von Geraden

Für die gegenseitige Lage von zwei Geraden gibt es vier Möglichkeiten: Die Geraden können sich schneiden, parallel, identisch oder windschief sein.

Zur Bestimmung der gegenseitigen Lage prüft man zuerst die Richtungsvektoren auf lineare Abhängigkeit bzw. Unabhängigkeit:

1. Sind die Richtungsvektoren ein Vielfaches voneinander (linear abhängig), können die Geraden parallel oder identisch sein.
   Sie sind identisch, wenn ein Punkt der einen Geraden auf der anderen Geraden liegt (positive Punktprobe), sonst sind sie parallel (negative Punktprobe).

2. Sind die Richtungsvektoren kein Vielfaches voneinander (linear unabhängig), können die Geraden sich schneiden oder windschief sein.
   Durch Gleichsetzen erhält man den Schnittpunkt oder einen Widerspruch, welcher angibt, dass die Geraden windschief sind.

11.4 Parallele Geraden mit Parameter

Damit die Geraden parallel sind, müssen die Richtungsvektoren $\vec{r}$ und $\vec{v}$ linear abhängig sein. Der Parameter t muss also so bestimmt werden, dass $\vec{r_t} = s \cdot \vec{v}$ mit $s,\ t \in \mathbb{R}$ gilt. Dazu prüft man, ob der eine Vektor ein Vielfaches des anderen ist.

11.5 Allgemeines Verständnis von Geraden

Legen Sie eine Skizze an, um zu veranschaulichen, welche Beziehung für die Stütz- und Richtungsvektoren gelten muss. Überlegen Sie, welche Beziehung die Richtungsvektoren haben.

12 Ebenen

12.1 Parameterform der Ebenengleichung

a) - b) Nehmen Sie einen der Punkte als «Stützpunkt». Die Verbindungsvektoren zwischen den Punkten ergeben die Spannvektoren.

c) - d) Der Stützvektor der Geraden dient als Stützvektor der Ebene, der Richtungsvektor bildet den ersten Spannvektor. Den zweiten Spannvektor erhalten Sie, indem Sie den Verbindungsvektor zwischen dem Stützpunkt und dem angegebenen Punkt bilden.

12.2 Koordinatengleichung einer Ebene

Um eine Ebenengleichung aufzustellen, braucht man in der Regel entweder einen Punkt, der in der Ebene liegt, und zwei Spannvektoren oder einen Punkt A, der in der Ebene liegt, und einen Normalenvektor $\vec{n}$, welche man dann in die Punkt-Normalenform $(\vec{x} - \vec{a}) \cdot \vec{n} = 0$ einsetzt.

Ein Normalenvektor $\vec{n}$ berechnen Sie am einfachsten mit Hilfe des Vektorprodukts aus den beiden Spannvektoren, siehe Seite 50.

Zur Koordinatengleichung kommt man durch Ausmultiplizieren der Punkt-Normalenform.

a) - b) Wählen Sie einen der 3 Punkte als «Stützpunkt» und bestimmen Sie die Spannvektoren als Verbindungsvektoren zwischen dem ersten Punkt und den beiden anderen Punkten. Anschließend bestimmt man einen Normalenvektor wie oben beschrieben und rechnet über die Punkt-Normalenform die Koordinatenform aus.

c) - d) Als Stützvektor bietet sich der Stützvektor der Geraden an. Als 1. Spannvektor benutzt man den Richtungsvektor der Geraden, als 2. Spannvektor nimmt man den Verbindungsvektor zwischen dem Punkt außerhalb der Geraden und dem «Stützpunkt» der Geraden.

e) - g) Bestimmen Sie zuerst den Stützvektor der Ebene. Bestimmen Sie dazu den Schnittpunkt der beiden Geraden. Der Ortsvektor des Schnittpunktes dient als Stützvektor, die beiden Richtungsvektoren der Geraden werden als Spannvektoren der Ebene genommen. (wichtig: Wenn man s und t mit Hilfe von zwei Gleichungen bestimmt hat, muss man s und t in der 3. Gleichung überprüfen).

h) - i) Wenn das Gleichungssystem zu einem Widerspruch wie z.B. $3 = 0$ führt, besitzt es keine Lösung. Die Geraden schneiden sich dann nicht. Untersuchen Sie die beiden Richtungsvektoren. Sind diese linear abhängig, dann sind die Geraden parallel.

j) Um die Ebenengleichung aufzustellen, brauchen Sie einen Punkt der Ebene und einen Normalenvektor. Die Spiegelebene befindet sich genau in der Mitte zwischen A und A^*. Anhand einer Skizze kann man sich gut klarmachen, wie der Normalenvektor aussehen muss.

k) Wenn die Ebene E die Gerade g enthält, dann sind der Normalenvektor von E und der Richtungsvektor von g orthogonal. Damit ist das Skalarprodukt dieser beiden gleich Null. Gleiches gilt für den Normalenvektor von E und den Normalenvektor der bekannten Ebene F. Wenn man die beiden Skalarprodukte ausrechnet, erhält man zwei Gleichungen mit den 3 Unbekannten n_1, n_2 und n_3. Eine Unbekannte wird gesetzt, die anderen ausgerechnet. Auf diese Weise erhält man $\vec{n}$. Zum Schluss setzt man noch $\vec{n}$ und den «Stützpunkt» der Geraden in die Punkt-Normalenform ein und rechnet diese aus.

l) Drei der gegebenen Punkte benutzt man, um eine Ebene aufzustellen. Mit dem letzten macht man eine Punktprobe.

12.3 Ebenen im Koordinatensystem

Zuerst bestimmt man die Spurpunkte, dies sind die Schnittpunkte der Ebene mit den Koordinatenachsen. Überlegen Sie, welchen Wert die x_2- und die x_3-Koordinate für einen Schnittpunkt der Ebene mit der x_1-Achse besitzen. Man setzt ein und formt nach x_1 um. Ebenso verfährt man für die anderen Spurpunkte.

12.4 Bestimmen von Geraden und Ebenen in einem Quader

a) Der Punkt O des Quaders liegt im Ursprung des Koordinatensystems. Bestimmen Sie die übrigen Punkte, indem Sie die Ortsvektoren addieren.

b) Die Gleichung kann wie im vorherigen Kapitel rechnerisch bestimmt werden, oder durch Überlegung und Ablesen an der Zeichnung.

c) Um eine Geradengleichung aufzustellen, braucht man einen Stützvektor und einen Richtungsvektor.

d) Wählen Sie drei der angegebenen Punkte und stellen Sie die Ebenengleichung wie im vorangegangenen Kapitel auf.

12.5 Bestimmen von Geraden und Ebenen in einer Pyramide

a) Der Punkt P ist bekannt. Bestimmen Sie die Koordinaten der restlichen Punkte durch Symmetrieüberlegungen: Für den Punkt Q sind die x_1- und die x_3-Koordinate die gleichen wie für P, doch ist die x_2-Koordinate anders. Aus der Lage des Grundflächenmittelpunktes im Koordinatenursprung ergibt sich die x_2-Koordinate von Q.

b) Um eine Geradengleichung aufzustellen, brauchen Sie einen Stützvektor und einen Richtungsvektor.

c) Benutzen Sie die drei angegebenen Punkte und stellen Sie die Ebenengleichung wie im vorangegangenen Kapitel auf.

13 Gegenseitige Lage von Geraden und Ebenen

13.1 Gegenseitige Lage

Eine Gerade und eine Ebene können auf drei verschiedene Arten zueinander liegen: g schneidet E, g ist parallel zu E oder g liegt in E.

Liegt die Ebene in Koordinatenform vor, wird die Gerade als «allgemeiner Punkt» geschrieben und in die Ebenengleichung eingesetzt. Anschließend wird der Parameter der Geraden bestimmt und in den allgemeinen Punkt eingesetzt, um den Schnittpunkt zu bestimmen. Liegt die Ebene in der Parameterform vor, werden Ebenengleichung und Geradengleichung gleichgesetzt und das Gleichungssystem mit 3 Unbekannten gelöst.

Beim Lösen des Gleichungssystems bzw. der Gleichung können drei Fälle auftreten:

1. Es gibt eine eindeutige Lösung: Die Gerade schneidet die Ebene.
2. Es tritt ein Widerspruch auf (wie z.B. $3 = 0$): Die Gerade ist parallel zur Ebene.
3. Das Gleichungssystem bzw. die Gleichung hat unendlich viele Lösungen (beim Lösen ergibt sich z.B. $3 = 3$ oder $0 = 0$): Die Gerade liegt in der Ebene.

13.2 Gerade und Ebene parallel

Überlegen Sie, wie der Richtungsvektor der Geraden g und der Normalenvektor der Ebene E zueinander stehen müssen, damit die g parallel zu E liegt. Nehmen Sie das Skalarprodukt zu Hilfe. Wie kann man anschließend prüfen, ob g und E echt parallel sind oder ob g in E liegt?

13.3 Allgemeines Verständnis von Geraden und Ebenen

Veranschaulichen Sie sich die Beziehungen am besten mit Hilfe einer Skizze.

13.4 Vermischte Aufgaben

a) Wenn g parallel zu E ist, gilt: $\vec{r_g} \cdot \vec{n} = 0$. Für den Richtungsvektor $\vec{r_g}$ der Geraden gibt es unendlich viele Möglichkeiten.

b) Da g senkrecht auf E steht, gilt: $\vec{r_g} = k \cdot \vec{n}$; $k \in \mathbb{R}$, d.h. der Richtungsvektor $\vec{r_g}$ ist linear abhängig zum Normalenvektor zu wählen.

c) Bestimmen Sie einen Punkt und einen Normalenvektor der Ebene mit Länge 1 LE. Mit diesen legen Sie einen weiteren Punkt außerhalb der Ebene mit Abstand 3 LE fest. Der Richtungsvektor $\vec{r_g}$ der Geraden muss so gewählt werden, dass $\vec{r_g} \cdot \vec{n} = 0$. Hierfür gibt es unendlich viele Möglichkeiten.

14 Gegenseitige Lage zweier Ebenen

Auch hier gibt es verschiedene Lösungswege, abhängig davon, welche Art von Ebenengleichung vorliegt. Da der Weg über die Koordinatengleichung oft am einfachsten zu rechnen ist, werden viele Aufgaben auf diese Weise gelöst. Gerade beim Schnitt von zwei Ebenen kann es sich lohnen, eine Gleichung in die Koordinatenform umzuformen.

Die beiden Ebenengleichungen in Koordinatenform bilden ein lineares Gleichungssystem mit zwei Gleichungen und drei Variablen.

Beim Lösen des Gleichungssystems bzw. der Gleichung können drei Fälle auftreten:

1. Es gibt eine Lösung, wenn man eine Variable als t einsetzt und nach den anderen Variablen auflöst: Die Ebenen schneiden sich in einer Schnittgeraden.
2. Es tritt ein Widerspruch auf (wie z.B. $3 = 0$): Die beiden Ebenen sind parallel.
3. Die eine Gleichung ist ein Vielfaches der anderen Gleichung: Die beiden Ebenen sind identisch.

14.1 Schnitt von zwei Ebenen

a) - c) Bestimmen Sie jeweils die Schnittgerade. Bei Aufgabe c) lässt sich x_2 direkt ablesen.

d) - e) Schreiben Sie E_1 in drei Gleichungen für x_1, x_2 und x_3 um, setzen Sie diese in die Koordinatenebene E_2 ein und lösen Sie nach einem Parameter auf. Dieser wird dann wieder in E_1 eingesetzt, die Vektoren zusammengefasst und so die Gleichung der Schnittgeraden bestimmt.

f) - g) Gleichsetzen der beiden Ebenen führt zu einem Gleichungssystem mit 4 Unbekannten und 3 Gleichungen. Bringen Sie dieses mit Hilfe des Gauß-Verfahrens auf Stufenform oder benutzen Sie den GTR/CAS um eine Lösungsmatrix zu bestimmen. Sie erhalten einen Ausdruck wie z.B. $t = 2 - u$. Setzen Sie diesen Ausdruck für t in die Ebenengleichung ein und fassen Sie die Vektoren zusammen um die Gleichung der Schnittgeraden zu erhalten.

14.2 Parallele Ebenen

Beim Bestimmen von t muss man überlegen, wie die beiden Normalenvektoren zueinander stehen müssen, damit die Ebenen parallel sind.

14.3 Verschiedene Aufgaben zur Lage zweier Ebenen

Überlegen Sie anhand einer Skizze, wie die beiden Normalenvektoren zueinander stehen müssen, wenn die Ebenen senkrecht aufeinander stehen. Nehmen Sie das Skalarprodukt zu Hilfe.

15 Abstandsberechnungen

15.1 Abstand Punkt – Ebene

Bei einer Abstandsberechnung zwischen einem Punkt und einer Ebene rechnet man immer die Länge eines Lots von einem Punkt auf die Ebene aus. Man benutzt in der Regel die Hessesche Normalenform der Ebenengleichung (HNF), in die der Punkt eingesetzt wird. Für den Punkt $\mathrm{P}(p_1 \mid p_2 \mid p_3)$ und die Ebene $\mathrm{E}:\; n_1x_1 + n_2x_2 + n_3x_3 = b$ mit dem Normalenvektor $\vec{n}$ gilt

$$d = \frac{|n_1p_1 + n_2p_2 + n_3p_3 - b|}{\sqrt{n_1^2 + n_2^2 + n_3^2}},$$

wobei d der Abstand des Punktes P zur Ebene E ist.

15.2 Abstand Punkt – Gerade

Den Abstand eines Punktes P von einer Geraden g bestimmt man in drei Schritten:

1. Zuerst stellt man eine Hilfsebene $\mathrm{E_H}$ auf. Diese Hilfsebene enthält den Punkt P und ist orthogonal zu g, d.h. der Richtungsvektor von g dient als Normalenvektor der Ebene.
2. Die Hilfsebene wird mit g geschnitten, dies ergibt den Schnittpunkt L.
3. Der Verbindungsvektor $\overrightarrow{\mathrm{LP}}$ wird aufgestellt, sein Betrag (= seine Länge) ist der gesuchte Abstand.

15.3 Abstand paralleler Geraden

Zuerst muss bewiesen werden, dass die beiden Geraden echt parallel sind. Dies geschieht mit Hilfe der Richtungsvektoren und einer Punktprobe. Anschließend berechnet man den Abstand eines Punktes der Geraden h zur Geraden g wie in den vorangehenden Aufgaben.

15.4 Verschiedene Aufgaben

a)-b) Schreiben Sie die Gerade als «allgemeinen Punkt» A. Wenn dieser von P und Q gleich weit entfernt sein soll, muss gelten: $|\overrightarrow{\mathrm{PA}}| = |\overrightarrow{\mathrm{QA}}|$. Man setzt ein, löst nach t auf und setzt in die Geradengleichung ein.

c) Auch bei dieser Aufgabe wird die Gerade als «allgemeiner Punkt» geschrieben. Es gilt: $|\overrightarrow{\mathrm{AP}}| = 3$. Setzen Sie ein und lösen Sie nach t auf.

d) Stellen Sie zuerst die Gleichung der Ebene durch ABC auf und berechnen Sie den Abstand des Punktes S mit Hilfe der Abstandsformel.

e) Setzen Sie in die Abstandsformel den Punkt, die Ebene und den Abstand ein. Anschließend wird nach b aufgelöst. Dabei muss eine Fallunterscheidung gemacht werden, wenn man die Betragsgleichung lösen will. Es ergeben sich zwei Werte für b.

f)-h) Schreiben Sie die Gerade als «allgemeinen Punkt». Anschließend wird dieser, der Abstand und die Ebene in die Abstandsformel eingesetzt und nach dem Parameter s der Geraden aufgelöst. Dabei muss eine Fallunterscheidung gemacht werden. Die Lösungen s_1 und s_2 werden zum Schluss in die Geradengleichung eingesetzt.

i) Zuerst ist zu zeigen, dass die Gerade parallel zur Ebene ist. Dazu benötigt man das Skalarprodukt. Anschließend setzt man einen Punkt der Geraden und die Ebene in die Abstandsformel ein und berechnet den Abstand.

j) Zuerst ist zu zeigen, dass die beiden Ebenen parallel sind. Anschließend bestimmt man einen Punkt in einer der Ebenen und setzt diesen und die andere Ebene in die Abstandsformel ein und berechnet den Abstand.

15.5 Abstand windschiefer Geraden

a)-b) Um den Abstand von zwei windschiefen Geraden $g: \vec{x} = \vec{a} + s \cdot \vec{r}$ und $h: \vec{x} = \vec{b} + t \cdot \vec{v}$ zu berechnen, benötigt man einen Vektor $\vec{n}$, der auf den beiden Richtungsvektoren senkrecht steht. Für den Abstand d gilt dann

$$d(g;h) = \frac{\left|\left(\vec{a} - \vec{b}\right) \cdot \vec{n}\right|}{|\vec{n}|}.$$

Den Vektor $\vec{n}$ bestimmt man mit Hilfe des Vektorproduktes: $\vec{n} = \vec{r} \times \vec{v}$.

c) Der Verbindungsvektor der beiden Punkte G bzw. H auf g bzw. h, welche den kleinsten Abstand voneinander haben, steht jeweils senkrecht auf den Richtungsvektoren $\overrightarrow{r_g}$ bzw. $\overrightarrow{r_h}$ der Geraden. Benutzen Sie das Skalarprodukt.

16 Winkelberechnungen

16.1 Winkel zwischen Vektoren und Geraden

a) Überlegen Sie, zwischen welchen Vektoren man den Winkel berechnet (Orts- oder Verbindungsvektoren). Wenn zwei Kosinuswerte gleich sind, was gilt dann für die entsprechenden Winkel? Machen Sie sich eine Skizze.

b) Auf welche Vektoren kommt es bei der Winkelberechnung zwischen zwei Geraden an?

16.2 Winkel zwischen Ebenen

Überlegen Sie, mit Hilfe welcher Vektoren man den Winkel zwischen den beiden Ebenen bestimmen könnte.

16.3 Winkel zwischen Gerade und Ebene

Welche Vektoren der Geraden und der Ebene kommen für die Winkelbestimmung in Betracht? Machen Sie eine Skizze. Wird in diesem Fall der Kosinus oder der Sinus des Winkels berechnet?

17 Spiegelungen

17.1 Punkt an Punkt

Machen Sie eine Skizze. Überlegen Sie, welche Vektoren man aneinanderhängen muss, um von P zum Spiegelpunkt P^* zu gelangen, wenn z.B. Q in der Mitte liegen soll.

17.2 Punkt an Ebene

Machen Sie eine Skizze. Der Punkt A wird an dem Punkt der Ebene, der A am nächsten ist, gespiegelt. Um diesen Punkt zu bestimmen, braucht man eine Hilfsgerade durch A, die senkrecht auf der Ebene steht.

17.3 Punkt an Gerade

Machen Sie auch hier eine Skizze. Der Punkt P wird an dem Punkt der Gerade gespiegelt, der den kleinsten Abstand zu P besitzt. Um diesen zu bestimmen, braucht man eine Hilfsebene. Diese geht durch P und steht senkrecht zur Geraden.

17.4 Allgemeine Spiegelungen

a) Machen Sie eine Skizze. Um die neue Gerade aufzustellen, braucht man einen Stützvektor und einen Richtungsvektor.

   I) Überlegen Sie, wie der Richtungsvektor aussieht, wenn die neue Gerade parallel zur alten Geraden sein soll. Wie erhält man den neuen «Stützpunkt»?

II) Die Gerade schneidet die Ebene E. Den Schnittpunkt von g mit E haben Gerade und Spiegelgerade gemeinsam. Nun braucht man noch einen 2. Punkt, um den Richtungsvektor aufzustellen. Dazu muss man einen Punkt der Geraden an der Ebene spiegeln. Welcher Punkt bietet sich dazu an?

b) Machen Sie eine Skizze. Es gibt zwei verschiedene Fälle: Entweder beide Ebenen sind parallel, dann muss man nur einen Punkt von E_1 an E_2 spiegeln. Sind die Ebenen nicht parallel, so wird zuerst die Schnittgerade bestimmt. Überlegen Sie, wann die Normalenvektoren die gleichen bleiben und wann nicht.

18 Lineare Abbildungen und Matrizen

18.1 Rechnen mit Matrizen

Folgende Eigenschaften gelten für das Rechnen mit Matrizen:

1. Matrizen werden als $n \times m$ (gelesen «n kreuz m») Matrizen bezeichnet, wobei n die Anzahl der Zeilen und m die Anzahl der Spalten ist (Merkhilfe: ZVS = Zeile vor Spalte).
2. Die Zahlen, die in der Matrix stehen, heißen Elemente oder Einträge, sie werden grundsätzlich durch zwei Indices gekennzeichnet. Dabei gibt der erste Index die jeweilige Zeile und der zweite die jeweilige Spalte an. Manchmal werden 2×2 Matrizen auch als $\begin{pmatrix} a_1 & b_1 \\ a_2 & b_2 \end{pmatrix}$ dargestellt. Bei dieser Darstellung kann man leichter den Überblick behalten, da nur ein Index vorhanden ist.
3. Vektoren haben eine Spalte und können daher als 2×1 bzw. 3×1 Matrizen behandelt werden.
4. Matrizen werden mit Großbuchstaben gekennzeichnet, die Einträge mit Kleinbuchstaben.

Addition/Subtraktion

Die Summe/Differenz von zwei Matrizen wird berechnet, indem man jeweils die Elemente der beiden Matrizen mit gleichen Indices addiert/subtrahiert. Beispiel:

$$\begin{pmatrix} a_{11} & a_{12} \\ a_{21} & a_{22} \end{pmatrix} + \begin{pmatrix} b_{11} & b_{12} \\ b_{21} & b_{22} \end{pmatrix} = \begin{pmatrix} a_{11}+b_{11} & a_{12}+b_{12} \\ a_{21}+b_{21} & a_{22}+b_{22} \end{pmatrix}$$

Es können also nur Matrizen mit gleicher Zeilen- und Spaltenanzahl miteinander addiert bzw. voneinander subtrahiert werden.

Skalare Multiplikation

Eine Matrix wird mit einem Skalar (einer Zahl) multipliziert, indem jedes Elemente der Matrix mit dem Skalar multipliziert wird. Beispiel:

$$s \cdot \begin{pmatrix} a_{11} & a_{12} \\ a_{21} & a_{22} \end{pmatrix} = \begin{pmatrix} s \cdot a_{11} & s \cdot a_{12} \\ s \cdot a_{21} & s \cdot a_{22} \end{pmatrix}$$

Matrizenmultiplikation

Folgende Eigenschaften sind zu beachten:

1. Bei der Multiplikation von Matrizen kommt es auf die Reihenfolge an: In der Regel gilt $A \cdot B \neq B \cdot A$ (d. h. die Matrizenmultiplikation ist nicht kommutativ).
2. Das Produkt $A \cdot B$ kann nur berechnet werden, wenn die *Spalten*anzahl von A gleich der *Zeilen*anzahl von B ist.
3. Die Ergebnismatrix hat die *Zeilen*anzahl der ersten Matrix und die *Spalten*anzahl der zweiten Matrix. Siehe auch das Beispiel der Multiplikation einer Matrix mit einem Vektor auf dieser Seite.

Die eigentliche Multiplikation

Um das jeweilige Element der Ergebnismatrix zu berechnen, werden die Zeilen der ersten Matrix jeweils skalar mit den Spalten der zweiten Matrix multipliziert. Zur Berechnung empfiehlt sich das sogenannte Falksche Schema, dazu wird die zweite Matrix oberhalb der Ergebnismatrix plaziert, dies erleichtert das Rechnen.

Beispiel:

$$A = \begin{pmatrix} a_{11} & a_{12} \\ a_{21} & a_{22} \end{pmatrix} = \begin{pmatrix} 1 & 2 \\ 3 & 4 \end{pmatrix}, B = \begin{pmatrix} b_{11} & b_{12} \\ b_{21} & b_{22} \end{pmatrix} = \begin{pmatrix} 5 & 6 \\ 7 & 8 \end{pmatrix}, C = \begin{pmatrix} c_{11} & c_{12} \\ c_{21} & c_{22} \end{pmatrix}$$

gesucht ist das Produkt $A \cdot B = C$

Falksches Schema:

$$\begin{array}{cc} & \begin{pmatrix} b_{11} & b_{12} \\ b_{21} & b_{22} \end{pmatrix} \\ \begin{pmatrix} a_{11} & a_{12} \\ a_{21} & a_{22} \end{pmatrix} & \begin{pmatrix} c_{11} & c_{12} \\ c_{21} & c_{22} \end{pmatrix} \end{array} \quad \text{mit} \quad \begin{aligned} c_{11} &= a_{11} \cdot b_{11} + a_{12} \cdot b_{21} \\ c_{12} &= a_{11} \cdot b_{12} + a_{12} \cdot b_{22} \\ c_{21} &= a_{21} \cdot b_{11} + a_{22} \cdot b_{21} \\ c_{22} &= a_{21} \cdot b_{12} + a_{22} \cdot b_{22} \end{aligned}$$

beziehungsweise:

$$\begin{array}{cc} & \begin{pmatrix} 5 & 6 \\ 7 & 8 \end{pmatrix} \\ \begin{pmatrix} 1 & 2 \\ 3 & 4 \end{pmatrix} & \begin{pmatrix} c_{11} & c_{12} \\ c_{21} & c_{22} \end{pmatrix} \end{array} \quad \text{mit} \quad \begin{aligned} c_{11} &= 1 \cdot 5 + 2 \cdot 7 = 19 \\ c_{12} &= 1 \cdot 6 + 2 \cdot 8 = 22 \\ c_{21} &= 3 \cdot 5 + 4 \cdot 7 = 43 \\ c_{22} &= 3 \cdot 6 + 4 \cdot 8 = 50 \end{aligned}$$

Also ist:

$$\begin{pmatrix} 1 & 2 \\ 3 & 4 \end{pmatrix} \cdot \begin{pmatrix} 5 & 6 \\ 7 & 8 \end{pmatrix} = \begin{pmatrix} 19 & 22 \\ 43 & 50 \end{pmatrix}$$

Multiplikation einer Matrix mit einem Vektor

Ein Vektor wird als 2×1 bzw. 3×1-Matrix aufgefasst; entsprechend gelten die gleichen Regeln wie bei der Multiplikation von Matrizen. Das Ergebnis der Multiplikation einer Matrix mit einem Vektor ist ein Vektor. Beispiel:

Matrix A ist eine 2×2 Matrix, $\vec{x}$ ist eine 2×1 Matrix, das Ergebnis ist also eine 2×1 Matrix:

$$\mathrm{A}\cdot\vec{x}=\begin{pmatrix} a_{11} & a_{12} \\ a_{21} & a_{22} \end{pmatrix}\cdot\begin{pmatrix} x_1 \\ x_2 \end{pmatrix}=\begin{pmatrix} a_{11}\cdot x_1+a_{12}\cdot x_2 \\ a_{21}\cdot x_1+a_{22}\cdot x_2 \end{pmatrix}$$

beziehungsweise mit $\mathrm{A}=\begin{pmatrix} 1 & 2 \\ 3 & 4 \end{pmatrix}$ und $\vec{x}=\begin{pmatrix} 5 \\ 6 \end{pmatrix}$:

$$\mathrm{A}\cdot\vec{x}=\begin{pmatrix} 1 & 2 \\ 3 & 4 \end{pmatrix}\cdot\begin{pmatrix} 5 \\ 6 \end{pmatrix}=\begin{pmatrix} 1\cdot 5+2\cdot 6 \\ 3\cdot 5+4\cdot 6 \end{pmatrix}=\begin{pmatrix} 17 \\ 39 \end{pmatrix}$$

18.2 Matrizen bei Abbildungen

a) Sie erhalten das Bild eines Punktes, indem Sie den Ortsvektor dieses Punktes in die Abbildungsgleichung einsetzen und die Matrizenmultiplikation durchführen. Sie erhalten das Bild einer Geraden, indem Sie die Gerade als «parameterisierten» Ortsvektor schreiben und in die Abbildungsgleichung einsetzen. Nach dem Ausrechnen wird das Ergebnis wieder als Gerade geschrieben.

b) Bestimmen Sie die Verbindungsvektoren von O zu O′, von O′ zu E_1' und von O′ zu E_2'.

c) Verwenden Sie die oben beschriebene Koordinatendarstellung und setzen Sie alle Punkte und Bildpunkte ein. Lösen Sie die entstehenden Gleichungssysteme nach $a_1$und b_1 bzw. nach a_2 und b_2 auf.

d) Gehen Sie vor wie bei Aufgabe c).

e) Eine Verschiebung um einen Vektor $\vec{v}$ hat die Darstellung $\alpha:\vec{x}'=\vec{x}+\vec{v}$.

Eine Drehung um den Ursprung um einen Winkel α hat die Darstellung

$$\beta:\vec{x}'=\begin{pmatrix} \cos\alpha & -\sin\alpha \\ \sin\alpha & \cos\alpha \end{pmatrix}\cdot\vec{x}$$

Eine zentrische Streckung vom Ursprung aus mit Streckfaktor $k\neq 0$ hat die Darstellung

$$\gamma:\vec{x}'=\begin{pmatrix} k & 0 \\ 0 & k \end{pmatrix}\cdot\vec{x}$$

Eine Spiegelung an einer Ursprungsgeraden, die mit der x_1-Achse einen Winkel α einschließt, hat die Darstellung

$$\delta:\vec{x}'=\begin{pmatrix} \cos(2\alpha) & \sin(2\alpha) \\ \sin(2\alpha) & -\cos(2\alpha) \end{pmatrix}\cdot\vec{x}$$

Den Steigungswinkel bei einer Spiegelung an einer Ursprungsgeraden erhalten Sie mit Hilfe des Tangens-Verhältnisses.

f) Prüfen Sie die Struktur der Matrix (gleiche Zahlen bzw. Vorzeichen) und berechnen Sie den Drehwinkel bzw. den Winkel zwischen der x_1-Achse und der Spiegelachse jeweils auf zwei Arten zur Kontrolle. Hierzu verwenden Sie die Umkehrfunktionen der sin- und cos-Funktion.

18.3 Verkettete Abbildungen

a) Bei Verkettungen von zwei Abbildungen α und β mit den Matrizen A und B müssen Sie darauf achten, in welcher Reihenfolge Sie die Matrizen multiplizieren: So bedeutet beispielsweise «Erst α, dann β», also $\beta\circ\alpha$, für die Verkettungsmatrix M: $\mathrm{M}=\mathrm{B}\cdot\mathrm{A}$.

b) Bestimmen Sie zuerst die Matrizen für die einzelnen Abbildungen und anschließend die Verkettungsmatrix als Matrizenprodukt (Reihenfolge beachten).

18.4 Inverse Matrizen

Es gibt verschiedene Möglichkeiten, eine inverse Matrix zu bestimmen: Das Gauß-Verfahren lässt sich dabei auf alle Matrizen anwenden. Für 2×2-Matrizen kann auch folgende Formel verwendet werden:

Ist $A = \begin{pmatrix} a_1 & b_1 \\ a_2 & b_2 \end{pmatrix}$, so gilt für die inverse Matrix: $A^{-1} = \frac{1}{\det(A)} \cdot \begin{pmatrix} b_2 & -b_1 \\ -a_2 & a_1 \end{pmatrix}$.

Dabei ist $\det(A)$ die Determinante von A: $\det(A) = \begin{vmatrix} a_1 & b_1 \\ a_2 & b_2 \end{vmatrix} = a_1 b_2 - a_2 b_1$.

Merkhilfe für die Bestimmung der inversen Matrix einer 2×2 Matrix:

- Die Elemente auf der Hauptdiagonale werden vertauscht
- Die restlichen Elemente werden mit -1 multipliziert
- Die so erhaltene Matrix wird mit $\frac{1}{\det A}$ multipliziert

Bestimmung der inversen Matrix mit Hilfe des Gauß-Verfahrens

Um die Inverse einer Matrix zu bestimmen, schreibt man die Einheitsmatrix neben die Matrix und formt dann beide Matrizen mit Hilfe von sogenannten elementaren Umformungen so lange gleichzeitig um, bis links die Einheitsmatrix steht. Dann steht rechts die Inverse der Ausgangsmatrix. Die elementaren Umformungen sind:

1. Addieren des Vielfachen einer Zeile zu einer anderen Zeile
2. Vertauschen zweier Zeilen
3. Multiplizieren einer Zeile mit einem Wert ungleich Null

Die Vorgehensweise entspricht weitgehend der Lösung eines Linearen Gleichungssystems mit Hilfe des Gauß-Verfahrens.

Ergibt sich bei der Umformung eine Leerzeile, so ist die Matrix nicht invertierbar, es gibt keine Inverse.

a) Zueinander invers bedeutet $A \cdot B = E$ und $B \cdot A = E$. Multiplizieren Sie die beiden Matrizen. Genau dann, wenn die beiden Matrizen zueinander invers sind, ist das Ergebnis die Einheitsmatrix $E = \begin{pmatrix} 1 & 0 \\ 0 & 1 \end{pmatrix}$.

b) Verwenden Sie entweder die oben angegebene Formel oder das Gauß-Verfahren.

c) -e) Verwenden Sie das Gauß-Verfahren.

f) Tritt beim Umformen der Matrix mit dem Gaußverfahren eine Nullzeile auf, oder ist die Determinante der Matrix gleich 0, dann ist die Matrix nicht invertierbar.

Stochastik

19 Berechnung von Wahrscheinlichkeiten

19.1 Addidtionssatz, Vierfeldertafel

a) Ergänzen Sie zunächst die Zeile oder Spalte, in der schon zwei Zahlen stehen. Beachten Sie, dass sich «rechts unten» 1 ergeben muss.

b) Überlegen Sie, welche der angegebenen Zahlen bei der Vierfeldertafel innen und welche außen stehen.

19.2 Baumdiagramme und Pfadregeln

a) Beachten Sie beim Baumdiagramm, wieviele Kugeln nach dem ersten Ziehen noch in der Urne sind. Benutzen Sie für II) die Pfadregeln; überlegen Sie zuerst, welche Pfade zu dem jeweiligen Ereignis gehören.

b) Nach der Erstellung des Baumdiagrammes schreiben Sie die Ereignisse zunächst als Mengen auf und benutzen Sie dann die Pfadregeln.

c) I) Die Pfade in diesem Baumdiagramm sind unterschiedlich lang, da die Kontrolle abgebrochen wird, wenn ein Fehler erkannt ist.

II) Sie können die Wahrscheinlichkeit aller möglichen Pfade addieren oder mit dem Gegenereignis arbeiten.

d) Auch dieses Baumdiagramm hat unterschiedlich lange Pfade. Sie können es außerdem wesentlich vereinfachen, wenn Sie beim Würfel nur zwischen 6 und $\overline{6}$ («nicht 6») unterscheiden; beachten Sie dabei die verschiedenen Wahrscheinlichkeiten.

e) Auch dieser Baum hat unterschiedlich lange Pfade. Wie groß ist die Wahrscheinlichkeit für «weiß», wenn keine roten Kugeln mehr in der Urne sind? Markieren Sie alle «Gewinnpfade» im Baumdiagramm.

f) Fassen Sie auf jeder Stufe die Augenzahlen, die zu einer Summer größer als 3 führen, zusammen, um den Baum nicht zu kompliziert zu gestalten.

19.3 Unabhängigkeit von zwei Ereignissen

a) Wenn A und B unabhängig sind, so sind auch A und $\overline{B}$, $\overline{A}$ und B bzw. $\overline{A}$ und $\overline{B}$ voneinander unabhängig und es gilt jeweils der spezielle Multiplikationssatz.

b) $P(R)$, $P(m)$ und $P(m \cap R)$ entsprechen den jeweiligen relativen Häufigkeiten. Prüfen Sie nach, ob dafür der spezielle Multiplikationssatz gilt.

19.4 Bedingte Wahrscheinlichkeit

Bei Fragen nach der bedingten Wahrscheinlichkeit sind Vierfeldertafeln und Baumdiagramme hilfreich, wenn Sie folgendes beachten:

	A	$\overline{A}$	
B	$P(A \cap B)$	$P(\overline{A} \cap B)$	$P(B)$
$\overline{B}$	$P(A \cap \overline{B})$	$P(\overline{A} \cap \overline{B})$	$P(\overline{B})$
	$P(A)$	$P(\overline{A})$	1

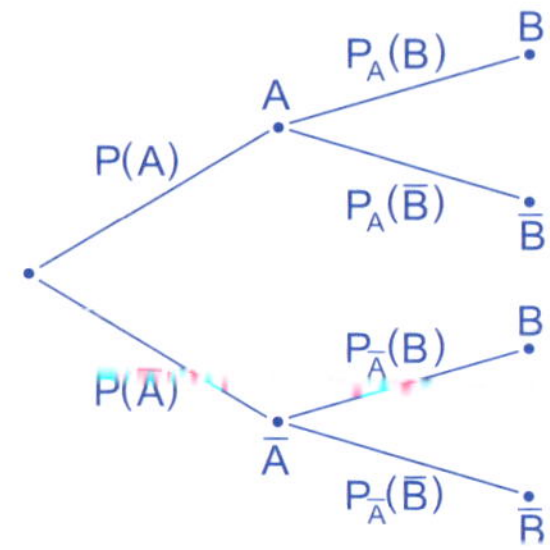

und: $P(A \cap B) = P(A) \cdot P_A(B) = P(B) \cdot P_B(A)$.
Damit kann man auch bei anspruchsvollen Aufgabenstellungen die Orientierung behalten.

a) Notieren Sie zunächst formal, welche Wahrscheinlichkeiten den verschiedenen %-Angaben entsprechen.
Stellen Sie eine Vierfeldertafel auf (a: über 70 Jahre, j: bis 70 Jahre, m: männlich, w: weiblich).
Bedenken Sie dabei: $P(a \cap m) = P(a) \cdot P_a(m)$ und $P(j \cap m) = P(j) \cdot P_j(m)$.
Mit Hilfe der Vierfeldertafel und der Formel lässt sich dann $P_m(j)$, der Anteil der jüngeren unter den Männern, berechnen.

b) Erstellen Sie eine Vierfeldertafel und verwenden Sie: a: über 40 Jahre, j: bis 40 Jahre, L: Leserin.
Schreiben Sie zunächst alle Wahrscheinlichkeiten, die sich aus den Angaben errechnen lassen, als relative Häufigkeiten formal auf. Bestimmen Sie mit Hilfe der Vierfeldertafel $P_a(L)$ und $P_j(L)$.

c) Verwenden Sie: k: krank, g $(= \overline{k})$: gesund, «+»: positiv getestet, «−»: negativ getestet.
Aus der Aufgabenstellung lassen sich $P(k)$, $P_k(+)$ und $P_g(-)$ ablesen.
Bestimmen Sie $P(g)$, $P(k \cap +)$, $P(g \cap -)$ und benutzen Sie eine Vierfeldertafel, um $P_+(k)$ und $P_-(g)$ zu bestimmen.

20 Erwartungswert und Standardabweichung

20.1 Erwartungswert

a)-c) Bestimmen Sie zunächst z.B. mit Hilfe eines Baumdiagrammes die Wahrscheinlichkeiten für die möglichen Ergebnisse. Legen Sie eine Tabelle für die Anzahl der Züge und ihre jeweilige Wahrscheinlichkeit an und bestimmen Sie dann den Erwartungswert.

d) Berechnen Sie die Wahrscheinlichkeiten der einzelnen Ergebnisse als ungeordnete Stichprobe. Stellen Sie nun eine Tabelle für die Punktzahlen und ihre Wahrscheinlichkeiten auf.

20.2 Varianz und Standardabweichung

a) Legen Sie eine Tabelle wie in 23.1 für E(X) an und ergänzen Sie diese durch die Spalten $(x_i - E(X))^2$und $(x_i - E(X))^2 \cdot P(x_i)$, um die Berechnung der Varianz übersichtlich zu gestalten.

b) Zur Berechnung von $E(X)$ (Durchschnitt) und $\sigma(X)$ (Standardabweichung) können Sie in der Tabelle (siehe Aufgabe a)) statt der Wahrscheinlichkeiten $P(x_i)$ die angegebenen absoluten Häufigkeiten $H(x_i)$ verwenden und erst am Schluss durch die Gesamtzahl der Schüler teilen.

21 Binomialverteilung

21.1 Bernoulliketten

a) Bei einem Bernoulli-Experiment gibt es nur 2 Möglichkeiten, vergleichbar mit Shakespeares «Sein oder nicht Sein».

b) Prüfen Sie nach, ob auf jeder Stufe nur 2 Ausfälle von Bedeutung sind, legen sie gegebenenfalls einen Ausfall als «Treffer» fest und prüfen Sie, ob die Trefferwahrscheinlichkeit auf allen Stufen dieselbe ist.

21.2 Binomialverteilung mit Gebrauch der Formel (Taschenrechner)

a)-d) Notieren Sie zunächst, welcher Ausfall des Bernoulli-Experiments als Treffer gelten soll und bestimmen Sie die Trefferwahrscheinlichkeit p sowie die Kettenlänge n.
Überlegen Sie, welche Trefferanzahlen zum fraglichen Ereignis gehören und berechnen Sie deren Wahrscheinlichkeiten mit der Formel $P(X = k) = \binom{n}{k} \cdot p^k \cdot (1-p)^{n-k}$. Prüfen sie, ob gegebenenfalls die Wahrscheinlichkeit des Gegenereignisses einfacher zu berechnen ist.

e)-f) Für das Gegenereignis lässt sich eine Formel angeben. Damit lässt sich die Kettenlänge n durch Probieren (mit dem Taschenrechner) oder durch das Auflösen der zugehörigen Exponentialgleichung bzw. Exponentialungleichung bestimmen.

21.3 Binomialverteilung mit Gebrauch der Tabelle

a)-b) Überlegen Sie, wie Sie $P(X \geqslant k)$ und $P(k_1 \leqslant X \leqslant k_2)$ mit Hilfe von Ausdrücken der Form $P(X \leqslant k)$ berechnen können, die Sie dann aus der Tabelle ablesen.

c) Legen Sie fest, was als «Treffer» zählt und bestimmen Sie zuerst jeweils n und p. Schreiben Sie dann die Wahrscheinlichkeit für das jeweilige Ereignis so auf, dass Sie es mit Hilfe der Tabelle bestimmen können (vgl. Aufgabe a) und b)).

d) Beachten Sie, dass bei $p > 0,5$ in der Tabelle «von unten» abgelesen und die Differenz zu 1 gebildet werden muss, um $P(X \leqslant k)$ zu erhalten.
Beispiel: Bei $n = 100$ und $p = 0,8$ ist $P(X \leqslant 80) = 1 - 0,4602 = 0,5398$.

e) Das Ablesen in der Tabelle fällt leichter, wenn man «Treffer» so wählt, dass p nicht größer als 0,5 ist.

f) Überlegen Sie, was Sie sinnvoll als Trefferwahrscheinlichkeit einsetzen können und gehen Sie vor wie bei Aufgabe c).

21.4 Erwartungswert und Standardabweichung

Um den Erwartungswert μ und die Standardabweichung σ einer binomialverteilten Zufallsgröße X mit den Parametern n und p zu berechnen, verwenden Sie folgende Formeln:
Erwartungswert: $E(X) = \mu = n \cdot p$. Zugehörige Standardabweichung: $\sigma = \sqrt{n \cdot p \cdot (1-p)}$

22 Normalverteilung

22.1 Berechnung von Wahrscheinlichkeiten

Ist ein Merkmal X normalverteilt mit Erwartungswert μ und Standardabweichung σ, so berechnen Sie die die Wahrscheinlichkeiten folgendermaßen:

$P(a < X < b) = P(a \leqslant X \leqslant b) = \Phi\left(\frac{b-\mu}{\sigma}\right) - \Phi\left(\frac{a-\mu}{\sigma}\right)$

$P(X < b) = P(X \leqslant b) = \Phi\left(\frac{b-\mu}{\sigma}\right)$

$P(X > b) = 1 - P(X \leqslant b) = 1 - \Phi\left(\frac{b-\mu}{\sigma}\right)$

Die Werte für Φ finden Sie in der Tabelle auf Seite 253.
Für eine Summe von n Werten mit Erwartungswert μ und Standardabweichung σ gilt: $\mu^* = n \cdot \mu$ und $\sigma^* = \sqrt{n} \cdot \sigma$.
Beachten Sie bei Aufgabe c), dass das Gewicht der Verpackung gleich bleibt; rechnen Sie daher mit dem «Nettogewicht»: Nettogewicht = Gesamtgewicht − Leergewicht

22.2 Erwartungswert und Standardabweichung

a)-c) Berechnen Sie die Standardabweichung σ^* mit der Formel $\sigma^* = \frac{\sigma}{\sqrt{n}}$ und prüfen Sie, ob der angegebene Mittelwert $\bar{x}$ im $2\sigma^*$-Intervall $[\mu - 2\sigma^*; \mu + 2\sigma^*]$ liegt.

d) Verwenden Sie das Gesamtgewicht als Testgröße. Berechnen Sie den Erwartungswert des Gesamtgewichts mit der Formel $\mu^* = n \cdot \mu$ und die Standardabweichung $\sigma^* = \sqrt{n} \cdot \sigma$ und prüfen Sie, ob das angegebene Gesamtgewicht im $2\sigma^*$-Intervall $[\mu^* - 2\sigma^*; \mu^* + 2\sigma^*]$ liegt.

e) Berechnen Sie den Erwartungswert der Länge mit der Formel $\mu^* = n \cdot \mu$ und die Standardabweichung $\sigma^* = \sqrt{n} \cdot \sigma$ und bestimmen Sie das $2\sigma^*$-Intervall $[\mu^* - 2\sigma^*; \mu^* + 2\sigma^*]$ in Abhängigkeit von n.
Da die angegebene Länge (1000 m) innerhalb dieses Intervalls liegen muss, stellen Sie mit Hilfe der Intervallgrenzen zwei Gleichungen auf und lösen diese mit Substitution $z = \sqrt{n}$.
Bestimmen Sie das «Konfidenzintervall» (Vertrauensintervall).

f) Berechnen Sie mit den gegebenen Daten den Mittelwert $\bar{x}$ für das Gewicht einer Schraube sowie die Standardabweichung mit der Formel $\sigma^* = \frac{\sigma}{\sqrt{n}}$. Anschließend bestimmen Sie das

$2\sigma^*$-Intervall $[\bar{x} - 2\sigma^*; \bar{x} + 2\sigma^*]$, innerhalb dessen der Erwartungswert für das Gewicht einer Schraube liegt.

23 Hypothesentests

23.1 Grundbegriffe, Fehler 1. und 2. Art

a)-b) Die Nullhypothese hat stets die Form H_0: $p = ...$ oder H_0: $p \leqslant ...$ oder H_0: $p \geqslant ...$.
Ein Fehler 1. Art bedeutet: Eine Hypothese wird (fälschlicherweise) abgelehnt, obwohl sie zutrifft.
Ein Fehler 2. Art bedeutet: Eine Hypothese wird (fälschlicherweise) angenommen, obwohl sie nicht zutrifft.

23.2 Einseitiger Test

a) Bei einseitigen Tests geht man bei der Benutzung der Tabelle vom «schlimmsten» Fall aus, benutzt also den größten bzw. kleinsten Wert für p, der noch der Hypothese entspricht.
Die Irrtumswahrscheinlichkeit α entspricht der Wahrscheinlichkeit $P(\overline{A})$ für diesen Wert p. Sie kann mit Hilfe der Tabelle bestimmt werden.

b) Prüfen Sie zuerst, ob ein links- oder rechtsseitiger Test vorliegt.
Aus der Tabelle können Sie k ablesen, so dass α den entsprechenden Wert oder einen leicht darunter liegenden Wert annimmt.

c) Stellen Sie zunächst die Nullhypothese auf und bestimmen sie dann A und $\overline{A}$ für die vorgegebene Irrtumswahrscheinlichkeit. Zum Schluss prüfen Sie, in welchen Bereich die konkret durchgeführte Stichprobe fällt.

d) Siehe Aufgabe c).

e) Notieren Sie zuerst formal alles, was im Text vorgegeben ist und gehen Sie dann wie bei Aufgabe a) und b) vor.

23.3 Zweiseitiger Test

a) Notieren Sie $\overline{A}$ als Menge und ermitteln Sie zunächst die Irrtumswahrscheinlichkeit für jeden der beiden Teile mit Hilfe der Tabelle.

b) Gehen Sie für jeden der beiden Teile von $\overline{A}$ so vor wie bei Aufgabe 25.2 b). Beachten Sie dabei, dass die Wahrscheinlichkeit für jeden Teil $\frac{\alpha}{2}$ nicht überschreiten darf.

c) Bestimmen Sie $\overline{A}$ für $\alpha = 5\,\%$; prüfen Sie dann, ob die aufgetretene Anzahl in $\overline{A}$ liegt.

d) Notieren Sie H_0, n und α und gehen Sie dann wie bei Aufgabe b) vor.

e) Notieren Sie formal die Aussagen des Testes und gehen Sie dann wie bei Aufgabe a) und b) vor. Beachten Sie beim Ablesen, dass $p > 0{,}5$ ist.

Lösungen

1 Von der Gleichung zur Kurve

1.1 Ganzrationale Funktionen

a) $f(x) = \frac{1}{2}x + 1$
Schnittpunkt mit der y-Achse: $f(0) = \frac{1}{2} \cdot 0 + 1 = 1 \Rightarrow \mathrm{S}\,(0 \mid 1)$
Schnittpunkt mit der x-Achse: $f(x) = 0$ bzw. $\frac{1}{2}x + 1 = 0$ führt zu $x = -2 \Rightarrow \mathrm{N}\,(-2 \mid 0)$
Es handelt sich um eine Gerade mit y-Achsenabschnitt $b = 1$ und Steigung $m = \frac{1}{2}$

b) $f(x) = -\frac{3}{4}x$
Schnittpunkt mit der y-Achse: $f(0) = -\frac{3}{4} \cdot 0 = 0 \Rightarrow \mathrm{S}\,(0 \mid 0)$
Schnittpunkt mit der x-Achse: $f(x) = 0$ bzw. $-\frac{3}{4}x = 0$ führt zu $x = 0 \Rightarrow \mathrm{N}\,(0 \mid 0)$
Es handelt sich um eine Ursprungsgerade (Gerade durch den Koordinatenursprung) mit y-Achsenabschnitt $b = 0$ und Steigung $m = -\frac{3}{4}$.

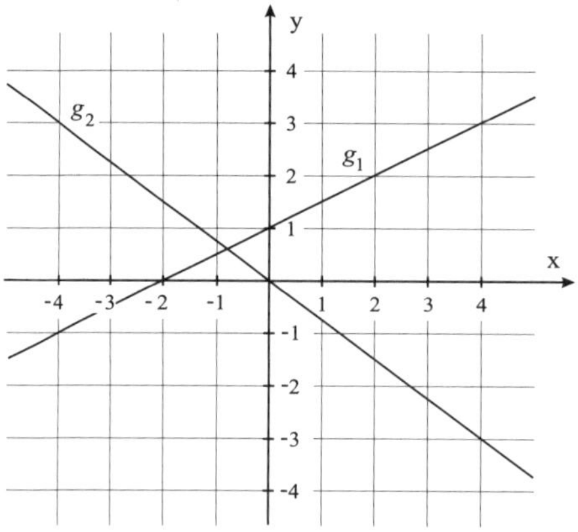

a) g_1: $f(x) = \frac{1}{2}x + 1$, b) g_2: $f(x) = -\frac{3}{4}x$

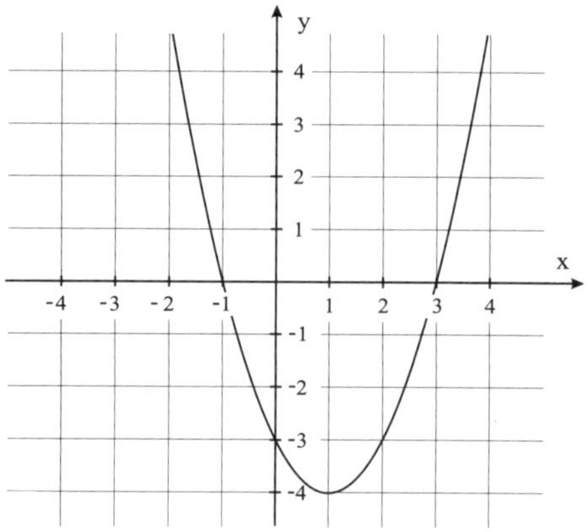

c) $f(x) = (x-1)^2 - 4$

c) $f(x) = (x-1)^2 - 4$
Schnittpunkt mit der y-Achse: $f(0) = (0-1)^2 - 4 = -3 \Rightarrow \mathrm{S}\,(0 \mid -3)$
Schnittpunkt mit der x-Achse: $f(x) = 0$ bzw. $(x-1)^2 - 4 = 0$ führt zu $x_1 = 3$, $x_2 = -1 \Rightarrow \mathrm{N}_1(3 \mid 0)$, $\mathrm{N}_2(-1 \mid 0)$. Es handelt sich um eine Normalparabel, die um eine LE nach rechts und 4 LE nach unten verschoben wurde, d.h. eine nach oben geöffnete Normalparabel mit Scheitel bei $(1 \mid -4)$.

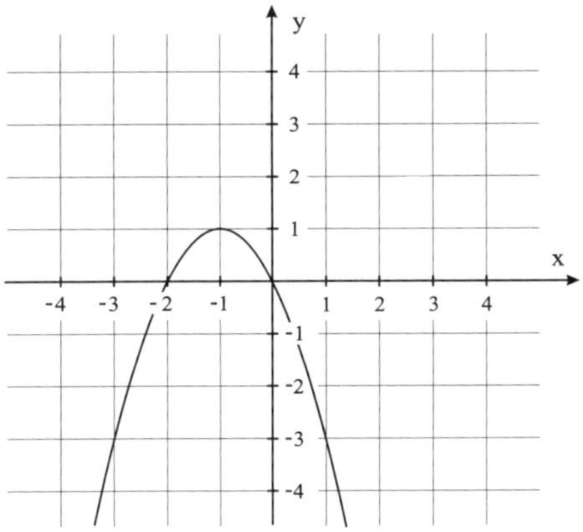

d) $f(x) = -(x+1)^2 + 1$

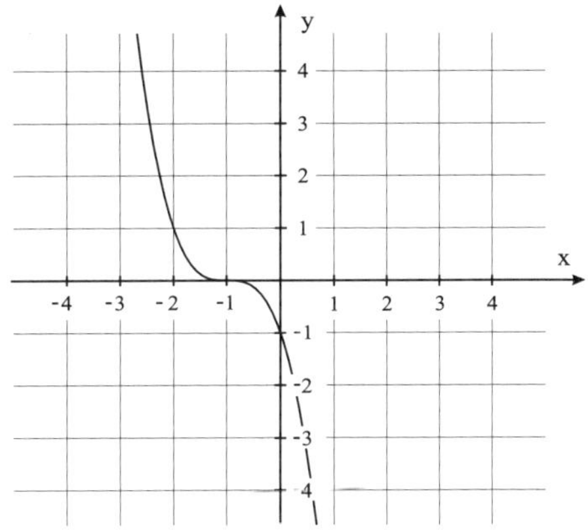

e) $f(x) = -(x+1)^3$

d) $f(x) = -(x+1)^2 + 1$
Schnittpunkt mit der y-Achse: $f(0) = -(0+1)^2 + 1 = 0 \Rightarrow \mathrm{S}\,(0 \mid 0)$
Schnittpunkt mit der x-Achse: $f(x) = 0$ bzw. $f(x) = -(x+1)^2 + 1 = 0$ führt zu $x_1 = 0$, $x_2 = -2 \Rightarrow \mathrm{N}_1(0 \mid 0)$, $\mathrm{N}_2(-2 \mid 0)$.
Es handelt sich um eine Normalparabel, die an der x-Achse gespiegelt und anschließend um eine LE nach links und eine LE nach oben verschoben wurde, d.h. eine nach unten geöffnete Normalparabel mit Scheitel $(-1 \mid 1)$.

e) $f(x) = -(x+1)^3$
Schnittpunkt mit der y-Achse: $f(0) = -(0+1)^3 = -1 \Rightarrow \mathrm{S}\,(0 \mid -1)$
Schnittpunkt mit der x-Achse: $f(x) = 0$ bzw. $f(x) = -(x+1)^3 = 0$ führt zu $x = -1$ $\Rightarrow \mathrm{N}(-1 \mid 0)$.
Es handelt sich um eine kubische Parabel, die an der x-Achse gespiegelt und anschließend um eine LE nach links verschoben wurde.

f) $f(x) = 2x^3 - 2$
Schnittpunkt mit der y-Achse: $f(0) = 2 \cdot 0^3 - 2 = -2 \Rightarrow \mathrm{S}\,(0 \mid -2)$.
Schnittpunkt mit der x-Achse: $f(x) = 0$ bzw. $f(x) = 2x^3 - 2 = 0$ führt zu $x = 1$ $\Rightarrow \mathrm{N}(1 \mid 0)$. Es handelt sich um eine kubische Parabel, die mit Faktor 2 in y-Richtung gestreckt und um zwei LE nach unten verschoben wurde.

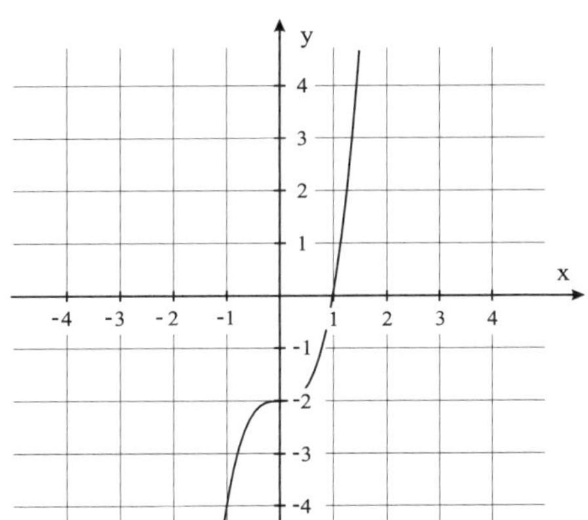

f) $f(x) = 2x^3 - 2$

1.2 Exponentialfunktionen

a) $f(x) = e^{x-1} + 1$
Asymptote: $x \to -\infty$ führt zu $y = 1$ (waagerechte Asymptote).
Der Graph der Funktion $g(x) = e^x$ wurde um eine LE nach rechts und eine LE nach oben verschoben.

b) $f(x) = -e^{x-1} + 1$
Asymptote: $x \to -\infty$ führt zu $y = 1$ (waagerechte Asymptote).
Der Graph der Funktion $g(x) = e^x$ wurde an der x-Achse gespiegelt und anschließend um eine LE nach rechts und eine LE nach oben verschoben.

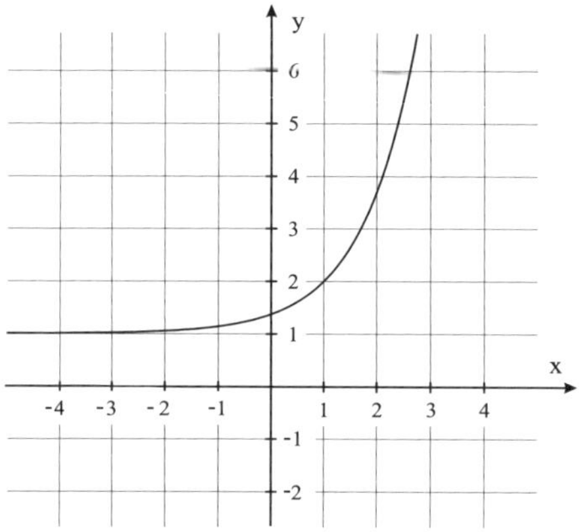

a) $f(x) = e^{x-1} + 1$

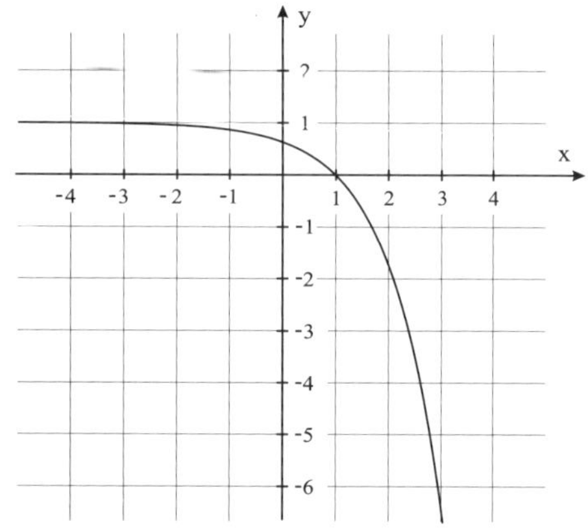

b) $f(x) = -e^{x-1} + 1$

c) $f(x) = e^{-(x-1)} + 2$
Asymptote: $x \to \infty$ führt zu $y = 2$ (waagerechte Asymptote).
Der Graph der Funktion $g(x) = e^{-x}$ wurde um eine LE nach rechts und zwei LE nach oben verschoben.

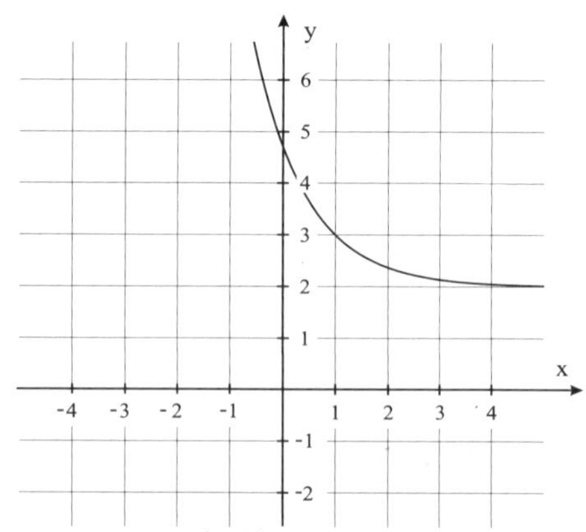

c) $f(x) = e^{-(x-1)} + 2$

1.3 Gebrochenrationale Funktionen

a) $f(x) = \frac{1}{x+1} + 2$
Asymptoten: $x + 1 = 0$ führt zu $x = -1$, senkrechte Asymptote (Pol); $x \to \pm\infty$ führt zu $y = 2$ (waagerechte Asymptote), da der Bruchterm gegen Null geht.
Der Graph von $g(x) = \frac{1}{x}$ wurde um eine LE nach links und zwei LE nach oben verschoben.

b) $f(x) = -\frac{1}{x-1}$
Asymptoten: $x - 1 = 0$ führt zu $x = 1$, senkrechte Asymptote (Pol); $x \rightarrow \pm\infty$ führt zu $y = 0$ (waagerechte Asymptote), da der Bruchterm gegen Null geht.
Der Graph der Funktion $g(x) = \frac{1}{x}$ wurde an der x-Achse gespiegelt und anschließend um eine LE nach rechts verschoben.

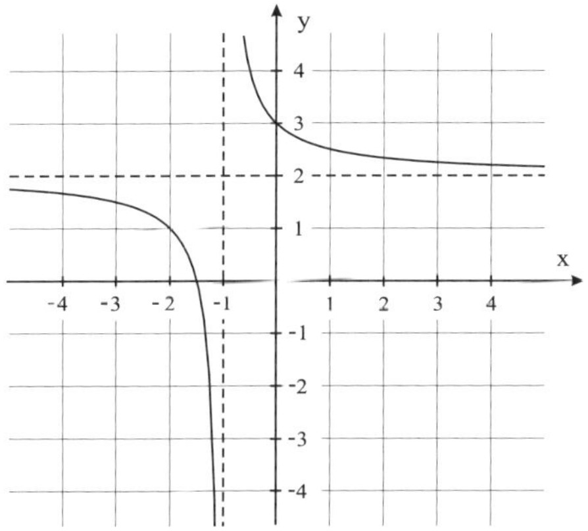

a) $f(x) = \frac{1}{x+1} + 2$

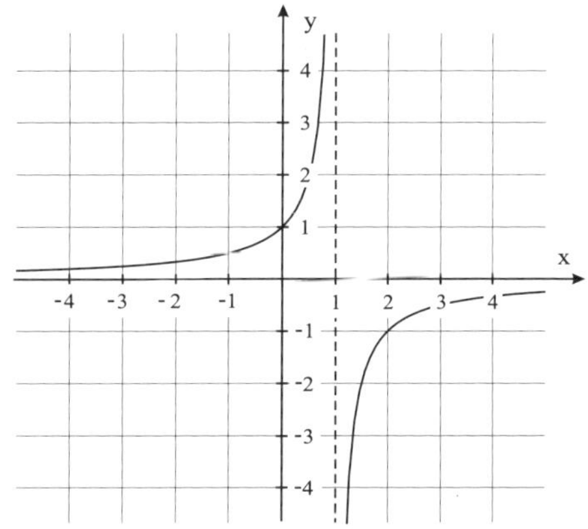

b) $f(x) = -\frac{1}{x-1}$

c) $f(x) = -\frac{1}{x-1} - 2$
Asymptoten: $x - 1 = 0$ führt zu $x = 1$, senkrechte Asymptote (Pol); $x \rightarrow \pm\infty$ führt zu $y = -2$ (waagerechte Asymptote), da der Bruchterm gegen Null geht.
Der Graph der Funktion $g(x) = \frac{1}{x}$ wurde an der x-Achse gespiegelt und anschließend um eine LE nach rechts und zwei LE nach unten verschoben.

d) $f(x) = \frac{1}{(x+1)^2} - 1$
Asymptoten: $x + 1 = 0$ führt zu $x = -1$, senkrechte Asymptote (Pol); $x \rightarrow \pm\infty$ führt zu $y = -1$ (waagerechte Asymptote), da der Bruchterm gegen Null geht.
Der Graph der Funktion $g(x) = \frac{1}{x^2}$ wurde um eine LE nach links und eine LE nach unten verschoben.

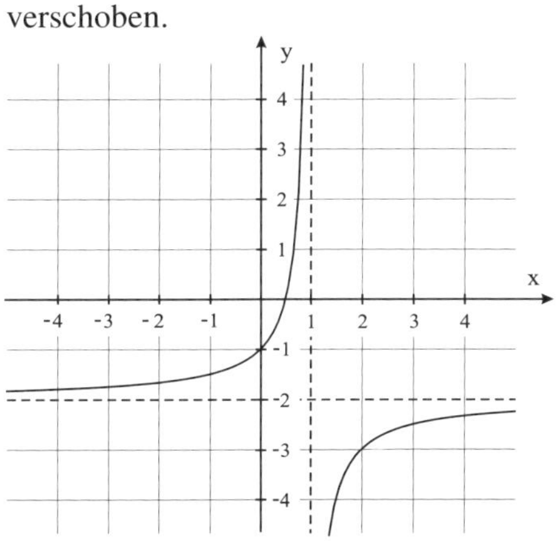

c) $f(x) = -\frac{1}{x-1} - 2$

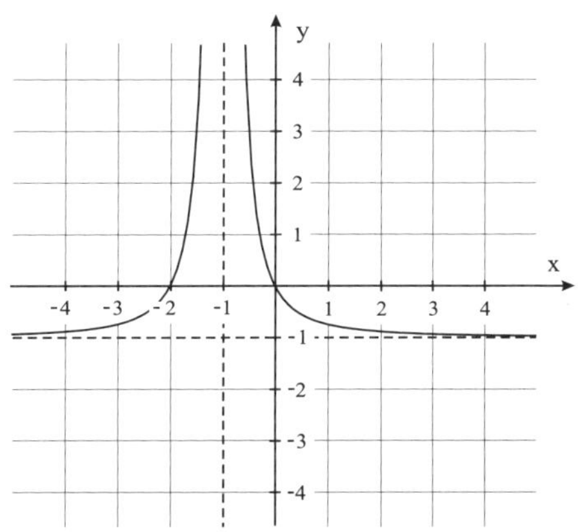

d) $f(x) = \frac{1}{(x+1)^2} - 1$

e) $f(x) = -\frac{1}{(x+1)^2}$
Asymptoten: $x+1=0$ führt zu $x=-1$, senkrechte Asymptote (Pol); $x \longrightarrow \pm\infty$ führt zu $y=0$ (waagerechte Asymptote), da der Bruchterm gegen Null geht.
Der Graph der Funktion $g(x) = \frac{1}{x^2}$ wurde an der x-Achse gespiegelt und anschließend um eine LE nach links verschoben.

f) $f(x) = -\frac{1}{(x-1)^2} + 2$
Asymptoten: $x-1=0$ führt zu $x=1$, senkrechte Asymptote (Pol); $x \longrightarrow \pm\infty$ führt zu $y=2$ (waagerechte Asymptote), da der Bruchterm gegen Null geht.
Der Graph der Funktion $g(x) = \frac{1}{x^2}$ wurde an der x-Achse gespiegelt und anschließend um eine LE nach rechts und zwei LE nach oben verschoben.

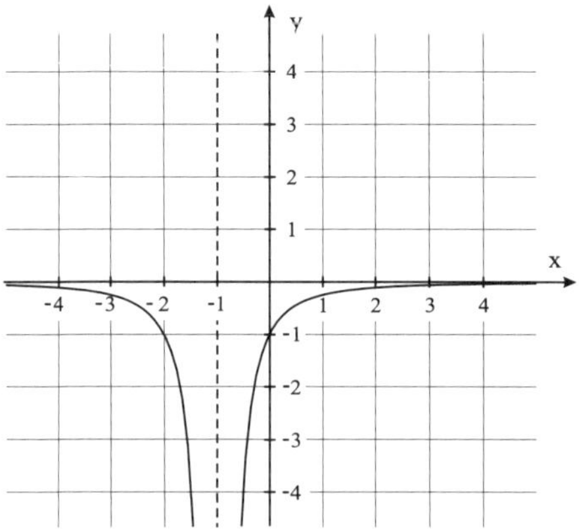

e) $f(x) = -\frac{1}{(x+1)^2}$

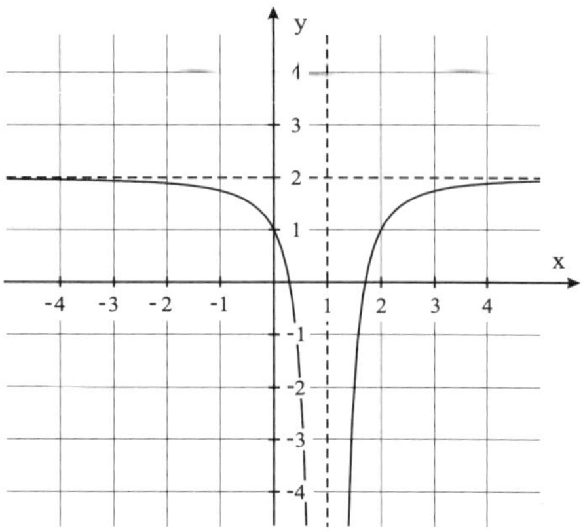

f) $f(x) = -\frac{1}{(x-1)^2} + 2$

1.4 Logarithmusfunktionen

a) $f(x) = \ln x + 2$
Definitionsbereich: $x > 0$, senkrechte Asymptote: $x = 0$.
Der Graph der Funktion $g(x) = \ln x$ wurde um zwei LE nach oben verschoben.

b) $f(x) = \ln(x+2)$
Definitionsbereich: $x+2 > 0$ führt zu $x > -2$, senkrechte Asymptote: $x = -2$.
Der Graph der Funktion $g(x) = \ln x$ wurde um zwei LE nach links verschoben.

c) $f(x) = -\ln x - 1$
Definitionsbereich: $x > 0$, senkrechte Asymptote: $x = 0$.
Der Graph der Funktion $g(x) = \ln x$ wurde an der x-Achse gespiegelt und anschließend um eine LE nach unten verschoben.

d) $f(x) = -\ln(x-1) + 1$
Definitionsbereich: $x-1 > 0$ führt zu $x > 1$, senkrechte Asymptote: $x = 1$
Der Graph der Funktion $g(x) = \ln x$ wurde an der x-Achse gespiegelt und anschließend um eine LE nach rechts und eine LE nach oben verschoben.

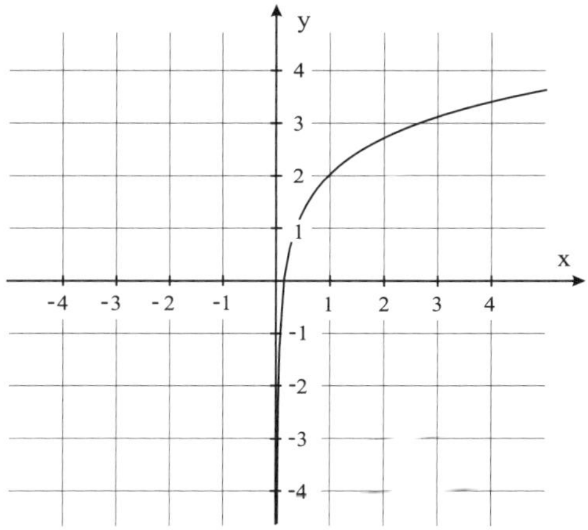

a) $f(x) = \ln x + 2$

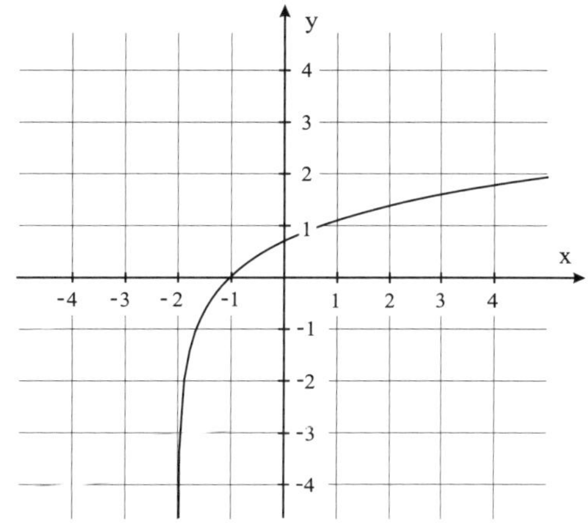

b) $f(x) = \ln(x+2)$

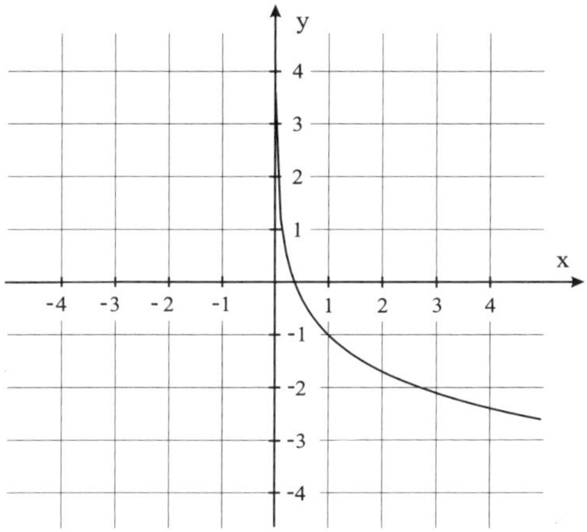

c) $f(x) = -\ln x - 1$

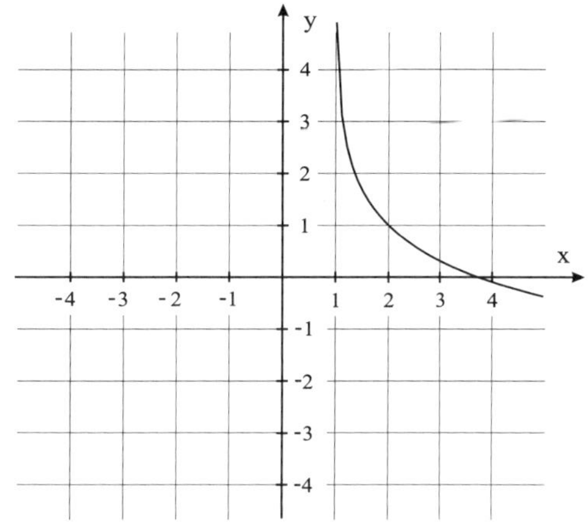

d) $f(x) = -\ln(x-1) + 1$

1.5 Trigonometrische Funktionen

a) $f(x) = 2\sin x$, Periode: $p = \frac{2\pi}{1} = 2\pi$.
Der Graph der Funktion $g(x) = \sin x$ wurde mit Faktor 2 in y-Richtung gestreckt.

b) $f(x) = \frac{1}{2}\cos x$, Periode: $p = \frac{2\pi}{1} = 2\pi$.
Der Graph von $g(x) = \cos x$ wurde mit Faktor $\frac{1}{2}$ in y-Richtung gestaucht (bzw. gestreckt).

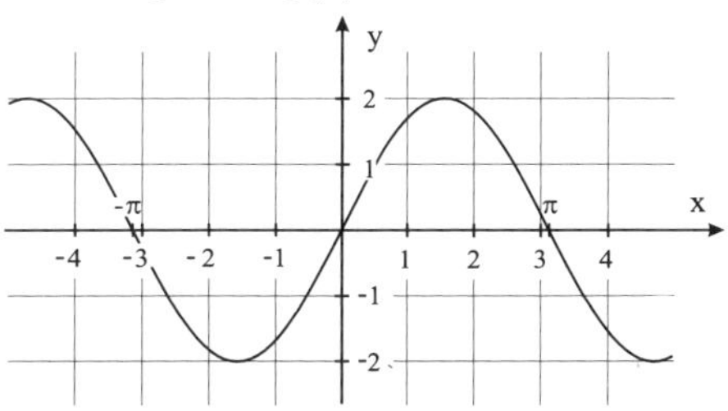

a) $f(x) = 2\sin x$

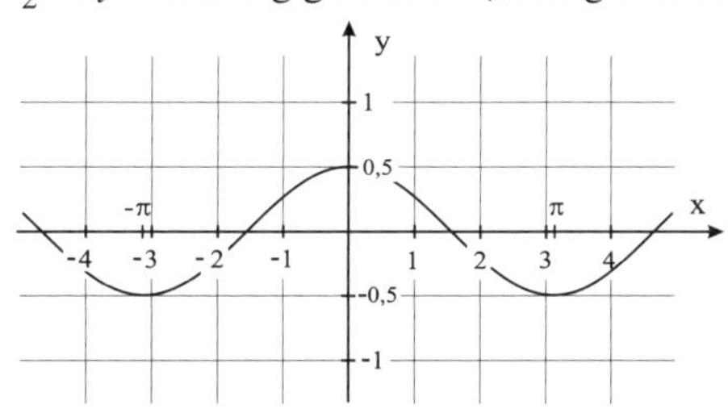

b) $f(x) = \frac{1}{2}\cos x$

c) $f(x) = \sin(2x)$, Periode: $p = \frac{2\pi}{2} = \pi$.
Der Graph der Funktion $g(x) = \sin x$ wurde mit Faktor 2 in x-Richtung gestaucht.

d) $f(x) = -\sin(2x) + 1$, Periode: $p = \frac{2\pi}{2} = \pi$.
Der Graph der Funktion $g(x) = \sin x$ wurde an der x-Achse gespiegelt, mit Faktor 2 in x-Richtung gestaucht und um eine LE nach oben verschoben.

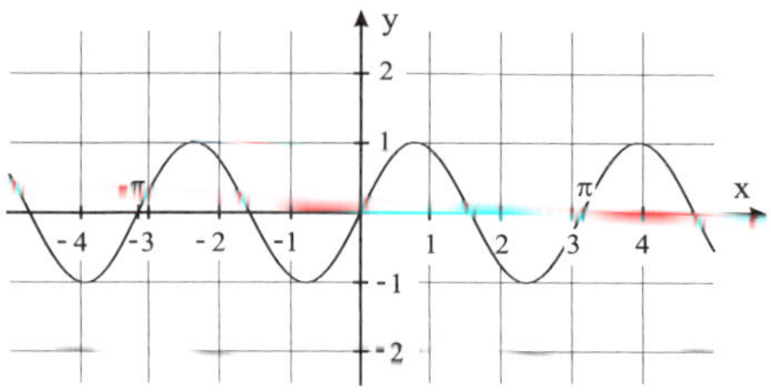

c) $f(x) = \sin(2x)$

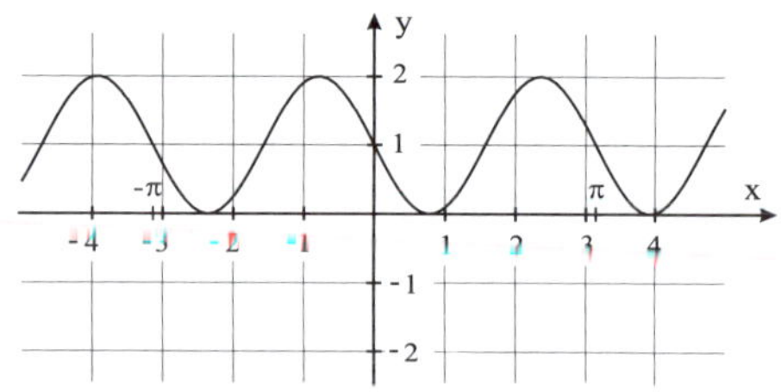

d) $f(x) = -\sin(2x) + 1$

e) $f(x) = \sin(x + 1)$, Periode: $p = \frac{2\pi}{1} = 2\pi$.
Der Graph der Funktion $g(x) = \sin x$ wurde um eine LE nach links verschoben.

f) $f(x) = \frac{1}{2}\sin(2x) + \frac{3}{2}$, Periode: $p = \frac{2\pi}{2} = \pi$.
Der Graph der Funktion $g(x) = \sin x$ wurde in x-Richtung mit Faktor 2 und in y-Richtung mit Faktor $\frac{1}{2}$ gestaucht, anschließend wurde es um $\frac{3}{2}$ LE nach oben verschoben.

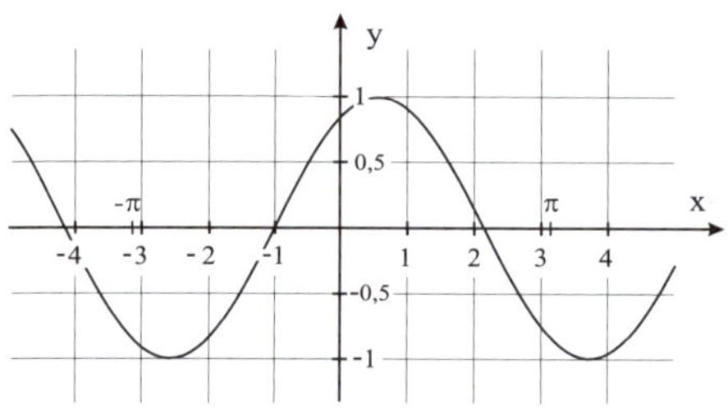

e) $f(x) = \sin(x + 1)$

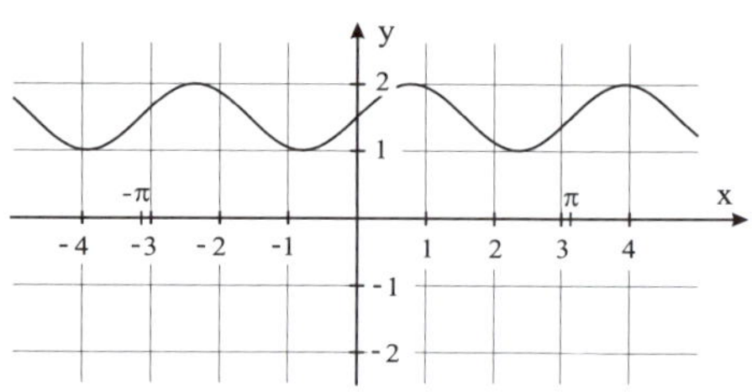

f) $f(x) = \frac{1}{2}\sin(2x) + \frac{3}{2}$

2 Aufstellen von Funktionen mit Randbedingungen

2.1 Ganzrationale Funktionen

a) Ansatz: $f(x) = ax^2 + bx + c$. Die drei Bedingungen ergeben:

$$\begin{array}{lcccccccc} f(0)=4 & \Rightarrow & a\cdot 0^2 & + & b\cdot 0 & + & c & = & 4 \\ f(1)=0 & \Rightarrow & a\cdot 1^2 & + & b\cdot 1 & + & c & = & 0 \\ f(2)=18 & \Rightarrow & a\cdot 2^2 & + & b\cdot 2 & + & c & = & 18 \end{array}$$

Daraus ergibt sich das folgende Gleichungssystem:

$$\begin{array}{lcccccccc} \text{I} & & & & & & c & = & 4 \\ \text{II} & a & + & b & + & & c & = & 0 \\ \text{III} & 4a & + & 2b & + & & c & = & 18 \end{array}$$

Einsetzen von c und Auflösen von II und III führt auf $a = 11$ und $b = -15$. Damit ergibt sich für die Funktionsgleichung: $f(x) = 11x^2 - 15x + 4$.

b) Ansatz: $f(x) = ax^2 + bx + c$ und $f'(x) = 2ax + b$. Die drei Bedingungen ergeben:

$$\begin{array}{lcccccccc} f(0)=2 & \Rightarrow & a\cdot 0^2 & + & b\cdot 0 & + & c & = & 2 \\ f(1)=3 & \Rightarrow & a\cdot 1^2 & + & b\cdot 1 & + & c & = & 3 \\ f'(1)=0 & \Rightarrow & 2a\cdot 1 & + & b & & & = & 0 \end{array}$$

Daraus ergibt sich das folgende Gleichungssystem:

$$\begin{array}{lcccccccc} \text{I} & & & & & & c & = & 2 \\ \text{II} & a & + & b & + & & c & = & 3 \\ \text{III} & 2a & + & b & & & & = & 0 \end{array}$$

Einsetzen von c und Auflösen von II und III führt auf $a = -1$ und $b = 2$. Damit ergibt sich für die Funktionsgleichung: $f(x) = -x^2 + 2x + 2$. Da es sich um eine nach unten geöffnete Parabel handelt, muss $\mathrm{M}\,(1 \mid 3)$ ein Hochpunkt sein.

c) Ansatz: $f(x) = ax^2 + b$ und $f'(x) = 2ax$. Die zwei Bedingungen ergeben:

$$\begin{array}{lcccccc} f(1)=6 & \Rightarrow & a\cdot 1^2 & + & b & = & 6 \\ f'(1)=2 & \Rightarrow & 2a\cdot 1 & & & = & 2 \end{array}$$

Daraus ergibt sich das folgende Gleichungssystem:

$$\begin{array}{ccccc} a & + & b & = & 6 \\ 2a & & & = & 2 \end{array}$$

Auflösen führt auf $a = 1$ und $b = 5$. Damit ergibt sich für die Funktionsgleichung: $f(x) = x^2 + 5$.

d) Ansatz: $f(x) = ax^2 + b$. Die zwei Bedingungen ergeben:

$$\begin{array}{lcrcrcr} f(\sqrt{3}) = 0 & \Rightarrow & a \cdot \left(\sqrt{3}\right)^2 & + & b & = & 0 \\ f(0) = -3 & \Rightarrow & a \cdot 0 & + & b & = & -3 \end{array}$$

Daraus ergibt sich das folgende Gleichungssystem:

$$\begin{array}{rcrcr} 3a & + & b & = & 0 \\ & & b & = & -3 \end{array}$$

Auflösen führt auf $b = -3$ und $a = 1$. Damit ergibt sich für die Funktionsgleichung: $f(x) = x^2 - 3$.

e) Ansatz: $f(x) = ax^3 + bx^2 + cx + d$, $f'(x) = 3ax^2 + 2bx + c$, $f''(x) = 6ax + 2b$. Die vier Bedingungen ergeben:

$$\begin{array}{lcrcrcrcrcr} f(0) = 0 & \Rightarrow & a \cdot 0^3 & + & b \cdot 0^2 & + & c \cdot 0 & + & d & = & 0 \\ f''(0) = 0 & \Rightarrow & 6a \cdot 0 & + & 2b & & & & & = & 0 \\ f(2) = 2 & \Rightarrow & a \cdot 2^3 & + & b \cdot 2^2 & + & c \cdot 2 & + & d & = & 2 \\ f'(2) = 0 & \Rightarrow & 3a \cdot 2^2 & + & 2b \cdot 2 & + & c & & & = & 0 \end{array}$$

Daraus ergibt sich das folgende Gleichungssystem:

$$\begin{array}{rcrcrcrcr} & & & & & & d & = & 0 \\ & & 2b & & & & & = & 0 \\ 8a & + & 4b & + & 2c & + & d & = & 2 \\ 12a & + & 4b & + & c & & & = & 0 \end{array}$$

Es ergeben sich $d = 0$, $b = 0$. Einsetzen in die beiden unteren Gleichungen und Auflösen nach a und c ergibt: $a = -\frac{1}{8}$ und $c = \frac{3}{2} = 1,5$. Damit ergibt sich für die Funktionsgleichung: $f(x) = -\frac{1}{8}x^3 + 1,5x$.

f) Ansatz: $f(x) = ax^3 + bx^2 + cx + d$, $f'(x) = 3ax^2 + 2bx + c$, $f''(x) = 6ax + 2b$. Die vier Bedingungen ergeben:

$$\begin{array}{lcrcrcrcrcr} f(0) = 1 & \Rightarrow & a \cdot 0^3 & + & b \cdot 0^2 & + & c \cdot 0 & + & d & = & 1 \\ f'(0) = -1 & \Rightarrow & 3a \cdot 0^2 & + & 2b \cdot 0 & + & c & & & = & -1 \\ f(-1) = 4 & \Rightarrow & a \cdot (-1)^3 & + & b \cdot (-1)^2 & + & c \cdot (-1) & + & d & = & 4 \\ f''(-1) = 0 & \Rightarrow & 6a \cdot (-1) & + & 2b & + & & & & = & 0 \end{array}$$

Daraus ergibt sich das folgende Gleichungssystem:

$$\begin{array}{rcrcrcrcr} & & & & & & d & = & 1 \\ & & & & c & & & = & -1 \\ -a & + & b & - & c & + & d & = & 4 \\ -6a & + & 2b & & & & & = & 0 \end{array}$$

Es ergeben sich $a = 1$, $b = 3$, $c = -1$, $d = 1$. Damit ergibt sich für die Funktionsgleichung: $f(x) = x^3 + 3x^2 - x + 1$.

g) Ansatz: $f(x) = ax^4 + bx^2$, $f'(x) = 4ax^3 + 2bx$, $f''(x) = 12ax^2 + 2b$.
Die zwei Bedingungen ergeben:

$$\begin{array}{lcrcrcr} f(1) = -2,5 & \Rightarrow & a \cdot 1^4 & + & b \cdot 1^2 & = & -2,5 \\ f''(1) = 0 & \Rightarrow & 12a \cdot 1^2 & + & 2b & = & 0 \end{array}$$

Daraus ergibt sich das folgende Gleichungssystem:

$$\begin{array}{rcrcr} a & + & b & = & -2,5 \\ 12a & + & 2b & = & 0 \end{array}$$

Auflösen führt auf $a = \frac{1}{2}$ und $b = -3$. Damit ergibt sich für die Funktionsgleichung: $f(x) = \frac{1}{2}x^4 - 3x^2$.

2.2 Exponentialfunktionen

Der allgemeine Ansatz der e-Funktionen ist $f(x) = a \cdot e^{kx}$. Ihre Ableitung ist $f'(x) = k \cdot a \cdot e^{kx}$.

a) Zuerst wird a bestimmt: $f(0) = 2 \Rightarrow a \cdot e^{k \cdot 0} = 2 \Rightarrow a = 2$. Anschließend setzt man dies in die zweite Gleichung ein und bestimmt k: $f(4) = 2e^{12} \Rightarrow 2 \cdot e^{k \cdot 4} = 2 \cdot e^{12}$. Teilen durch 2 ergibt:$e^{k \cdot 4} = e^{12}$. Logarithmieren mit ln führt zu $k \cdot 4 = 12 \Rightarrow k = 3$. Damit ist $f(x) = 2 \cdot e^{3x}$.

b) Zuerst wird a bestimmt: $f(0) = 3 \Rightarrow a \cdot e^{k \cdot 0} = 3 \Rightarrow a = 3$. Anschließend setzt man dies in die zweite Gleichung ein und bestimmt k: $f(2) = 3e^8 \Rightarrow 3 \cdot e^{k \cdot 2} = 3 \cdot e^8$. Teilen durch 3 ergibt $e^{k \cdot 2} = e^8$. Logarithmieren mit ln führt zu $k \cdot 2 = 8 \Rightarrow k = 4$. Damit ist $f(x) = 3 \cdot e^{4x}$.

c) Zuerst wird wie in den vorangegangenen Aufgaben a bestimmt: $f(0) = 3 \Rightarrow a \cdot e^{k \cdot 0} = 3$ $\Rightarrow a = 3$. Dies setzt man in die zweite Aussage der Ableitung ein, um k zu bestimmen: $f'(0) = 6 \Rightarrow k \cdot 3 \cdot e^{k \cdot 0} = 6 \Rightarrow k \cdot 3 = 6 \Rightarrow k = 2$. Damit ist $f(x) = 3 \cdot e^{2x}$.

d) Zuerst wird wie in den vorangegangenen Aufgaben a bestimmt: $f(0) = 2 \Rightarrow a \cdot e^{k \cdot 0} = 2$ $\Rightarrow a = 2$. Dies setzt man in die zweite Aussage über die Ableitung ein, um k zu bestimmen: $f'(0) = 4 \Rightarrow k \cdot 2 \cdot e^{k \cdot 0} = 4 \Rightarrow k \cdot 2 = 4 \Rightarrow k = 2$. Damit ist $f(x) = 2 \cdot e^{2x}$.

e) Zuerst wird wie in den vorangegangenen Aufgaben a bestimmt: $f(0) = 5 \Rightarrow a \cdot e^{k \cdot 0} = 5$ $\Rightarrow a = 5$. Dies setzt man in die zweite Aussage ein, um k zu bestimmen: $f'(0) = 10$ $\Rightarrow k \cdot 5 \cdot e^{k \cdot 0} = 10 \Rightarrow k \cdot 5 = 10 \Rightarrow k = 2$. Damit ist $f(x) = 5 \cdot e^{2x}$.

2.3 Gebrochenrationale Funktionen

Die Funktionsgleichung einer gebrochenrationalen Funktion mit waagerechter/ schiefer Asymptoten hat folgende mögliche Form:

$f(x) = g(x) + \frac{h(x)}{(x-p_1)^m \cdot (x-p_2)^n}$, wobei der Grad von h kleiner als $m+n$ sein muss. Bei einfachen Funktionen ist $h(x) = c$.

$g(x)$: Gleichung der waagerechten/ schiefen Asymptote

p_1, p_2: Polstellen

m, n: gerade Zahlen bei Pol ohne VZW; ungerade Zahlen bei Pol mit VZW

c: wird mit Hilfe eines gegebenen Punktes bestimmt, indem man diesen in den Ansatz einsetzt.

a) Ansatz: $f(x) = 4 + \frac{c}{(x-1)^1}$. Mit $f(2) = 6$ ergibt sich $4 + \frac{c}{(2-1)^1} = 6 \Rightarrow c = 2$, mögliche Lösung: $f(x) = 4 + \frac{2}{(x-1)}$.

b) Ansatz: $f(x) = x + 1 + \frac{c}{(x-2)^2}$. Mit $f(3) = 2$ ergibt sich $3 + 1 + \frac{c}{(3-2)^2} = 2 \Rightarrow c = -2$, mögliche Lösung: $f(x) = x + 1 - \frac{2}{(x-2)^2}$.

c) Ansatz: $f(x) = 2x - 3 + \frac{c}{(x-1)^1 \cdot (x+1)^1}$. Mit $f(2) = 3$ ergibt sich $2 \cdot 2 - 3 + \frac{c}{(2-1)^1 \cdot (2+1)^1} = 3 \Rightarrow c = 6$, mögliche Lösung: $f(x) = 2x - 3 + \frac{6}{(x-1)(x+1)}$.

d) Ansatz: $f(x) = 3x - 2 + \frac{c}{(x-1)^1 \cdot (x-2)^2}$. Mit $f(0) = 1$ ergibt sich $3 \cdot 0 - 2 + \frac{c}{(0-1)^1 \cdot (0-2)^2} = 1 \Rightarrow c = -12$, mögliche Lösung: $f(x) = 3x - 2 - \frac{12}{(x-1)(x-2)^2}$.

2.4 Trigonometrische Funktionen

Eine grundlegende Sinusfunktion hat die Gleichung $f(x) = a \cdot \sin(b \cdot (x - c)) + d$.

a) Verschiebung um 3 LE nach oben: $d = +3$
Periode $p = \pi \Rightarrow b = \frac{2\pi}{p} = \frac{2\pi}{\pi} = 2$
Keine Verschiebung nach links/ rechts: $c = 0$
Keine Streckung in y-Richtung: $a = 1$
Setzt man die Koeffizienten ein, erhält man als Lösung $f(x) = \sin(2x) + 3$.

b) Streckfaktor 2,5 in y-Richtung: $a = 2,5$
Periode $p = \frac{\pi}{2} \Rightarrow b = \frac{2\pi}{p} = \frac{2\pi}{\frac{\pi}{2}} = 4$
Verschiebung um 3 LE nach rechts: $c = +3$
Verschiebung um 1,5 LE nach unten: $d = -1,5$
Setzt man die Koeffizienten ein, erhält man als Lösung $f(x) = 2,5 \cdot \sin(4(x-3)) - 1,5$.

c) Verschiebung um 2 LE nach links: $c = -2$
Verschiebung um 4 LE nach oben: $d = +4$

Streckfaktor 0,8 in y-Richtung: $a = 0,8$
Abstand zwischen zwei Hochpunkten = Periodenlänge $\Rightarrow p = 3\pi \Rightarrow b = \frac{2\pi}{p} = \frac{2\pi}{3\pi} = \frac{2}{3}$
Setzt man die Koeffizienten ein, erhält man als Lösung $f(x) = 0,8\sin\left(\frac{2}{3}\cdot(x+2)\right)+4$.

d) Verschiebung um 1 LE nach rechts: $c = +1$
Verschiebung um 2 LE nach unten: $d = -2$
Streckfaktor 1,7 in y-Richtung: $a = 1,7$
Abstand zwischen zwei Wendepunkten = halbe Periodenlänge $= \frac{\pi}{2} \Rightarrow p = 2\cdot\frac{\pi}{2} = \pi$
$\Rightarrow b = \frac{2\pi}{p} = \frac{2\pi}{\pi} = 2$
Setzt man die Koeffizienten ein, erhält man als Lösung $f(x) = 1,7\sin(2\cdot(x-1))-2$.

e) Streckfaktor 2 in y-Richtung: $a = 2$
Verschiebung um 3 LE nach unten: $d = -3$
Keine Verschiebung nach links/ rechts: $c = 0$
Ansatz: $f(x) = 2\cdot\sin(b\cdot x)-3$
Da P$(1 \mid -1)$ auf der Kurve liegt, gilt $f(1) = -1$ also $2\cdot\sin(b\cdot 1)-3 = -1 \Rightarrow \sin b = 1$.
Mögliche Lösung: $b = \frac{\pi}{2} \Rightarrow p = \frac{2\pi}{b} = \frac{2\pi}{\frac{\pi}{2}} = 4$.
Die gesuchte Periode ist $p = 4$.

3 Von der Kurve zur Gleichung

3.1 Ganzrationale Funktionen

Die verschiedenen Lösungswege sind bei den Tipps ausführlich beschrieben.

a) 1. Ansatz als allgemeine Funktion 2. Grades $f(x) = ax^2 + bx + c$. Aus der Zeichnung liest man ab: $f(-1) = -2$, $f(0) = -1$, $f(1) = 2$. Einsetzen in die allgemeine Funktion ergibt folgende Gleichungen:

$$\begin{array}{rcrcrcr} a & - & b & + & c & = & -2 \\ & & & & c & = & -1 \\ a & + & b & + & c & = & 2 \end{array}$$

Einsetzen von c und Auflösen der oberen und unteren Gleichung führt zu $a = 1$ und $b = 2$, damit ist $f(x) = x^2 + 2x - 1$.

2. Ansatz mit Linearfaktoren ist nicht möglich, da sich die Nullstellen nicht genau bestimmen lassen.

3. Ansatz als verschobene Normalparabel: Es handelt sich um eine Normalparabel, die um 1 LE nach links und um 2 LE nach unten verschoben ist:
$f(x) = x^2$ wird zu $f(x) = (x+1)^2 - 2$. Kontrolle für $x = 0$: $f(0) = -1$, d.h. Übereinstimmung. Ausmultiplizieren führt zu $f(x) = x^2 + 2x - 1$.

b) 1. Ansatz als allgemeine Funktion 2. Grades $f(x) = ax^2 + bx + c$. Aus der Zeichnung liest man ab: $f(0) = -3$, $f(1) = 0$, $f(2) = 1$. Einsetzen in die allgemeine Funktion ergibt folgende Gleichungen:

$$\begin{array}{rcrcrcr} a & + & b & + & c & = & 0 \\ 4a & + & 2b & + & c & = & 1 \\ & & & & c & = & -3 \end{array}$$

Einsetzen von c und Auflösen der beiden oberen Gleichungen führt zu $a = -1$ und $b = 4$, damit ist $f(x) = -x^2 + 4x - 3$.

2. Ansatz mit Linearfaktoren: Der Graph hat Nullstellen für $x = 1$ und $x = 3$. Außerdem ist es eine nach unten geöffnete Parabel, daher muss ein Faktor -1 vor die Gleichung gesetzt werden $\Rightarrow -1 \cdot (x-1) \cdot (x-3) = 0 \Rightarrow -x^2 + 4x - 3 = 0$. Kontrolle für $x = 2$: $f(2) = 1$, damit ist $f(x) = -x^2 + 4x - 3$.

3. Ansatz als verschobene Normalparabel: Es handelt sich um eine nach unten geöffnete Normalparabel, die um 2 LE nach rechts und um 1 LE nach oben verschoben ist: $f(x) = -x^2$ wird zu $f(x) = -(x-2)^2 + 1$. Auch hier Kontrolle für $x = 2$: $f(2) = 1$, es herrscht Übereinstimmung. Ausmultiplizieren führt zu $f(x) = -x^2 + 4x - 3$.

c) 1. Der Ansatz als allgemeine Funktion 3. Grades $f(x) = ax^3 + bx^2 + cx + d$ ist zwar möglich, aber etwas langwierig: Aus der Zeichnung liest man ab: $f(-1) = 0$, $f(0) = 3$,

$f(1) = 0$ und $f(3) = 0$. Einsetzen in die allgemeine Funktion ergibt folgende Gleichungen:

$$\begin{array}{rcrcrcrcl} -a & + & b & - & c & + & d & = & 0 \\ & & & & & & d & = & 3 \\ a & + & b & + & c & + & d & = & 0 \\ 27a & + & 9b & + & 3c & + & d & = & 0 \end{array}$$

Einsetzen von d und Auflösen der oberen Gleichungen führt zu $a = 1$, $b = -3$ und $c = -1$, damit ist $f(x) = x^3 - 3x^2 - x + 3$.

2. Ansatz mit Linearfaktoren: Der Graph hat Nullstellen für $x = -1$, $x = 1$ und $x = 3$ und geht durch den Punkt $\mathrm{P}(2 \mid -3)$.
   Also ist $f(x) = a \cdot (x+1) \cdot (x-1) \cdot (x-3)$ und es gilt:
   $f(2) = -3 \Rightarrow -3 = a \cdot (2+1) \cdot (2-1) \cdot (2-3) \Rightarrow a = 1$.
   Damit ist die Lösung $f(x) = x^3 - 3x^2 - x + 3$.

d) 1. Der Ansatz als allgemeine Funktion 3. Grades $f(x) = ax^3 + bx^2 + cx + d$ ist möglich, aber etwas langwierig: Aus der Zeichnung liest man ab: $f(-4) = 0$, $f(-2) = 0$, $f(-1) = 3$ und $f(0) = 0$. Einsetzen in die allgemeine Funktion ergibt folgende Gleichungen:

$$\begin{array}{rcrcrcrcl} -64a & + & 16b & - & 4c & + & d & = & 0 \\ -8a & + & 4b & - & 2c & + & d & = & 0 \\ -a & + & b & - & c & + & d & = & 3 \\ & & & & & & d & = & 0 \end{array}$$

Einsetzen von d und Auflösen der oberen Gleichungen führt zu $a = -1$, $b = -6$ und $c = -8$, damit ist $f(x) = -x^3 - 6x^2 - 8x$.

2. Ansatz mit Linearfaktoren: Der Graph hat Nullstellen für $x = -4$, $x = -2$ und $x = 0$ und geht durch den Punkt $\mathrm{P}(-1 \mid 3)$.
   Also ist $f(x) = a \cdot (x+4) \cdot (x+2) \cdot (x-0)$ und es gilt:
   $f(-1) = 3 \Rightarrow 3 = a \cdot (-1+4) \cdot (-1+2) \cdot (-1) \Rightarrow a = -1$.
   Damit ist die Lösung $f(x) = -x^3 - 6x^2 - 8x$.

3.2 Gebrochenrationale Funktionen

Zur Überprüfung der Funktionsterme sollte man zum Schluss (mindestens) einen der angegebenen Punkte in die Funktion einsetzen (Punktprobe)

a) Der Graph der Grundfunktion $y = \frac{1}{x}$ ist um 2 LE nach rechts verschoben, also steht im Nenner $x - 2$. Die Punktprobe mit $\mathrm{P}(3 \mid 1)$ bestätigt die Funktionsgleichung $f(x) = \frac{1}{x-2}$.

b) Der Graph der Grundfunktion $y = \frac{1}{x^2}$ ist um 1 LE nach links verschoben, also steht im Nenner $(x+1)^2$. Die Punktprobe mit $\mathrm{P}(-2 \mid 1)$ bestätigt die Funktionsgleichung $f(x) = \frac{1}{(x+1)^2}$.

c) Der Graph der Grundfunktion $y = \frac{1}{x^2}$ ist um 1 LE nach rechts und um 1 LE nach oben verschoben. Die Punktprobe mit $\mathrm{P}(2 \mid 2)$ bestätigt die Funktionsgleichung $f(x) = \frac{1}{(x-1)^2} + 1$.

d) Der Graph der Grundfunktion $y = \frac{1}{x}$ ist um 1 LE nach links und um 1 LE nach unten verschoben. Die Punktprobe mit P$(0 \mid 0)$ bestätigt die Funktionsgleichung $f(x) = \frac{1}{x+1} - 1$.

3.3 Trigonometrische Funktionen

a) Als möglichen Ansatz kann man eine Sinusfunktion der Form $f(x) = a \cdot \sin(b \cdot (x-c)) + d$ verwenden. Die «Mittelachse» des Schaubildes liegt genau auf der x-Achse, also ist der Graph der Grundfunktion $g(x) = \sin x$ nicht in y-Richtung verschoben, somit ist $d = 0$. Da der Graph durch den Ursprung geht, ist die Grundfunktion $g(x) = \sin x$ nicht in x-Richtung verschoben, somit ist $c = 0$. Da die Periode $p = 2\pi$ ist, gilt: $b = \frac{2\pi}{p} = \frac{2\pi}{2\pi} = 1$. Der Abstand des Hoch- bzw. Tiefpunkts zur «Mittelachse» (Amplitude) beträgt 2 LE, also ist der Streckfaktor in y-Richtung $a = 2$. Eine mögliche Funktionsgleichung ist $f(x) = 2 \cdot \sin x$.

b) Das Maximum des Schaubilds im Punkt H$(1 \mid 1,5)$ liegt, kann man eine Kosinusfunktion der Form $f(x) = a \cdot \cos(b \cdot (x-c)) + d$ verwenden. Die «Mittelachse» des Schaubildes liegt genau auf der x-Achse, also ist der Graph der Grundfunktion $g(x) = \cos x$ nicht in y-Richtung verschoben, somit ist $d = 0$. Wegen H$(1 \mid 1,5)$ ist der Graph der Grundfunktion $g(x) = \cos x$ um 1 LE in x-Richtung verschoben, somit ist $c = 1$. Da die Periode $p = 2\pi$ ist, gilt: $b = \frac{2\pi}{p} = \frac{2\pi}{2\pi} = 1$. Der Abstand des Hoch- bzw. Tiefpunkts zur «Mittelachse» (Amplitude) beträgt 1,5 LE, also ist der Streckfaktor in y-Richtung $a = 1,5$. Eine mögliche Funktionsgleichung ist damit $f(x) = 1,5 \cdot \cos(x-1)$.

c) Als möglichen Ansatz kann man eine Sinusfunktion der Form $f(x) = a \cdot \sin(b \cdot (x-c)) + d$ verwenden. Die «Mittelachse» des Schaubildes liegt genau auf der Geraden $y = 1$, also ist der Graph der Grundfunktion $g(x) = \sin x$ um 1 LE in y-Richtung verschoben, somit ist $d = 1$. Da der Graph durch den Punkt $(0 \mid 1)$ geht, ist die Grundfunktion $g(x) = \sin x$ nicht in x-Richtung verschoben, somit ist $c = 0$. Da die Periode $p = 2\pi$ beträgt, gilt: $b = \frac{2\pi}{p} = \frac{2\pi}{2\pi} = 1$. Der Abstand des Hoch- bzw. Tiefpunkts zur «Mittelachse» (Amplitude) beträgt 2 LE, also ist der Streckfaktor in y-Richtung $a = 2$. Eine mögliche Funktionsgleichung ist damit $f(x) = 2 \cdot \sin x + 1$.

d) Als möglichen Ansatz kann man eine Sinusfunktion der Form $f(x) = a \cdot \sin(b \cdot (x-c)) + d$ verwenden. Die «Mittelachse» des Schaubildes liegt genau auf der x-Achse, also ist der Graph der Grundfunktion $g(x) = \sin x$ nicht in y-Richtung verschoben, somit ist $d = 0$. Da der Graph durch den Ursprung geht, ist die Grundfunktion $g(x) = \sin x$ nicht in x-Richtung verschoben, somit ist $c = 0$. Die Periodenlänge lässt sich an den Schnittpunkten mit der x-Achse ablesen, sie beträgt ca. $p = 7,4$, also gilt: $b = \frac{2\pi}{7,4}$. Der Abstand des Hoch- bzw. Tiefpunkts zur «Mittelachse» (Amplitude) beträgt etwa 4,1 LE, also ist der Streckfaktor in y-Richtung $a = 4,1$. Eine mögliche Funktionsgleichung ist damit
$f(x) = 4,1 \cdot \sin\left(\frac{2\pi}{7,4} x\right)$.
Bemerkung: Diese Aussagen sind über diese Funktion nur möglich, weil vorher bekannt war, dass es sich um eine trigonometrische Funktion handelt. Wäre dies nicht bekannt, hätte es sich auch um eine Funktion der Gestalt $f(x) = ax^4 - bx^2$ handeln können.

4 Differenzieren

Klammern und das Multiplikationszeichen werden bei den Lösungen verwendet, um die Ausdrücke übersichtlich zu machen (z.B. um bei der Quotientenregel zu zeigen, wo sich u' und v befinden).

4.1 Ganzrationale Funktionen

a) $f'(x) = 5 \cdot 4x^4 - 3 \cdot 2x^2 = 20x^4 - 6x^2$

b) $f'(x) = 2a \cdot 3x^2 - 6a^2 \cdot 2x = 6ax^2 - 12a^2x$

c) $f'(x) = t^2 \cdot 4x^3 - 3t^3 \cdot 2x + 0 = 4t^2x^3 - 6t^3x$

d) $f'(x) = 3 \cdot (4x+1)^2 \cdot 4 = 12 \cdot (4x+1)^2$

e) $f'(x) = 4 \cdot \left(2x^2+a\right)^3 \cdot 2 \cdot 2x = 16x \cdot \left(2x^2+a\right)^3$

f) $f'(x) = 3 \cdot \left(2ax^3+3\right)^2 \cdot 2a \cdot 3x^2 = 18ax^2 \cdot \left(2ax^3+3\right)^2$

g) $f'(x) = 1 \cdot (x-k)^2 + (x-1) \cdot 2 \cdot (x-k) \cdot 1 = (x-k)^2 + 2 \cdot (x-1) \cdot (x-k)$

h) $f'(x) = 2a \cdot (x-a)^2 + 2ax \cdot 2 \cdot (x-a) \cdot 1 = 2a \cdot (x-a)^2 + 4ax \cdot (x-a)$

4.2 Exponentialfunktionen

a) $f'(x) = 6x \cdot e^{-4x} + 3x^2 \cdot e^{-4x} \cdot (-4) = e^{-4x}\left(6x - 12x^2\right) = 6xe^{-4x}(1-2x)$

b) $f'(x) = \frac{3}{2}x^2 \cdot e^{2x} + \frac{1}{2}x^3 \cdot e^{2x} \cdot 2 = e^{2x}\left(\frac{3}{2}x^2 + x^3\right) = x^2e^{2x}\left(\frac{3}{2} + x\right)$

c) $f'(x) = 2e^{-x} + (2x+5) \cdot e^{-x} \cdot (-1) = e^{-x}(2-(2x+5)) = e^{-x}(-2x-3)$

d) $f'(x) = 1 \cdot e^{-kx} + (x+k) \cdot e^{-kx} \cdot (-k) = e^{-kx}\left(1 - kx - k^2\right)$

e) $f'(x) = 2 \cdot (4x+e^{-x}) \cdot (4 + e^{-x} \cdot (-1)) = 2 \cdot (4x+e^{-x}) \cdot (4-e^{-x})$

f) $f'(x) = 2 \cdot \left(x^2+e^{2x}\right) \cdot \left(2x + e^{2x} \cdot 2\right) = 2 \cdot \left(x^2+e^{2x}\right) \cdot \left(2x+2e^{2x}\right)$
$= 4 \cdot \left(x^2+e^{2x}\right) \cdot \left(x+e^{2x}\right)$

g) $f'(x) = 2 \cdot (e^x + e^{-x}) \cdot (e^x - e^{-x}) = 2 \cdot \left(e^{2x} - e^{-2x}\right)$

h) $f'(x) = 2 \cdot \left(2k + e^{-2x}\right) \cdot e^{-2x} \cdot (-2) = -4e^{-2x} \cdot \left(2k + e^{-2x}\right)$

4.3 Gebrochenrationale Funktionen

a) $f'(x) = \frac{0-4\cdot 2\cdot(2x+1)\cdot 2}{(2x+1)^4} = \frac{-16}{(2x+1)^3}$

b) $f'(x) = \frac{1\cdot(3x+2)^2 - x\cdot 2\cdot(3x+2)\cdot 3}{(3x+2)^4} = \frac{(3x+2)\cdot\big((3x+2)-6x\big)}{(3x+2)^4} = \frac{-3x+2}{(3x+2)^3}$

c) $f'(x) = \frac{2x\cdot(2x+1)^2 - x^2\cdot 2\cdot(2x+1)\cdot 2}{(2x+1)^4} = \frac{(2x+1)\cdot\big(2x\cdot(2x+1)-4x^2\big)}{(2x+1)^4} = \frac{2x}{(2x+1)^3}$

d) $f'(x) = \frac{a\cdot\left(x^2+a\right) - ax\cdot 2x}{\left(x^2+a\right)^2} = \frac{ax^2+a^2}{\left(x^2+a\right)^2}$

e) $f'(x) = \frac{(6x+2)\cdot\left(x^2-1\right) - \left(3x^2+2x-1\right)\cdot 2x}{\left(x^2-1\right)^2} = \frac{-2x^2-4x-2}{\left(x^2-1\right)^2} = \frac{-2\cdot\left(x^2+2x+1\right)}{\left(x^2-1\right)^2}$

$= \frac{-2\cdot(x+1)^2}{\big((x+1)\cdot(x-1)\big)^2} = \frac{-2\cdot(x+1)^2}{(x+1)^2\cdot(x-1)^2} = \frac{-2}{(x-1)^2}$

f) $f'(x) = \frac{\left(3x^2-4x\right)\cdot\left(x^2+1\right) - \left(x^3-2x^2+2\right)\cdot 2x}{\left(x^2+1\right)^2} = \frac{x^4+3x^2-8x}{\left(x^2+1\right)^2}$

g) $f'(x) = \frac{(8x^3-3)\cdot\left(x^3+x\right) - \left(2x^4-3x+1\right)\cdot\left(3x^2+1\right)}{\left(x^3+x\right)^2}$

$= \frac{8x^6+8x^4-3x^3-3x-6x^6-2x^4+9x^3+3x-3x^2-1}{\left(x^3+x\right)^2} = \frac{2x^6+6x^4+6x^3-3x^2-1}{\left(x^3+x\right)^2}$

h) $f'(x) = \frac{2ax\cdot\left(x^2+a\right) - \left(ax^2+2\right)\cdot 2x}{\left(x^2+a\right)^2} = \frac{2a^2x-4x}{\left(x^2+a\right)^2}$

4.4 Logarithmusfunktionen

a) $f'(x) = \frac{1}{2+3x^2}\cdot 6x = \frac{6x}{2+3x^2}$

b) $f'(x) = \frac{4x+1}{2x^2+x}$

c) $f'(x) = \frac{8x-2}{4x^2-2x+1}$

d) $f'(x) = \frac{2ax+b}{ax^2+bx+c}$

e) $f'(x) = 2\ln(4+x) + \frac{2x}{4+x}$

f) $f'(x) = 2x\ln\left(x^2+1\right) + x^2\cdot\frac{2x}{x^2+1} = 2x\ln\left(x^2+1\right) + \frac{2x^3}{x^2+1}$

g) $f'(x) = 2\ln(3x+2) + (2x-3)\,\frac{3}{3x+2} = 2\ln(3x+2) + \frac{6x-9}{3x+2}$

h) $f'(x) = (2x-2)\cdot\ln\left(x^2+1\right) + \left(x^2-2x\right)\frac{2x}{x^2+1} = (2x-2)\cdot\ln\left(x^2+1\right) + \frac{2x^3-4x^2}{x^2+1}$

i) $f'(x) = \frac{2x}{x^2+t}$

4.5 Gebrochene Exponentialfunktionen

a) $f'(x) = \frac{0-3\cdot e^x}{(1+e^x)^2} = \frac{-3e^x}{(1+e^x)^2}$

b) $f'(x) = \frac{0-4\left(-e^{-x}\right)\cdot(-1)}{(1-e^{-x})^2} = \frac{-4e^{-x}}{(1-e^{-x})^2}$

c) $f'(x) = \frac{1\cdot\left(2+e^{3x}\right)-x\cdot e^{3x}\cdot 3}{\left(2+e^{3x}\right)^2} = \frac{e^{3x}\cdot(1-3x)+2}{\left(2+e^{3x}\right)^2}$

d) $f'(x) = \frac{2x\cdot\left(1+e^{-x}\right)-x^2\cdot e^{-x}\cdot(-1)}{(1+e^{-x})^2} = \frac{e^{-x}\cdot\left(2x+x^2\right)+2x}{(1+e^{-x})^2}$

e) $f'(x) = \frac{e^x\cdot\left(2-e^{-x}\right)-e^x\cdot\left(-e^{-x}\cdot(-1)\right)}{(2-e^{-x})^2} = \frac{2e^x-1-1}{(2-e^{-x})^2} = \frac{2e^x-2}{(2-e^{-x})^2}$

f) $f'(x) = \frac{2e^{-x}\cdot(-1)\cdot(1+e^x)-2e^{-x}\cdot e^x}{(1+e^x)^2} = \frac{-2e^{-x}-2-2}{(1+e^x)^2} = \frac{-2e^{-x}-4}{(1+e^x)^2}$

g) $f'(x) = \frac{\left(e^x-e^{-x}\right)\cdot(1+e^x)-\left(e^x+e^{-x}\right)\cdot e^x}{(1+e^x)^2} = \frac{e^x+e^{2x}-e^{-x}-1-e^{2x}-1}{(1+e^x)^2} = \frac{e^x-e^{-x}-2}{(1+e^x)^2}$

4.6 Gebrochene ln-Funktionen

a) $f'(x) = \frac{0-2\cdot\frac{1}{x}}{(\ln x)^2} = -\frac{2}{x\cdot(\ln x)^2}$

b) $f'(x) = \frac{2\cdot\ln(ax)-2x\cdot\frac{1}{ax}\cdot a}{(\ln(ax))^2} = \frac{2\ln(ax)-2}{(\ln(ax))^2}$

c) $f'(x) = \frac{0-3\cdot\left(1\cdot\ln(ax)+x\cdot\frac{1}{ax}\cdot a\right)}{(x\cdot\ln(ax))^2} = -\frac{3\cdot(\ln(ax)+1)}{(x\cdot\ln(ax))^2}$

d) $f'(x) = \frac{1}{\frac{1+x}{1-x}}\cdot\left(\frac{1\cdot(1-x)-(1+x)\cdot(-1)}{(1-x)^2}\right) = \frac{1-x}{1+x}\cdot\frac{2}{(1-x)^2} = \frac{2}{(1+x)\cdot(1-x)} = \frac{2}{1-x^2}$

e) $f'(x) = \frac{\frac{1}{2x}\cdot 2\cdot x^2-\ln(2x)\cdot 2x}{\left(x^2\right)^2} = \frac{x-2x\cdot\ln(2x)}{x^4} = \frac{1-2\ln(2x)}{x^3}$

f) $f'(x) = \frac{\frac{1}{ax}\cdot a\cdot(2x+1)-\ln(ax)\cdot 2}{(2x+1)^2} = \frac{2+\frac{1}{x}-2\ln(ax)}{(2x+1)^2}$

4.7 Trigonometrische Funktionen

a) $f'(x) = 2\cdot\cos\left(\frac{1}{2}x^2+4\right)+2x\cdot\left(-\sin\left(\frac{1}{2}x^2+4\right)\right)\cdot x = 2\cdot\cos\left(\frac{1}{2}x^2+4\right)-2x^2\cdot\sin\left(\frac{1}{2}x^2+4\right)$

b) $f'(x) = 2x\cdot\sin(4x+3)+x^2\cdot\cos(4x+3)\cdot 4 = 2x\cdot\sin(4x+3)+4x^2\cdot\cos(4x+3)$

c) $f'(x) = 2x \cdot \sin\left(\frac{1}{3}x^2 + 2\right) + \left(x^2 - 4\right) \cdot \cos\left(\frac{1}{3}x^2 + 2\right) \cdot \frac{2}{3}x$
$= 2x \cdot \sin\left(\frac{1}{3}x^2 + 2\right) + \left(\frac{2}{3}x^3 - \frac{8}{3}x\right) \cdot \cos\left(\frac{1}{3}x^2 + 2\right)$

d) $f'(x) = 2x \cdot \cos\left(\frac{1}{2}x - 1\right) + x^2 \cdot \left(-\sin\left(\frac{1}{2}x - 1\right) \cdot \frac{1}{2}\right) = 2x \cdot \cos\left(\frac{1}{2}x - 1\right) - \frac{1}{2}x^2 \cdot \sin\left(\frac{1}{2}x - 1\right)$

e) $f'(x) = 2 \cdot (x + \cos x) \cdot (1 - \sin x)$

f) $f'(x) = 2 \cdot (\sin x + \cos x) \cdot (\cos x - \sin x) = 2 \cdot \left(\cos^2 x - \sin^2 x\right)$

5 Gleichungslehre

5.1 Quadratische, biquadratische und nichtlineare Gleichungen

Die quadratische Gleichung $x^2+px+q=0$ lässt sich mit der pq-Formel $x_{1,2}=-\frac{p}{2}\pm\sqrt{\frac{p^2}{4}-q}$, die quadratische Gleichung $ax^2+bx+c=0$ lässt sich mit der abc-Formel $x_{1,2}=\frac{-b\pm\sqrt{b^2-4ac}}{2a}$ lösen.

a) Die Gleichung lässt sich mit der pq- bzw. der abc-Formel lösen, z.B. durch

$$x_{1,2}=-\frac{3}{2}\pm\sqrt{\frac{3^2}{4}-(-4)}=-\frac{3}{2}\pm\sqrt{\frac{9}{4}+\frac{16}{4}}=-\frac{3}{2}\pm\sqrt{\frac{25}{4}}=-\frac{3}{2}\pm\frac{5}{2}$$

Damit sind $x_1=1$ und $x_2=-4$.
Die Gleichung hat damit die Lösungsmenge $\mathrm{L}=\{1;-4\}$.

b) Die Gleichung lässt sich mit der pq- bzw. der abc-Formel lösen: $x_1=7$, $x_2=-8$.
Die Gleichung hat damit die Lösungsmenge $\mathrm{L}=\{7;-8\}$.

c) Die Gleichung lässt sich mit der pq- bzw. der abc-Formel lösen: $x_1=\frac{3}{5}$, $x_2=-1$.
Die Gleichung hat damit die Lösungsmenge $\mathrm{L}=\left\{\frac{3}{5};-1\right\}$.

d) $(x-1)\cdot(x-a)^2=0$ führt zu $x-1=0$ mit der Lösung: $x_1=1$ und zu $(x-a)^2=0$ bzw. $x-a=0$ mit der Lösung: $x_2=a$. $\mathrm{L}=\{1;a\}$.

e) $x^2\cdot(ax-4a)=0$ führt zu $x^2=0$ mit der Lösung: $x_1=0$ und zu $ax-4a=0$ bzw. $x-4=0$ mit der Lösung: $x_2=4$. $\mathrm{L}=\{0;4\}$.

f) Ausklammern von x^3 führt zu $x^3\cdot(2x-3)=0$. Dies führt zu $x^3=0$ mit der Lösung $x_1=0$ und zu $2x-3=0$ mit der Lösung $x_2=\frac{3}{2}$. Die Gleichung hat damit die Lösungsmenge $\mathrm{L}=\left\{0;\frac{3}{2}\right\}$.

g) Ausklammern von x^2 führt zu $x^2\cdot(x^2-3x+2)=0$. Dies führt zu $x^2=0$ mit der Lösung $x_1=0$ und zu $x^2-3x+2=0$. Lösen mit Hilfe der pq- oder abc-Formel führt zu $x_2=1$ und $x_3=2$. Die Gleichung hat damit die Lösungsmenge $\mathrm{L}=\{0;1;2\}$.

h) x ausklammern führt zu $x\cdot(x^2-4)=0$. Dies führt zu $x=0$ mit der Lösung $x_1=0$ und zu $x^2-4=0$ mit den Lösungen $x_2=2$ und $x_3=-2$. Die Gleichung hat damit die Lösungsmenge $\mathrm{L}=\{-2;0;2\}$.

i) x^2 ausklammern führt zu $x^2\cdot(x^2-2)=0\Rightarrow x_1=0$. Die Gleichung $x^2-2=0$ führt zu $x_2=\sqrt{2}$ und $x_3=-\sqrt{2}$. Die Gleichung hat damit die Lösungsmenge $\mathrm{L}=\left\{-\sqrt{2};0;\sqrt{2}\right\}$.

j) x ausklammern führt zu $x\cdot\left(x^2-5x+6\right)=0$. Die erste Lösung ist damit $x_1=0$. Lösen von $x^2-5x+6=0$ mit der pq- bzw. abc-Formel führt zu $x_2=2$ und $x_3=3$. Die Gleichung hat damit die Lösungsmenge $\mathrm{L}=\{0;2;3\}$.

k) Substitution $x^2 = v$: Die Gleichung wird zu $v^2 - 4v + 3 = 0$. Lösen mit Hilfe der pq- oder abc-Formel ergibt $v_1 = 1$ und $v_2 = 3$. Rücksubstitution: $x^2 = 1$ und $x^2 = 3$. Die Lösungen sind damit $x_{1,2} = \pm 1$ und $x_{3,4} = \pm\sqrt{3}$. Die Gleichung hat damit die Lösungsmenge $L = \{-\sqrt{3}; -1; 1; \sqrt{3}\}$.

l) Die Substitution $x^2 = v$ führt zu $v^2 - 13v + 36 = 0$. Lösen mit Hilfe der pq- oder abc-Formel ergibt $v_1 = 9$ und $v_2 = 4$. Rücksubstitution: $x^2 = 9$ und $x^2 = 4$. Für die Lösungen ergibt sich damit: $x_{1,2} = \pm 3$ und $x_{3,4} = \pm 2$. Die Gleichung hat damit die Lösungsmenge $L = \{-3; -2; 2; 3\}$.

5.2 Exponential- und Logarithmus-Gleichungen

a) $(2x-5) \cdot e^{-x} = 0$ führt zu $2x - 5 = 0$ mit der Lösung: $x = \frac{5}{2}$. Der Term $e^{-x} = 0$ besitzt keine Lösung, also ist $L = \{\frac{5}{2}\}$.

b) $(x^2 - 4) \cdot e^{0,5x} = 0$ führt zu $x^2 - 4 = 0$ mit den Lösungen: $x_1 = -2$, $x_2 = 2$. Der Term $e^{0,5x} = 0$ besitzt keine Lösung, also ist $L = \{-2; 2\}$.

c) $x \cdot e^x = 0$ führt zu $x = 0$. Der Term $e^x = 0$ besitzt keine Lösung, also ist $L = \{0\}$.

d) $(x - t) \cdot e^{-x} = 0$ führt zu $x - t = 0$ mit der Lösung: $x = t$. Der Term $e^{-x} = 0$ besitzt keine Lösung, also ist $L = \{t\}$.

e) $(2x - 4k) \cdot e^{2kx} = 0$ führt zu $2x - 4k = 0$ mit der Lösung: $x = 2k$. Der Term $e^{2kx} = 0$ besitzt keine Lösung, also ist $L = \{2k\}$.

f) $(kx^2 - k) \cdot e^{-kx} = 0$ führt zu $kx^2 - k = 0 \Rightarrow k \cdot (x^2 - 1) = 0$ bzw. $x^2 - 1 = 0$ mit den Lösungen: $x_1 = -1$, $x_2 = 1$. Der Term $e^{-kx} = 0$ besitzt keine Lösung, also ist $L = \{-1; 1\}$.

g) Substitution $e^x = v$: Wegen $e^{2x} = (e^x)^2$ gilt $e^{2x} = v^2$. Die Gleichung $e^{2x} - 6e^x + 5 = 0$ wird damit zu $v^2 - 6v + 5 = 0$. Lösen mit pq- oder abc-Formel ergibt $v_1 = 5$ und $v_2 = 1$. Rücksubstitution: $e^{x_1} = 1$ und $e^{x_2} = 5$. Die Lösungen sind damit: $x_1 = \ln 1 = 0$ und $x_2 = \ln 5$. Die Gleichung hat damit die Lösungsmenge $L = \{0; \ln 5\}$.

h) Substitution $e^{2x} = v$: Da $e^{4x} = \left(e^{2x}\right)^2$ gilt $e^{4x} = v^2$. Die Gleichung $e^{4x} - 5e^{2x} + 6 = 0$ wird damit zu $v^2 - 5v + 6 = 0$. Lösen mit Hilfe der pq- oder abc-Formel ergibt $v_1 = 2$ und $v_2 = 3$. Rücksubstitution führt auf $e^{2x_1} = 2$ und $e^{2x_2} = 3$. Die Lösungen sind damit $x_1 = \frac{1}{2}\ln 2$ und $x_2 = \frac{1}{2}\ln 3$. Die Gleichung hat damit die Lösungsmenge $L = \{\frac{1}{2}\ln 2; \frac{1}{2}\ln 3\}$.

i) $2 \cdot (1 - \ln x) = 1$ führt zu $2 - 2\ln x = 1$ bzw. $\ln x = \frac{1}{2}$. Nimmt man beide Seiten «e-hoch», so erhält man: $e^{\ln x} = e^{\frac{1}{2}} \Rightarrow x = e^{\frac{1}{2}}$, also ist $L = \left\{e^{\frac{1}{2}}\right\}$.

j) Die Gleichung $\ln(3 - x) = 0$ kann man lösen, indem man beide Seiten «e-hoch» nimmt; man erhält: $e^{\ln(3-x)} = e^0 \Rightarrow 3 - x = 1 \Rightarrow x = 2$, also ist $L = \{2\}$.

k) Die Gleichung $\ln(2x - 3) = 0$ kann man lösen, indem man beide Seiten «e-hoch» nimmt; man erhält: $e^{\ln(2x-3)} = e^0 \Rightarrow 2x - 3 = 1 \Rightarrow x = 2$, also ist $L = \{2\}$.

5.3 Wurzelgleichungen

a) Umformen der Gleichung führt zu $\sqrt{x} = 12 - x$, quadrieren auf $x = (12-x)^2$ bzw. $x = 144 - 24x + x^2$. Daraus ergibt sich die quadratische Gleichung $x^2 - 25x + 144 = 0$, die mit Hilfe der pq- oder abc-Formel gelöst wird. Es ergibt sich $x_1 = 16$ und $x_2 = 9$. Einsetzen von x_1 in die Ausgangsgleichung ergibt $\sqrt{16} + 16 \neq 12$ und für x_2: $\sqrt{9} + 9 = 12$. Damit ist die Lösungsmenge $\mathrm{L} = \{9\}$.

b) Die Gleichung wird quadriert: $x + 5 = x^2 + 10x + 25$. Umformen führt auf die quadratische Gleichung $x^2 + 9x + 20 = 0$ mit den Lösungen $x_1 = -4$ und $x_2 = -5$. Einsetzen in die Ausgangsgleichung ergibt für beide Lösungen wahre Aussagen, damit ist die Lösungsmenge $\mathrm{L} = \{-4; -5\}$.

c) Zuerst wird der Nenner beseitigt: $x + 5 = \sqrt{x+5}$. Nun wird die Gleichung quadriert: $x + 5 = x^2 + 10x + 25$. Umformen führt auf die quadratische Gleichung $x^2 + 9x + 20 = 0$ mit den Lösungen $x_1 = -4$ und $x_2 = -5$. Einsetzen in die Ausgangsgleichung ergibt für x_2 (im Unterschied zur vorangehenden Aufgabe) keine Lösung. Die Lösungsmenge ist damit $\mathrm{L} = \{-4\}$.

d) Die Gleichung wird umgeformt und quadriert: $x + 7 = (x+5)^2$. Es ergibt sich die quadratische Gleichung $x^2 + 9x + 18 = 0$ mit den Lösungen $x_1 = -6$ und $x_2 = -3$. Einsetzen in die Ausgangsgleichung ergibt für x_1 einen Widerspruch, damit ergibt sich für die Lösungsmenge $\mathrm{L} = \{-3\}$.

e) Die Gleichung wird zuerst umgeformt und dann quadriert: $2x - 4 = (x-1)^2$. Es ergibt sich $2x - 4 = x^2 - 2x + 1$ bzw. $-5 = x^2$. Da diese Gleichung keine (reelle) Lösung besitzt, besitzt die Ausgangsgleichung nur die Lösungsmenge $\mathrm{L} = \{\,\}$.

f) Die Gleichung wird zuerst umgeformt: $\frac{2}{\sqrt{x}} = \sqrt{x} - 1$. Nun wird mit $\sqrt{x}$ multipliziert, um den Nenner zu beseitigen: $2 = x - \sqrt{x}$. Umformen und quadrieren führt zu $x = x^2 - 4x + 4$ bzw. $x^2 - 5x + 4 = 0$ mit den Lösungen $x_1 = 4$ und $x_2 = 1$. Einsetzen in die Ausgangsgleichung ergibt für x_2 einen Widerspruch, damit ergibt sich für die Lösungsmenge $\mathrm{L} = \{4\}$.

5.4 Trigonometrische Gleichungen

a) Die Substitution $3x = z$ führt zu $\sin z = 1$ mit den Lösungen $z = \frac{\pi}{2} + k \cdot 2\pi$; $k \in \mathbb{Z}$, also sind $z_1 = \frac{\pi}{2}$, $z_2 = \frac{5}{2}\pi$, $z_3 = \frac{9}{2}\pi, \ldots$ mögliche Lösungen.
Die Resubstitution $z_1 = \frac{\pi}{2} = 3x_1$ ergibt $x_1 = \frac{\pi}{6}$, $z_2 = \frac{5}{2}\pi = 3x_2$ ergibt $x_2 = \frac{5}{6}\pi$, $z_3 = \frac{9}{2}\pi = 3x_3$ ergibt $x_3 = \frac{3}{2}\pi$, $z_4 = \frac{13}{2}\pi$ ergibt keine weitere Lösung.
Als Lösungsmenge erhält man $\mathrm{L} = \{\frac{1}{6}\pi; \frac{5}{6}\pi; \frac{3}{2}\pi\}$.

b) Die Substitution $4x = z$ führt zu $\sin z = 0$ mit den Lösungen $z = k \cdot \pi$; $k \in \mathbb{Z}$, also sind $z_1 = 0$, $z_2 = \pi$, $z_3 = 2\pi, \ldots$ mögliche Lösungen.
Die Resubstitution $z_1 = 0 = 4x_1$ ergibt $x_1 = 0$, $z_2 = \pi = 4x_2$ ergibt $x_2 = \frac{\pi}{4}$, $z_3 = 2\pi = 4x_3$ ergibt $x_3 = \frac{\pi}{2}$, $z_4 = 3\pi = 4x_4$ ergibt $x_4 = \frac{3}{4}\pi$, $z_5 = 4\pi = 4x_5$ ergibt $x_5 = \pi$, $z_6 = 5\pi$ ergibt

keine weitere Lösung.
Als Lösungsmenge erhält man $\mathrm{L} = \left\{ 0;\ \frac{1}{4}\pi;\ \frac{1}{2}\pi;\ \frac{3}{4}\pi;\ \pi \right\}$.

c) Die Substitution $2x = z$ führt zu $\cos z = -1$ mit den Lösungen $z = \pi + k \cdot 2\pi$; $k \in \mathbb{Z}$, also sind $z_1 = \pi$, $z_2 = 3\pi$, $z_3 = 5\pi, \ldots$ mögliche Lösungen.
Die Resubstitution $z_1 = \pi = 2x_1$ ergibt $x_1 = \frac{\pi}{2}$, $z_2 = 3\pi = 2x_2$ ergibt $x_2 = \frac{3}{2}\pi$, $z_3 = 5\pi$ ergibt keine weitere Lösung.
Als Lösungsmenge erhält man $\mathrm{L} = \left\{ \frac{1}{2}\pi;\ \frac{3}{2}\pi \right\}$.

d) Die Substitution $3x = z$ führt zu $\cos z = 0$ mit den Lösungen $z = \frac{\pi}{2} + k \cdot \pi$; $k \in \mathbb{Z}$, also sind $z_1 = \frac{\pi}{2}$, $z_2 = \frac{3}{2}\pi$, $z_3 = \frac{5}{2}\pi, \ldots$ mögliche Lösungen.
Die Resubstitution $z_1 = \frac{\pi}{2} = 3x_1$ ergibt $x_1 = \frac{\pi}{6}$, $z_2 = \frac{3}{2}\pi = 3x_2$ ergibt $x_2 = \frac{\pi}{2}$, $z_3 = \frac{5}{2}\pi = 3x_3$ ergibt $x_3 = \frac{5}{6}\pi$, $z_4 = \frac{7}{2}\pi$ ergibt keine weitere Lösung.
Als Lösungsmenge erhält man $\mathrm{L} = \left\{ \frac{1}{6}\pi;\ \frac{1}{2}\pi;\ \frac{5}{6}\pi \right\}$

e) Die Substitution $x - \pi = z$ führt zu $\sin z = 0$ mit den Lösungen $z = k \cdot \pi$; $k \in \mathbb{Z}$, also sind $z_1 = 0$, $z_2 = \pi$, $z_3 = -\pi$, $z_4 = 2\pi$, $z_5 = -2\pi$
Die Resubstitution $z_1 = 0 = x_1 - \pi$ ergibt $x_1 = \pi$, $z_2 = \pi = x_2 - \pi$ ergibt $x_2 = 2\pi$, $z_3 = -\pi = x_3 - \pi$ ergibt $x_3 = 0$, $z_{4,5} = \pm 2\pi$ ergeben keine weiteren Lösungen.
Als Lösungsmenge erhält man $\mathrm{L} = \{ 0;\ \pi;\ 2\pi \}$.

f) Die Substitution $2x - \pi = z$ führt zu $\sin z = 1$ mit den Lösungen $z = \frac{\pi}{2} + k \cdot 2\pi$; $k \in \mathbb{Z}$, also sind $z_1 = \frac{\pi}{2}$, $z_2 = \frac{5}{2}\pi$, $z_3 = \frac{9}{2}\pi, \ldots$ mögliche Lösungen.
Die Resubstitution $z_1 = \frac{\pi}{2} = 2x_1 - \pi$ ergibt $x_1 = \frac{3}{4}\pi$, $z_2 = \frac{5}{2}\pi = 2x_2 - \pi$ ergibt $x_2 = \frac{7}{4}\pi$, $z_3 = \frac{9}{2}\pi$ ergibt keine weitere Lösung.
Als Lösungsmenge erhält man $\mathrm{L} = \left\{ \frac{3}{4}\pi;\ \frac{7}{4}\pi \right\}$.

g) Die Substitution $2x + \pi = z$ führt zu $\cos z = -1$ mit den Lösungen $z = \pi + k \cdot 2\pi$; $k \in \mathbb{Z}$, also $z_1 = \pi$, $z_2 = 3\pi$, $z_3 = 5\pi, \ldots$ mögliche Lösungen.
Die Resubstitution von $z_1 = \pi = 2x_1 + \pi$ ergibt $x_1 = 0$, $z_2 = 3\pi = 2x + \pi$ ergibt $x_2 = \pi$, $z_3 = 5\pi = 2x_3 + \pi$ ergibt $x_3 = 2\pi$, $z_4 = 7\pi$ ergibt keine weitere Lösung.
Als Lösungsmenge erhält man $\mathrm{L} = \{ 0;\ \pi;\ 2\pi \}$.

5.5 Lineare Gleichungssysteme

a) Gegeben ist das Gleichungssystem:

$$\begin{array}{lrcrcrcr} \mathrm{I} & x_1 & + & 2x_2 & - & x_3 & = & 8 \\ \mathrm{II} & -x_1 & + & x_2 & + & 2x_3 & = & 0 \\ \mathrm{III} & -x_1 & - & 5x_2 & - & 4x_3 & = & -12 \end{array}$$

Addieren von I zu II und I zu III führt zu:

$$\begin{array}{lrcrcrcr} \mathrm{I} & x_1 & + & 2x_2 & - & x_3 & = & 8 \\ \mathrm{IIa} & & & 3x_2 & + & x_3 & = & 8 \\ \mathrm{IIIa} & & - & 3x_2 & - & 5x_3 & = & -4 \end{array}$$

Addieren von IIa und IIIa führt zu:

$$\begin{array}{lrcrcrcr} \text{I} & x_1 & + & 2x_2 & - & x_3 & = & 8 \\ \text{IIa} & & & 3x_2 & + & x_3 & = & 8 \\ \text{IIIb} & & & & - & 4x_3 & = & 4 \end{array}$$

Aus IIIb folgt: $x_3 = -1$. Einsetzen in IIa ergibt: $3x_2 + (-1) = 8 \Rightarrow x_2 = 3$.
Einsetzen in I ergibt: $x_1 + 2 \cdot 3 - (-1) = 8 \Rightarrow x_1 = 1$.
Die Lösungsmenge ist damit: $\mathrm{L} = \{(1;3;-1)\}$.
Alternativ kann man das Gleichungssystem auch mit dem GTR/CAS lösen, indem man es als Matrix schreibt und vereinfacht:

$$\begin{pmatrix} 1 & 2 & -1 & 8 \\ -1 & 1 & 2 & 0 \\ -1 & -5 & -4 & -12 \end{pmatrix} \Rightarrow \begin{pmatrix} 1 & 0 & 0 & 1 \\ 0 & 1 & 0 & 3 \\ 0 & 0 & 1 & -1 \end{pmatrix}$$

Die Werte in der Spalte ganz rechts in der transformierten Matrix sind die Lösung des LGS.

b) Gegeben ist das Gleichungssystem:

$$\begin{array}{lrcrcrcr} \text{I} & x_1 & + & 2x_2 & - & 2x_3 & = & 7 \\ \text{II} & x_1 & - & x_2 & - & 4x_3 & = & -9 \\ \text{III} & x_1 & + & 4x_2 & + & 3x_3 & = & 25 \end{array}$$

Multiplikation von I mit (-1) und addieren zu II und III führt zu:

$$\begin{array}{lrcrcrcr} \text{I} & x_1 & + & 2x_2 & - & 2x_3 & = & 7 \\ \text{IIa} & & - & 3x_2 & - & 2x_3 & = & -16 \\ \text{IIIa} & & & 2x_2 & + & 5x_3 & = & 18 \end{array}$$

Multiplikation von IIa mit 2 und IIIa mit 3 und addieren führt zu:

$$\begin{array}{lrcrcrcr} \text{I} & x_1 & + & 2x_2 & - & 2x_3 & = & 7 \\ \text{IIb} & & - & 6x_2 & - & 4x_3 & = & -32 \\ \text{IIIb} & & & & & 11x_3 & = & 22 \end{array}$$

Aus IIIb folgt: $x_3 = 2$. Einsetzen in IIb ergibt: $-6x_2 - 4 \cdot 2 = -32 \Rightarrow x_2 = 4$.
Einsetzen in I ergibt: $x_1 + 2 \cdot 4 - 2 \cdot 2 = 7 \Rightarrow x_1 = 3$. Die Lösungsmenge ist damit: $\mathrm{L} = \{(3;4;2)\}$.
Alternativ kann man das Gleichungssystem auch mit dem GTR/CAS lösen, indem man es als Matrix schreibt und vereinfacht:

$$\begin{pmatrix} 1 & 2 & -2 & 7 \\ 1 & -1 & -4 & -9 \\ 1 & 4 & 3 & 25 \end{pmatrix} \Rightarrow \begin{pmatrix} 1 & 0 & 0 & 3 \\ 0 & 1 & 0 & 4 \\ 0 & 0 & 1 & 2 \end{pmatrix}$$

Die Werte in der Spalte ganz rechts in der transformierten Matrix sind die Lösung des LGS.

c) Gegeben ist das Gleichungssystem:

$$\begin{array}{lrcrcrcr} \text{I} & x_1 & + & x_2 & + & 7x_3 & = & 2 \\ \text{II} & 2x_1 & - & x_2 & - & 3x_3 & = & -5 \\ \text{III} & 4x_1 & - & x_2 & + & 4x_3 & = & -7 \end{array}$$

Multiplikation von I mit (-2) und addieren zu II, sowie Multiplikation von I mit (-4) und addieren zu III führt zu:

$$\begin{array}{lrcrcrcr} \text{I} & x_1 & + & x_2 & + & 7x_3 & = & 2 \\ \text{IIa} & & - & 3x_2 & - & 17x_3 & = & -9 \\ \text{IIIa} & & - & 5x_2 & - & 24x_3 & = & -15 \end{array}$$

Multiplikation von IIa mit (-5) und von IIIa mit 3 und addieren führt zu:

$$\begin{array}{lrcrcrcr} \text{I} & x_1 & + & x_2 & + & 7x_3 & = & 2 \\ \text{IIb} & & & 15x_2 & + & 85x_3 & = & 45 \\ \text{IIIb} & & & & & 13x_3 & = & 0 \end{array}$$

Aus IIIb folgt: $x_3 = 0$. Einsetzen in IIb ergibt: $15x_2 + 0 = 45 \;\Rightarrow x_2 = 3$. Einsetzen in I ergibt: $x_1 + 3 + 7 \cdot 0 = 2 \;\Rightarrow x_1 = -1$. Die Lösungsmenge ist damit: $\mathrm{L} = \{\,(-1\,;3\,;0)\,\}$.
Alternativ kann man das Gleichungssystem auch mit dem GTR/CAS lösen, indem man es als Matrix schreibt und vereinfacht:

$$\begin{pmatrix} 1 & 1 & 7 & 2 \\ 2 & -1 & -3 & -5 \\ 4 & -1 & 4 & -7 \end{pmatrix} \Rightarrow \begin{pmatrix} 1 & 0 & 0 & -1 \\ 0 & 1 & 0 & 3 \\ 0 & 0 & 1 & 0 \end{pmatrix}$$

Die Werte in der rechten Spalte der transformierten Matrix sind die Lösung des LGS.

d) Gegeben ist das Gleichungssystem

$$\begin{array}{rcrcrcr} x_1 & + & 2x_2 & - & x_3 & = & 4 \\ -x_1 & + & 2x_2 & - & 3x_3 & = & 6 \\ 2x_1 & + & 4x_2 & - & 2x_3 & = & 8 \end{array}$$

Der Vergleich der verschiedenen Gleichungen ergibt, dass die erste und die dritte Gleichung Vielfache voneinander sind, da die dritte Gleichung das Doppelte der ersten Gleichung ist. Es bleiben daher folgende Gleichungen übrig:

$$\begin{array}{lrcrcrcr} \text{I} & x_1 & + & 2x_2 & - & x_3 & = & 4 \\ \text{II} & -x_1 & + & 2x_2 & - & 3x_3 & = & 6 \end{array}$$

addieren von I zu II führt zu:

$$\begin{array}{lrcrcrcr} \text{I} & x_1 & + & 2x_2 & - & x_3 & = & 4 \\ \text{IIa} & & & 4x_2 & - & 4x_3 & = & 10 \end{array}$$

Man wählt nun z.B. $x_3 = t$ und setzt dies in Gleichung IIa ein:

$$\begin{array}{lrcrcrcr} \text{I} & x_1 & + & 2x_2 & - & x_3 & = & 4 \\ \text{IIb} & & & 4x_2 & - & 4t & = & 10 \end{array}$$

auflösen von IIb nach x_2 führt zu: $x_2 = t + 2,5$.
Nun wird in I eingesetzt und nach x_1 aufgelöst: $x_1 + 2(t + 2,5) - t = 4 \Rightarrow x_1 = -t - 1$.
Damit ist die Lösungsmenge: $\mathrm{L} = \{(-t-1\,;t+2,5\,;t) \mid t \in \mathbb{R}\}$.
Alternativ kann man das Gleichungssystem auch mit dem GTR/CAS lösen, indem man es als Matrix schreibt und vereinfacht:

$$\begin{pmatrix} 1 & 2 & -1 & 4 \\ -1 & 2 & -3 & 6 \\ 2 & 4 & -2 & 8 \end{pmatrix} \Rightarrow \begin{pmatrix} 1 & 0 & 1 & -1 \\ 0 & 1 & -1 & 2,5 \\ 0 & 0 & 0 & 0 \end{pmatrix}$$

Da die unterste Zeile der rechten Matrix eine Nullzeile ist, gibt es unendliche viele Lösungen. Diese werden durch die oberen beiden Zeilen festgelegt. Man kann nun eine Variable beliebig wählen und damit die beiden anderen Variablen bestimmen. Wählt man z.B. $x_3 = t$, ergibt sich die gleiche Lösungsmenge wie oben angegeben.

e) Gegeben ist das Gleichungssystem:

$$\begin{array}{lrcrcrcr} \text{I} & x & + & 2y & + & z & = & 4 \\ \text{II} & -x & - & 4y & + & z & = & 7 \\ \text{III} & 2x & + & 8y & - & 2z & = & 18 \end{array}$$

addieren von I zu II, sowie Multiplikation von I mit (-2) und addieren zu III führt zu:

$$\begin{array}{lrcrcrcr} \text{I} & x & + & 2y & + & z & = & 4 \\ \text{IIa} & & - & 2y & + & 2z & = & 11 \\ \text{IIIa} & & & 4y & - & 4z & = & 10 \end{array}$$

Multiplikation von IIa mit 2 und addieren zu IIIa führt zu:

$$\begin{array}{lrcrcrcr} \text{I} & x & + & 2y & + & z & = & 4 \\ \text{IIb} & & - & 4y & + & 4z & = & 22 \\ \text{IIIb} & & & & & 0 & = & 32 \end{array}$$

Gleichung IIIb ist ein Widerspruch. Damit ist das Gleichungssystem nicht lösbar und die Lösungsmenge ist leer: $\mathrm{L} = \{\,\}$.
Alternativ kann man das Gleichungssystem auch mit dem GTR/CAS lösen, indem man es

als Matrix schreibt und vereinfacht:

$$\begin{pmatrix} 1 & 2 & 1 & 4 \\ -1 & -4 & 1 & 7 \\ 2 & 8 & -2 & 18 \end{pmatrix} \Rightarrow \begin{pmatrix} 1 & 0 & 3 & 0 \\ 0 & 1 & -1 & 0 \\ 0 & 0 & 0 & 1 \end{pmatrix}$$

Da die unterste Zeile der rechten Matrix ein Widerspruch ist, ist die Lösungsmenge des Gleichungssystems leer.

f) Gegeben ist das Gleichungssystem

$$\begin{array}{lrcrcrcr} \text{I} & x & - & y & + & 2z & = & 6 \\ \text{II} & -2x & + & 2y & - & 4z & = & -12 \\ \text{III} & 2x & + & y & + & z & = & 3 \end{array}$$

Der Vergleich der verschiedenen Gleichungen ergibt, dass die erste und die zweite Gleichung ein Vielfaches voneinander sind, denn es ist $\text{II} = -2 \cdot \text{I}$. Die zweite Gleichung kann daher gestrichen werden. Es bleiben folgende Gleichungen:

$$\begin{array}{lrcrcrcr} \text{I} & x & - & y & + & 2z & = & 6 \\ \text{III} & 2x & + & y & + & z & = & 3 \end{array}$$

Addieren von I zu III führt zu:

$$\begin{array}{lrcrcrcr} \text{I} & x & - & y & + & 2z & = & 6 \\ \text{IIIa} & 3x & & & + & 3z & = & 9 \end{array}$$

Man wählt nun z.B. $z = t$ und setzt dies in die Gleichung IIIa ein:

$$\begin{array}{lrcrcrcr} \text{I} & x & - & y & + & 2z & = & 6 \\ \text{IIIb} & 3x & & & + & 3t & = & 9 \end{array}$$

Auflösen von IIIb nach x führt zu: $x = 3 - t$.
Nun wird in I eingesetzt und nach y aufgelöst: $(3-t) - y + 2t = 6 \Rightarrow y = t - 3$. Damit ist die Lösungsmenge: $\mathrm{L} = \{(3-t; t-3; t) \mid t \in \mathbb{R}\}$.
Alternativ kann man das Gleichungssystem auch mit dem GTR/CAS lösen, indem man es als Matrix schreibt und vereinfacht:

$$\begin{pmatrix} 1 & -1 & 2 & 6 \\ -2 & 2 & -4 & -12 \\ 2 & 1 & 1 & 3 \end{pmatrix} \Rightarrow \begin{pmatrix} 1 & 0 & 1 & 3 \\ 0 & 1 & -1 & -3 \\ 0 & 0 & 0 & 0 \end{pmatrix}$$

Da die unterste Zeile der rechten Matrix eine Nullzeile ist, gibt es unendliche viele Lösungen. Diese werden durch die oberen beiden Zeilen festgelegt. Man kann nun eine Variable beliebig wählen und damit die beiden anderen Variablen bestimmen. Wählt man z.B. $x_3 = t$, ergibt sich die gleiche Lösungsmenge wie oben angegeben.

5.6 Polynomdivision

a) Die erste Nullstelle wird durch Ausprobieren bestimmt: $x_1 = 1$. Daher wird die Ausgangsgleichung durch $(x-1)$ geteilt:

$$
\begin{array}{l}
\left(x^3 - 2x^2 - 5x + 6\right) : (x-1) = x^2 - x - 6 \\
\underline{-(x^3 - \ \ x^2)} \\
\qquad -x^2 - 5x \\
\quad \underline{-(-x^2 + \ \ x)} \\
\qquad\qquad -6x + 6 \\
\qquad\quad \underline{-(-6x + 6)} \\
\qquad\qquad\qquad 0
\end{array}
$$

Lösen der quadratischen Gleichung $x^2 - x - 6 = 0$ mit Hilfe der pq- oder abc-Formel ergibt: $x_2 = 3$ und $x_3 = -2$. Die Linearfaktorzerlegung der Ausgangsgleichung ist damit: $(x-1)\cdot(x-3)\cdot(x+2) = 0$. Die Lösungsmenge ist $\mathrm{L} = \{-2; 1; 3\}$.

b) Die erste Nullstelle wird durch Ausprobieren bestimmt: $x_1 = -1$. Daher wird die Ausgangsgleichung durch $(x-(-1))$, also durch $(x+1)$ geteilt:

$$
\begin{array}{l}
\left(x^3 + 3x^2 - 6x - 8\right) : (x+1) = x^2 + 2x - 8 \\
\underline{-(x^3 + \ \ x^2)} \\
\qquad 2x^2 - 6x \\
\quad \underline{-(2x^2 + 2x)} \\
\qquad\qquad -8x - 8 \\
\qquad\quad \underline{-(-8x - 8)} \\
\qquad\qquad\qquad 0
\end{array}
$$

Lösen der quadratischen Gleichung $x^2 + 2x - 8 = 0$ mit Hilfe der pq- oder abc-Formel ergibt: $x_2 = 2$ und $x_3 = -4$. Die Linearfaktorzerlegung der Ausgangsgleichung ist damit: $(x+1)\cdot(x-2)\cdot(x+4) = 0$. Die Lösungsmenge ist damit: $\mathrm{L} = \{-4; -1; 2\}$.

c) Die erste Nullstelle wird durch Ausprobieren bestimmt: $x_1 = -1$. Die Ausgangsgleichung wird daher durch $(x+1)$ geteilt:

$$
\begin{array}{l}
\left(x^3 + 0{,}5x^2 - 3{,}5x - 3\right) : (x+1) = x^2 - 0{,}5x - 3 \\
\underline{-(x^3 + \quad x^2)} \\
\qquad -0{,}5x^2 - 3{,}5x \\
\quad \underline{-(-0{,}5x^2 - 0{,}5x)} \\
\qquad\qquad\qquad -3x - 3 \\
\qquad\qquad\quad \underline{-(-3x - 3)} \\
\qquad\qquad\qquad\qquad 0
\end{array}
$$

Lösen der Gleichung $x^2 - 0{,}5x - 3 = 0$ mit Hilfe der pq- oder abc-Formel ergibt: $x_2 = -1{,}5$ und $x_3 = 2$. Die Linearfaktorzerlegung der Ausgangsgleichung ist damit: $(x+1)\cdot(x+1{,}5)\cdot(x-2) = 0$. Die Lösungsmenge ist $\mathrm{L} = \{-1{,}5; -1; 2\}$.

d) Die erste Nullstelle wird durch Ausprobieren bestimmt: $x_1 = 2$. Die Ausgangsgleichung wird daher durch $(x-2)$ geteilt:

$$
\begin{array}{l}
\left(x^3 - 4,5x^2 + 3,5x + 3\right) : (x-2) = x^2 - 2,5x - 1,5 \\
\underline{-(x^3 - \quad 2x^2)} \\
\qquad -2,5x^2 + 3,5x \\
\quad \underline{-(-2,5x^2 + \quad 5x)} \\
\qquad\qquad -1,5x + 3 \\
\qquad\qquad \underline{-(-1,5x + 3)} \\
\qquad\qquad\qquad 0
\end{array}
$$

Lösen der Gleichung $x^2 - 2,5x - 1,5 = 0$ mit Hilfe der pq- oder abc-Formel ergibt: $x_2 = 3$ und $x_3 = -0,5$. Die Linearfaktorzerlegung der Ausgangsgleichung ist damit: $(x-2) \cdot (x-3) \cdot (x+0,5) = 0$. Die Lösungsmenge ist $\mathrm{L} = \{-0,5\,;2\,;3\}$.

e) Die erste Nullstelle wird durch Ausprobieren bestimmt: $x_1 = 1$. Daher wird die Ausgangsgleichung durch $(x-1)$ geteilt:

$$
\begin{array}{l}
\left(x^4 - x^3 - 13x^2 + x + 12\right) : (x-1) = x^3 - 13x - 12 \\
\underline{-(x^4 - x^3)} \\
\qquad -13x^2 + x \\
\quad \underline{-(-13x^2 + 13x)} \\
\qquad\qquad -12x + 12 \\
\qquad\qquad \underline{-(-12x + 12)} \\
\qquad\qquad\qquad 0
\end{array}
$$

Da nun eine Gleichung 3. Ordnung vorliegt, wird eine weitere Polynomdivision durchgeführt: Ausprobieren führt zu $x_2 = -1$ als weitere Nullstelle. Daher wird die Gleichung durch $(x+1)$ geteilt, wobei der Ausdruck $0x^2$ in die Ausgangsgleichung $x^3 - 13x - 12 = 0$ eingefügt wird, um die Übersichtlichkeit zu erhalten.

$$
\begin{array}{l}
\left(x^3 + 0x^2 - 13x - 12\right) : (x+1) = x^2 - x - 12 \\
\underline{-(x^3 + \quad x^2)} \\
\qquad -x^2 - 13x \\
\quad \underline{-(-x^2 - \quad x)} \\
\qquad\qquad -12x - 12 \\
\qquad \underline{-(-12x - 12)} \\
\qquad\qquad\qquad 0
\end{array}
$$

Lösen der quadratischen Gleichung $x^2 - x - 12 = 0$ mit Hilfe der pq- oder abc-Formel ergibt: $x_3 = 4$ und $x_4 = -3$. Die Linearfaktorzerlegung der Ausgangsgleichung ist damit: $(x-1) \cdot (x+1) \cdot (x-4) \cdot (x+3) = 0$. Die Lösungsmenge ist $\mathrm{L} = \{-3\,;-1\,;1\,;4\}$.

6 Eigenschaften von Kurven

6.1 Graphen von f, f' und F

Bei allen Graphen wurde zuerst die Tangentensteigung in einigen Punkten näherungsweise bestimmt (z.B. indem eine Tangente an die Kurve gezeichnet und dann die Steigung dieser Geraden bestimmt wird).

a)

f_1

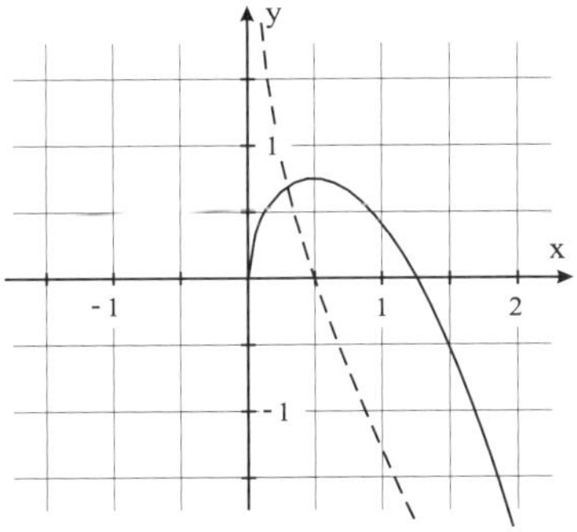

f_2

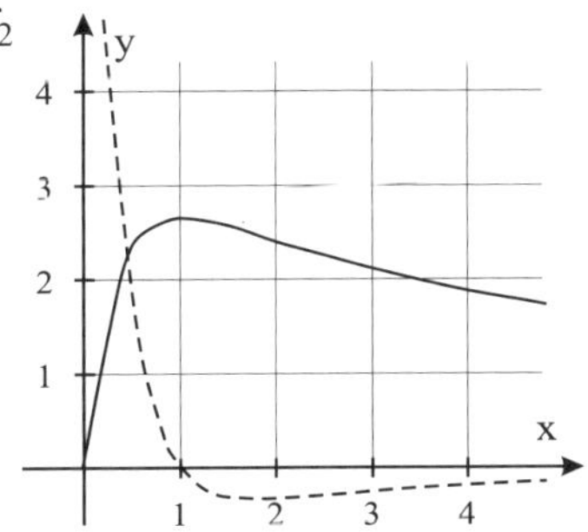

Extremwert:	$x = 0,5$	$\Rightarrow f'(0,5) = 0$
Punkt 1:	$x = 0,75$	$\Rightarrow f'(0,75) \approx -\frac{1}{2}$
Punkt 2:	$x = 1,5$	$\Rightarrow f'(1,5) \approx -2$

Punkt 1:	$x = 0,5$	$\Rightarrow f'(0,5) \approx 2$
Extremwert:	$x \approx 1$	$\Rightarrow f'(1) = 0$
Wendepunkt:	$x \approx 2,2$	$\Rightarrow f'(2,2) \approx -\frac{1}{3}$

f_3

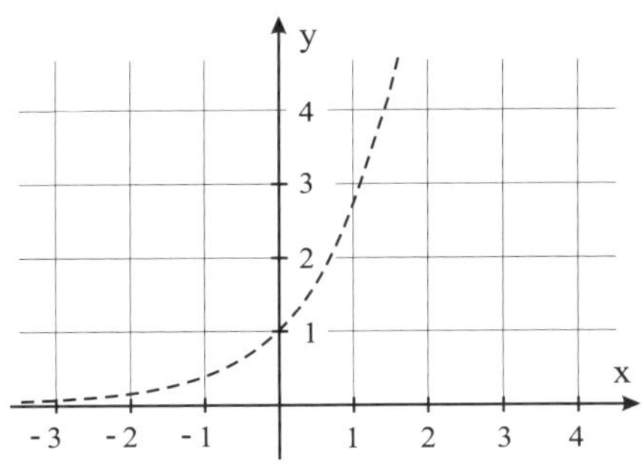

f_4

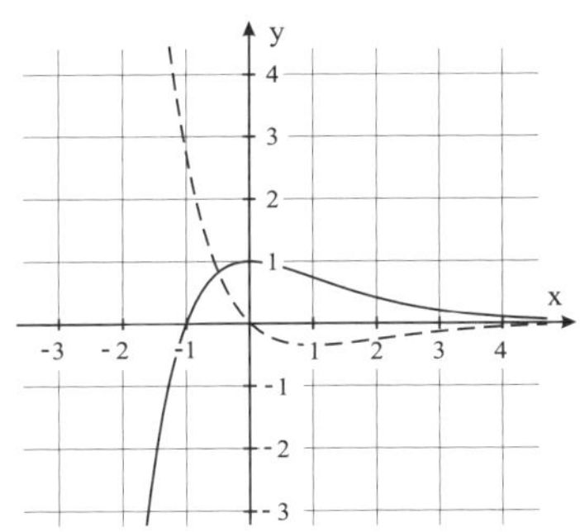

Punkt 1:	$x = -1$	$\Rightarrow f'(-1) \approx \frac{1}{3}$
Punkt 2:	$x = 0$	$\Rightarrow f'(0) \approx 1$
Punkt 3:	$x = 1$	$\Rightarrow f'(1) \approx 3$

Punkt 1:	$x = -1$	$\Rightarrow f'(-1) \approx 2$
Extremwert:	$x = 0$	$\Rightarrow f'(0) = 0$
Wendepunkt:	$x \approx 1$	$\Rightarrow f'(1) \approx -\frac{1}{3}$

Bemerkung: Bei f_3 handelt es sich um die Funktion $f(x) = e^x$, daher sind Kurve und Ableitungskurve identisch. Bewertung der Aussagen:

f' hat bei $x = 1$ ein relatives Maximum	~~f_1~~	~~f_2~~	~~f_3~~	~~f_4~~
f' ist für $x > 0$ monoton fallend	f_1	~~f_2~~	~~f_3~~	~~f_4~~
f' ist für $x > 0$ monoton steigend	~~f_1~~	~~f_2~~	f_3	~~f_4~~
f' ist für x > 1 negativ	f_1	f_2	~~f_3~~	f_4

b) f_5

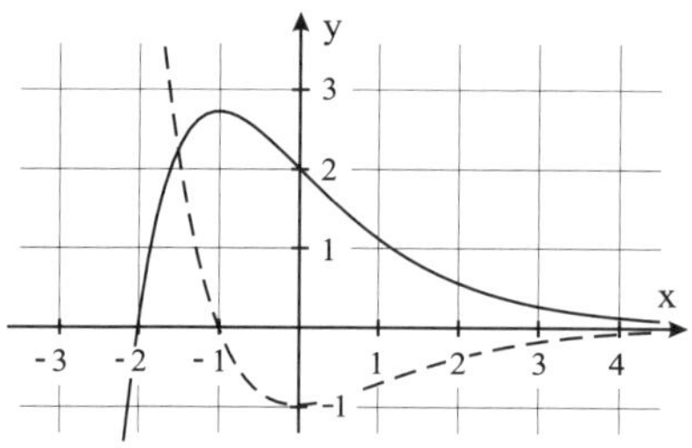

f_6

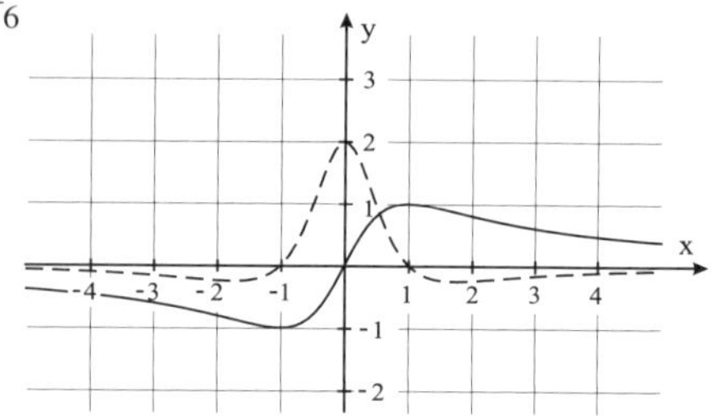

Punkt 1:	$x = -2$	$\Rightarrow f'(-2) \approx 4,5$
Extremwert:	$x = -1$	$\Rightarrow f'(-1) = 0$
Wendepunkt:	$x = 0$	$\Rightarrow f'(0) \approx -1$

Wendepunkte:	$x = \pm 2$	$\Rightarrow f'(\pm 2) \approx -\frac{1}{3}$
Extremwerte:	$x = \pm 1$	$\Rightarrow f'(\pm 1) = 0$
Wendepunkt:	$x = 0$	$\Rightarrow f'(0) \approx 2$

f_7

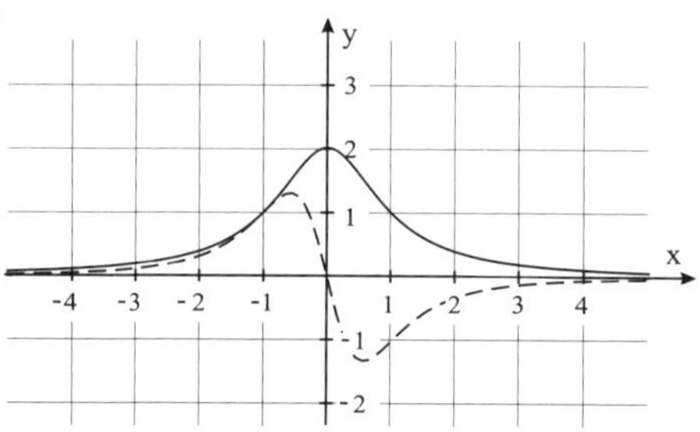

f_8

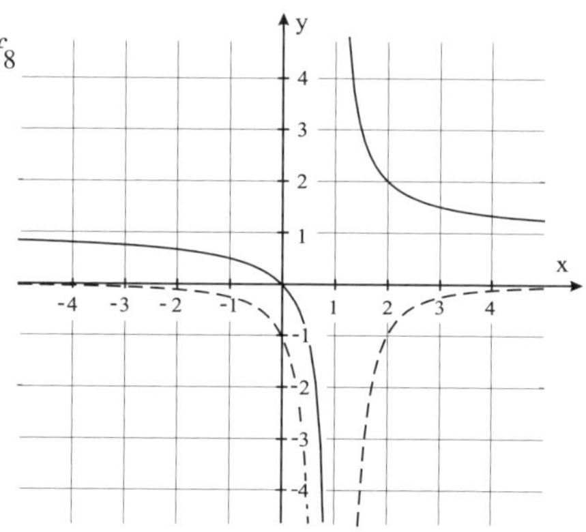

Wendepunkt:	$x = -1$	$\Rightarrow f'(-1) \approx 1$
Extrempunkt:	$x = 0$	$\Rightarrow f'(0) = 0$
Wendepunkt:	$x = 1$	$\Rightarrow f'(1) \approx -1$

Punkt 1:	$x = -1$	$\Rightarrow f'(-1) \approx -\frac{1}{4}$
Punkt 2:	$x = 0$	$\Rightarrow f'(0) = -1$
Punkt 3:	$x = 1,5$	$\Rightarrow f'(1,5) \approx -4$

Bewertung der Aussagen:

$f'(x) < 0$	~~f_5~~	~~f_6~~	~~f_7~~	f_8
$f''(0) = 0$	f_5	f_6	~~f_7~~	~~f_8~~
$f'(1) = f'(-1)$	~~f_5~~	f_6	~~f_7~~	~~f_8~~

Von f' zu f

a)

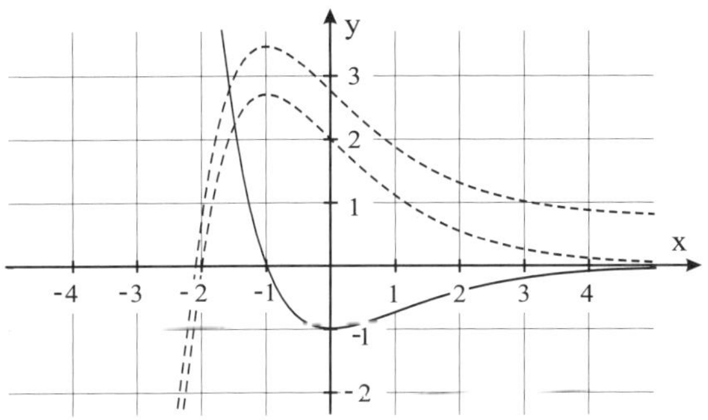

- Ableitung $f'(x)$: ——
- Mögliche Funktionen $f(x)$: - - -
- Die Funktion ist in Bezug auf Verschiebungen in y-Richtung nicht festgelegt.

I) Antwort: nein, die Ableitungskurve hat an dieser Stelle einen Extrempunkt, daher hat der Graph der Funktion für $x = 0$ einen Wendepunkt.

II) Antwort: ja, die Ableitungskurve hat an dieser Stelle eine Nullstelle und einen Vorzeichenwechsel. Dies bedeutet, dass der Graph der Funktion einen Extrempunkt für $x = -1$ besitzt. Da die Tangenten in Extrempunkten immer waagerecht sind (Steigung $= 0$), ist die Aussage richtig.

III) Antwort: nein, die Kurve der Ableitung hat an der Stelle $x = 0$ einen Tiefpunkt. Das bedeutet, dass der Graph der Funktion f an dieser Stelle einen Wendepunkt besitzt.

IV) Antwort: nein, da der Graph von f' für $0 \leqslant x \leqslant 2$ unterhalb der x-Achse verläuft und damit f streng monoton fallend ist.

b)

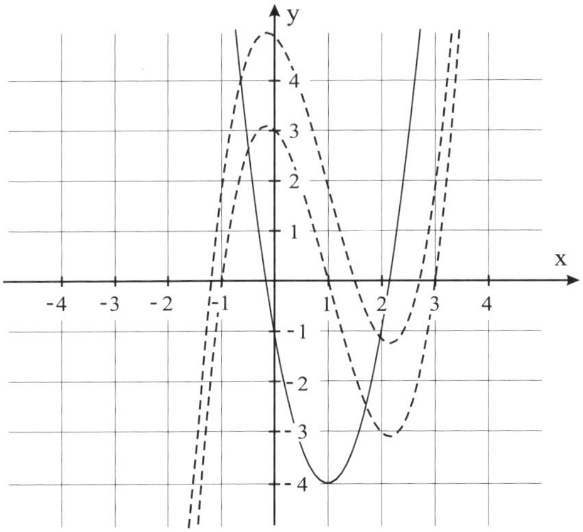

- Ableitung $f'(x)$: ——
- Mögliche Funktionen $f(x)$: - - -
- Die Funktion ist in Bezug auf Verschiebungen in y-Richtung nicht festgelegt.

I) Antwort: nein, der Graph der angegebenen Ableitungsfunktion f' hat an dieser Stelle einen Tiefpunkt. Das bedeutet, dass das Schaubild der Funktion f für $x = 1$ einen Wendepunkt besitzt.

II) Antwort: ja, der Graph der Ableitungsfunktion hat für $x \approx -0,2$ eine Nullstelle. Zusätzlich wechselt das Vorzeichen von f' von $+$ nach $-$ (die Steigung war erst positiv und ist nun negativ): Es liegt ein Hochpunkt vor.

III) Antwort: ja, da die Ableitungsfunktion mindestens den Grad 2 hat (Parabel), muss der Grad der Funktion f mindestens 3 sein.

IV) Antwort: ja, die Gerade $y = 2x$ hat die Steigung 2. Die Funktionswerte der angegebenen Ableitungsfunktion f' geben in jedem Punkt die Steigung der Funktion f an. Die Ableitungsfunktion hat für $x \approx 2,4$ den Wert $f'(2,4) = 2$. Daher ist die Tangente parallel zur Geraden $y = 2x$.

c)

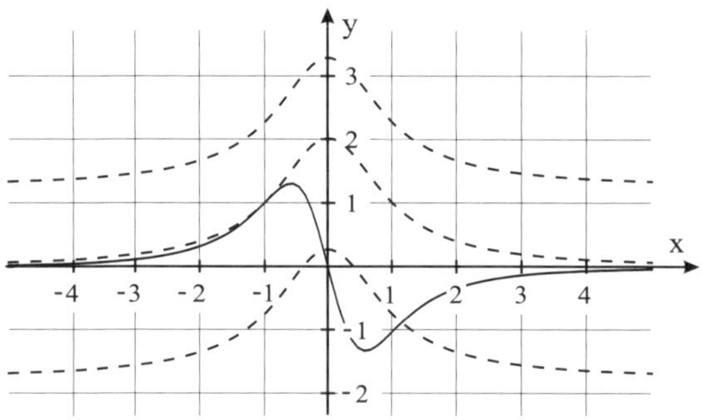

- Ableitung $f'(x)$: ——
- Mögliche Funktionen $f(x)$: - - -
- Die Funktion ist in Bezug auf Verschiebungen in y-Richtung nicht festgelegt.

I) Antwort: ja, bei $x = 0$ wechselt f' das Vorzeichen von $+$ nach $- \Rightarrow$ Das Schaubild von f hat bei $x = 0$ einen Hochpunkt. Der gezeichnete Graph der Ableitungsfunktion ist ursprungssymmetrisch, damit unterscheiden sich die Steigungswerte rechts und links der y-Achse nur durch ihr Vorzeichen und das Schaubild von f ist y-achsensymmetrisch.

II) Antwort: ja, da der Graph von f' für $x > 0$ stets unterhalb der x-Achse verläuft und damit f streng monoton fallend ist.

III) Antwort: nein, die angegebene Ableitungsfunktion f' hat für $x = 0$ zwar eine Nullstelle, es handelt sich aber um einen Hochpunkt des Schaubilds von f, da an der Nullstelle ein Vorzeichenwechsel von $+$ nach $-$ stattfindet.

IV) Antwort: nein, die gezeichnete Ableitungsfunktion f' hat nur eine Nullstelle mit Vorzeichenwechsel. Daher besitzt der Graph von f genau einen Extrempunkt.

Von f zu F

Die Stammfunktion F

a)

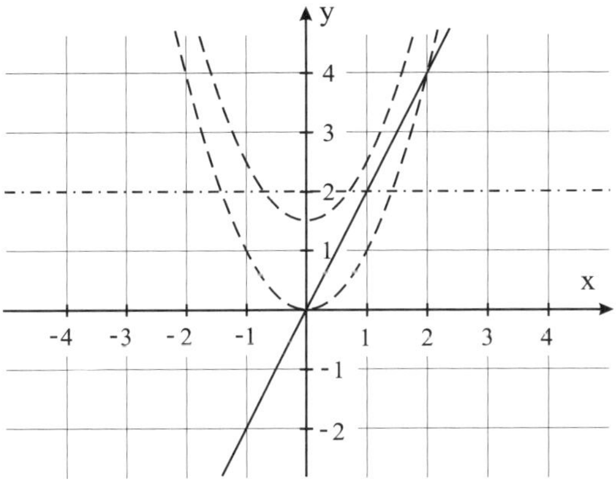

- Funktion $f(x)$: ——
- Mögliche Stammfunktionen F(x): – – –
- Ableitung $f'(x)$: – · – ·
- Die eingezeichneten Stammfunktionen sind nur einige von vielen möglichen Stammfunktionen, da diese in Bezug auf eine Verschiebung in y-Richtung nicht festgelegt sind.

I) Antwort: ja, die Ableitung einer Geraden ist immer eine waagerechte Gerade, da die Steigung einer Geraden konstant ist. Daher ist der Graph der Ableitungsfunktion parallel zur Geraden $y = 1$.

II) Antwort: ja, da $f(x)$ die Steigung von F(x) beschreibt und $f(1) = 2 = \mathrm{F}'(1)$ ist.

III) Antwort: nein, streng monoton wachsend bedeutet für den Graphen, dass die y-Werte für zunehmende x-Werte auch immer größer werden. Mathematisch heißt das: $f'(x) > 0$, die Steigung ist an jedem Punkt des Graphen positiv. Dies gilt zwar für f, nicht aber für f'.

IV) Antwort: ja, der Graph der Ableitungsfunktion ist eine waagerechte Gerade. Diese erfüllt die Bedingung $f'(-x) = f'(x) = 2$.

b)

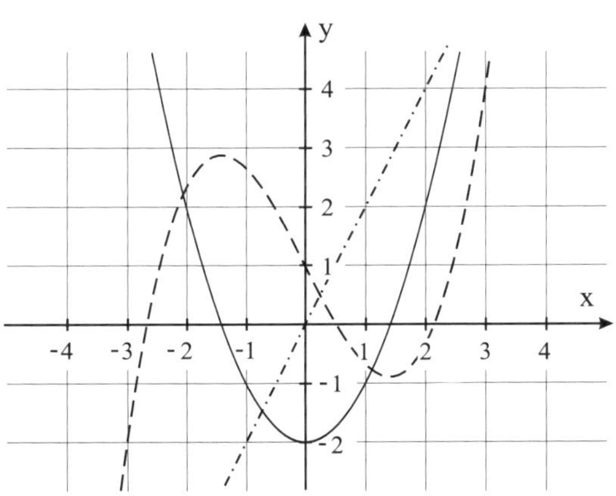

- Funktion $f(x)$: ——
- Mögliche Stammfunktionen F(x): – – –
- Ableitung $f'(x)$: – · – ·
- Die eingezeichnete Stammfunktion ist nur eine von vielen möglichen Stammfunktionen, da diese in Bezug auf eine Verschiebung in y-Richtung nicht festgelegt sind.

I) Antwort: ja, die Ableitungskurve einer Parabel ist eine Gerade mit einer Steigung ungleich Null. Diese besitzt genau eine Nullstelle am Extrempunkt der Parabel. Da die Parabel diesen für $x = 0$ hat, liegt die Nullstelle auch im fraglichen Intervall.

II) Antwort: nein, da der Graph von f für $0 \leqslant x \leqslant 1$ stets unterhalb der x-Achse verläuft.

III) Antwort: ja, die Extremstellen einer Funktion sind Nullstellen der 1. Ableitung. Da die Funktion f die Ableitung von F ist, besitzt F genau 2 Extremstellen im Intervall. Da die Nullstellen von f an den Stellen $x \approx \pm 1,4$ liegen, befinden sich die Extrempunkte an den Punkten $(1,4 \mid (F(1,4))$ bzw. $(-1,4 \mid (F(-1,4))$.

6.2 Interpretation von Graphen

Aufgabe I

a) Besondere Punkte im Graph sind alle Punkte, an denen sich die Steigung der Kurve stark ändert. Dies ist zuerst am Anfang ($t = 0$), dann nach ca. 10 Tagen der Fall, wenn die Kurve waagerecht wird. Der nächste besondere Punkt ist nach ca. 40 Tagen: die Kurve steigt wieder an. Der letzte wichtige Punkt kommt bei ca. 60 Tagen: Die Anzahl der verkauften Artikel steigt fast nicht mehr an.

b) Keine! Die y-Achse gibt die Absolutanzahl der verkauften Artikel an (und nicht die verkauften Artikel pro Tag). Da die Kurve in der Zeit zwischen der 3. und 4. Woche waagerecht verläuft, sind keine Artikel verkauft worden.

c) Nach 40 Tagen hat die Firma ca. 150 Artikel verkauft, nach 60 Tagen ca. 680. Um die durchschnittliche Verkaufszahl zu ermitteln, berechnet man den Durchschnitt: $\frac{680-150}{60-40} = \frac{530}{20} = 26,5$. Soweit sich die Zahlen an der Kurve genau ablesen lassen, hat die Firma in der Zeit vom 40. bis zum 60. Tag durchschnittlich 27 Artikel pro Tag verkauft.

d) Man legt eine Hilfsgerade durch die Kurve, die der Steigung des 50. Tages entspricht. Die Steigung dieser Gerade ermittelt man durch «Abzählen»: $m \approx \frac{780}{20} = 39$. Also ist die Verkaufsrate am 50. Tag ca. 39 Artikel pro Tag.

e) Die Zukunftsprognose ist eher schlecht, da die Kurve sich der 800-Artikel-Marke nur sehr langsam annähert. In der Zeit zwischen dem 65. und dem 130. Tag wurden fast keine Artikel mehr verkauft.

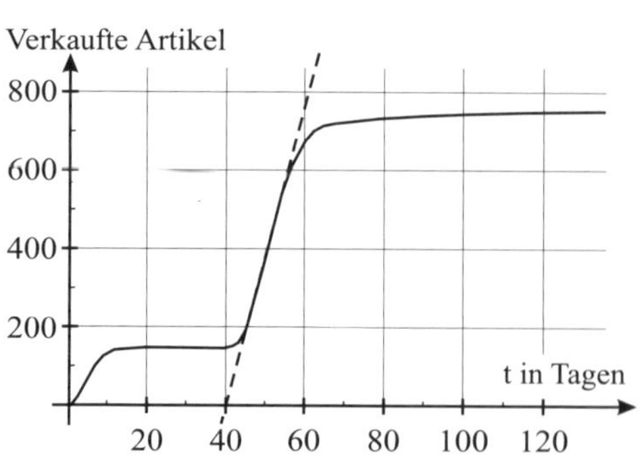

Aufgabe I

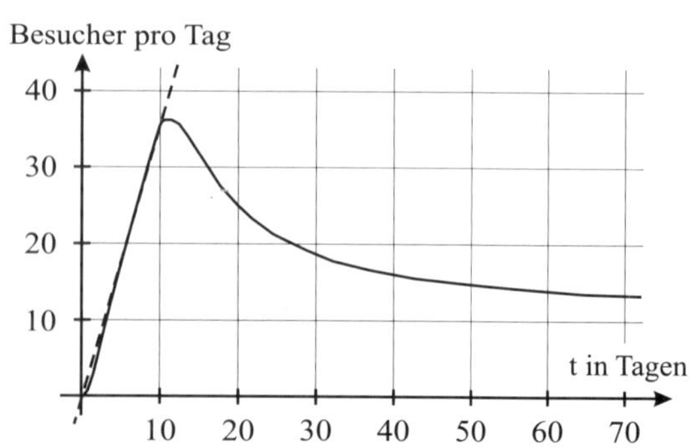

Aufgabe II

Aufgabe II

a) Besondere Punkte im Graph der Funktion sind die Punkte, an denen sich die Steigung der Kurve stark ändert. In dieser Aufgabe betrifft dies vor allem den Bereich zwischen 10 und 12 Tagen, da hier die Anzahl der Besucher pro Tag nicht mehr zunimmt, sondern kurz stagniert, um dann abzunehmen.
Auch die Punkte zwischen 12 und 60 Tagen könnten als «besondere» Punkte bezeichnet werden: Die Steigung verändert sich auch hier, die Abnahme der Besucherzahlen ist nicht mehr so stark wie am Anfang, sondern langsamer.

b) Der Bereich um $t = 11$ sind die Tage, an denen die Ausstellung am besten besucht war.

c) Um genau herauszufinden, wie viele Besucher die Ausstellung in den ersten 10 Tagen besucht haben, müsste man die Kurve integrieren. Ohne eine Kenntnis des Funktionsterms ist dies aber nicht ohne weiteres möglich. Da die Kurve am Anfang aber fast gerade verläuft, kann man sie durch eine Gerade mit der Steigung $m = \frac{35}{10} \approx 3,5$ annähern. Die Gesamtbesucherzahl entspricht der Fläche unter dieser Geraden. Diese Fläche kann man mit der Dreiecksflächenformel ausrechnen: $A = \frac{1}{2} \cdot 10 \cdot 35 = 175$ FE. Das bedeutet, dass in den ersten 10 Tagen ca. 175 Besucher die Ausstellung gesehen haben (alternativ könnte man auch die Gleichung der Gerade aufstellen: $y = 3,5x$ und diese in den Grenzen $t = 0$ und $t = 10$ integrieren).

d) Nach 80 Tagen kann man ca. 12 Besucher pro Tag erwarten. Die tägliche Besucherzahl nähert sich dem Wert 10 asymptotisch an.

Aufgabe III

a) Die Werbeaktion mit den Flyern wurde wahrscheinlich in der ersten Woche durchgeführt, die Fernsehspots ab Anfang der 3. Woche gesendet (diese Werte müssen Schätzungen bleiben, da nicht bekannt ist, wie lange die Werbeaktionen durchgeführt wurden).

b) Der Graph der Funktion besitzt für $t = 1$ eine lokale Extremstelle (ein lokales Maximum). Ein lokales Maximum ist nur auf eine Umgebung um t bezogen ein Maximum. Das Maximum für $t = 4$ hingegen ist ein globales Maximum. An der Stelle $t = 2$ besitzt die Funktion ein lokales Mimimum. Auch dieses Minimum ist nur in Bezug auf die Umgebung von t ein Minimum. Der Punkt $P(0 \mid 0)$ ist ein Randminimum, da er am Rand des in der Zeichnung angegebenen Intervalls liegt.

c) Funktionen, die keine lokalen Extremstellen besitzen, sind Geraden wie $f(x) = x$ oder $f(x) = 2x + 1$. Auch die e-Funktion $f(x) = e^x$ oder einige gebrochenrationale Funktionen wie $f(x) = \frac{1}{x}$ besitzen keine lokalen Extremstellen.

7 Kurvendiskussion

7.1 Elemente der Kurvendiskussion

a) $f(x) = x^2 \cdot e^x$, Ableiten (Produktregel) und Ausklammern ergibt $f'(x) = (x^2 + 2x) \cdot e^x$. Erneutes Ableiten (Produktregel) und Ausklammern ergibt $f''(x) = \left(x^2 + 4x + 2\right) \cdot e^x$. Einsetzen von $x = 0$: $f'(0) = (0^2 + 2 \cdot 0)e^0 = 0 \Rightarrow$ die Funktion hat einen Extremwert für $x = 0$. Überprüfen in $f''(x) : f''(0) = (0^2 + 4 \cdot 0 + 2)e^0 = 2$, es ist $2 > 0 \Rightarrow$ Es handelt sich um ein Minimum.

b) $f(x) = 3x^3 + 4$, Ableiten ergibt $f'(x) = 9x^2$, $f''(x) = 18x$, $f'''(x) = 18$. Einsetzen von $x = 0$: $f'(0) = 0$. Außerdem hat $f'(x)$ bei $x = 0$ keinen Vorzeichenwechsel $\Rightarrow$ der Graph der Funktion besitzt einen Sattelpunkt in $(0 \mid 4)$.

c) $\lim\limits_{x \to \infty} \left(x^2 \cdot e^{-x} + 1\right) = \lim\limits_{x \to \infty} x^2 \cdot e^{-x} + \lim\limits_{x \to \infty} 1$.
Es ist $\lim\limits_{x \to \infty} x^2 \cdot e^{-x} = 0$ und $\lim\limits_{x \to \infty} 1 = 1$.
Damit ist $y = 1$ die Asymptote der Funktion für $x \to \infty$.

d) Es ist $f(x) = \frac{1}{4}x^4 - x^3 + 4x - 2$, $f'(x) = x^3 - 3x^2 + 4$, $f''(x) = 3x^2 - 6x$, $f'''(x) = 6x - 6$
Einsetzen von $x = 2$: $f'(2) = 0$, $f''(2) = 0$, $f'''(2) = 6 \neq 0$. Der Punkt $(2 \mid 2)$ ist daher ein Sattelpunkt und kein Tiefpunkt.

e) Es ist $f'(x) = 2xe^{-x} + x^2 \cdot e^{-x} \cdot (-1) = \left(2x - x^2\right) e^{-x}$.
Bei Punkten mit waagerechter Tangente ist $f'(x) = 0$, also $\left(2x - x^2\right) e^{-x} = 0 \Rightarrow x_1 = 0$ und $x_2 = 2$. Um die y-Werte zu erhalten, setzt man die x-Werte in $f(x)$ ein: $y_1 = 0^2 e^{-0} = 0$ und $y_2 = 2^2 e^{-2} = 4e^{-2} \Rightarrow \mathrm{P}_1\,(0 \mid 0)$ und $\mathrm{P}_2\left(2 \mid 4e^{-2}\right)$. Die Steigung zwischen den zwei Punkten ist $m = \frac{y_2 - y_1}{x_2 - x_1} = \frac{4e^{-2} - 0}{2 - 0} = 2 \cdot e^{-2}$. Eingesetzt in die Punkt-Steigungsform $y - y_1 = m \cdot (x - x_1)$ ergibt sich $y - 0 = 2e^{-2} \cdot (x - 0)$, also hat die Gerade die Gleichung $y = 2e^{-2} \cdot x$.

f) Es ist $f'(x) = 1e^{-x} + x \cdot e^{-x} \cdot (-1) = (1 - x)e^{-x}$,
$f''(x) = -1e^{-x} + (1 - x)e^{-x} \cdot (-1) = (x - 2)e^{-x}$,
$f'''(x) = 1e^{-x} + (x - 2)e^{-x} \cdot (-1) = (3 - x)e^{-x}$.
Setzt man $f''(x) = 0$, so erhält man $(x - 2)e^{-x} = 0 \Rightarrow x = 2$.
Setzt man $x = 2$ in $f'''(x)$ ein, so ergibt sich $f'''(2) = (3 - 2)e^{-2} \neq 0$, also existiert genau ein Wendepunkt $\mathrm{W}\left(2 \mid 2e^{-2}\right)$.

g) Es ist $f'(x) = (x - 2)^3$.
Da $f'(2) = (2 - 2)^3 = 0$, ist die notwendige Bedingung für einen lokalen Tiefpunkt erfüllt. Zur Ermittlung des Vorzeichenwechsels betrachtet man x-Werte, die kleiner bzw. größer als 2 sind:
$x < 2 \Rightarrow f'(x) < 0$, da der Term in der Klammer kleiner als Null ist und «hoch 3» das Vorzeichen beibehält.
$x > 2 \Rightarrow f'(x) > 0$, da der Term in der Klammer größer als Null ist und «hoch 3» das

Vorzeichen beibehält.
Somit wechselt f' das Vorzeichen an der Stelle $x = 2$ von $-$ nach $+$.
Also hat der Graph von f bei $x = 2$ einen Tiefpunkt.

h) Es ist $f(x) = 2 \cdot \sin\left(x - \frac{\pi}{2}\right)$. P liegt auf dem Graphen von f, da $f(\pi) = 2 \cdot \sin\left(\pi - \frac{\pi}{2}\right) = 2 \cdot \sin\left(\frac{\pi}{2}\right) = 2$.
Es ist $f'(x) = 2 \cdot \cos\left(x - \frac{\pi}{2}\right)$. Die Steigung im Punkt $\mathrm{P}(\pi \mid 2)$ erhält man durch Einsetzen von $x = \pi$ in $f'(x)$:
$f'(\pi) = 2 \cdot \cos\left(\pi - \frac{\pi}{2}\right) = 2 \cdot \cos\left(\frac{\pi}{2}\right) = 0$, also liegt im Punkt P eine waagrechte Tangente vor.

i) Es ist $f(x) = \frac{1}{2} \cdot \sin(2x - \pi)$,
$f'(x) = \frac{1}{2} \cdot \cos(2x - \pi) \cdot 2 = \cos(2x - \pi)$,
$f''(x) = -\sin(2x - \pi) \cdot 2 = -2 \cdot \sin(2x - \pi)$,
$f'''(x) = -2 \cdot \cos(2x - \pi) \cdot 2 = -4 \cdot \cos(2x - \pi)$.
Da $f''(\pi) = -2 \cdot \sin(2\pi - \pi) = -2 \cdot \sin(\pi) = -2 \cdot 0 = 0$ und $f'''(\pi) = -4 \cdot \cos(2\pi - \pi) = -4 \cdot \cos(\pi) = 4 \neq 0$, hat der Graph von f bei $x = \pi$ einen Wendepunkt.

7.2 Funktionenscharen / Funktionen mit Parameter

a) I) Es handelt sich bei den Graphen von f_t um Parabeln, die symmetrisch zur y-Achse sind. Je nach Wert von t sind die Parabeln «gestreckt» oder «gestaucht». Für positive Werte von t sind die Parabeln nach oben geöffnet, für negative Werte sind sie nach unten geöffnet (siehe Zeichnung).

II) Der Punkt $\mathrm{P}_1(2 \mid 2)$ wird in die Gleichung eingesetzt und liefert $2 = t \cdot 2^2$. Umstellen nach t ergibt $t = \frac{1}{2}$. Die Funktion damit $f_{\frac{1}{2}}(x) = \frac{1}{2}x^2$.
Der Punkt $\mathrm{P}_2(-1 \mid -2)$ wird in die Gleichung eingesetzt und liefert $-2 = t \cdot (-1)^2$. Umstellen nach t ergibt $t = -2$. Die Funktion ist damit $f_{-2}(x) = -2x^2$.

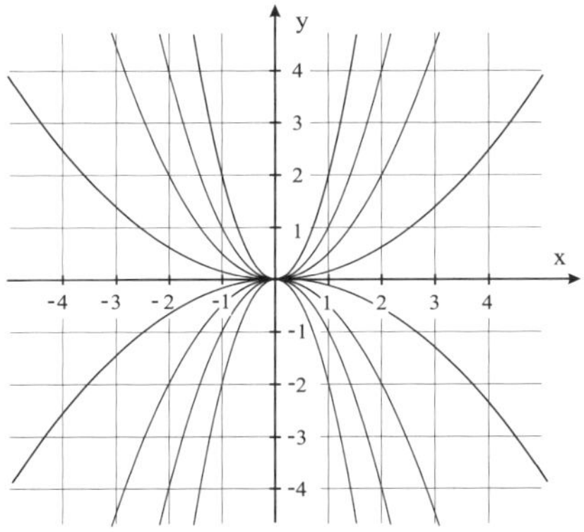

Kurvenschar a)

b) Die Ableitungen der Funktionen sind:
$f(x) = -x^2 + 2 \Rightarrow f'(x) = -2x \quad g_t(x) = tx^2 - 1 \Rightarrow g_t{}'(x) = 2tx$
Damit die Graphen der Funktionen im Schnittpunkt aufeinander senkrecht stehen, müssen folgende Gleichungen gelten:

$$\begin{array}{lrcl} \text{I} & f(x) & = & g_t(x) \\ \text{II} & f'(x) \cdot g_t{}'(x) & = & -1 \end{array}$$

Dabei ist Gleichung I die Gleichung für den Schnittpunkt und Gleichung II die Orthogonalitätsbedingung. Setzt man die Funktionen bzw. die Ableitungen ein, führt dies zu:

$$\begin{array}{lrclcrclcrcl} \text{Ia} & -x^2+2 & = & tx^2-1 & \Rightarrow & 3 & = & x^2 \cdot (t+1) & \Rightarrow & x^2 & = & \frac{3}{t+1} \\ \text{IIa} & -2x \cdot 2tx & = & -1 & \Rightarrow & & & & & -4tx^2 & = & -1 \end{array}$$

Nun setzt man Gleichung Ia in Gleichung IIa ein: $-4t \cdot \frac{3}{t+1} = -1$. Auflösen nach t ergibt $t = \frac{1}{11}$. Die beiden Kurven stehen also für $t = \frac{1}{11}$ im Schnittpunkt senkrecht aufeinander.

c) Die Ableitungen sind:
$f(x) = 2x^2 \Rightarrow f'(x) = 4x \quad g_t(x) = -tx^2 + 4 \Rightarrow g_t{}'(x) = -2tx$
Damit die Graphen der Funktionen im Schnittpunkt aufeinander senkrecht stehen, müssen folgende Gleichungen gelten:

$$\begin{array}{lrcl} \text{I} & f(x) & = & g_t(x) \\ \text{II} & f'(x) \cdot g_t{}'(x) & = & -1 \end{array}$$

Dabei ist Gleichung I die Gleichung für den Schnittpunkt und Gleichung II die Orthogonalitätsbedingung. Setzt man die Funktionen bzw. die Ableitungen ein, führt dies zu:

$$\begin{array}{lrclcrcl} \text{Ia} & 2x^2 & = & -tx^2+4 & \Rightarrow & x^2 & = & \frac{4}{t+2} \\ \text{IIa} & 4x \cdot (-2)tx & = & -1 & \Rightarrow & -8tx^2 & = & -1 \end{array}$$

Nun setzt man Gleichung Ia in Gleichung IIa ein: $-8t \cdot \frac{4}{t+2} = -1$. Auflösen nach t ergibt $t = \frac{2}{31}$. Die beiden Kurven stehen also für $t = \frac{2}{31}$ im Schnittpunkt senkrecht aufeinander.

d) Es ist $f_t(x) = (2x+t) \cdot e^{-x}$; $x \in \mathbb{R}$; $t \geqslant 0$. Um den abgebildeten Graphen der Funktionenschar f_t den jeweiligen Parameter t zuzuordnen, kann man die Nullstellen der Graphen betrachten. Die Nullstelle von f_t erhält man rechnerisch, indem man die Funktionsgleichung gleich Null setzt:
$f_t(x) = 0$ führt zu $(2x+t) \cdot e^{-x} = 0$ bzw. $2x + t = 0 \Rightarrow x = -\frac{t}{2}$ ist einzige Nullstelle.
Der Graph G hat als einzige Nullstelle $x = -2$, somit gilt: $-\frac{t}{2} = -2 \Rightarrow t = 4$.
Der Graph G* hat als einzige Nullstelle $x = -1$, somit gilt: $-\frac{t}{2} = -1 \Rightarrow t = 2$.
Der Graph G** hat als einzige Nullstelle $x = 0$, somit gilt: $-\frac{t}{2} = 0 \Rightarrow t = 0$.
Damit gehört zu G der Parameter $t = 4$, zu G* der Parameter $t = 2$ und zu G** der Parameter $t = 0$.

Alternativ kann man auch den Schnittpunkt mit der y-Achse untersuchen. Für $x = 0$ ergibt sich: $f_t(0) = (2 \cdot 0 + t) \cdot e^{-0} = t \cdot 1 = t$. Anhand der Graphen kommt man zu den gleichen Lösungen wie oben angegeben.

e) Man erhält die Extremstellen von $f_t(x) = x \cdot e^{tx}$; $x \in \mathbb{R}$; $t < 0$, indem man die 1. Ableitung (Produkt- und Kettenregel) gleich Null setzt:
$f_t{}'(x) = 1 \cdot e^{tx} + x \cdot e^{tx} \cdot t = (1 + tx) \cdot e^{tx} = 0$ führt zu $1 + tx = 0$ bzw. $x = -\frac{1}{t}$.
Setzt man $x = -\frac{1}{t}$ in die 2. Ableitung $f_t{}''(x) = t \cdot e^{tx} + (1 + tx) \cdot e^{tx} \cdot t = \left(2t + t^2 x\right) \cdot e^{tx}$ ein, so erhält man:
$f_t{}'\left(-\frac{1}{t}\right) = \left(2t + t^2 \cdot \left(-\frac{1}{t}\right)\right) \cdot e^{t \cdot \left(-\frac{1}{t}\right)} = t \cdot e^{-1} \neq 0 \Rightarrow x = -\frac{1}{t}$ ist die einzige Extremstelle von $f_t(x)$.
Da $x = 2$ Extremstelle sein soll, muss gelten: $2 = -\frac{1}{t} \Rightarrow t = -\frac{1}{2}$.
Für $t = -\frac{1}{2}$ hat der Graph von f_t bei $x = 2$ eine Extremstelle.

f) Die Steigung m_k im Ursprung des Graphen von f_k mit $f_k(x) = k \cdot \sin(kx)$; $x \in \mathbb{R}$; $k > 0$ erhält man, indem man $x = 0$ in die 1. Ableitung von f_k (Kettenregel) einsetzt:
$f_k{}'(x) = k \cdot \cos(kx) \cdot k = k^2 \cdot \cos(kx)$, d.h. $m_k = f_k{}'(0) = k^2 \cdot \cos(k \cdot 0) = k^2$.
Die Steigung m im Ursprung des Graphen von g mit $g(x) = 2x^3 + 4x$ erhält man, indem man $x = 0$ in die 1. Ableitung von g einsetzt:
$g'(x) = 6x^2 + 4$, d.h. $m = g'(0) = 6 \cdot 0^2 + 4 = 4$.
Da die beiden Steigungen gleich sein sollen, muss gelten: $m_k = m$ bzw. $k^2 = 4$ mit den Lösungen $k_1 = -2$ und $k_2 = 2$.
Wegen $k > 0$ haben die beiden Graphen im Ursprung nur für $k = 2$ die gleiche Steigung.

g) Man erhält Extremstellen von $f_a(x) = \sin(ax)$; $x \in \mathbb{R}$; $0 < a < \frac{\pi}{2}$, indem man die 1. Ableitung von $f_a(x)$, die man mit Hilfe der Kettenregel bestimmt, gleich Null setzt:
$f_a{}'(x) = \cos(ax) \cdot a = 0$ führt wegen $a > 0$ zu $\cos(ax) = 0 \Rightarrow ax = \frac{\pi}{2} + k \cdot \pi$; $k \in \mathbb{Z}$.
Da $x = 3$ Extremstelle sein soll, muss gelten: $a \cdot 3 = \frac{\pi}{2} + k \cdot \pi$ bzw. $a = \frac{\pi}{6} + k \cdot \frac{\pi}{3}$.
Wegen $0 < a < \frac{\pi}{2}$ ist $a = \frac{\pi}{6}$ die einzige Lösung.
Für $a = \frac{\pi}{6}$ hat der Graph von f_a bei $x = 3$ eine Extremstelle.
Alternativ hätte man sich auch direkt, d.h. aufgrund des Verlaufs der Sinuskurve, überlegen können, dass der Graph von $f_a(x) = \sin(ax)$ für $ax = \frac{\pi}{2} + k \cdot \pi$; $k \in \mathbb{Z}$ Extremstellen hat, so dass man zum gleichen Ergebnis kommt.

7.3 Krümmungsverhalten von Kurven

a) Es ist $f(x) = \frac{1}{3}x^3 - x$. Zur Bestimmung des Krümmungsverhaltens benötigt man die 2. Ableitung: Es ist $f'(x) = x^2 - 1$ und $f''(x) = 2x$.
Der Graph von f ist linksgekrümmt, wenn $f''(x) > 0$ gilt: $2x > 0 \Rightarrow x > 0$. Also ist f für $x > 0$ linksgekrümmt.
Der Graph von f ist rechtsgekrümmt, wenn $f''(x) < 0$ gilt: $2x < 0 \Rightarrow x < 0$. Also ist f für $x < 0$ rechtsgekrümmt.

b) Es ist $f(x) = (x-1)^5$. Zur Bestimmung des Krümmungsverhaltens benötigt man die 2. Ableitung (Kettenregel): Es ist $f'(x) = 5 \cdot (x-1)^4$ und $f''(x) = 20 \cdot (x-1)^3$.

Der Graph von f ist linksgekrümmt, wenn $f''(x) > 0$ gilt: $20 \cdot (x-1)^3 > 0 \Rightarrow x > 1$. Also ist f für $x > 1$ linksgekrümmt.
Der Graph von f ist rechtsgekrümmt, wenn $f''(x) < 0$ gilt: $20 \cdot (x-1)^3 < 0 \Rightarrow x < 1$. Also ist f für $x < 1$ rechtsgekrümmt.

c) Es ist $f(x) = (2x-3) \cdot e^{-x}$. Zur Bestimmung des Krümmungsverhaltens benötigt man die 2. Ableitung (Produkt- und Kettenregel): Es ist $f'(x) = 2 \cdot e^{-x} + (2x-3) \cdot e^{-x} \cdot (-1) = (-2x+5) \cdot e^{-x}$ und $f''(x) = -2 \cdot e^{-x} + (-2x+5) \cdot e^{-x} \cdot (-1) = (2x-7) \cdot e^{-x}$.
Der Graph von f ist linksgekrümmt, wenn $f''(x) > 0$ gilt: $(2x-7) \cdot e^{-x} > 0 \Rightarrow x > \frac{7}{2}$. Also ist f für $x > \frac{7}{2}$ linksgekrümmt.
Der Graph von f ist rechtsgekrümmt, wenn $f''(x) < 0$ gilt: $(2x-7) \cdot e^{-x} < 0 \Rightarrow x < \frac{7}{2}$. Also ist f für $x < \frac{7}{2}$ rechtsgekrümmt.

7.4 Tangenten und Normalen

a) Aus $f(x) = x^2 - 4x + 2$ folgt $f'(x) = 2x - 4$. Für die Steigung m_t der Tangente im Punkt x_0 gilt $m_t = f'(x_0)$. Damit ist die Tangente in $P(1 \mid -1)$: $m_t = f'(1) = 2 \cdot 1 - 4 = -2$. Setzt man $P(1 \mid -1)$ und $m_t = -2$ in die Punkt-Steigungsform $y - y_1 = m \cdot (x - x_1)$ einer Geraden ein, so erhält man $y - (-1) = -2 \cdot (x-1)$ und damit die Tangentengleichung $t: \; y = -2x + 1$. Für die Normalensteigung m_n gilt $m_n = -\frac{1}{m_t} = -\frac{1}{-2} = \frac{1}{2}$. Setzt man P und m_n in die Punkt-Steigungsform ein, so erhält man $y - (-1) = \frac{1}{2} \cdot (x-1)$ und damit die Normalengleichung $n: \; y = \frac{1}{2}x - \frac{3}{2}$.

b) Aus $f(x) = x^3 + x + 1$ folgt $f'(x) = 3x^2 + 1$, $f''(x) = 6x$ und $f'''(x) = 6$. Um den Wendepunkt zu bestimmen, wird die 2. Ableitung gleich Null gesetzt: $f''(x) = 6x = 0 \Rightarrow x_W = 0$. Probe in f''' ergibt $f'''(0) = 6 \neq 0$, es handelt sich also um einen Wendepunkt. Der y-Wert wird bestimmt, indem man $x_W = 0$ in $f(x)$ einsetzt, was zu $W(0 \mid 1)$ führt.
Die Tangentensteigung in W ist $m_t = f'(0) = 1$. Setzt man $W(0 \mid 1)$ und $m_t = 1$ in die Punkt-Steigungsform ein, so erhält man $y - 1 = 1 \cdot (x - 0)$ und damit die Tangentengleichung $t: \; y = x + 1$. Für die Normalensteigung m_n gilt $m_n = -\frac{1}{m_t} = -\frac{1}{1} = -1$. Setzt man $W(0 \mid 1)$ und $m_n = -1$ in die Punkt-Steigungsform ein, so erhält man $y - 1 = -1 \cdot (x - 0)$ und damit die Normalengleichung $n: \; y = -x + 1$.

c) I) Da die Steigung der Tangente schon angegeben ist, muss zuerst der Punkt P bestimmt werden, in dem die Tangente die Kurve berührt. In diesem Punkt soll die Steigung der Kurve nach Aufgabenstellung gleich -2 sein. Daher setzt man die 1. Ableitung gleich -2. Es ist $f(x) = x^2 + 4x - 3$ und $f'(x) = 2x + 4$. Gleichsetzen der 1. Ableitung: $f'(x) = 2x + 4 = -2 \Rightarrow x_P = -3$. Durch Einsetzen in $f(x)$ wird die y-Koordinate des Punktes bestimmt. Damit ist der gesuchte Punkt $P(-3 \mid -6)$. Setzt man $P(-3 \mid -6)$ und $m_t = -2$ in die Punkt-Steigungsform ein, so erhält man $y - (-6) = -2 \cdot (x - (-3))$ und damit die Tangentengleichung $t: \; y = -2x - 12$.

II) Da die Tangente orthogonal zu der angegebenen Geraden g ist, gilt für ihre Steigung $m_t = -\frac{1}{m_g}$, die Steigung der Tangente ist damit $m_t = -\frac{1}{-\frac{1}{3}} = 3$. Nun muss der Punkt

P bestimmt werden, in dem die Tangente die Kurve berührt: Da in diesem Punkt die Steigung der Kurve gleich 3 sein muss, setzt man die 1. Ableitung gleich 3 und löst nach x auf: $f'(x) = 2x+4 = 3 \Rightarrow x_P = -\frac{1}{2}$. Durch Einsetzen in $f(x)$ wird die y-Koordinate des Punktes bestimmt. Damit ist der gesuchte Punkt $P\left(-\frac{1}{2} \mid -\frac{19}{4}\right)$. Setzt man $P\left(-\frac{1}{2} \mid -\frac{19}{4}\right)$ und $m_t = 3$ in die Punkt-Steigungsform ein, so erhält man $y - \left(-\frac{19}{4}\right) = 3 \cdot \left(x - \left(-\frac{1}{2}\right)\right)$ und damit die Tangentengleichung $t:\ y = 3x - \frac{13}{4}$.

III) Da die Tangente parallel zur angegebenen Geraden ist und die Tangentensteigung damit gleich groß ist wie die Geradensteigung, muss zuerst der Punkt P bestimmt werden, in dem die Tangente die Kurve berührt: In diesem Punkt ist die Steigung gleich 4. Daher setzt man die 1. Ableitung gleich 4: $f'(x) = 2x+4 = 4 \Rightarrow x_P = 0$. Durch Einsetzen in $f(x)$ wird der y-Wert des Punktes bestimmt. Damit ist der gesuchte Punkt $P(0 \mid -3)$. Setzt man $P(0 \mid -3)$ und $m_t = 4$ in die Punkt-Steigungsform ein, so erhält man $y - (-3) = 4 \cdot (x - 0)$ und damit die Tangentengleichung $t:\ y = 4x - 3$.

d) I) Die Tangente berührt die Kurve in einem noch unbekannten Punkt $B(u \mid f(u))$ bzw. $B\left(u \mid u^2 - 2u + 3\right)$. Die Tangentensteigung in diesem Punkt bestimmt man mit Hilfe der 1. Ableitung und Einsetzen von u: Es ist $f(x) = x^2 - 2x + 3$ und $f'(x) = 2x - 2$. Somit gilt $m_t = f'(u) = 2u - 2$. Setzt man $B(u \mid f(u))$ und $m_t = f'(u)$ in die Punkt-Steigungsform ein, so erhält man als Tangentengleichung in Abhängigkeit von u:
$y - f(u) = f'(u) \cdot (x - u)$ bzw. $t:\ y - \left(u^2 - 2u + 3\right) = (2u - 2) \cdot (x - u)$.
Da $P(0 \mid -6)$ auf der Tangente liegt, kann man diesen in die Tangentengleichung einsetzen: $-6 - \left(u^2 - 2u + 3\right) = (2u - 2) \cdot (0 - u)$ bzw. $u^2 = 9 \Rightarrow u_1 = 3 \quad u_2 = -3$.
Setzt man u_1 bzw. u_2 in $B(u \mid f(u))$ ein, so erhält man $B_1(3 \mid 6)$ und $B_2(-3 \mid 18)$.
Setzt man u_1 bzw. u_2 in die Tangentengleichung ein, so erhält man $y - \left(3^2 - 2 \cdot 3 + 3\right)$ $= (2 \cdot 3 - 2) \cdot (x - 3)$ bzw. $y - \left((-3)^2 - 2 \cdot (-3) + 3\right) = (2 \cdot (-3) - 2) \cdot (x - (-3))$.
Somit ergeben sich als Tangentengleichungen $t_1:\ y = 4x - 6$ und $t_2:\ y = -8x - 6$.

II) Die Tangente berührt die Kurve in einem noch unbekannten Punkt $B(u \mid f(u))$ bzw. $B\left(u \mid u^2 - 2u + 3\right)$. Die Tangentensteigung in diesem Punkt bestimmt man mit Hilfe der 1. Ableitung und Einsetzen von u: Es ist $f(x) = x^2 - 2x + 3$ und $f'(x) = 2x - 2$. Somit gilt $m_t = f'(u) = 2u - 2$. Setzt man $B(u \mid f(u))$ und $m_t = f'(u)$ in die Punkt-Steigungsform ein, so erhält man als Tangentengleichung in Abhängigkeit von u:
$y - f(u) = f'(u) \cdot (x - u)$ bzw. $t:\ y - \left(u^2 - 2u + 3\right) = (2u - 2) \cdot (x - u)$.
Da $Q(1 \mid -7)$ auf der Tangente liegt, kann man diesen in die Tangentengleichung einsetzen: $-7 - \left(u^2 - 2u + 3\right) = (2u - 2) \cdot (1 - u)$ und man erhält $u^2 - 2u - 8 = 0$.
Diese quadratische Gleichung hat die Lösungen $u_1 = 4$ und $u_2 = -2$.
Setzt man u_1 bzw. u_2 in $B(u \mid f(u))$ ein, so erhält man die Koordinaten der Berührpunkte $B_1(4 \mid 11)$ und $B_2(-2 \mid 11)$.

7.5 Berührpunkte zweier Kurven

Wenn sich zwei Graphen G_f und G_g in einem Punkt $B(x_B \mid y_B)$ berühren, gelten folgende zwei Bedingungen:

1. Da B gemeinsamer Punkt ist, gilt $f(x_B) = g(x_B)$.

2. Da in B eine gemeinsame Tangente vorhanden ist, gilt $f'(x_B) = g'(x_B)$.

a) Es genügt zu zeigen, dass im Punkt $B(0 \mid 3)$ die beiden Bedingungen $f(x) = g(x)$ und $f'(x) = g'(x)$ erfüllt sind:
Es ist $f(0) = \frac{1}{5} \cdot 0^3 - 2 \cdot 0^2 + 5 \cdot 0 + 3 = 3$ und $g(0) = -0^2 + 5 \cdot 0 + 3 = 3$, also $f(0) = g(0)$, d.h. $B(0 \mid 3)$ ist gemeinsamer Punkt.
Ferner gilt $f'(x) = \frac{3}{5}x^2 - 4x + 5$ und $g'(x) = -2x + 5$.
Es ist $f'(0) = \frac{3}{5} \cdot 0^2 - 4 \cdot 0 + 5 = 5$ und $g'(0) = -2 \cdot 0 + 5 = 5$,
also $f'(0) = g'(0)$, d.h. in $B(0 \mid 3)$ existiert eine gemeinsame Tangente. Somit berühren sich die beiden Kurven in $B(0 \mid 3)$.

b) Es genügt zu zeigen, dass im Punkt $B\left(\frac{1}{2} \mid \frac{3}{4}\right)$ die beiden Bedingungen $f(x) = g(x)$ und $f'(x) = g'(x)$ erfüllt sind:
Es ist $f\left(\frac{1}{2}\right) = \left(\frac{1}{2}\right)^2 + \frac{1}{2} = \frac{1}{4} + \frac{1}{2} = \frac{3}{4}$ und $g\left(\frac{1}{2}\right) = -4 \cdot \left(\frac{1}{2}\right)^4 + 4 \cdot \left(\frac{1}{2}\right)^3 + \frac{1}{2} = \frac{3}{4}$, also $f\left(\frac{1}{2}\right) = g\left(\frac{1}{2}\right)$, d.h. $B\left(\frac{1}{2} \mid \frac{3}{4}\right)$ ist gemeinsamer Punkt.
Ferner gilt $f'(x) = 2x$ und $g'(x) = -16x^3 + 12x^2$.
Es ist $f'\left(\frac{1}{2}\right) = 2 \cdot \frac{1}{2} = 1$ und $g'\left(\frac{1}{2}\right) = -16 \cdot \left(\frac{1}{2}\right)^3 + 12 \cdot \left(\frac{1}{2}\right)^2 = -\frac{16}{8} + \frac{12}{4} = 1$,
also $f'\left(\frac{1}{2}\right) = g'\left(\frac{1}{2}\right)$, d.h. in $B\left(\frac{1}{2} \mid \frac{3}{4}\right)$ existiert eine gemeinsame Tangente. Somit berühren sich die beiden Kurven in $B\left(\frac{1}{2} \mid \frac{3}{4}\right)$.

c) Um mögliche Berührpunkte zu berechnen, kann man entweder die Funktionsgleichungen oder die Tangentensteigungen gleichsetzen. Anschließend muss die jeweils andere Bedingung überprüft werden.
Es ist $f'(x) = x^2 - 4x + 3$ und $g'(x) = -2x + 3$.
Gleichsetzen der Tangentensteigungen führt auf $x^2 - 4x + 3 = -2x + 3$ bzw. $x^2 - 2x = 0$ mit den Lösungen $x_1 = 2$ und $x_2 = 0$.
Setzt man $x_1 = 2$ in $f(x)$ bzw. $g(x)$ ein, so ergibt sich $f(2) = \frac{1}{3} \cdot 2^3 - 2 \cdot 2^2 + 3 \cdot 2 + 4 = 4\frac{2}{3}$ und $g(2) = -2^2 + 3 \cdot 2 + 4 = 6$, d.h. $f(2) \neq g(2)$, also liegt kein gemeinsamer Punkt vor.
Setzt man $x_2 = 0$ in $f(x)$ bzw. $g(x)$ ein, so ergibt sich $f(0) = \frac{1}{3} \cdot 0^3 - 2 \cdot 0^2 + 3 \cdot 0 + 4 = 4$ und $g(0) = -0^2 + 3 \cdot 0 + 4 = 4$, also ist auch $f(0) = g(0)$, d.h. $B(0 \mid 4)$ ist ein Berührpunkt.

d) Um mögliche Berührpunkte zu berechnen, kann man entweder die Funktionsgleichungen oder die Tangentensteigungen gleichsetzen. Anschließend muss die jeweils andere Bedingung überprüft werden.
Es ist $f'(x) = 2x$ und $g'(x) = -x^3 + 3x^2$.
Gleichsetzen der Tangentensteigungen führt auf $2x = -x^3 + 3x^2$ bzw. $x^3 - 3x^2 + 2x = 0$ bzw. $x \cdot \left(x^2 - 3x + 2\right) = 0$ mit den Lösungen $x_1 = 0$, $x_2 = 1$ und $x_3 = 2$.
Setzt man $x_1 = 0$ in $f(x)$ bzw. $g(x)$ ein, so ergibt sich $f(0) = 0^2 + 1 = 1$ und $g(0) = -\frac{1}{4} \cdot 0^4 + 0^3 + 1 = 1$, also ist $f(0) = g(0)$, und somit $B_1(0 \mid 1)$ ein Berührpunkt.
Setzt man $x_2 = 1$ in $f(x)$ bzw. $g(x)$ ein, so ergibt sich $f(1) = 1^2 + 1 = 2$ und $g(1) = -\frac{1}{4} \cdot 1^4 + 1^3 + 1 = \frac{7}{4}$, also $f(1) \neq g(1) \Rightarrow$ kein Berührpunkt.

Setzt man $x_3 = 2$ in $f(x)$ bzw. $g(x)$ ein, so ergibt sich $f(2) = 2^2 + 1 = 5$ und $g(2) = -\frac{1}{4} \cdot 2^4 + 2^3 + 1 = 5$, also ist $f(2) = g(2)$, und somit $B_2\,(2 \mid 5)$ ein Berührpunkt.
Ergebnis: $B_1\,(0 \mid 1)$ und $B_2\,(2 \mid 5)$ sind Berührpunkte.

7.6 Symmetrie

a) Da die Funktion f mit $f(x) = \frac{1}{x^2} + 3$ nur gerade Exponenten enthält, erfüllt sie das Kriterium für y-Achsensymmetrie: $f(-x) = \frac{1}{(-x)^2} + 3 = \frac{1}{x^2} + 3 = f(x)$.

b) Da die Funktion f mit $f(x) = 3x^5 - 7{,}2x^3 + x$ nur ungerade Exponenten enthält, erfüllt sie das Kriterium für Punktsymmetrie zum Ursprung: $f(-x) = 3 \cdot (-x)^5 - 7{,}2 \cdot (-x)^3 + (-x)$ $= -3x^5 + 7{,}2x^3 - x = -\left(3x^5 - 7{,}2x^3 + x\right) = -f(x)$.

c) Für die Funktion f mit $f(x) = 4 \cdot e^{-\frac{x^2}{2}}$ gilt: $f(-x) = 4 \cdot e^{-\frac{(-x)^2}{2}} = 4 \cdot e^{-\frac{x^2}{2}} = f(x)$.
Somit ist das Kriterium für y-Achsensymmetrie erfüllt.

d) Für die Funktion f mit $f(x) = x \cdot \ln\left(x^2\right)$ gilt:
$f(-x) = (-x) \cdot \ln\left((-x)^2\right) = -x \cdot \ln\left(x^2\right) = -f(x)$.
Somit ist das Kriterium für Punktsymmetrie zum Ursprung erfüllt.

7.7 Ortskurven

Um die Gleichung der Ortskurve zu erhalten, wird der x-Wert so umgeformt, dass der Parameter alleine steht. Der Parameter wird dann in den y-Wert eingesetzt und man erhält die Gleichung der Ortskurve durch Ausrechnen.

a) Es ist $E\left(\frac{2}{3}t \mid \frac{2}{9}t^3\right)$; zuerst wird der x-Wert $x = \frac{2}{3}t$ nach t aufgelöst: $t = \frac{3}{2}x$. In den y-Wert $y = \frac{2}{9}t^3$ wird für $t = \frac{3}{2}x$ eingesetzt $y = \frac{2}{9} \cdot \left(\frac{3}{2}x\right)^3$.
Ausrechnen ergibt $y = \frac{2}{9} \cdot \frac{3^3}{2^3}x^3 = \frac{3}{4}x^3$.
Die Gleichung der Ortskurve lautet $y = \frac{3}{4}x^3$.

b) Es ist $H\left(\frac{2}{3}t \mid \frac{9}{2t}\right)$; zuerst wird der x-Wert $x = \frac{2}{3}t$ nach t aufgelöst: $t = \frac{3}{2}x$.
In den y-Wert $y = \frac{9}{2t}$ wird für $t = \frac{3}{2}x$ eingesetzt $y = \frac{9}{2 \cdot \left(\frac{3}{2}x\right)}$.
Ausrechnen ergibt $y = \frac{9}{3x} = \frac{3}{x}$.
Die Gleichung der Ortskurve lautet $y = \frac{3}{x}$.

c) Es ist $H\left(\frac{t}{2} \mid \frac{t^3}{4} - t\right)$; zuerst wird der x-Wert $x = \frac{t}{2}$ nach t aufgelöst: $t = 2x$.
In den y-Wert $y = \frac{t^3}{4} - t$ wird für $t = 2x$ eingesetzt $y = \frac{(2x)^3}{4} - 2x$.
Ausrechnen ergibt $y = \frac{2^3 \cdot x^3}{4} - 2x = 2x^3 - 2x$.
Die Gleichung der Ortskurve lautet $y = 2x^3 - 2x$.

d) Es ist $f_t(x) = x^3 - 3tx^2$; $t > 0$,
Ableiten ergibt $f_t{}'(x) = 3x^2 - 6tx$ und $f_t{}''(x) = 6x - 6t$.

Setzt man $f_t{}'(x) = 0$, so erhält man $3x^2 - 6tx = 0$ bzw. $x \cdot (3x - 6t) = 0 \Rightarrow x_1 = 0$ und $x_2 = 2t$.
Für den Parameter t gilt $t > 0$, also ist t eine beliebige positive Zahl.
Setzt man $x_1 = 0$ in $f_t{}''(x)$ ein, so ergibt sich $f_t{}''(0) = 6 \cdot 0 - 6t = -6t < 0 \Rightarrow$ Hochpunkt.
Setzt man $x_2 = 2t$ in $f_t{}''(x)$ ein, so ergibt sich $f_t{}''(2t) = 6 \cdot 2t - 6t = 6t > 0 \Rightarrow$ Tiefpunkt.
Den y-Wert von T erhält man durch Einsetzen von $x = 2t$ in $f_t(x)$:
$f_t(2t) = (2t)^3 - 3t \cdot (2t)^2 = 8t^3 - 12t^3 = -4t^3$.
Somit haben die Tiefpunkte der Kurvenschar die Koordinaten $T_t\left(2t \mid -4t^3\right)$.
Um die Gleichung der Ortskurve aller Tiefpunkte zu erhalten, wird zuerst wird der x-Wert $x = 2t$ nach t aufgelöst: $t = \frac{x}{2}$.
In den y-Wert $y = -4t^3$ wird für $t = \frac{x}{2}$ eingesetzt: $y = -4\left(\frac{x}{2}\right)^3$.
Ausrechnen ergibt $y = -4 \cdot \frac{x^3}{8} = -\frac{1}{2}x^3$.
Die Gleichung der Ortskurve lautet $y = -\frac{1}{2}x^3$.

e) Es ist $f_a(x) = (x - a) \cdot e^x$, mit der Produktregel erhält man:
$f_a{}'(x) = 1 \cdot e^x + (x - a) \cdot e^x = (x + 1 - a) \cdot e^x$
$f_a{}''(x) = 1 \cdot e^x + (x + 1 - a) \cdot e^x = (x + 2 - a) \cdot e^x$
$f_a{}'''(x) = 1 \cdot e^x + (x + 2 - a) \cdot e^x = (x + 3 - a) \cdot e^x$.
Setzt man $f_a{}''(x) = 0$, so erhält man $(x + 2 - a) \cdot e^x = 0 \Rightarrow x + 2 - a = 0 \Rightarrow x = a - 2$.
Setzt man $x = a - 2$ in $f_a{}'''(x)$ ein, so ergibt sich:
$f_a{}'''(a - 2) = (a - 2 + 3 - a) \cdot e^{a-2} = e^{a-2} \neq 0 \Rightarrow$ Wendepunkt.
Den y-Wert des Wendepunktes erhält man durch Einsetzen von $x = a - 2$ in $f_a(x)$:
$f_a(a - 2) = (a - 2 - a) \cdot e^{a-2} = -2 \cdot e^{a-2}$.
Somit haben die Wendepunkte der Kurvenschar die Koordinaten $W_a\left(a - 2 \mid -2 \cdot e^{a-2}\right)$.
Um die Gleichung der Ortskurve aller Wendepunkte zu erhalten, wird zuerst wird der x-Wert $x = a - 2$ nach a aufgelöst: $a = x + 2$.
In den y-Wert $y = -2 \cdot e^{a-2}$ wird für $a = x + 2$ eingesetzt: $y = -2 \cdot e^{x+2-2}$.
Ausrechnen ergibt $y = -2 \cdot e^x$.
Die Gleichung der Ortskurve lautet damit $y = -2 \cdot e^x$.

7.8 Definitionsbereich

Definitionsbereich

a) **Gebrochenrationale Funktionen**

Eine Funktion ist überall dort definiert, wo der Nenner nicht Null ist. Also setzt man den Nenner gleich Null, um die Stellen zu bestimmen, die nicht zum Definitionsbereich gehören:

I) Nullstelle des Nenners: $x - 4 = 0 \Rightarrow x = 4$ also $D = \mathbb{R} \setminus \{4\}$

II) Nullstellen des Nenners: $x^2 - 5x + 6 = 0 \Rightarrow x_1 = 2$ und $x_2 = 3$. $D = \mathbb{R} \setminus \{2; 3\}$

III) Nullstelle des Nenners: $x^2 + 1 = 0$ hat keine reelle Lösung, also können für x alle reellen Zahlen eingesetzt werden: $D = \mathbb{R}$

b) **Logarithmusfunktionen**

Da $y = \ln x$ nur für $x > 0$ definiert ist, muss das Argument (der Ausdruck, auf den der ln angewendet wird) positiv sein:

I) Argument: $2x+3>0 \Rightarrow 2x>-3 \Rightarrow x>-\frac{3}{2} \Rightarrow \mathrm{D}=\left\{x \in \mathbb{R} \mid x>-\frac{3}{2}\right\}$

II) Argument: $3-2x>0 \Rightarrow 3>2x \Rightarrow \frac{3}{2}>x \Rightarrow \mathrm{D}=\left\{x \in \mathbb{R} \mid x<\frac{3}{2}\right\}$

III) Argument: $x^2-9>0 \Rightarrow x^2>9 \Rightarrow x>3$ oder $x<-3$
$\Rightarrow \mathrm{D}=\{x \in \mathbb{R} \mid x<-3 \text{ oder } x>3\}$

c) **Vermischte Aufgaben**

Handelt es sich bei der Funktion um eine Funktionenschar, hängt der Definitionsbereich noch vom Scharparameter ab.

I) Nullstelle des Nenners: $e^{3x}-2=0 \Rightarrow x=\frac{\ln 2}{3}$. Also ist $\mathrm{D}=\mathbb{R} \setminus \left\{\frac{\ln 2}{3}\right\}$

II) Nullstelle des Nenners: $x+k=0 \Rightarrow x=-k$. Also ist $\mathrm{D}=\mathbb{R} \setminus \{-k\}$

III) Nullstelle des Nenners: $2x-k=0 \Rightarrow x=\frac{k}{2}$. Also ist $\mathrm{D}=\mathbb{R} \setminus \left\{\frac{k}{2}\right\}$

IV) Nullstelle des Nenners: $x-4=0 \Rightarrow x=4$. Das Argument des ln muss ausserdem größer als Null sein: $5x-3>0 \Rightarrow 5x>3 \Rightarrow x>\frac{3}{5} \Rightarrow \mathrm{D}=\left\{x \in \mathbb{R} \mid x>\frac{3}{5}\right\} \setminus \{4\}$

V) Da in der Funktion der Ausdruck $\ln x$ auftritt, muss x in jedem Fall größer als Null sein. Der Nenner ist Null, wenn entweder $x=0$ oder $(1-\ln x)=0$ ist. Aus $1-\ln x=0$ folgt $1=\ln x \Rightarrow x=e$. Also ist $\mathrm{D}=\{x \in \mathbb{R} \mid x>0\} \setminus \{e\}$ bzw. $\mathrm{D}=\mathbb{R}^+ \setminus \{e\}$

Definitionsbereich und Grenzwerte

Es bezeichnet $\rightarrow a+$ die Annäherung an den Wert a von «oben» bzw. «rechts» und $\rightarrow a-$ die Annäherung von «unten» bzw. «links».

a) Es ist $f(x)=4\ln(2-x)$. Der Term in der Klammer (das Argument) muss größer als Null sein: $2-x>0 \Rightarrow 2>x$ bzw. $x<2$. Also ist $\mathrm{D}=\{x \in \mathbb{R} \mid x<2\}$.

Verhalten an den Grenzen des Definitionsbereichs:

$$\lim_{x\to-\infty} f(x)=\lim_{x\to-\infty} 4\ln(2-x)=\lim_{x\to-\infty} 4\ln\underbrace{(2-x)}_{\to+\infty} \Rightarrow \lim_{x\to-\infty} \underbrace{4\ln(2-x)}_{\to+\infty}=+\infty$$

$$\lim_{x\to2-} f(x)=\lim_{x\to2-} 4\ln(2-x)=\lim_{x\to2-} 4\ln\underbrace{(2-x)}_{\to0+} \Rightarrow \lim_{x\to2-} \underbrace{4\ln(2-x)}_{\to-\infty}=-\infty$$

b) Es ist $f(x)=\frac{2x^2+1}{x-1}$. Nullstelle des Nenners: $x-1=0 \Rightarrow x=1$. Also ist $\mathrm{D}=\mathbb{R} \setminus \{1\}$.

Verhalten an den Grenzen des Definitionsbereichs:

$$\lim_{x\to1+} f(x)=\lim_{x\to1+} \frac{2x^2+1}{x-1}=\lim_{x\to1+} \frac{\overbrace{2x^2+1}^{\to3}}{\underbrace{x-1}_{\to0+}}=+\infty$$

$$\lim_{x\to 1-} f(x) = \lim_{x\to 1-} \tfrac{2x^2+1}{x-1} = \lim_{x\to 1-} \frac{\overbrace{2x^2+1}^{\to 3}}{\underbrace{x-1}_{\to 0-}} = -\infty$$

$$\lim_{x\to +\infty} f(x) = \lim_{x\to +\infty} \tfrac{2x^2+1}{x-1} = \lim_{x\to +\infty} \frac{\overbrace{2x^2+1}^{\to +\infty}}{\underbrace{x-1}_{\to +\infty}} = +\infty,$$ da Zählergrad größer als Nennergrad.

$$\lim_{x\to -\infty} f(x) = \lim_{x\to -\infty} \tfrac{2x^2+1}{x-1} = \lim_{x\to -\infty} \frac{\overbrace{2x^2+1}^{\to +\infty}}{\underbrace{x-1}_{\to -\infty}} = -\infty,$$ da Zählergrad größer als Nennergrad.

c) Es ist $f(x) = \frac{2x}{e^{\frac{1}{2}x}}$. Der Nenner kann nicht Null sein, daher gilt $D = \mathbb{R}$.

Verhalten an den Grenzen des Definitionsbereichs:

$\lim_{x\to +\infty} f(x) = \lim_{x\to +\infty} \frac{2x}{e^{\frac{1}{2}x}} = 0$, da $\lim_{x\to +\infty} \left(\frac{x^n}{e^{kx}}\right) = 0$ weil der Nenner stärker wächst als der Zähler.

$$\lim_{x\to -\infty} f(x) = \lim_{x\to -\infty} \tfrac{2x}{e^{\frac{1}{2}x}} = \lim_{x\to -\infty} \underbrace{2x}_{\to -\infty} \cdot \underbrace{e^{-\frac{1}{2}x}}_{\to +\infty} = -\infty$$

d) Es ist $f(x) = \frac{x^2}{x-k}$ mit $k > 0$. Nullstelle des Nenners: $x - k = 0 \Rightarrow x = k$, damit ergibt sich: $D = \mathbb{R} \setminus \{k\}$.

Verhalten an den Grenzen des Definitionsbereichs:

$$\lim_{x\to k+} f(x) = \lim_{x\to k+} \tfrac{x^2}{x-k} = \lim_{x\to k+} \frac{\overbrace{x^2}^{\to k^2}}{\underbrace{x-k}_{\to 0+}} = +\infty$$

$$\lim_{x\to k-} f(x) = \lim_{x\to k-} \tfrac{x^2}{x-k} = \lim_{x\to k-} \frac{\overbrace{x^2}^{\to k^2}}{\underbrace{x-k}_{\to 0-}} = -\infty$$

$$\lim_{x\to +\infty} f(x) = \lim_{x\to +\infty} \tfrac{x^2}{x-k} = \lim_{x\to +\infty} \frac{\overbrace{x^2}^{\to +\infty}}{\underbrace{x-k}_{\to +\infty}} = +\infty,$$ da der Zählergrad größer ist als der Nennergrad.

$$\lim_{x\to -\infty} f(x) = \lim_{x\to -\infty} \tfrac{x^2}{x-k} = \lim_{x\to -\infty} \frac{\overbrace{x^2}^{\to +\infty}}{\underbrace{x-k}_{\to -\infty}} = -\infty,$$ da der Zählergrad größer ist als der Nennergrad.

7.9 Monotonie

a) Es ist $f(x) = \frac{x^2}{x+1}$. Mit Hilfe der Quotientenregel erhält man die 1. Ableitung von f:

$$f'(x) = \frac{2x\cdot(x+1)-x^2\cdot 1}{(x+1)^2} = \frac{x^2+2x}{(x+1)^2} = \frac{x\cdot(x+2)}{(x+1)^2}$$

Der Ausdruck im Nenner ist immer positiv, daher ist der Audruck im Zähler dafür verantwortlich, ob der Bruch positiv oder negativ ist.
Man kann folgende Fälle unterscheiden:
Für $x < -2$ sind Zähler und Nenner von f' positiv, also $f'(x) > 0$.
Für $-2 < x < 0\,(x \neq 1)$ ist der Zähler von f' negativ, der Nenner ist positiv, also $f'(x) < 0$.
Für $x > 0$ sind Zähler und Nenner von f' positiv, also $f'(x) > 0$.
Somit ist f für $x < -2$ oder $x > 0$ streng monoton zunehmend, für $-2 < x < 0\,(x \neq 1)$ ist f streng monoton abnehmend.

b) Es ist $f(x) = \frac{3x}{e^x}$. Mit Hilfe der Quotientenregel erhält man die 1. Ableitung von f:

$$f'(x) = \frac{3\cdot e^x - 3x\cdot e^x}{(e^x)^2} = \frac{3e^x\cdot(1-x)}{(e^x)^2}$$

Der Ausdruck im Nenner ist immer positiv, daher ist der Audruck im Zähler dafür verantwortlich, ob der Bruch positiv oder negativ ist.
Man kann folgende Fälle unterscheiden:
Für $x < 1$ sind Zähler und Nenner von f' positiv, also $f'(x) > 0$.
Für $x > 1$ ist der Zähler von f' negativ, der Nenner ist positiv, also $f'(x) < 0$.
Somit ist f für $x < 1$ streng monoton zunehmend, für $x > 1$ ist f streng monoton abnehmend.

c) Es ist $f(x) = \frac{2x}{\ln x}$. Mit Hilfe der Quotientenregel erhält man die 1. Ableitung von f:

$$f'(x) = \frac{2\cdot \ln x - 2x\cdot \frac{1}{x}}{(\ln x)^2} = \frac{2\ln x - 2}{(\ln x)^2} = \frac{2\cdot(\ln x - 1)}{(\ln x)^2}$$

Der Ausdruck im Nenner ist immer positiv, daher ist der Audruck im Zähler dafür verantwortlich, ob der Bruch positiv oder negativ ist. Der Term in der Klammer im Zähler wechselt das Vorzeichen für $x = e$, da $\ln e = 1$.
Man kann folgende Fälle unterscheiden:
Für $x < e$ ist der Zähler von f' negativ, der Nenner ist positiv, also $f'(x) < 0$.
Für $x > e$ sind Zähler und Nenner von f' positiv, also $f'(x) > 0$.
Somit ist f für $x > e$ streng monoton zunehmend, für $x < e$ ist f streng monoton abnehmend.

7.10 Umkehrfunktion

a) Die 1. Ableitung von f erhält man mit der Kettenregel:

$$f'(x) = 2\cdot(x+1)\cdot 1 = 2x+2 > 0 \text{ für } x > -1$$

Damit ist f streng monoton wachsend und es existiert eine Umkehrfunktion $\bar{f}$.
Löst man $y = f(x) = (x+1)^2$ für alle $x > 1$ nach x auf, erhält man: $\sqrt{y} = x+1$ bzw.

$$\sqrt{y} - 1 = x$$

Vertauscht man die Variablen x und y, so ist

$$\sqrt{x}-1=y$$

Die Wertemenge von f sind alle reellen Zahlen, die größer oder gleich Null sind. Somit ist

$$\bar{f}(x)=\sqrt{x}-1;\, x\geqslant 0$$

die Umkehrfunktion von $f(x)=(x+1)^2;\, x\geqslant -1$.

b) Die 1. Ableitung von f erhält man mit Hilfe der Kettenregel:

$$f'(x)=4\cdot e^{-2x}\cdot(-2)=-8\cdot e^{-2x}<0$$

Damit ist f streng monoton fallend und es existiert eine Umkehrfunktion $\bar{f}$. Löst man $y=f(x)=4\cdot e^{-2x}+2$ nach x auf, so erhält man:

$$y-2=4\cdot e^{-2x}\;\Rightarrow\;\frac{y-2}{4}=e^{-2x}\;\Rightarrow\;\ln\left(\frac{y-2}{4}\right)=-2x\;\Rightarrow\;-\frac{1}{2}\ln\left(\frac{y-2}{4}\right)=x$$

Vertauscht man die Variablen x und y, so ergibt sich

$$-\frac{1}{2}\ln\left(\frac{x-2}{4}\right)=y$$

Die Wertemenge von f sind alle positiven reellen Zahlen, die größer als 2 sind. Somit ist

$$\bar{f}(x)=-\frac{1}{2}\ln\left(\frac{x-2}{4}\right);\, x>2$$

die Umkehrfunktion von $f(x)=4\cdot e^{-2x}+2$.

c) Die 1. Ableitung von f erhält man mit Hilfe der Kettenregel:

$$f'(x)=4\cdot\frac{1}{2x}\cdot 2=\frac{4}{x}>0$$

für $x>0$.
Damit ist f streng monoton wachsend und es existiert eine Umkehrfunktion $\bar{f}$ auf $(0;\,\infty)$. Löst man $y=f(x)=4\cdot\ln(2x)$ nach x auf, so erhält man:

$$\frac{y}{4}=\ln(2x)\;\Rightarrow\;e^{\frac{y}{4}}=2x\;\Rightarrow\;\frac{e^{\frac{y}{4}}}{2}=x$$

Vertauscht man die Variablen x und y, so ist $\frac{e^{\frac{x}{4}}}{2}=y$. Die Wertemenge von f sind alle reellen Zahlen. Somit ist

$$\bar{f}(x)=\frac{1}{2}e^{\frac{x}{4}}$$

die Umkehrfunktion von $f(x)=4\cdot\ln(2x)$.

d) Die 1. Ableitung von f erhält man mit der Kettenregel:

$$f'(x) = -2 \cdot \frac{1}{x-2} \cdot 1 = -\frac{2}{x-2} < 0$$

für $x > 2$.
Damit ist f streng monoton fallend und es existiert eine Umkehrfunktion $\bar{f}$ auf $(2;\ \infty)$.
Löst man $y = f(x) = -2 \cdot \ln(x-2)$ nach x auf, so erhält man:

$$-\frac{y}{2} = \ln(x-2) \ \Rightarrow \quad e^{-\frac{y}{2}} = x-2 \Rightarrow \quad e^{-\frac{y}{2}} + 2 = x$$

Vertauscht man die Variablen x und y, ergibt sich

$$e^{-\frac{x}{2}} + 2 = y$$

Die Wertemenge von f sind alle reellen Zahlen. Somit ist

$$\overline{f}(x) = e^{-\frac{x}{2}} + 2$$

die Umkehrfunktion von $f(x) = -2 \cdot \ln(x-2)$.

7.11 Ableiten der Umkehrfunktion

a) Es ist $f(x) = x^3$; $x > 0$. Man bestimmt nun zuerst die Umkehrfunktion, indem man $y = x^3$ nach x auflöst: $x = \sqrt[3]{y}$; $y > 0$. Die Wertemenge von f sind alle reellen Zahlen, die größer als Null sind. Vertauscht man die Variablen x und y, so ist $y = \sqrt[3]{x}$ und also $\overline{f}(x) = \sqrt[3]{x}$; $x > 0$.
Nun wird die Umkehrfunktion abgeleitet:
$\overline{f}(x) = \sqrt[3]{x} = x^{\frac{1}{3}} \Rightarrow \overline{f}\,'(x) = \frac{1}{3} \cdot x^{-\frac{2}{3}} = \frac{1}{3 \cdot \sqrt[3]{x^2}}$; $x > 0$
Alternativ kann man die Ableitung der Umkehrfunktion auch mit der Formel $\overline{f}\,'(y) = \frac{1}{f'(x)}$ bestimmen. Zuerst wird die Ableitung von $f(x)$ bestimmt: $f'(x) = 3x^2$. Nun wird die Umkehrfunktion bestimmt, indem man $y = x^3$ nach x auflöst: $x = \sqrt[3]{y} = \overline{f}(y)$; $y > 0$. Dann bestimmt man die 1. Ableitung von $\overline{f}(y)$: Es ist $\overline{f}\,'(y) = \frac{1}{f'(x)} = \frac{1}{3x^2}$. Ersetzt man x durch $\overline{f}(y)$, so erhält man:
$\overline{f}\,'(y) = \frac{1}{3x^2} = \frac{1}{3 \cdot \left(\sqrt[3]{y}\right)^2} = \frac{1}{3 \cdot \sqrt[3]{y^2}}$; $y > 0$.
Zum Schluss ersetzt man y durch x, damit ist: $\overline{f}(x) = \sqrt[3]{x}$ und $\overline{f}\,'(x) = \frac{1}{3 \cdot \sqrt[3]{x^2}}$; $x > 0$

b) Es ist $f(x) = x^3 - 1$; $x > 0$. Man bestimmt nun zuerst die Umkehrfunktion, indem man $y = x^3 - 1$ nach x auflöst: $x = \sqrt[3]{y+1}$; $y > -1$. Die Wertemenge von f sind alle reellen Zahlen, die größer als -1 sind. Vertauscht man die Variablen x und y, so ist $y = \sqrt[3]{x+1}$ und damit $\overline{f}(x) = \sqrt[3]{x+1}$; $x > -1$. Nun wird die Umkehrfunktion abgeleitet:
$\overline{f}(x) = \sqrt[3]{x+1} = (x+1)^{\frac{1}{3}} \Rightarrow \overline{f}\,'(x) = \frac{1}{3} \cdot (x+1)^{-\frac{2}{3}} = \frac{1}{3 \cdot \sqrt[3]{(x+1)^2}}$; $x > -1$
Alternativ kann man die Ableitung der Umkehrfunktion auch mit der Formel $\overline{f}\,'(y) = \frac{1}{f'(x)}$ bestimmen. Zuerst wird die Ableitung von $f(x)$ bestimmt: $f'(x) = 3x^2$. Nun wird die Umkehrfunktion bestimmt, indem man $y = x^3 - 1$ nach x auflöst: $x = \sqrt[3]{y+1} = \overline{f}(y)$; $y > -1$.
Dann bestimmt man die 1. Ableitung von $\overline{f}(y)$: Diese ist $\overline{f}\,'(y) = \frac{1}{f'(x)} = \frac{1}{3x^2}$. Ersetzt man

x durch $\overline{f}(y)$, so erhält man:

$\overline{f}\,'(y) = \frac{1}{3x^2} = \frac{1}{3\cdot\left(\sqrt[3]{y+1}\right)^2} = \frac{1}{3\cdot\sqrt[3]{(y+1)^2}}$; $y > -1$. Zum Schluss ersetzt man y durch x, damit ist: $\overline{f}(x) = \sqrt[3]{x+1}$ und $\overline{f}\,'(x) = \frac{1}{3\cdot\sqrt[3]{(x+1)^2}}$; $x > -1$

c) Es ist $f(x) = \frac{1}{x^2+1}$; $x > 0$. Der Definitionsbereich von $f(x)$ ist $]0,\infty[$, damit ist die Wertemenge $W_f =]0,1[$, d.h. es gilt: $0 < f(x) < 1$. Man bestimmt nun zuerst die Umkehrfunktion, indem man $y = \frac{1}{x^2+1}$ nach x auflöst:

$y\left(x^2+1\right) = 1 \Rightarrow yx^2 + y = 1 \Rightarrow x^2 = \frac{1-y}{y} = \frac{1}{y} - 1 \Rightarrow x = \sqrt{\frac{1}{y} - 1}$; $0 < y < 1$.

Vertauscht man die Variablen x und y so ist $y = \sqrt{\frac{1}{x} - 1}$ und also $\overline{f}(x) = \sqrt{\frac{1}{x} - 1}$, $0 < x < 1$.

Nun wird die Umkehrfunktion abgeleitet:

$\overline{f}(x) = \sqrt{\frac{1}{x} - 1} = \left(x^{-1} - 1\right)^{\frac{1}{2}} \Rightarrow \overline{f}\,'(x) = \frac{1}{2}\cdot\left(x^{-1} - 1\right)^{-\frac{1}{2}}\cdot(-1)\cdot x^{-2} = -\frac{1}{2x^2\cdot\left(x^{-1}-1\right)^{\frac{1}{2}}}$

$= -\frac{1}{2x^2\cdot\sqrt{\frac{1}{x}-1}}$; $0 < x < 1$

Alternativ kann man die Ableitung der Umkehrfunktion auch mit der Formel $\overline{f}\,'(y) = \frac{1}{f'(x)}$ bestimmen. Zuerst wird die Ableitung von $f(x)$ bestimmt:

$f'(x) = \frac{0-1\cdot 2x}{(x^2+1)^2} = \frac{-2x}{(x^2+1)^2}$ (Quotientenregel). Nun bestimmt man die Umkehrfunktion, indem man $y = \frac{1}{x^2+1}$ nach x auflöst:

$y\left(x^2+1\right) = 1 \Rightarrow yx^2 + y = 1 \Rightarrow x^2 = \frac{1-y}{y} = \frac{1}{y} - 1 \Rightarrow x = \sqrt{\frac{1}{y} - 1} = \overline{f}(y)$; $0 < y < 1$.

Dann bestimmt man die 1. Ableitung von $\overline{f}(y)$:

$\overline{f}\,'(y) = \frac{1}{f'(x)} = \frac{1}{\frac{-2x}{(x^2+1)^2}} = -\frac{(x^2+1)^2}{2x}$. Ersetzt man x durch $\overline{f}(y)$, so erhält man:

$$\overline{f}\,'(y) = -\frac{(x^2+1)^2}{2x} = -\frac{\left(\left(\sqrt{\frac{1}{y}-1}\right)^2+1\right)^2}{2\sqrt{\frac{1}{y}-1}} = -\frac{\left(\frac{1}{y}-1+1\right)^2}{2\sqrt{\frac{1}{y}-1}} = -\frac{\frac{1}{y^2}}{2\sqrt{\frac{1}{y}-1}} = -\frac{1}{2y^2\sqrt{\frac{1}{y}-1}}$$

Zum Schluss ersetzt man y durch x, damit ist: $\overline{f}(x) = \sqrt{\frac{1}{x} - 1}$ und $\overline{f}\,'(x) = -\frac{1}{2x^2\sqrt{\frac{1}{x}-1}}$ mit $0 < x < 1$.

8 Integralrechnung

8.1 Stammfunktionen

Ganzrationale Funktionen

a) $\mathrm{F}(x) = \frac{2}{4}x^4 - \frac{\frac{4}{3}}{3}x^3 + 2x = \frac{1}{2}x^4 - \frac{4}{9}x^3 + 2x$

b) $\mathrm{F}(x) = \frac{a}{5}x^5 + \frac{2a}{4}x^4 - \frac{1}{2}x^2 = \frac{a}{5}x^5 + \frac{a}{2}x^4 - \frac{1}{2}x^2$

c) $\mathrm{F}(x) = \frac{t^2}{4}x^4 - \frac{t}{3}x^3$

d) $\mathrm{F}(x) = \frac{4}{5}x^5 - \frac{2t}{3}x^3 + \frac{t}{2}x^2$

Für verkettete (verschachtelte) Funktionen mit innerem *linearem* Ausdruck gilt die Integrationsregel für lineare Substitution:
«Äußere Stammfunktion geteilt durch innere Ableitung»

e) Lineare Substitution: $\mathrm{F}(x) = -12 \cdot \frac{\frac{1}{3}(2x-3)^3}{2} = -2\,(2x-3)^3$

f) Lineare Substitution: $\mathrm{F}(x) = 6 \cdot \frac{\frac{1}{4}(3x-1)^4}{3} = \frac{1}{2}\,(3x-1)^4$

Exponentialfunktionen

a) $\mathrm{F}(x) = 3e^x$

b) Lineare Substitution: $\mathrm{F}(x) = 4 \cdot \frac{e^{-x}}{-1} = -4e^{-x}$

c) Lineare Substitution: $\mathrm{F}(x) = t \cdot \frac{e^{-tx}}{-t} = -e^{-tx}$

d) Lineare Substitution: $\mathrm{F}(x) = a \cdot \frac{e^{3x+2}}{3} = \frac{a}{3}e^{3x+2}$

e) Zuerst wird die Klammer aufgelöst: $f(x) = 2x^2 - 12e^{3x}$, daraus folgt:
$\mathrm{F}(x) = 2 \cdot \frac{1}{3} \cdot x^3 - 12 \cdot \frac{1}{3} \cdot e^{3x} = \frac{2}{3}x^3 - 4e^{3x}$

f) Zuerst wird die Klammer aufgelöst: $f(x) = ax^2 - 4ae^{4x}$, daraus folgt:
$\mathrm{F}(x) = a \cdot \frac{1}{3} \cdot x^3 - 4 \cdot a \cdot \frac{1}{4} \cdot e^{4x} = \frac{a}{3}x^3 - ae^{4x}$

Gebrochenrationale Funktionen

a) Umschreiben des Bruchs in einen Ausdruck mit negativem Exponenten: $f(x) = 4\,(2x-3)^{-2}$
Lineare Substitution: $\mathrm{F}(x) = 4\,\frac{\frac{1}{-1}(2x-3)^{-1}}{2} = -2\,(2x-3)^{-1} = -\frac{2}{(2x-3)}$

b) Umschreiben des Bruchs in einen Ausdruck mit negativem Exponenten: $f(x) = 12\,(4x-2)^{-4}$
Lineare Substitution: $\mathrm{F}(x) = 12\,\frac{\frac{1}{-3}(4x-2)^{-3}}{4} = -1\,(4x-2)^{-3} = -\frac{1}{(4x-2)^3}$

c) Umschreiben des Bruchs in einen Ausdruck mit negativem Exponenten ergibt:
$f(x) = 3 \cdot x^{-2}$. Daraus folgt: $\mathrm{F}(x) = \frac{3}{-1} \cdot x^{-1} = -\frac{3}{x}$

d) Umschreiben des Bruchs in einen Ausdruck mit negativem Exponenten ergibt:
$f(x) = -a \cdot x^{-3} + 2a \cdot x^3$. Daraus folgt: $\mathrm{F}(x) = -\frac{a}{-2} \cdot x^{-2} + \frac{2a}{4} \cdot x^4 = \frac{a}{2x^2} + \frac{a}{2}x^4 = \frac{a}{2}\left(x^4 + \frac{1}{x^2}\right)$

e) Umschreiben des Bruchs in einen Ausdruck mit negativem Exponenten ergibt:
$f(x) = t^2 \cdot x^{-4} - tx^2$. Daraus folgt: $\mathrm{F}(x) = \frac{t^2}{-3}x^{-3} - \frac{t}{3}x^3 = -\frac{t^2}{3x^3} - \frac{t}{3}x^3 = -\frac{t}{3}\left(x^3 + \frac{t}{x^3}\right)$

Logarithmusfunktionen

a) Lineare Substitution: $\mathrm{F}(x) = 6 \cdot \frac{\ln|x-2|}{1} = 6 \cdot \ln|x-2|$.

b) Lineare Substitution: $\mathrm{F}(x) = 3 \cdot \frac{\ln|2x|}{2} = \frac{3}{2} \cdot \ln|2x|$.

c) Lineare Substitution: $\mathrm{F}(x) = 4 \cdot \frac{\ln|2x-1|}{2} = 2 \cdot \ln|2x-1|$.

Trigonometrische Funktion

a) Lineare Substitution: $\mathrm{F}(x) = 3 \cdot \frac{\sin(2x+1)}{2} = \frac{3}{2}\sin(2x+1)$

b) Lineare Substitution: $\mathrm{F}(x) = 4 \cdot \frac{-\cos(-3x+2)}{-3} = \frac{4}{3}\cos(-3x+2)$

c) Lineare Substitution: $\mathrm{F}(x) = \frac{2}{3} \cdot \frac{\sin(\pi x)}{\pi} = \frac{2}{3\pi}\sin(\pi x)$

d) Lineare Substitution: $\mathrm{F}(x) = t \cdot \frac{\sin(tx+t)}{t} = \sin(tx+t)$

e) Lineare Substitution: $\mathrm{F}(x) = a \cdot \frac{-\cos\left(ax-a^2\right)}{a} = -\cos\left(ax-a^2\right)$

f) Lineare Substitution: $\mathrm{F}(x) = k^2 \cdot \frac{\sin(kx)}{k} = k\sin(kx)$

8.2 Flächeninhalt zwischen zwei Kurven

a) Bestimmen der Schnittstellen durch Gleichsetzen und Lösen der quadratischen Gleichung: $x_1 = -2$, $x_2 = 1$. Obere Kurve durch Abschätzen bestimmen (z.B. Einsetzen von $x = 0$): $f(x)$ ist die obere Kurve. Für den Flächeninhalt ergibt sich damit:

$$\mathrm{A} = \int_{-2}^{1} \left(-x+2-x^2\right) dx = \int_{-2}^{1} \left(-x^2-x+2\right) dx = \left[-\tfrac{1}{3}x^3 - \tfrac{1}{2}x^2 + 2x\right]_{-2}^{1} = 4{,}5\,\mathrm{FE}.$$

b) Schnittstellen bestimmen durch Gleichsetzen und Ausrechnen: $x_1 = -2$, $x_2 = 2$.
Obere Kurve: $f(x)$ (nach unten geöffnete Parabel)

$$\mathrm{A} = \int_{-2}^{2} \left(4-x^2-\left(x^2-4\right)\right) dx = \int_{-2}^{2} \left(-2x^2+8\right) dx = \left[-\tfrac{2}{3}x^3 + 8x\right]_{-2}^{2}$$
$$= -\tfrac{16}{3} + 16 - \left(+\tfrac{16}{3} - 16\right) = 32 - \tfrac{32}{3} = \tfrac{64}{3} = 21{,}33\,\mathrm{FE}.$$

c) Schnittstellen bestimmen durch Gleichsetzen und Ausklammern: $x_1 = 0$, $x_2 = 1$.
Obere Kurve: $g(x)$ (z.B. durch Einsetzen für $x = \frac{1}{2}$).

$$\mathrm{A} = \int_{0}^{1} \left(x+1-\left(x^2+1\right)\right) dx = \int_{0}^{1} \left(-x^2+x\right) dx = \left[-\tfrac{1}{3}x^3 + \tfrac{1}{2}x^2\right]_{0}^{1} = -\tfrac{1}{3} + \tfrac{1}{2} - 0 = \tfrac{1}{6}\,\mathrm{FE}$$

d) Überlegung am Anfang: Bei der Integralberechnung entfällt der e^x-Term. Schnittstellen bestimmen: $e^x - \frac{1}{2}x^2 = e^x - x \Rightarrow \frac{1}{2}x^2 = x \Rightarrow x^2 - 2x = 0 \Rightarrow x_1 = 0, x_2 = 2$.
Obere Kurve: $f(x)$ (z.B. durch Einsetzen für $x = \frac{1}{2}$).

$$\mathrm{A} = \int_{0}^{2} \left(e^x - \tfrac{1}{2}x^2 - \left(e^x - x\right)\right) dx = \int_{0}^{2} \left(-\tfrac{1}{2}x^2 + x\right) dx = \left[-\tfrac{1}{6}x^3 + \tfrac{1}{2}x^2\right]_{0}^{2} = -\tfrac{8}{6} + 2 - 0$$
$$= \tfrac{2}{3}\,\mathrm{FE}.$$

8.3 Ins Unendliche reichende Flächen

a) I) Gesucht ist die Fläche zwischen der x-Achse, y-Achse und der Kurve mit der unteren Grenze $x = 0$. Für $z > 0$ ist:

$\mathrm{A}(z) = \int_0^z e^{-x}dx = \left[-e^{-x}\right]_0^z = -e^{-z} - (-1) = 1 - e^{-z}$.

Geht nun $z \to \infty$, so geht $\mathrm{A}(z) = 1 - e^{-z} \to 1$.

Es ist also $\lim\limits_{z\to\infty} \mathrm{A}(z) = 1$, damit ist der Flächeninhalt 1 FE.

II) Gesucht ist die Fläche zwischen der x-Achse, y-Achse und der Kurve mit der unteren Grenze $x = 0$. Für $z > 0$ ist:

$\mathrm{A}(z) = \int_0^z e^{-3x+1}dx = \left[-\frac{1}{3}e^{-3x+1}\right]_0^z = -\frac{1}{3}e^{-3z+1} + \frac{1}{3}e$.

Für $z \to \infty$ geht $\mathrm{A}(z) = -\frac{1}{3}e^{-3z+1} + \frac{1}{3}e \to \frac{1}{3}e$.

Es ist also $\lim\limits_{z\to\infty} \mathrm{A}(z) = \frac{1}{3}e$, damit ist der Flächeninhalt $\frac{1}{3}e$ FE.

III) Gesucht ist die Fläche zwischen der x-Achse, y-Achse und der Kurve mit der unteren Grenze $x = 0$. Für $z > 0$ ist:

$\mathrm{A}(z) = \int_0^z 2e^{-4x-2}dx = \left[-\frac{1}{4}\cdot 2e^{-4x-2}\right]_0^z = -\frac{1}{2}e^{-4z-2} + \frac{1}{2}e^{-2}$.

Für $z \to \infty$ geht $\mathrm{A}(z) = -\frac{1}{2}e^{-4z-2} + \frac{1}{2}e^{-2} \to \frac{1}{2}e^{-2}$.

Es ist also $\lim\limits_{z\to\infty} \mathrm{A}(z) = \frac{1}{2}e^{-2}$, damit ist der Flächeninhalt $\frac{1}{2}e^{-2}$ FE.

b) I) Um die obere Grenze zu bestimmen, wird zuerst die Nullstelle der Funktion bestimmt: $e - e^x = 0 \Rightarrow e = e^x \Rightarrow x = 1$. Der Inhalt des gesuchten Flächenstücks wird also durch eine Integration in den Grenzen von 0 bis 1 berechnet:

$$\int_0^1 (e - e^x)\,dx = \left[e\cdot x - e^x\right]_0^1 = e - e - (-1) = 1\,\mathrm{FE}.$$

II) Um die Asymptote zu bestimmen, betrachtet man den Grenzwert für $x \to -\infty$. Es ist $\lim\limits_{x\to-\infty} f(x) = e$, da der zweite Term für kleine Werte von x gegen Null geht. Die Asymptote ist daher die Gerade mit der Gleichung $y = e$.

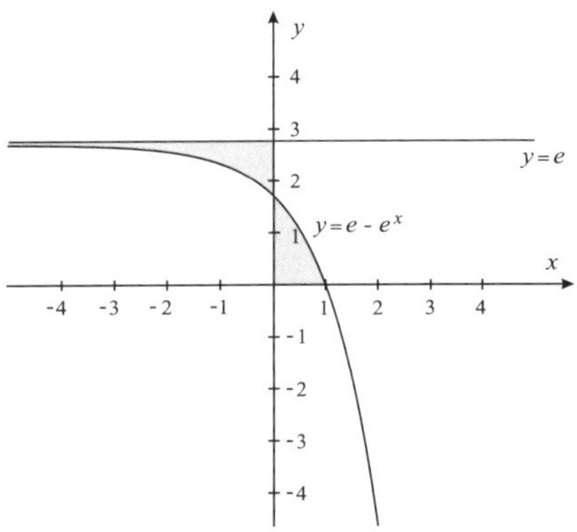

III) Um die ins Unendliche reichende Fläche zwischen der Asymptoten und der Kurve zu berechnen, muss man die Differenz zwischen der Geradengleichung und der Funktion integrieren:

$\mathrm{A}(z) = \int_z^0 (e - (e - e^x))\,dx = \left[e^x\right]_z^0 = 1 - e^z$.

Für den Grenzwert gilt: $\lim\limits_{z\to-\infty} \mathrm{A}(z) = 1$ FE.

Also sind beide Flächenstücke gleich groß.

8.4 Angewandte Integrale

a) Es ist $r(t) = 23 - 0,02 \cdot e^t$ mit $t \geqslant 0$.

I) Um den Zeitpunkt zu bestimmen, an dem der Regen aufhört, wird die Funktion r gleich Null gesetzt: $r(t) = 23 - 0,02 \cdot e^t = 0 \Rightarrow 23 = 0,02 \cdot e^t \Rightarrow t \approx 7,048$.
Nach 7 Tagen hört es also auf zu regnen.

II) Die Wassermenge, die im Laufe dieser Zeit auf jeden Quadratmeter niedergegangen ist, wird ermittelt, indem die Niederschlagsratenfunktion in den Grenzen von 0 bis 7 integriert wird.

$$\int_0^7 r(t)dt = \int_0^7 (23 - 0,02 \cdot e^t)\,dt = \left[23t - 0,02 \cdot e^t\right]_0^7 = 23 \cdot 7 - 0,02 \cdot e^7 - (0 - 0,02 \cdot e^0)$$
$$\approx 139,09$$

Auf jeden Quadratmeter sind also rund 139,1 Liter Wasser niedergegangen.

III) Die mittlere Regenmenge erhält man, indem man die Gesamtmenge des Regens durch die Anzahl der Tage teilt: $\frac{139,1}{7} = 19,87$.
Also sind im Mittel 19,87 Liter Regen pro Tag auf jeden Quadratmeter niedergegangen.

b) Da $f(t) = -0,5t + 3$; $t \geqslant 0$ die Zu- und Abflussrate beschreibt, muss man eine Stammfunktion F bestimmen, die die Menge des im Becken vorhandenen Wassers beschreibt:
$F(t) = -0,25t^2 + 3t + c$.

Die Konstante c wird mit Hilfe des Anfangswerts bestimmt. Am Anfang befinden sich 10 Liter Wasser im Becken, daher gilt: $F(0) = -0,25 \cdot 0^2 + 3 \cdot 0 + c = 10 \Rightarrow c = 10$.
Also ist $F(t) = -0,25 \cdot t^2 + 3t + 10$.
Um zu berechnen, wieviel Wasser das Becken nach 9 Stunden enthält, wird $t = 9$ in $F(t)$ eingesetzt: $F(9) = -0,25 \cdot 9^2 + 3 \cdot 9 + 10 = 16,75$.
Das Becken enthält nach 9 Stunden 16,75 Liter Wasser.

8.5 Rotationskörper

Rotation um die x-Achse

a) Es ist $f(x) = \frac{1}{4}e^{2x}$ über dem Intervall $[0;1]$. Für das Volumen des Rotationskörpers gilt:

$$V_{rot} = \pi \cdot \int_0^1 \left(\tfrac{1}{4}e^{2x}\right)^2 dx = \pi \cdot \int_0^1 \tfrac{1}{16}e^{4x}dx = \pi \cdot \left[\tfrac{1}{4 \cdot 16}e^{4x}\right]_0^1 = \pi \cdot \left(\tfrac{1}{64}e^4 - \tfrac{1}{64}e^0\right) = 2,63$$

Das Volumen des Rotationskörpers beträgt 2,63 VE.

b) Es ist $f(x) = \frac{2}{x}$ über dem Intervall $[1;2]$. Für das Volumen des Rotationskörpers gilt:

$$V_{rot} = \pi \cdot \int_1^2 \left(\tfrac{2}{x}\right)^2 dx = \pi \cdot \int_1^2 \tfrac{4}{x^2}\,dx = \pi \cdot \int_1^2 4x^{-2}dx = \pi \cdot \left[\tfrac{4}{-1} \cdot x^{-1}\right]_1^2 = \pi \cdot (-2 - (-4))$$
$$= 2\pi = 6,28$$

Das Volumen des Rotationskörpers beträgt 6,28 VE.

c) Es ist $f(x) = e^x$ und $y = e$ (Parallele zur x-Achse).
Die linke Integrationsgrenze ist die y-Achse: $x_1 = 0$.
Die rechte Integrationsgrenze erhält man durch Schneiden von $f(x) = e^x$ und $y = e$:
$e^x = e \Rightarrow x_2 = 1$. Um das Volumen des Rotationskörpers zu bestimmen, berechnet man zuerst die Volumenintegrale der jeweiligen Kurven und bildet anschließend die Differenz:

$$\mathrm{V}_{1rot} = \pi \cdot \int_0^1 e^2 dx = \pi \cdot \left[e^2 \cdot x\right]_0^1 = \pi \cdot (e^2 - 0) = \pi \cdot e^2$$

$$\mathrm{V}_{2rot} = \pi \cdot \int_0^1 (e^x)^2 dx = \pi \cdot \int_0^1 e^{2x} dx = \pi \cdot \left[\tfrac{1}{2}e^{2x}\right]_0^1 = \pi \cdot \left(\tfrac{1}{2}e^2 - \tfrac{1}{2}e^0\right) = \pi \cdot \left(\tfrac{1}{2}e^2 - \tfrac{1}{2}\right)$$

$$\mathrm{V}_{rot} = \mathrm{V}_{1rot} - \mathrm{V}_{2rot} = \pi \cdot e^2 - \pi \cdot \left(\tfrac{1}{2}e^2 - \tfrac{1}{2}\right) = \pi \cdot \left(\tfrac{1}{2}e^2 + \tfrac{1}{2}\right) = 13,18$$

Das Volumen des Rotationskörpers beträgt 13,18 VE.

Rotation um die y-Achse

a) Es ist $f(x) = \frac{1}{2}x^2 + 1$ sowie $y = 2 = c$ und $y = 3 = d$. Zuerst bestimmt man die Gleichung der Umkehrfunktion $\overline{f}(y)$, indem man $y = \frac{1}{2}x^2 + 1$ nach x auflöst: $x = \sqrt{2y - 2} = \overline{f}(y)$; $y \geqslant 1$
Somit gilt:

$$\mathrm{V}_{rot} = \pi \cdot \int_c^d \left(\overline{f}(y)\right)^2 dy = \pi \cdot \int_2^3 \left(\sqrt{2y-2}\right)^2 dy = \pi \cdot \int_2^3 (2y-2) dy = \pi \cdot \left[y^2 - 2y\right]_2^3$$
$$= \pi \cdot (9 - 6 - (4 - 4)) = 3\pi \approx 9,42$$

Das Volumen des Rotationskörpers beträgt 9,42 VE.

b) Es ist $f(x) = \frac{6}{x}$; $x > 0$ sowie $y = 1 = c$ und $y = 3 = d$.
Zuerst bestimmt man die Gleichung der Umkehrfunktion $\overline{f}(y)$, indem man $y = \frac{6}{x}$ nach x auflöst: $x = \frac{6}{y} = \overline{f}(y)$; $y > 0$. Somit gilt:

$$\mathrm{V}_{rot} = \pi \cdot \int_c^d \left(\overline{f}(y)\right)^2 dy = \pi \cdot \int_1^3 \left(\tfrac{6}{y}\right)^2 dy = \pi \cdot \int_1^3 \tfrac{36}{y^2} dy = \pi \cdot \left[-\tfrac{36}{y}\right]_1^3 = \pi \cdot (-12 - (-36))$$
$$= 24\pi \approx 75,40$$

Das Volumen des Rotationskörpers beträgt 75,40 VE.

c) Es ist $f(x) = \ln x$ sowie $y = 1 = c$ und $y = 2 = d$.
Zuerst bestimmt man die Gleichung der Umkehrfunktion $\overline{f}(y)$, indem man $y = \ln x$ nach x auflöst: $x = e^y = \overline{f}(y)$ Somit gilt:

$$\mathrm{V}_{rot} = \pi \cdot \int_c^d \left(\overline{f}(y)\right)^2 dy = \pi \cdot \int_1^2 (e^y)^2 dy = \pi \cdot \int_1^2 e^{2y} dy = \pi \cdot \left[\tfrac{1}{2}e^{2y}\right]_1^2 = \pi \cdot \left(\tfrac{1}{2}e^4 - \tfrac{1}{2}e^2\right)$$
$$\approx 74,16$$

Das Volumen des Rotationskörpers beträgt 74,16 VE.

8.6 Vermischte Aufgaben

a) Ansatz: $\mathrm{F}(x) = 4x^2 - 3e^{-x} + c$. Durch Einsetzen des Punktes P $(0 \mid 5)$ erhält man
$5 = 4 \cdot 0^2 - 3 \cdot e^{-0} + c \Rightarrow c = 8$. Die gesuchte Stammfunktion ist $\mathrm{F}(x) = 4x^2 - 3e^{-x} + 8$.

b) Ansatz: $F(x) = \frac{-1}{(2x-1)^2} + c$. Durch Einsetzen des Punktes $Q(1 \mid 3)$ erhält man $3 = \frac{-1}{(2\cdot 1-1)^2} + c \Rightarrow c = 4$. Die gesuchte Stammfunktion ist $F(x) = \frac{-1}{(2x-1)^2} + 4$.

c) Ansatz: $F(x) = \frac{1}{4} \cdot \sin(2x) + c$. Durch Einsetzen des Punktes $R\left(\frac{\pi}{4} \mid 1\right)$ erhält man $1 = \frac{1}{4} \cdot \sin(2 \cdot \frac{\pi}{4}) + c \Rightarrow 1 = \frac{1}{4} \cdot \sin(\frac{\pi}{2}) + c$. Da $\sin(\frac{\pi}{2}) = 1$, gilt: $1 = \frac{1}{4} \cdot 1 + c \Rightarrow c = \frac{3}{4}$.
Die gesuchte Stammfunktion ist $F(x) = \frac{1}{4} \cdot \sin(2x) + \frac{3}{4}$.

d) Durch Anwendung des Hauptsatzes der Differential- und Integralrechnung ergibt sich
$$\int_1^x \left(t^2 - 2t + 3\right) dt = \left[\tfrac{1}{3}t^3 - t^2 + 3t\right]_1^x = \tfrac{1}{3}x^3 - x^2 + 3x - \left(\tfrac{1}{3}1^3 - 1^2 + 3\right) = \tfrac{1}{3}x^3 - x^2 + 3x - \tfrac{7}{3}.$$

e) Durch Anwendung des Hauptsatzes der Differential- und Integralrechnung ergibt sich
$$\int_2^x \left(2t + 4e^{-\frac{1}{2}t}\right) dt = \left[t^2 - 8e^{-\frac{1}{2}t}\right]_2^x = x^2 - 8e^{-\frac{1}{2}x} - \left(2^2 - 8e^{-\frac{1}{2}\cdot 2}\right)$$
$$= x^2 - 8e^{-\frac{1}{2}x} - 4 + 8e^{-1}.$$

8.7 Partielle Integration

a) Zu berechnen ist $\int_1^2 3x \cdot e^x dx$. Man verwendet dazu die Formel:
$$\int_a^b u(x) \cdot v'(x) dx = \Big[u(x) \cdot v(x)\Big]_a^b - \int_a^b u'(x) \cdot v(x) dx$$
Setzt man $u(x) = 3x$ und $v'(x) = e^x$, so ist $u'(x) = 3$ und $v(x) = e^x$. Also gilt:
$$\int_1^2 3x \cdot e^x dx = \Big[3x \cdot e^x\Big]_1^2 - \int_1^2 3 \cdot e^x dx = \Big[3x \cdot e^x\Big]_1^2 - \Big[3 \cdot e^x\Big]_1^2 = \Big[(3x-3) \cdot e^x\Big]_1^2$$
$$= (3 \cdot 2 - 3) \cdot e^2 - \left((3 \cdot 1 - 3) \cdot e^1\right) = 3e^2 \approx 22{,}17.$$

b) Zu berechnen ist $\int_0^\pi 2x \cdot \cos x\, dx$. Man verwendet dazu die Formel:
$$\int_a^b u(x) \cdot v'(x) dx = \Big[u(x) \cdot v(x)\Big]_a^b - \int_a^b u'(x) \cdot v(x) dx$$
Setzt man $u(x) = 2x$ und $v'(x) = \cos x$, so ist $u'(x) = 2$ und $v(x) = \sin x$. Also gilt:
$$\int_0^\pi 2x \cdot \cos x\, dx = \Big[2x \cdot \sin x\Big]_0^\pi - \int_0^\pi 2 \cdot \sin x\, dx$$
$$= \Big[2x \cdot \sin x\Big]_0^\pi - \Big[-2\cos x\Big]_0^\pi = \Big[2x \cdot \sin x + 2\cos x\Big]_0^\pi$$
$$= 2 \cdot \pi \cdot \sin\pi + 2\cos\pi - (2 \cdot 0 \cdot \sin 0 + 2\cos 0) = 0 - 2 - (0 + 2) = -4.$$

c) Zu berechnen ist $\int_1^e 3x \cdot \ln x\, dx$.
Man verwendet dazu die Formel: $\int_a^b u(x) \cdot v'(x) dx = \Big[u(x) \cdot v(x)\Big]_a^b - \int_a^b u'(x) \cdot v(x) dx$
Setzt man $u(x) = \ln x$ und $v'(x) = 3x$, so ist $u'(x) = \frac{1}{x}$ und $v(x) = \frac{3}{2}x^2$. Also gilt:
$$\int_1^e 3x \cdot \ln x\, dx = \Big[\ln x \cdot \tfrac{3}{2}x^2\Big]_1^e - \int_1^e \tfrac{1}{x} \cdot \tfrac{3}{2}x^2 dx = \Big[\ln x \cdot \tfrac{3}{2}x^2\Big]_1^e - \int_1^e \tfrac{3}{2}x\, dx = \Big[\ln x \cdot \tfrac{3}{2}x^2\Big]_1^e - \Big[\tfrac{3}{4}x^2\Big]_1^e$$
$$= \Big[\ln x \cdot \tfrac{3}{2}x^2 - \tfrac{3}{4}x^2\Big]_1^e = \ln e \cdot \tfrac{3}{2}e^2 - \tfrac{3}{4}e^2 - \left(\ln 1 \cdot \tfrac{3}{2} \cdot 1^2 - \tfrac{3}{4} \cdot 1^2\right) = \tfrac{3}{2}e^2 - \tfrac{3}{4}e^2 + \tfrac{3}{4}$$
$$= \tfrac{3}{4}e^2 + \tfrac{3}{4} \approx 6{,}29.$$

9 Extremwertaufgaben/ Wachstums- und Zerfallsprozesse

9.1 Extremwertaufgaben

a) I) Es ist $f(x) = 6 - \frac{1}{4}x^2$. Gesucht ist ein Rechteck mit maximalem Umfang, das der angegebenen Kurve einbeschrieben werden soll. Nebenbedingung: Zwei Eckpunkte des Rechtecks müssen auf der Kurve, die anderen beiden auf der x-Achse liegen. Der Punkt auf der Kurve im 1. Quadranten sei $\mathrm{P}(u \mid v)$ mit $v = f(u)$. Damit gilt für die Höhe $h = f(u)$. Für das Rechteck ist die Grundseite $2u$, mit $0 \leqslant u \leqslant \sqrt{24}$ ($x = \pm\sqrt{24}$ sind die Nullstellen von f). Durch Einsetzen der Nebenbedingung ergibt sich als Zielfunktion für den Umfang: $\mathrm{U}(u) = 4 \cdot u + 2 \cdot f(u) \Rightarrow \mathrm{U}(u) = 4u + 2 \cdot \left(6 - \frac{1}{4}u^2\right) = 4u + 12 - \frac{1}{2}u^2$. Ableiten führt auf: $\mathrm{U}'(u) = 4 - u$. Die Ableitung wird gleich Null gesetzt, um die Extremstelle zu bestimmen: $u = 4$. Einsetzen in die 2. Ableitung $\mathrm{U}''(u) = -1$ ergibt: $\mathrm{U}''(4) = -1 < 0$, daraus folgt, dass es sich um ein globales Maximum handelt. Die Randstellen müssen daher nicht mehr überprüft werden. Durch einsetzen in die Zielfunktion ergibt sich für den gesuchten Umfang:
$\mathrm{U}(4) = 4 \cdot 4 + 2 \cdot f(4) = 16 + 2 \cdot 2 = 20\,\mathrm{LE}$.

II) Gesucht ist ein Rechteck mit maximaler Fläche, das der angegebenen Kurve einbeschrieben werden soll. Nebenbedingung: Zwei Eckpunkte des Rechtecks müssen auf der Kurve, die anderen beiden auf der x-Achse liegen. Der Punkt auf der Kurve im 1. Quadranten sei $\mathrm{P}(u \mid v)$ mit $v = f(u)$. Damit gilt für die Höhe $h = f(u)$. Für dieses Rechteck ist die Grundseite $2u$, mit $0 \leqslant u \leqslant \sqrt{24}$. (Es sind $x = \pm\sqrt{24}$ Schnittstellen der Kurve mit der x-Achse.) Durch Einsetzen der Nebenbedingung ergibt sich als Zielfunktion für die Fläche: $\mathrm{A}(u) = 2 \cdot u \cdot f(u) \Rightarrow \mathrm{A}(u) = 2u \cdot \left(6 - \frac{1}{4}u^2\right) = 12u - \frac{1}{2}u^3$. Ableiten führt auf: $\mathrm{A}'(u) = 12 - \frac{3}{2}u^2$. Die Ableitung wird gleich Null gesetzt, um die Extremstelle zu bestimmen: $\frac{3}{2}u^2 = 12 \Rightarrow u_{1,2} = \pm\sqrt{8} = \pm 2,83$. Der Wert $-\sqrt{8}$ scheidet aus, da es sich bei u um eine Länge handelt und diese immer positiv sind. Also ist $u = \sqrt{8} \approx 2,83$. Setzt man $\sqrt{8}$ in die 2. Ableitung $\mathrm{A}''(u) = -3u$ ein, ergibt sich: $\mathrm{A}''(\sqrt{8}) = -3\sqrt{8} < 0$. Daraus folgt, dass es sich um ein lokales Maximum handelt. Es muss noch überprüft werden, ob die Randstellen eventuell größere Funktionswerte liefern. Es ist $\mathrm{A}(0) = 0$ und $\mathrm{A}(\sqrt{24}) = 0$, damit existieren keine Randextremwerte und für $u = 2,83$ liegt ein globales Maximum vor. Setzt man $u = 2,83$ in die Zielfunktion ein, ergibt sich für die gesuchte Fläche: $\mathrm{A} = 12 \cdot \sqrt{8} - \frac{1}{2} \cdot \left(\sqrt{8}\right)^3 \approx 22,63\,\mathrm{FE}$.

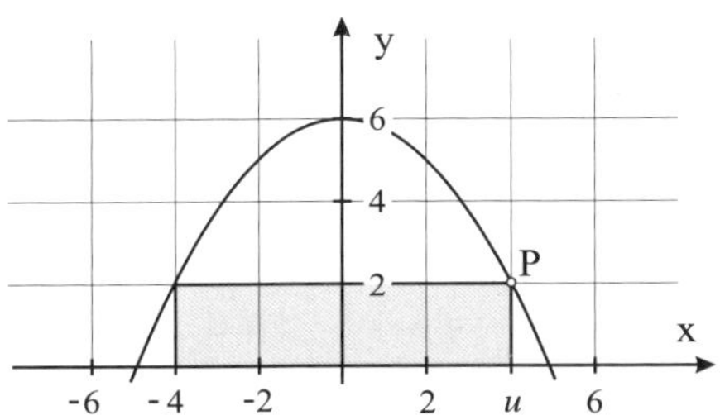

Aufgabe a) I)

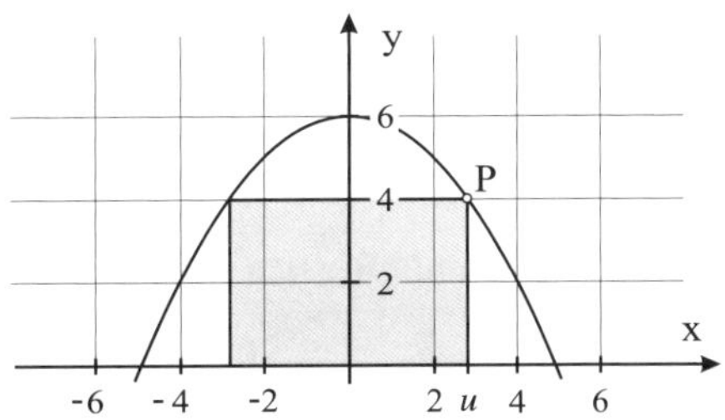

Aufgabe a) II)

b) Es ist $f(x) = -(x+2)e^{-x}$. Zuerst werden f' und f'' bestimmt: Mit der Produktregel folgt: $f(x) = -(x+2)e^{-x} \Rightarrow f'(x) = e^{-x}(x+1)$ und $f''(x) = -x \cdot e^{-x}$

Gesucht ist die Normale in W$(0 \mid -2)$. Es ist $m_n = -\frac{1}{f'(0)} = -\frac{1}{1} = -1$. Damit folgt für die Gleichung der Normale: $y = -x - 2$. Bestimmung des zweiten Schnittpunktes Q der Normalen mit der Kurve G: $-(x+2)e^{-x} = -x - 2 \Rightarrow (x+2) - (x+2)e^{-x} = 0$. Ausklammern von $(x+2)$ führt nun zu: $(x+2)(1 - e^{-x}) = 0$. Damit ergibt sich $x_1 = -2$ und aus dem zweiten Faktor $x_2 = 0$. Die Lösung $x_1 = -2$ führt zum gesuchten Schnittpunkt Q$(-2 \mid 0)$.

Für den Punkt P gilt: P$(u \mid -(u+2) \cdot e^{-u})$ mit $-2 < u < 0$.

Die Grundseite des Dreiecks OPQ ist $|\overline{QO}| = 2$, die Höhe beträgt $-f(u)$. (Für $-2 < u < 0$ ist $f(u)$ negativ, die Höhe des Dreiecks muss aber eine positive Größe sein.)

Damit ergibt sich für den Flächeninhalt des Dreiecks OPQ:

$A(u) = \frac{1}{2} \cdot g \cdot h = \frac{1}{2} \cdot 2 \cdot (-f(u)) = (u+2) \cdot e^{-u}$

$A'(u) = 1 \cdot e^{-u} + (u+2) \cdot (-e^{-u}) = e^{-u}(1 - u - 2) = e^{-u} \cdot (-u-1)$

$A''(u) = -e^{-u} \cdot (-u-1) + e^{-u} \cdot (-1) = e^{-u}(u+1-1) = e^{-u} \cdot u$

Für die Extremstelle ergibt sich damit: $e^{-u} \cdot (-u-1) = 0 \Rightarrow -u-1 = 0 \Rightarrow u_1 = -1$.

Einsetzen in $A''(u)$: $A''(-1) < 0 \Rightarrow$ es liegt ein lokales Maximum vor. Um zu prüfen, ob ein globales Maximum vorliegt, wird $A(-1) = (-1+2) \cdot e^1 = e$ mit den Randwerten verglichen: $A(-2) = 0$ und $A(0) = 2$. Da $A(-1) = e > 2$ ist, nimmt der Flächeninhalt für $u = -1$ ein globales Maximum an.

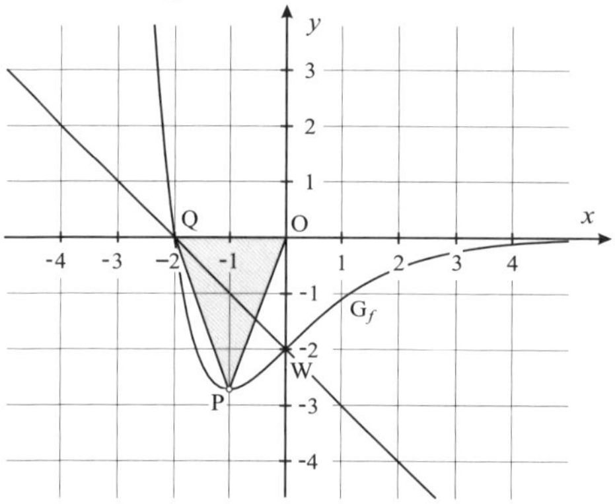

Aufgabe b)

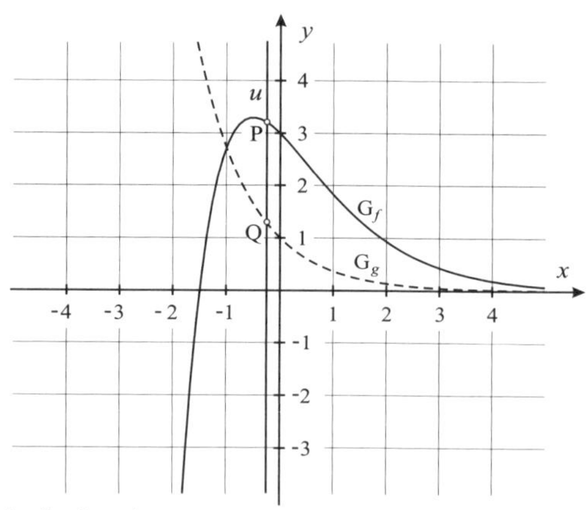

Aufgabe c)

c) Es sind $f(x) = (2x+3) \cdot e^{-x}$ und $g(x) = e^{-x}$. Der Punkt P liegt auf G_f und hat somit die Koordinaten: P$(u \mid (2u+3) \cdot e^{-u})$.

Der Punkt Q liegt auf G_g und hat somit die Koordinaten: Q$(u \mid e^{-u})$.

Die Länge l der Strecke PQ erhält man als Differenz der y-Werte von P und Q:

$l(u) = (2u+3) \cdot e^{-u} - e^{-u} = (2u+2) \cdot e^{-u}$

Zur Bestimmung des Maximums benötigt man die 1. und 2. Ableitung (Produkt- und Kettenregel):

$l'(u) = 2 \cdot e^{-u} + (2u+2) \cdot e^{-u} \cdot (-1) = -2u \cdot e^{-u}$

$l''(x) = -2 \cdot e^{-u} + (-2u \cdot e^{-u}) \cdot (-1) = (2u-2) \cdot e^{-u}$

Die 1. Ableitung wird Null gesetzt: $-2u \cdot e^{-u} = 0 \Rightarrow u_E = 0$. Setzt man $u_E = 0$ in $l''(u)$ ein, so erhält man: $l''(0) = (2 \cdot 0 - 2) \cdot e^{-0} = -2 < 0 \Rightarrow$ globales Maximum.
Für $u = 0$ ist die Länge der Strecke PQ maximal.
Setzt man $u = 0$ in $l(u)$ ein, so erhält man: $l(0) = (2 \cdot 0 + 2) \cdot e^{-0} = 2$.
Die maximale Länge der Strecke PQ beträgt 2 LE.

9.2 Wachstums- und Zerfallsprozesse

a) I) Das Zerfallsgesetz ist $\mathrm{B}(t) = \mathrm{B}_0 \cdot e^{k \cdot t}$, $t = 0$ wird auf den Zeitpunkt vor 2 Jahren gesetzt. Daraus ergibt sich: $\mathrm{B}(0) = 90000 \cdot e^{k \cdot 0} \Rightarrow \mathrm{B}_0 = 90000$. Nun ist noch k zu bestimmen: Aus $\mathrm{B}(2) = 30000$ folgt $\mathrm{B}(2) = 90000 \cdot e^{k \cdot 2} = 30000 \Rightarrow e^{k \cdot 2} = \frac{30000}{90000} = \frac{1}{3}$ $\Rightarrow k = \frac{\ln\left(\frac{1}{3}\right)}{2} \approx -0{,}5493$. Das Zerfallsgesetz ist damit: $\mathrm{B}(t) = 90000 \cdot e^{-0{,}5493 \cdot t}$

II) In 10 Jahren ab heute bedeutet $t = 12$. Setzt man $t = 12$ in $\mathrm{B}(t)$ ein, so erhält man:
$\mathrm{B}(12) = 90000 \cdot e^{-0{,}5493 \cdot 12} = 123{,}47$
In 10 Jahren gibt es etwa noch 123 Individuen.

III) Gesucht ist der Zeitpunkt t_E, an dem vom Anfangsbestand nur noch 10 % übrig sind. Die Population enthält dann noch $\frac{1}{10} \cdot \mathrm{B}_0 = 9000$ Individuen. Eingesetzt in die Funktion ergibt sich: $9000 = 90000 \cdot e^{-0{,}5493 \cdot t} \Rightarrow \frac{1}{10} = e^{-0{,}5493 \cdot t} \Rightarrow t_E = \frac{\ln\left(\frac{1}{10}\right)}{-0{,}5493} \approx 4{,}19$. Aus $t = 4$ ergibt sich, dass es in etwa zwei Jahren nur noch 10 % der Ausgangspopulation gibt.

b) I) Die Temperatur der Probe wird durch folgende Gleichung bestimmt:
$\mathrm{T}(t) = 80 - 60e^{-0{,}1 \cdot t}$. Um die gesuchte Asymptote zu bestimmen, betrachtet man den Grenzwert für $t \to \infty$. Es ist $\lim\limits_{t \to \infty} \mathrm{T}(t) = 80$, da $60e^{-0{,}1 \cdot t}$ für größer werdende Werte von t immer kleiner wird. Die Asymptote ist die Gerade mit der Gleichung $\mathrm{T}_{y=80} = 80$.
Die Asymptote kennzeichnet die Temperatur, die die Probe erreicht, wenn sie lange erwärmt wurde. Dies ist die Temperatur der Umgebung, in der sich die Probe beim Erwärmen befindet. (Im streng mathematischen Sinne erreicht die Kurve nie den Wert der Asymptote, physikalisch wird sie diese Temperatur aber nach einer gewissen Zeit erreicht haben.)

II) Die Geschwindigkeit, mit der sich die Probe erwärmt, ist am größten, wenn die Temperaturänderung am größten ist. Diese Temperaturänderung wird durch die 1. Ableitung der Temperaturfunktion $\mathrm{T}(t)$ beschrieben. Es ist $\mathrm{T}'(t) = 6 \cdot e^{-0{,}1t}$. Diese Funktion ist streng monoton fallend, da für ihre Ableitung $\mathrm{T}''(t)$ gilt: $\mathrm{T}''(t) = (\mathrm{T}'(t))' = -0{,}6 \cdot e^{-0{,}1t} < 0$. Die größte Temperaturänderung findet daher für $t = 0$, d.h. am Anfang der Erwärmung statt.

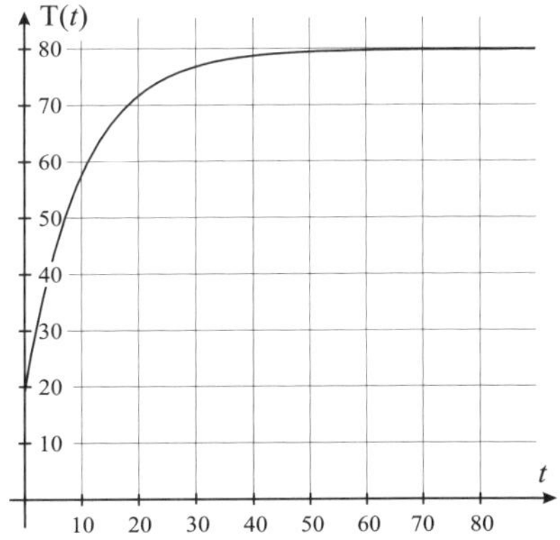

c) I) Da es sich um natürliches exponentielles Wachstum handelt, verwendet man den Ansatz: $\mathrm{G}(t) = a \cdot e^{k \cdot t}$; t in Tagen. Es ist $\mathrm{G}(0) = 1000$ bzw. $ae^{k \cdot 0} = 1000 \Rightarrow a = 1000$. Nach 7 Tagen kennen 1200 Menschen das Gerücht (20 % von 1000 ist 200). Somit ist $\mathrm{G}(7) = 1200$ bzw. $1000 \cdot e^{k \cdot 7} = 1200 \Rightarrow e^{k \cdot 7} = \frac{1200}{1000} \Rightarrow k = \frac{\ln\left(\frac{1200}{1000}\right)}{7} \approx 0{,}0260$.
Also lautet die Funktionsgleichung: $\mathrm{G}(t) = 1000 \cdot e^{0{,}0260t}$

II) Setzt man $t = 10$ in $\mathrm{G}(t)$ ein, so erhält man: $\mathrm{G}(10) = 1000 \cdot e^{0{,}0260 \cdot 10} = 1296{,}93$
Nach 10 Tagen kennen etwa 1297 Personen das Gerücht.

III) Um zu berechnen, wann alle Freiburger das Gerücht kennen, setzt man $\mathrm{G}(t) = 200\,000$ und man erhält:
$200\,000 = 1000 \cdot e^{0{,}0260t} \Rightarrow \frac{200\,000}{1000} = e^{0{,}0260t} \Rightarrow t = \frac{\ln(200)}{0{,}0260} \approx 203{,}78$
Nach etwa 204 Tagen kennen alle Freiburger das Gerücht.

d) I) Da es sich um natürliches exponentielles Wachstum handelt, verwendet man den Ansatz: $\mathrm{B}(t) = a \cdot e^{k \cdot t}$; ($t$ in Jahren und $t = 0$ im Jahre 1975, $\mathrm{B}(t)$ in Milliarden Menschen.) Es ist $\mathrm{B}(0) = 4{,}033$ bzw. $ae^{k \cdot 0} = 4{,}033 \Rightarrow a = 4{,}033$. Nach einem Jahr gibt es $1{,}02 \cdot 4{,}033 = 4{,}1136$ Milliarden Menschen. Somit ist $\mathrm{B}(1) = 4{,}1136$. Damit ist:
$4{,}033e^{k \cdot 1} = 4{,}1136 \Rightarrow e^k = \frac{4{,}1136}{4{,}033} \Rightarrow k = \ln\left(\frac{4{,}1136}{4{,}033}\right) \approx 0{,}0198$
Also lautet die Funktionsgleichung: $\mathrm{B}(t) = 4{,}033 \cdot e^{0{,}0198 \cdot t}$.

Im Jahre 2030 ist $t = 55$. Setzt man $t = 55$ in $\mathrm{B}(t)$ ein, so erhält man:
$\mathrm{B}(55) = 4{,}033 \cdot e^{0{,}0198 \cdot 55} \approx 11{,}98$
Im Jahre 2030 gibt es etwa 12 Milliarden Menschen, vorausgesetzt, das jährliche Wachstum bleibt während dieser Zeit konstant.

II) Um den Zeitraum der Verdoppelung zu bestimmen, setzt man $2 \cdot 4{,}033 = 8{,}066$ mit $\mathrm{B}(t)$ gleich und löst die Gleichung nach t auf:
$8{,}066 = 4{,}033 \cdot e^{0{,}0198t} \Rightarrow 2 = e^{0{,}0198t} \Rightarrow t = \frac{\ln 2}{0{,}0198} \approx 35{,}01$
Etwa alle 35 Jahre verdoppelt sich die Weltbevölkerung.

Lineare Algebra/ Analytische Geometrie

Für alle Parameter bei Geraden und Ebenen gilt $r, s, t, u, \ldots \in \mathbb{R}$, falls nicht anders angegeben.

10 Rechnen mit Vektoren

10.1 Addition und Subtraktion von Vektoren

Gegeben sind die Vektoren $\vec{a} = \begin{pmatrix} -1 \\ 2 \\ 4 \end{pmatrix}$ und $\vec{b} = \begin{pmatrix} 3 \\ 1 \\ 2 \end{pmatrix}$.

a) $\vec{a}+\vec{b} = \begin{pmatrix} 2 \\ 3 \\ 6 \end{pmatrix}$ b) $\vec{a}-\vec{b} = \begin{pmatrix} -4 \\ 1 \\ 2 \end{pmatrix}$ c) $2\cdot\vec{a} = \begin{pmatrix} -2 \\ 4 \\ 8 \end{pmatrix}$

d) $-\vec{a} = \begin{pmatrix} 1 \\ -2 \\ -4 \end{pmatrix}$ e) $2\vec{a}+3\vec{b} = \begin{pmatrix} 7 \\ 7 \\ 14 \end{pmatrix}$

f) $\vec{a}\cdot\vec{b} = (-1)\cdot 3 + 2\cdot 1 + 4\cdot 2 = 7$

g) $|\vec{a}| = \sqrt{(-1)^2+2^2+4^2} = \sqrt{1+4+16} = \sqrt{21}$

h) $|\vec{b}| = \sqrt{3^2+1^2+2^2} = \sqrt{14}$

i) $|\vec{a}+\vec{b}| = \left|\begin{pmatrix} 2 \\ 3 \\ 6 \end{pmatrix}\right| = \sqrt{2^2+3^2+6^2} = \sqrt{49} = 7$

10.2 Orthogonalität von Vektoren

a) $\vec{a}\cdot\vec{b} = \begin{pmatrix} -1 \\ 0 \\ 1 \end{pmatrix} \cdot \begin{pmatrix} 2 \\ 2 \\ 0 \end{pmatrix} = (-1)\cdot 2 + 0\cdot 2 + 1\cdot 0 = -2 \Rightarrow \vec{a}$ steht nicht orthogonal auf $\vec{b}$.

b) $\vec{r}\cdot\vec{n} = \begin{pmatrix} 5 \\ -1 \\ 3 \end{pmatrix} \cdot \begin{pmatrix} 2 \\ 1 \\ -3 \end{pmatrix} = 5\cdot 2 + (-1)\cdot 1 + 3\cdot(-3) = 0 \Rightarrow \vec{r}$ steht orthogonal auf $\vec{n}$.

c) $\vec{z}\cdot\vec{w} = \begin{pmatrix} 2 \\ -2 \\ 4 \end{pmatrix} \cdot \begin{pmatrix} 1 \\ 3 \\ 1 \end{pmatrix} = 2\cdot 1 + (-2)\cdot 3 + 4\cdot 1 = 0 \Rightarrow \vec{z}$ steht orthogonal auf $\vec{w}$.

10.3 Auffinden von orthogonalen Vektoren

Es sind Vektoren zu bestimmen, deren Skalarprodukt mit $\vec{n}$ Null ergibt. Dazu kann man zwei Komponenten des Vektors frei wählen, die dritte ergibt sich dann, z.B.:

$$\vec{a}=\begin{pmatrix}4\\-2\\0\end{pmatrix}, \text{ denn } \vec{a}\cdot\vec{n}=\begin{pmatrix}4\\-2\\0\end{pmatrix}\cdot\begin{pmatrix}1\\2\\-3\end{pmatrix}=4\cdot 1+(-2)\cdot 2+0\cdot(-3)=4-4=0$$

$$\vec{b}=\begin{pmatrix}0\\3\\2\end{pmatrix}, \text{ denn } \vec{b}\cdot\vec{n}=\begin{pmatrix}0\\3\\2\end{pmatrix}\cdot\begin{pmatrix}1\\2\\-3\end{pmatrix}=0\cdot 1+3\cdot 2+2\cdot(-3)=6-6=0$$

$$\vec{c}=\begin{pmatrix}5\\-1\\1\end{pmatrix}, \text{ denn } \vec{c}\cdot\vec{n}=\begin{pmatrix}5\\-1\\1\end{pmatrix}\cdot\begin{pmatrix}1\\2\\-3\end{pmatrix}=5\cdot 1+(-1)\cdot 2+1\cdot(-3)=5-2-3=0$$

10.4 Orts- und Verbindungsvektoren

Gegeben sind die Punkte $A\,(2\mid 3\mid 2)$, $B\,(7\mid 4\mid 3)$ und $C\,(1\mid 5\mid -2)$.

a) $\vec{a}=\begin{pmatrix}2\\3\\2\end{pmatrix}$, $\vec{b}=\begin{pmatrix}7\\4\\3\end{pmatrix}$, $\vec{c}=\begin{pmatrix}1\\5\\-2\end{pmatrix}$

b) $\overrightarrow{AB}=\vec{b}-\vec{a}=\begin{pmatrix}7\\4\\3\end{pmatrix}-\begin{pmatrix}2\\3\\2\end{pmatrix}=\begin{pmatrix}5\\1\\1\end{pmatrix}$

$$\overrightarrow{AC}=\vec{c}-\vec{a}=\begin{pmatrix}1\\5\\-2\end{pmatrix}-\begin{pmatrix}2\\3\\2\end{pmatrix}=\begin{pmatrix}-1\\2\\-4\end{pmatrix}$$

$$\overrightarrow{BC}=\vec{c}-\vec{b}=\begin{pmatrix}1\\5\\-2\end{pmatrix}-\begin{pmatrix}7\\4\\3\end{pmatrix}=\begin{pmatrix}-6\\1\\-5\end{pmatrix}$$

c) Nein, ein Verbindungsvektor verbindet zwei beliebige Punkte. Ein Ortsvektor geht immer vom Ursprung zu einem Punkt.

10.5 Teilverhältnisse

a) 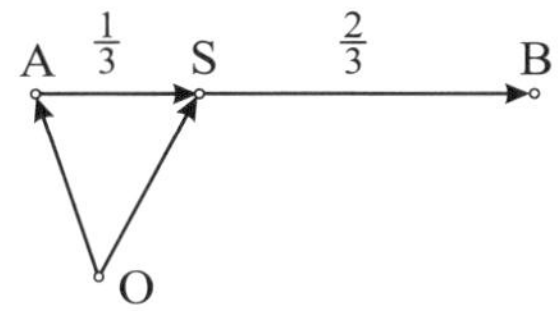

Um die Koordinaten von S zu bestimmen, stellt man eine Vektorkette auf. Es ist:

$$\overrightarrow{OS} = \overrightarrow{OA} + \tfrac{1}{3}\overrightarrow{AB} = \begin{pmatrix} 3 \\ -1 \\ 2 \end{pmatrix} + \tfrac{1}{3} \cdot \begin{pmatrix} 2 \\ -1 \\ -2 \end{pmatrix} = \begin{pmatrix} \frac{11}{3} \\ -\frac{4}{3} \\ \frac{4}{3} \end{pmatrix} \Rightarrow S\left(\tfrac{11}{3} \mid -\tfrac{4}{3} \mid \tfrac{4}{3}\right).$$

b) 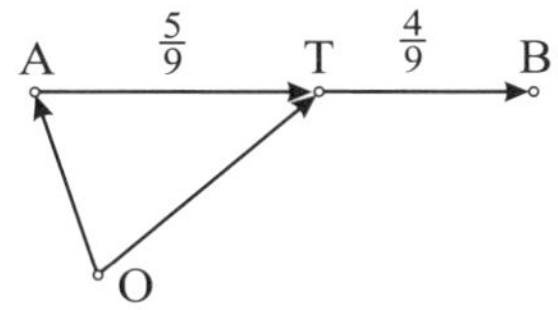

Um die Koordinaten von T zu bestimmen, stellt man eine Vektorkette auf. Es ist:

$$\overrightarrow{OT} = \overrightarrow{OA} + \tfrac{5}{9}\overrightarrow{AB} = \begin{pmatrix} 3 \\ -1 \\ 2 \end{pmatrix} + \tfrac{5}{9} \cdot \begin{pmatrix} 2 \\ -1 \\ -2 \end{pmatrix} = \begin{pmatrix} \frac{37}{9} \\ -\frac{14}{9} \\ \frac{8}{9} \end{pmatrix} \Rightarrow T\left(\tfrac{37}{9} \mid -\tfrac{14}{9} \mid \tfrac{8}{9}\right).$$

c) Der Punkt U liegt zwischen A und B, was anhand der einzelnen Koordinaten erkennbar ist.

Um das Teilverhältnis zu bestimmen, berechnet man die Längen der Vektoren $\overrightarrow{AU}$ und $\overrightarrow{UB}$ und teilt diese durcheinander. Es gilt:

$$\overline{AU} = |\overrightarrow{AU}| = \left| \begin{pmatrix} 1,5 \\ -0,75 \\ -1,5 \end{pmatrix} \right| = \sqrt{1,5^2 + (-0,75)^2 + (-1,5)^2} = 2,25$$

$$\overline{UB} = |\overrightarrow{UB}| = \left| \begin{pmatrix} 0,5 \\ -0,25 \\ -0,5 \end{pmatrix} \right| = \sqrt{0,5^2 + (-0,25)^2 + (-0,5)^2} = 0,75$$

Somit gilt für das Teilverhältnis: $\frac{\overline{AU}}{\overline{UB}} = \frac{2,25}{0,75} = 3 = \frac{3}{1}$

Der Punkt U teilt die Strecke AB im Verhältnis 3:1.

10.6 Verschiedene Aufgaben

a) I) $\overrightarrow{AB} = \begin{pmatrix} -4 \\ -2 \\ -1 \end{pmatrix}, \overrightarrow{AC} = \begin{pmatrix} -1 \\ -4 \\ -2 \end{pmatrix}, \overrightarrow{BC} = \begin{pmatrix} 3 \\ -2 \\ -1 \end{pmatrix}$, es ist $\overline{AB} = \overline{AC} = \sqrt{21}$,

damit ist das Dreieck gleichschenklig.

II) $\overrightarrow{AB} = \begin{pmatrix} 5 \\ 3 \\ -2 \end{pmatrix}, \overrightarrow{AC} = \begin{pmatrix} 4 \\ 4 \\ -2 \end{pmatrix}, \overrightarrow{BC} = \begin{pmatrix} -1 \\ 1 \\ 0 \end{pmatrix}$, es ist $\overline{AB} = \sqrt{38}$, $\overline{AC} = 6$

und $\overline{BC} = \sqrt{2}$, damit ist das Dreieck nicht gleichschenklig.

b) $\overrightarrow{AB} = \begin{pmatrix} -4 \\ 4 \\ 2 \end{pmatrix}, \overrightarrow{AC} = \begin{pmatrix} -6 \\ 0 \\ 6 \end{pmatrix}, \overrightarrow{BC} = \begin{pmatrix} -2 \\ -4 \\ 4 \end{pmatrix}$

$$\overrightarrow{AB} \cdot \overrightarrow{AC} = \begin{pmatrix} -4 \\ 4 \\ 2 \end{pmatrix} \cdot \begin{pmatrix} -6 \\ 0 \\ 6 \end{pmatrix} = 24 + 0 + 12 = 36$$

$$\overrightarrow{AB} \cdot \overrightarrow{BC} = \begin{pmatrix} -4 \\ 4 \\ 2 \end{pmatrix} \cdot \begin{pmatrix} -2 \\ -4 \\ 4 \end{pmatrix} = 8 - 16 + 8 = 0$$

$$\overrightarrow{AC} \cdot \overrightarrow{BC} = \begin{pmatrix} -6 \\ 0 \\ 6 \end{pmatrix} \cdot \begin{pmatrix} -2 \\ -4 \\ 4 \end{pmatrix} = 12 + 0 + 24 = 36$$

Da das Skalarprodukt von $\overrightarrow{AB}$ und $\overrightarrow{BC}$ gleich Null ist, stehen diese beiden Vektoren senkrecht aufeinander, d.h. das Dreieck ABC hat bei B einen rechten Winkel.

c) I)

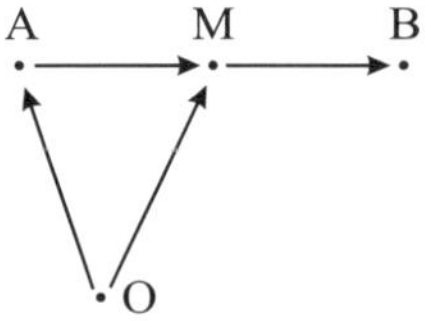

$$\overrightarrow{OM} = \overrightarrow{OA} + \tfrac{1}{2}\overrightarrow{AB} = \begin{pmatrix} 4 \\ 1 \\ 3 \end{pmatrix} + \tfrac{1}{2} \cdot \begin{pmatrix} -6 \\ 4 \\ -8 \end{pmatrix} = \begin{pmatrix} 1 \\ 3 \\ -1 \end{pmatrix}$$

$\Rightarrow M(1 \mid 3 \mid -1)$

II)

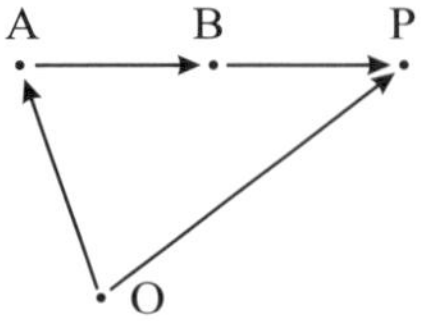

$$\overrightarrow{OP} = \overrightarrow{OA} + 2 \cdot \overrightarrow{AB} = \begin{pmatrix} 3 \\ -1 \\ -4 \end{pmatrix} + 2 \cdot \begin{pmatrix} 1 \\ 3 \\ 9 \end{pmatrix} = \begin{pmatrix} 5 \\ 5 \\ 14 \end{pmatrix}$$

$\Rightarrow P(5 \mid 5 \mid 14)$

d) I)

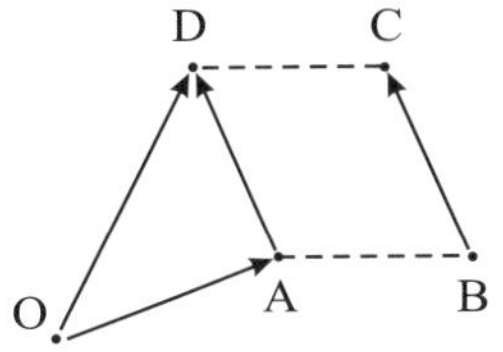

$$\overrightarrow{OD} = \overrightarrow{OA} + \overrightarrow{BC} = \begin{pmatrix} 4 \\ 2 \\ 3 \end{pmatrix} + \begin{pmatrix} -3 \\ -7 \\ -8 \end{pmatrix} = \begin{pmatrix} 1 \\ -5 \\ -5 \end{pmatrix}$$

$\Rightarrow D(1 \mid -5 \mid -5)$

II)

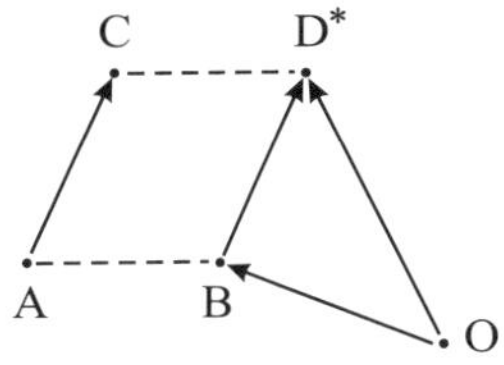

$$\overrightarrow{OD^*} = \overrightarrow{OB} + \overrightarrow{AC} = \begin{pmatrix} 1 \\ 8 \\ 5 \end{pmatrix} + \begin{pmatrix} -6 \\ -1 \\ -6 \end{pmatrix} = \begin{pmatrix} -5 \\ 7 \\ -1 \end{pmatrix}$$

$\Rightarrow D^*(-5 \mid 7 \mid -1)$

III)

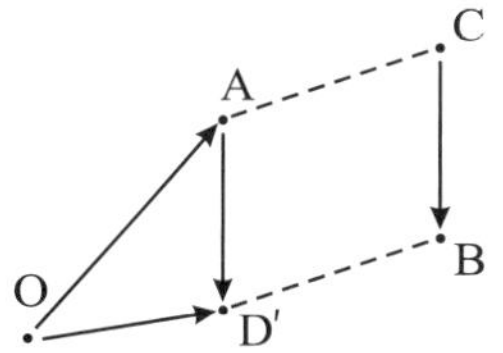

$$\overrightarrow{OD'} = \overrightarrow{OA} + \overrightarrow{CB} = \begin{pmatrix} 4 \\ 2 \\ 3 \end{pmatrix} + \begin{pmatrix} 3 \\ 7 \\ 8 \end{pmatrix} = \begin{pmatrix} 7 \\ 9 \\ 11 \end{pmatrix}$$

$\Rightarrow D'(7 \mid 9 \mid 11)$

e) I) Es ergeben sich folgende mögliche Vektorketten:

$$\overrightarrow{OD} = \overrightarrow{OA} + \overrightarrow{BC} = \begin{pmatrix} 3 \\ 1 \\ 4 \end{pmatrix} + \begin{pmatrix} 7 \\ -3 \\ 6 \end{pmatrix} = \begin{pmatrix} 10 \\ -2 \\ 10 \end{pmatrix} \Rightarrow D(10 \mid -2 \mid 10)$$

$$\overrightarrow{OE} = \overrightarrow{OA} + \overrightarrow{BF} = \begin{pmatrix} 3 \\ 1 \\ 4 \end{pmatrix} + \begin{pmatrix} 11 \\ 1 \\ 9 \end{pmatrix} = \begin{pmatrix} 14 \\ 2 \\ 13 \end{pmatrix} \Rightarrow E(14 \mid 2 \mid 13)$$

$$\overrightarrow{OG} = \overrightarrow{OC} + \overrightarrow{BF} = \begin{pmatrix} 5 \\ -2 \\ 3 \end{pmatrix} + \begin{pmatrix} 11 \\ 1 \\ 9 \end{pmatrix} = \begin{pmatrix} 16 \\ -1 \\ 12 \end{pmatrix} \Rightarrow G(16 \mid -1 \mid 12)$$

$$\overrightarrow{OH} = \overrightarrow{OD} + \overrightarrow{BF} = \begin{pmatrix} 10 \\ -2 \\ 10 \end{pmatrix} + \begin{pmatrix} 11 \\ 1 \\ 9 \end{pmatrix} = \begin{pmatrix} 21 \\ -1 \\ 19 \end{pmatrix} \Rightarrow H(21 \mid -1 \mid 19)$$

II) Die Länge der Raumdiagonalen AG ist die Länge des Verbindungsvektors $\overrightarrow{AG}$:

$$AG = |\overrightarrow{AG}| = \left| \begin{pmatrix} 13 \\ -2 \\ 8 \end{pmatrix} \right| = \sqrt{169 + 4 + 64} = \sqrt{237}$$

f) Bei einem schiefen Dreiecksprisma sind folgende 3 Kanten parallel: AD, BE und CF

$\Rightarrow \overrightarrow{AD} = \overrightarrow{BE} = \overrightarrow{CF}$. Daher gilt: $\overrightarrow{OE} = \overrightarrow{OB} + \overrightarrow{AD} = \begin{pmatrix} 5 \\ -2 \\ -1 \end{pmatrix} + \begin{pmatrix} 3 \\ 3 \\ 5 \end{pmatrix} = \begin{pmatrix} 8 \\ 1 \\ 4 \end{pmatrix}$

$\Rightarrow E(8 \mid 1 \mid 4)$

$$\overrightarrow{\mathrm{OF}} = \overrightarrow{\mathrm{OC}} + \overrightarrow{\mathrm{AD}} = \begin{pmatrix} -1 \\ 3 \\ -2 \end{pmatrix} + \begin{pmatrix} 3 \\ 3 \\ 5 \end{pmatrix} = \begin{pmatrix} 2 \\ 6 \\ 3 \end{pmatrix} \Rightarrow \mathrm{F}(2\,|\,6\,|\,3)$$

Die Länge der Kante EF ist $|\overrightarrow{\mathrm{EF}}| = \left|\begin{pmatrix} -6 \\ 5 \\ -1 \end{pmatrix}\right| = \sqrt{36+25+1} = \sqrt{62}\,\mathrm{LE}.$

10.7 Lineare Abhängigkeit

a) I) Der Ansatz $k \cdot \begin{pmatrix} 2 \\ 1 \\ 3 \end{pmatrix} = \begin{pmatrix} -4 \\ -2 \\ 6 \end{pmatrix}$ führt zu $\begin{array}{rcr} 2k & = & -4 \\ k & = & -2 \\ -3k & = & 6 \end{array}$

und damit zu $k = -2$, d.h. $\vec{a}$ und $\vec{b}$ sind linear abhängig.

II) Der Ansatz $k \cdot \begin{pmatrix} 2 \\ 0 \\ 3 \end{pmatrix} = \begin{pmatrix} -2 \\ 1 \\ -3 \end{pmatrix}$ führt zu $\begin{array}{rcr} 2k & = & -2 \\ 0 & = & 1 \\ 3k & = & -3 \end{array}$

und damit zu einem Widerspruch, d.h. $\vec{a}$ und $\vec{b}$ sind linear unabhängig.

III) Der Ansatz $k \cdot \begin{pmatrix} 6 \\ 3 \\ -9 \end{pmatrix} = \begin{pmatrix} 2 \\ 1 \\ -3 \end{pmatrix}$ führt zu $\begin{array}{rcr} 6k & = & 2 \\ 3k & = & 1 \\ -9k & = & -3 \end{array}$

und damit zu $k = \frac{1}{3}$, d.h. $\vec{a}$ und $\vec{b}$ sind linear abhängig.

IV) Der Ansatz $k \cdot \begin{pmatrix} 4 \\ -2 \\ 3 \end{pmatrix} = \begin{pmatrix} 5 \\ 1 \\ 9 \end{pmatrix}$ führt zu $\begin{array}{rcr} 4k & = & 5 \\ -2k & = & 1 \\ 3k & = & 9 \end{array}$

und damit zu verschiedenen Werten für k, also sind $\vec{a}$ und $\vec{b}$ linear unabhängig.

b) I) Der Ansatz $r \cdot \begin{pmatrix} 2 \\ 1 \\ -3 \end{pmatrix} + s \cdot \begin{pmatrix} 4 \\ -2 \\ 1 \end{pmatrix} + t \cdot \begin{pmatrix} 3 \\ 5 \\ 0 \end{pmatrix} = \begin{pmatrix} 0 \\ 0 \\ 0 \end{pmatrix}$ führt zu

$$\begin{array}{lrcrcrcr} \mathrm{I} & 2r & + & 4s & + & 3t & = & 0 \\ \mathrm{II} & r & - & 2s & + & 5t & = & 0 \\ \mathrm{III} & -3r & + & s & & & = & 0 \end{array}$$

Löst man das Gleichungssystem entsprechend Kapitel 5, so erhält man $s = 0$, $r = 0$ und $t = 0$, d.h. $\vec{a}$, $\vec{b}$, und $\vec{c}$ sind linear unabhängig.

II) Der Ansatz $r \cdot \begin{pmatrix} 4 \\ 0 \\ -2 \end{pmatrix} + s \cdot \begin{pmatrix} 1 \\ 3 \\ -1 \end{pmatrix} + t \cdot \begin{pmatrix} 6 \\ 6 \\ -4 \end{pmatrix} = \begin{pmatrix} 0 \\ 0 \\ 0 \end{pmatrix}$ führt zu

$$\begin{array}{lrcrcrcl} \text{I} & 4r & + & s & + & 6t & = & 0 \\ \text{II} & & & 3s & + & 6t & = & 0 \\ \text{III} & -2r & - & s & - & 4t & = & 0 \end{array}$$

Addiert man Gleichung I zum Zweifachen von Gleichung III, so ergibt sich

$$\begin{array}{lrcrcrcl} \text{I} & 4r & + & s & + & 6t & = & 0 \\ \text{II} & & & 3s & + & 6t & = & 0 \\ \text{IIIa} & & & -s & - & 2t & = & 0 \end{array}$$

Nun erkennt man, dass Gleichung II das (-3)-fache von Gleichung IIIa ist, d.h. es gibt unendlich viele Lösungen, z.B. kann man $t = 1$ wählen, so ergibt sich $s = -2$ und $r = -1$. Damit gibt es Lösungen, bei denen nicht $r = s = t = 0$ ist; d. h. $\vec{a}$, $\vec{b}$, und $\vec{c}$ sind linear abhängig.

III) Der Ansatz $r \cdot \begin{pmatrix} -1 \\ 3 \\ -2 \end{pmatrix} + s \cdot \begin{pmatrix} 5 \\ 2 \\ 1 \end{pmatrix} + t \cdot \begin{pmatrix} 3 \\ -4 \\ -3 \end{pmatrix} = \begin{pmatrix} 0 \\ 0 \\ 0 \end{pmatrix}$ führt zu

$$\begin{array}{lrcrcrcl} \text{I} & -r & + & 5s & + & 3t & = & 0 \\ \text{II} & 3r & + & 2s & - & 4t & = & 0 \\ \text{III} & -2r & + & s & - & 3t & = & 0 \end{array}$$

Löst man das Gleichungssystem entsprechend Kapitel 5, so erhält man $r = 0, s = 0$ und $t = 0$, d.h. $\vec{a}$, $\vec{b}$, und $\vec{c}$ sind linear unabhängig.

11 Geraden

11.1 Aufstellen von Geradengleichungen

Der Ortsvektor des einen Punktes wird als Stützvektor für die Gerade benutzt. Einen Richtungsvektor erhält man, indem man einen Verbindungsvektor zwischen den beiden Punkten aufstellt. Da es beliebig ist, welcher Punkt als «Stützpunkt» genommen wird, bzw. in welche Richtung man den Richtungsvektor aufstellt, gibt es mehrere Lösungen. Für Aufgabe a) sind alle vier Lösungen dargestellt, für die Aufgaben b) und c) ist eine mögliche Lösung aufgeführt.

a) I) $g: \vec{x} = \begin{pmatrix} 1 \\ 0 \\ 2 \end{pmatrix} + r \cdot \begin{pmatrix} 2 \\ 1 \\ 1 \end{pmatrix}$ II) $g: \vec{x} = \begin{pmatrix} 3 \\ 1 \\ 3 \end{pmatrix} + r \cdot \begin{pmatrix} 2 \\ 1 \\ 1 \end{pmatrix}$

III) $g: \vec{x} = \begin{pmatrix} 1 \\ 0 \\ 2 \end{pmatrix} + r \cdot \begin{pmatrix} -2 \\ -1 \\ -1 \end{pmatrix}$ IV) $g: \vec{x} = \begin{pmatrix} 3 \\ 1 \\ 3 \end{pmatrix} + r \cdot \begin{pmatrix} -2 \\ -1 \\ -1 \end{pmatrix}$

b) $g: \vec{x} = \begin{pmatrix} 2 \\ 1 \\ -4 \end{pmatrix} + s \cdot \begin{pmatrix} 2 \\ -1 \\ 5 \end{pmatrix}$ c) $g: \vec{x} = \begin{pmatrix} 1 \\ 1 \\ 0 \end{pmatrix} + t \cdot \begin{pmatrix} 1 \\ 1 \\ -1 \end{pmatrix}$

11.2 Punktprobe

Die Ortsvektoren der Punkte werden in die Geradengleichung eingesetzt. Dann ermittelt man den Parameter mit Hilfe der Gleichungen des dazugehörigen Gleichungssystems. Es muss sich für alle drei Gleichungen der gleiche Parameter ergeben.

a) Einsetzen ergibt:

$$\begin{array}{lrcrcr} \text{I} & 2 & = & 1 & + & r \\ \text{II} & 7 & = & 3 & + & 4r \\ \text{III} & 0 & = & -2 & + & 2r \end{array}$$

Lösen von Gleichung I, II und III führt zu $r = 1$. Also liegt der Punkt A auf der Geraden.

b) Einsetzen ergibt:

$$\begin{array}{lrcrcr} \text{I} & 3 & = & 1 & + & r \\ \text{II} & 11 & = & 3 & + & 4r \\ \text{III} & 3 & = & -2 & + & 2r \end{array}$$

Lösen von Gleichung I und II führt zu $r = 2$. Lösen von Gleichung III ergibt $r = 2,5$. Dies ist ein Widerspruch. Der Punkt liegt also nicht auf der Geraden.

c) Lösen von Gleichung I, II und III führt zu $r = -3$. Also liegt der Punkt C auf der Geraden.

11.3 Gegenseitige Lage von Geraden

Für einige Aufgaben ist die Lösung ausführlich dargestellt, ansonsten sind Zwischenergebnisse und das Endergebnis angegeben.

a) Die Richtungsvektoren der Geraden sind kein Vielfaches voneinander, da es kein k gibt, so dass gilt: $k \cdot \begin{pmatrix} 1 \\ 1 \\ 2 \end{pmatrix} = \begin{pmatrix} 2 \\ 0 \\ 1 \end{pmatrix}$, also können sich die Geraden schneiden oder windschief sein.
Gleichsetzen der Geraden führt zu:

$$\begin{array}{lrcrcr} \text{I} & 4 & + & t & = & 2r \\ \text{II} & 2 & + & t & = & 0 \\ \text{III} & 5 & + & 2t & = & r \end{array}$$

Gleichung II ergibt: $t = -2$. Eingesetzt in I ergibt sich $r = 1$. t und r müssen noch in Gleichung III überprüft werden: $5 + 2 \cdot (-2) = 1$. Nun setzt man r in die Gleichung von g_2 ein, es ergibt sich der Schnittpunkt S mit $S\,(2 \mid 0 \mid 1)$.

b) Die Richtungsvektoren der Geraden sind kein Vielfaches voneinander, da es kein k gibt, so dass gilt: $k \cdot \begin{pmatrix} 1 \\ 1 \\ 1 \end{pmatrix} = \begin{pmatrix} 3 \\ 4 \\ 5 \end{pmatrix}$, also können sich die Geraden schneiden oder windschief sein.
Gleichsetzen der Geraden führt zu:

$$\begin{array}{lrcrcrcr} \text{I} & 2 & + & r & = & 3 & + & 3t \\ \text{II} & & & r & = & 2 & + & 4t \\ \text{III} & & & r & = & 3 & + & 5t \end{array}$$

Gleichung I $-$ Gleichung II ergibt: $t = -1$. Eingesetzt in Gleichung II ergibt sich $r = -2$. t und r müssen noch in III überprüft werden: $-2 = 3 + 5 \cdot (-1)$. Einsetzen von r in g_1 ergibt den Schnittpunkt S mit $S\,(0 \mid -2 \mid -2)$.

c) Die Richtungsvektoren der Geraden sind kein Vielfaches voneinander, da es kein k gibt, so dass gilt: $k \cdot \begin{pmatrix} 2 \\ 1 \\ -3 \end{pmatrix} = \begin{pmatrix} 4 \\ -5 \\ -1 \end{pmatrix}$.
Gleichsetzen der Geraden führt zu:

$$\begin{array}{lrcrcrcr} \text{I} & 1 & + & 2s & = & 5 & + & 4t \\ \text{II} & -3 & + & s & = & 1 & - & 5t \\ \text{III} & 5 & - & 3s & = & -3 & - & t \end{array}$$

Gleichung I − 2· Gl. II ergibt: $t = \frac{2}{7}$. Eingesetzt in Gleichung II ergibt sich $s = \frac{18}{7}$. Es müssen s und t noch in Gleichung III überprüft werden, es ergibt sich: $\frac{4}{7} = 0$. Dies ist ein Widerspruch, also sind die Geraden windschief.

d) Die Richtungsvektoren der Geraden sind kein Vielfaches voneinander, da es kein k gibt, so dass gilt: $k \cdot \begin{pmatrix} 2 \\ 0 \\ 1 \end{pmatrix} = \begin{pmatrix} 0 \\ 1 \\ -1 \end{pmatrix}$. Gleichsetzen der Geradengleichungen und Berechnen von t und r mit Gleichung I und II ergibt: $t = \frac{1}{2}$ und $r = -1$. Prüfen in Gleichung III führt auf einen Widerspruch, also sind die Geraden windschief.

e) Prüfung der Richtungsvektoren:

$k \cdot \begin{pmatrix} 2 \\ -1 \\ 3 \end{pmatrix} = \begin{pmatrix} -2 \\ 1 \\ -3 \end{pmatrix} \Rightarrow k = -1$, d.h. die Richtungsvektoren sind ein Vielfaches voneinander (linear abhängig), also können die Geraden parallel oder identisch sein.
Man prüft nun, ob $P(4 \mid 0 \mid 1)$ der Geraden g auch auf der Geraden h liegt:

$$\begin{pmatrix} 4 \\ 0 \\ 1 \end{pmatrix} = \begin{pmatrix} 6 \\ -1 \\ 4 \end{pmatrix} + t \cdot \begin{pmatrix} -2 \\ 1 \\ -3 \end{pmatrix}$$

$4 = 6 - 2t \Rightarrow t = 1$
$0 = -1 + t \Rightarrow t = 1$
$1 = 4 - 3t \Rightarrow t = 1$, positive Punktprobe, also sind die Geraden identisch.

f) Prüfung der Richtungsvektoren:

$k \cdot \begin{pmatrix} 1 \\ -1 \\ 2 \end{pmatrix} = \begin{pmatrix} -3 \\ 3 \\ -6 \end{pmatrix} \Rightarrow k = -3$, d.h. die Richtungsvektoren sind ein Vielfaches voneinander (linear abhängig), also können die Geraden parallel oder identisch sein.
Man prüft nun, ob $P(1 \mid 2 \mid 3)$ der Geraden g auch auf der Geraden h liegt:

$$\begin{pmatrix} 1 \\ 2 \\ 3 \end{pmatrix} = \begin{pmatrix} -1 \\ 4 \\ -1 \end{pmatrix} + s \cdot \begin{pmatrix} -3 \\ 3 \\ -6 \end{pmatrix}$$

$1 = -1 - 3s \Rightarrow s = -\frac{2}{3}$
$2 = 4 + 3s \Rightarrow s = -\frac{2}{3}$
$3 = -1 - 6s \Rightarrow s = -\frac{2}{3}$, positive Punktprobe, also sind die Geraden identisch.

g) Prüfung der Richtungsvektoren:

$k \cdot \begin{pmatrix} -2 \\ -1 \\ 3 \end{pmatrix} = \begin{pmatrix} 4 \\ 2 \\ -6 \end{pmatrix} \Rightarrow k = -2$, d.h. die Richtungsvektoren sind ein Vielfaches voneinander (linear abhängig), also können die Geraden parallel oder identisch sein.

Man prüft nun, ob $\mathrm{P}(1 \mid 4 \mid -2)$ der Geraden g auch auf der Geraden h liegt:

$$\begin{pmatrix} 1 \\ 4 \\ -2 \end{pmatrix} = \begin{pmatrix} -1 \\ 3 \\ -1 \end{pmatrix} + r \cdot \begin{pmatrix} 4 \\ 2 \\ -6 \end{pmatrix}$$

$1 = -1 + 4r \Rightarrow r = \frac{1}{2}$
$4 = 3 + 2r \Rightarrow r = \frac{1}{2}$
$-2 = -1 - 6r \Rightarrow r = \frac{1}{6}$, dies ist ein Widerspruch, d.h. negative Punktprobe, also sind die Geraden parallel.

h) Prüfung der Richtungsvektoren:

$k \cdot \begin{pmatrix} 4 \\ 6 \\ -8 \end{pmatrix} = \begin{pmatrix} 2 \\ 3 \\ -4 \end{pmatrix} \Rightarrow k = \frac{1}{2}$, d.h. die Richtungsvektoren sind ein Vielfaches voneinander (linear abhängig), also können die Geraden parallel oder identisch sein.

Man prüft nun, ob $\mathrm{P}(0 \mid 1 \mid 4)$ der Geraden g auch auf der Geraden h liegt:

$$\begin{pmatrix} 0 \\ 1 \\ 4 \end{pmatrix} = \begin{pmatrix} 4 \\ 8 \\ -4 \end{pmatrix} + t \cdot \begin{pmatrix} 2 \\ 3 \\ -4 \end{pmatrix}$$

$0 = 4 + 2t \Rightarrow t = -2$
$1 = 8 + 3t \Rightarrow t = -\frac{7}{3}$
$4 = -4 - 4t \Rightarrow t = -2$, Widerspruch, d.h. negative Punktprobe, also sind die Geraden parallel.

11.4 Parallele Geraden mit Parameter

Wenn die beiden Geraden parallel sein sollen, müssen die beiden Richtungsvektoren linear abhängig sein. Dazu bestimmt man t so, dass der eine Vektor ein Vielfaches des anderen ist.

a) Gesucht ist t, so dass gilt: $\begin{pmatrix} 0 \\ 2 \\ 2t \end{pmatrix} = r \cdot \begin{pmatrix} 0 \\ 4 \\ 4 \end{pmatrix}$. Es ergibt sich:

$$\begin{array}{lrcl} \text{I} & 0 & = & 0 \\ \text{II} & 2 & = & 4r \\ \text{III} & 2t & = & 4r \end{array}$$

Lösen führt zu $r = \frac{1}{2}$ und $t = 1$. Es muss noch sichergestellt sein, dass die Geraden nicht identisch sind, also macht man die Punktprobe:

$$\begin{array}{lrcrcr} \text{I} & 1 & = & 4 & & \\ \text{II} & 1 & = & 1 & + & 4r \\ \text{III} & 1 & = & 7 & + & 4r \end{array}$$

Für I ergibt sich unmittelbar ein Widerspruch, also sind die Geraden echt parallel (da sie keinen Schnittpunkt besitzen).

b) Gesucht ist t, so dass gilt: $\begin{pmatrix} 0,5t \\ t \\ 4 \end{pmatrix} = r \cdot \begin{pmatrix} 1 \\ 2 \\ -2 \end{pmatrix}$. Es ergibt sich:

$$\begin{array}{lrcr} \text{I} & 0,5t & = & r \\ \text{II} & t & = & 2r \\ \text{III} & 4 & = & -2r \end{array}$$

Aus III ergibt sich $r = -2$. Einsetzen in II führt zu $t = -4$. Überprüfen in I ergibt eine wahre Aussage. Es muss noch sichergestellt sein, dass die Geraden nicht identisch sind, also macht man die Punktprobe. Dies führt zu einen Widerspruch, also sind die Geraden echt parallel.

c) Gesucht ist t, so dass gilt: $\begin{pmatrix} t \\ 2t \\ -3 \end{pmatrix} = s \cdot \begin{pmatrix} 3 \\ 6 \\ -t \end{pmatrix}$. Es ergibt sich:

$$\begin{array}{lrcr} \text{I} & t & = & 3s \\ \text{II} & 2t & = & 6s \\ \text{III} & -3 & = & -t \cdot s \end{array}$$

I und II sind ein Vielfaches voneinander, daher benutzt man die Gleichungen I und III. Einsetzen von I in III führt zu $s = \pm 1$. Lösen führt auf $t_1 = 3$ und $t_2 = -3$. Es gibt also zwei Werte von t, für die die Geraden parallel sind. Macht man jeweils die Punktprobe, führt dies auf einen Widerspruch, damit sind die Geraden echt parallel.

11.5 Allgemeines Verständnis von Geraden

a) I) Die Richtungsvektoren $\vec{r}$ und $\vec{v}$ müssen linear abhängig (ein Vielfaches voneinander) sein. Für die Stützvektoren muss gelten: $\vec{a} \neq \vec{b}$. Außerdem darf der zu $\vec{b}$ gehörende Punkt B nicht auf g liegen, das heißt: $\vec{b} \neq \vec{a} + s \cdot \vec{r}$. (Bzw. der zu $\vec{a}$ gehörende Punkt A darf nicht auf h liegen.)

II) Die Stützvektoren müssen nicht unbedingt gleich sein, aber jeder «Stützpunkt» muss ein Punkt der anderen Gerade sein (Nachweis durch Punktprobe). Die Richtungsvektoren $\vec{r}$ und $\vec{v}$ müssen linear abhängig sein.

III) Die Stützvektoren müssen nicht unbedingt gleich sein, aber die Geraden müssen sich schneiden. Die Richtungsvektoren müssen orthogonal sein: $\vec{r} \cdot \vec{v} = 0$.

b) Für die Winkelbestimmung braucht man die beiden Richtungsvektoren $\vec{r}$ und $\vec{v}$.
Für den spitzen Winkel δ gilt dann:

$$\cos\delta = \frac{|\vec{r} \cdot \vec{v}|}{|\vec{r}| \cdot |\vec{v}|}$$

c) Zur Bestimmung der gegenseitigen Lage prüft man zuerst die Richtungsvektoren auf lineare Abhängigkeit bzw. Unabhängigkeit:

1. Sind die Richtungsvektoren ein Vielfaches voneinander (linear abhängig), können die Geraden parallel oder identisch sein.
   Sie sind identisch, wenn ein Punkt der einen Geraden auf der anderen Geraden liegt (positive Punktprobe), sonst sind sie parallel (negative Punktprobe).
2. Sind die Richtungsvektoren kein Vielfaches voneinander (linear unabhängig), können die Geraden sich schneiden oder windschief sein.
   Durch Gleichsetzen erhält man den Schnittpunkt oder einen Widerspruch, welcher angibt, dass die Geraden windschief sind.

12 Ebenen

12.1 Parameterform der Ebenengleichung

a) Einer der angegebenen Punkte, z.B. A, wird als «Stützpunkt» genommen; die Verbindungsvektoren $\overrightarrow{AB}$ und $\overrightarrow{AC}$ sind dann die Spannvektoren der Ebene. Konkret ergibt sich damit:

$$E: \vec{x} = \begin{pmatrix} 1 \\ 4 \\ 3 \end{pmatrix} + r \cdot \begin{pmatrix} 1 \\ 3 \\ -6 \end{pmatrix} + s \cdot \begin{pmatrix} 2 \\ 1 \\ -2 \end{pmatrix}$$

b) Auch hier wird einer der angegebenen Punkte als Stützpunkt genommen, die Verbindungsvektoren $\overrightarrow{PQ}$ und $\overrightarrow{PR}$ ermittelt und als Spannvektoren genommen. Damit gilt:

$$E: \vec{x} = \begin{pmatrix} 3 \\ 1 \\ 2 \end{pmatrix} + r \cdot \begin{pmatrix} 1 \\ 6 \\ 1 \end{pmatrix} + s \cdot \begin{pmatrix} 1 \\ -1 \\ -3 \end{pmatrix}$$

c) Der «Stützpunkt» und der erste Spannvektor können direkt von der Geraden g übernommen werden. Den zweiten Spannvektor erhält man, indem man den Verbindungsvektor zwischen dem Stützpunkt und dem angegebenen Punkt aufstellt. Damit gilt:

$$E: \vec{x} = \begin{pmatrix} -1 \\ 2 \\ 4 \end{pmatrix} + r \cdot \begin{pmatrix} 3 \\ 6 \\ -1 \end{pmatrix} + s \cdot \begin{pmatrix} 2 \\ 1 \\ 2 \end{pmatrix}$$

d) Auch hier können der «Stützpunkt» und der erste Spannvektor direkt von der Geraden g übernommen werden. Den zweiten Spannvektor erhält man, indem man den Verbindungsvektor zwischen dem angegebenen Punkt und dem Stützpunkt aufstellt. Damit gilt:

$$E: \vec{x} = \begin{pmatrix} 7 \\ 3 \\ 2 \end{pmatrix} + r \cdot \begin{pmatrix} 1 \\ 2 \\ 1 \end{pmatrix} + s \cdot \begin{pmatrix} 7 \\ 2 \\ 0 \end{pmatrix}$$

12.2 Koordinatengleichung einer Ebene

Es gibt verschiedene Wege, die Koordinatenform der Ebenengleichung zu bestimmen. In der Lösung ist der Weg über die Punkt-Normalenform gewählt, weil er der anschaulichste ist. Es ist aber z.B. auch möglich, die Koordinatenform zu bestimmen, indem man ein Gleichungssystem bildet und dieses ausrechnet.

a) Zuerst legt man fest, welcher Ortsvektor als Stützvektor benutzt wird, dann bildet man zwei Spannvektoren und errechnet mit diesen den Normalenvektor $\vec{n}$. Dieser wird in die Punkt-Normalenform eingesetzt und ausgerechnet:

Als Stützvektor wird $\vec{a}$ gewählt, damit ergibt sich für die Spannvektoren $\overrightarrow{AB} = \begin{pmatrix} 2 \\ -1 \\ 1 \end{pmatrix}$

und $\overrightarrow{AC} = \begin{pmatrix} 6 \\ 2 \\ 3 \end{pmatrix}$. Das Vektorprodukt (siehe Seite 50) der Spannvektoren ergibt $\begin{pmatrix} -5 \\ 0 \\ 10 \end{pmatrix}$.

Ausklammern von 5 führt zu $\vec{n} = \begin{pmatrix} -1 \\ 0 \\ 2 \end{pmatrix}$. Einsetzen in die Punkt-Normalenform und Ausrechnen ergibt

$\begin{pmatrix} -1 \\ 0 \\ 2 \end{pmatrix} \cdot \left(\begin{pmatrix} x_1 \\ x_2 \\ x_3 \end{pmatrix} - \begin{pmatrix} 2 \\ 2 \\ 2 \end{pmatrix} \right) = 0 \Rightarrow -x_1 + 2 + 2x_3 - 4 = 0$. Ordnen der Gleichung führt auf: $x_1 - 2x_3 = -2$.

b) Stützvektor $= \vec{p}$, Spannvektoren $\overrightarrow{PQ} = \begin{pmatrix} 1 \\ 4 \\ -2 \end{pmatrix}$ und $\overrightarrow{PR} = \begin{pmatrix} 4 \\ -2 \\ -2 \end{pmatrix}$. Das Vektorprodukt (siehe Seite 50) der Spannvektoren ergibt $\begin{pmatrix} -12 \\ -6 \\ -18 \end{pmatrix}$. Ausklammern von (-6) führt zu $\vec{n} = \begin{pmatrix} 2 \\ 1 \\ 3 \end{pmatrix}$. Einsetzen von $\vec{p}$ und $\vec{n}$ in die Punkt-Normalenform und Ausrechnen führt zu $2x_1 + x_2 + 3x_3 = 20$.

c) Lösungsweg: Der Stützvektor der Geraden wird als Punkt der Ebene in der Punkt-Normalenform benutzt. Der erste Spannvektor ist der Richtungsvektor der Geraden, der zweite Spannvektor ergibt sich als Verbindungsvektor des «Stützpunktes» der Geraden zu dem gegebenen Punkt. Mit den beiden Spannvektoren wird $\vec{n}$ berechnet und über die Punkt-Normalenform die Koordinatengleichung ausgerechnet.
Stützvektor $= \vec{s} = \begin{pmatrix} 3 \\ 5 \\ 7 \end{pmatrix}$, Spannvektoren $\begin{pmatrix} 1 \\ 1 \\ 1 \end{pmatrix}$ und $\begin{pmatrix} 1 \\ -4 \\ -5 \end{pmatrix}$. Das Vektorprodukt (siehe Seite 50) der Spannvektoren und Ausklammern von (-1) führt zu $\vec{n} = \begin{pmatrix} 1 \\ -6 \\ 5 \end{pmatrix}$. Einsetzen von $\vec{s}$ und $\vec{n}$ in die Punkt-Normalenform und Ausrechnen führt zu $x_1 - 6x_2 + 5x_3 = 8$.

d) Stützvektor $= \vec{s} = \begin{pmatrix} 7 \\ 2 \\ 3 \end{pmatrix}$, Spannvektoren $\begin{pmatrix} 1 \\ -3 \\ -3 \end{pmatrix}$ und $\begin{pmatrix} -3 \\ 1 \\ 1 \end{pmatrix}$. Das Vektorprodukt (siehe Seite 50) der Spannvektoren und Ausklammern von 8 führt zu $\vec{n} = \begin{pmatrix} 0 \\ 1 \\ -1 \end{pmatrix}$. Einsetzen von $\vec{s}$ und $\vec{n}$ in die Punkt-Normalenform und Ausrechnen führt zu $x_2 - x_3 = -1$.

e) Lösungsweg: Zuerst wird der Schnittpunkt der Geraden ermittelt. Bevor man die Gleichungen gleichsetzt, überprüft man, ob sie den gleichen Stützvektor besitzen. Der eine Richtungsvektor bildet einen Spannvektor, der andere Richtungsvektor den anderen. Mit den beiden Spannvektoren wird $\vec{n}$ berechnet und über die Punkt-Normalenform die Koordinatengleichung ausgerechnet.

Beide Geraden besitzen den gleichen Stützvektor $\vec{s} = \begin{pmatrix} 1 \\ 2 \\ 3 \end{pmatrix}$, die Spannvektoren sind $\begin{pmatrix} 1 \\ 3 \\ 4 \end{pmatrix}$ und $\begin{pmatrix} 2 \\ -1 \\ 3 \end{pmatrix}$. Damit ist $\vec{n} = \begin{pmatrix} 13 \\ 5 \\ -7 \end{pmatrix}$. Einsetzen von $\vec{s}$ und $\vec{n}$ in die Punkt-Normalenform und Ausrechnen führt zu $13x_1 + 5x_2 - 7x_3 = 2$.

f) Die Geraden besitzen nicht den gleichen Stützvektor, daher wird zuerst der Schnittpunkt der Geraden durch Gleichsetzen der dazugehörigen Gleichungen bestimmt:

$$\begin{array}{lccccccc} \text{I} & 1 & + & s & = & 3 & + & 2t \\ \text{II} & 2 & + & 3s & = & 3 & + & t \\ \text{III} & 4 & + & 2s & = & 7 & + & 3t \end{array}$$

Die Gleichung II wird mit -2 multipliziert und zu I addiert. Auflösen nach s ergibt: $s = 0$. Einsetzen in I führt auf $t = -1$. Beide Variablen müssen noch in III überprüft werden. Um den Schnittpunkt zu bestimmen, setzt man s oder t in eine der beiden Geradengleichungen ein. Der Schnittpunkt S ist damit $S\,(1 \mid 2 \mid 4)$. Nun wählt man wieder die beiden Richtungsvektoren als Spannvektoren und bestimmt $\vec{n}$: Damit ist $\vec{n} = \begin{pmatrix} 7 \\ 1 \\ -5 \end{pmatrix}$. Einsetzen von $\vec{s}$ und $\vec{n}$ in die Punkt-Normalenform und Ausrechnen führt zu $7x_1 + x_2 - 5x_3 = -11$.

g) Zuerst wird der Schnittpunkt durch Gleichsetzen der Gleichungen bestimmt: $s = -1$ und $t = 2$. Der Schnittpunkt S ist damit $S\,(1 \mid 0 \mid 2)$. Nun wählt man wieder die beiden Richtungsvektoren als Spannvektoren und bestimmt $\vec{n}$: $\vec{n} = \begin{pmatrix} -17 \\ 6 \\ 7 \end{pmatrix}$. Einsetzen von $\vec{s}$ und $\vec{n}$ in die Punkt-Normalenform und Ausrechnen führt zu $-17x_1 + 6x_2 + 7x_3 = -3$.

h) Zuerst wird der Schnittpunkt durch Gleichsetzen der dazugehörigen Gleichungen bestimmt:

$$\begin{array}{lccccccc} \text{I} & 1 & + & 3s & = & 4 & + & 6t \\ \text{II} & & & s & = & 1 & + & 2t \\ \text{III} & 2 & + & 2s & = & 1 & + & 4t \end{array}$$

Die Gleichung II wird mit -2 multipliziert zu III addiert. Es ergibt sich der Ausdruck $3 = 0$. Dies ist ein Widerspruch. Die Gleichung hat damit keine Lösung, d.h. die Geraden schneiden sich nicht. Da die Richtungsvektoren linear abhängig sind, sind die Geraden parallel. Der «Stützpunkt» der einen Geraden wird als Punkt in der Punkt-Normalenform benutzt. Der erste Spannvektor der Ebene ist der Richtungsvektor der Geraden, der zweite Spannvektor ergibt sich aus dem Verbindungsvektor zwischen dem «Stützpunkt» der ersten Geraden und dem des «Stützpunktes» der zweiten Geraden. Mit den beiden Spannvektoren wird $\vec{n}$ berechnet und über die Punkt-Normalenform die Koordinatengleichung ausgerechnet.
Stützvektor $\vec{s} = \begin{pmatrix} 1 \\ 0 \\ 2 \end{pmatrix}$, die Spannvektoren sind $\begin{pmatrix} 3 \\ 1 \\ 2 \end{pmatrix}$ und $\begin{pmatrix} 3 \\ 1 \\ -1 \end{pmatrix}$. Das Vektorprodukt (siehe Seite 50) der Spannvektoren und Ausklammern von (-3) führt zu $\vec{n} = \begin{pmatrix} 1 \\ -3 \\ 0 \end{pmatrix}$.
Einsetzen von $\vec{s}$ und $\vec{n}$ in die Punkt-Normalenform und Ausrechnen führt zu $x_1 - 3x_2 = 1$.

i) Zuerst wird der Schnittpunkt durch Gleichsetzen bestimmt. Das Lösen des Gleichungssystems führt zu einem Widerspruch, daher schneiden sich die Geraden nicht. Die Richtungsvektoren sind linear abhängig $\Rightarrow$ die Geraden sind parallel. Die Ebene wird wie in der vorangehenden Aufgabe aufgestellt, die Spannvektoren sind $\begin{pmatrix} 2 \\ 1 \\ 2 \end{pmatrix}$ und $\begin{pmatrix} 2 \\ -1 \\ 2 \end{pmatrix}$.
Das Vektorprodukt (siehe Seite 50) der Spannvektoren und Ausklammern von 4 führt zu $\vec{n} = \begin{pmatrix} 1 \\ 0 \\ -1 \end{pmatrix}$.
Einsetzen in die Punkt-Normalenform und Ausrechnen führt zu $x_1 - x_3 = 0$.

j) Der Verbindungsvektor $\overrightarrow{AA^*}$ ist orthogonal zur Spiegelebene. Damit kann man ihn als Normalenvektor der Ebene benutzen. Dann wird der Punkt P in der Mitte der beiden Punkte ausgerechnet.
Es ist $\overrightarrow{AA^*} = \begin{pmatrix} 2 \\ -2 \\ -4 \end{pmatrix}$. Ausklammern von 2 ergibt $\vec{n} = \begin{pmatrix} 1 \\ -1 \\ -2 \end{pmatrix}$. Für $\vec{p}$ ergibt sich $\vec{p} = \overrightarrow{OA} + \frac{1}{2} \cdot \overrightarrow{AA^*} = \begin{pmatrix} 2 \\ 3 \\ 5 \end{pmatrix}$. Einsetzen in die Punkt-Normalenform ergibt die Koordinatengleichung $x_1 - x_2 - 2x_3 = -11$.

k) Da E die Gerade g enthalten soll, muss der Normalenvektor $\vec{n}$ senkrecht auf dem Richtungsvektor der Geraden stehen: $\begin{pmatrix} n_1 \\ n_2 \\ n_3 \end{pmatrix} \cdot \begin{pmatrix} 2 \\ 0 \\ -1 \end{pmatrix} = 0$. Außerdem soll die Ebene auch auf der angegebenen Ebene F mit $\overrightarrow{n_F} = \begin{pmatrix} -1 \\ 1 \\ 2 \end{pmatrix}$ senkrecht stehen. Damit gilt $\begin{pmatrix} n_1 \\ n_2 \\ n_3 \end{pmatrix} \cdot \begin{pmatrix} -1 \\ 1 \\ 2 \end{pmatrix} = 0$. Die beiden Skalarprodukte werden ausgerechnet, es ergibt sich das folgende Gleichungssystem:

$$\begin{array}{lrcrcrcl} \text{I} & 2n_1 & & & - & n_3 & = & 0 \\ \text{II} & -n_1 & + & n_2 & + & 2n_3 & = & 0 \end{array}$$

Aus I ergibt sich $n_3 = 2n_1$. Da es sich um zwei Gleichungen mit drei Unbekannten handelt, wählt man eine Unbekannte und setzt ein: $n_1 = 1$, damit ist $n_3 = 2$ und $n_2 = -3$. Der so bestimmte Normalenvektor und der Stützvektor von g werden in die Punkt-Normalenform eingesetzt und diese ausgerechnet. Damit ist die Koordinatenform: $x_1 - 3x_2 + 2x_3 = 4$.

l) Lösungsweg: Mit drei Punkten wird eine Ebene aufgestellt. Anschließend prüft man, ob der 4. Punkt in der Ebene liegt. Da eine Punktprobe in der Parameterform relativ aufwändig ist, lohnt es sich, die Koordinatenform aufzustellen.

Als Stützvektor wird $\vec{a}$ gewählt, damit ergibt sich für die Spannvektoren $\overrightarrow{AB} = \begin{pmatrix} 2 \\ 2 \\ 2 \end{pmatrix}$ und $\overrightarrow{AC} = \begin{pmatrix} 5 \\ 1 \\ 1 \end{pmatrix}$. Das Vektorprodukt (siehe Seite 50) der Spannvektoren und Ausklammern von 8 führt zu $\vec{n} = \begin{pmatrix} 0 \\ 1 \\ -1 \end{pmatrix}$. Einsetzen in die Punkt-Normalenform und Ausrechnen ergibt: $x_2 - x_3 = -1$. Einsetzen von $D(8 \mid -1 \mid 0)$ ergibt $-1 = -1$, damit liegen alle vier Punkte in einer Ebene.

12.3 Ebenen im Koordinatensystem

Die Spurpunkte einer Ebene liegen auf den Koordinatenachsen. Für den Spurpunkt auf der x_1-Achse sind die x_2- und die x_3-Komponente des Punktes gleich Null. Also setzt man in der Koordinatengleichung für diese 0 ein und stellt nach x_1 um. Die Spurgeraden sind die Verbindungsgeraden der entsprechenden Spurpunkte.

a) Koordinatengleichung von E: $3x_1 + 4x_2 + 3x_3 = 12$. Spurpunkt auf der x_1-Achse: Für x_2 und x_3 wird 0 eingesetzt, man erhält: $3x_1 = 12 \Rightarrow x_1 = 4 \Rightarrow$ Spurpunkt: $S_1(4 \mid 0 \mid 0)$. Entsprechend verfährt man für die anderen Punkte: $4x_2 = 12 \Rightarrow x_2 = 3 \Rightarrow S_2(0 \mid 3 \mid 0)$ und $3x_3 = 12 \Rightarrow x_3 = 4 \Rightarrow S_3(0 \mid 0 \mid 4)$.

b) $E: 4x_1 - 8x_2 + 4x_3 = 16$. Spurpunkte: $4x_1 = 16, \Rightarrow S_1\,(4 \mid 0 \mid 0)$, $-8x_2 = 16 \Rightarrow S_2\,(0 \mid -2 \mid 0)$ und $4x_3 = 16 \Rightarrow S_3\,(0 \mid 0 \mid 4)$.

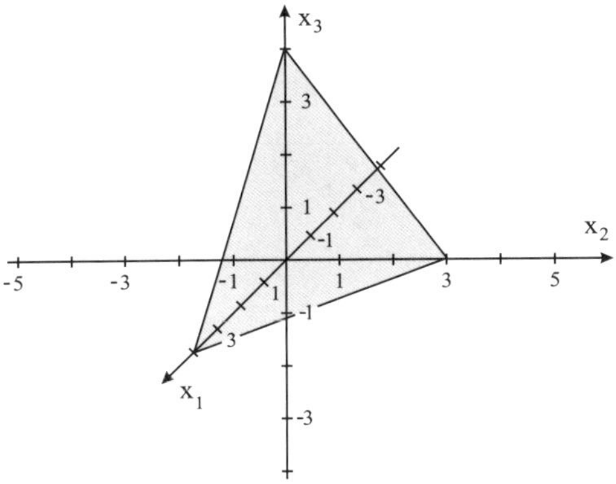

Aufgabe a)

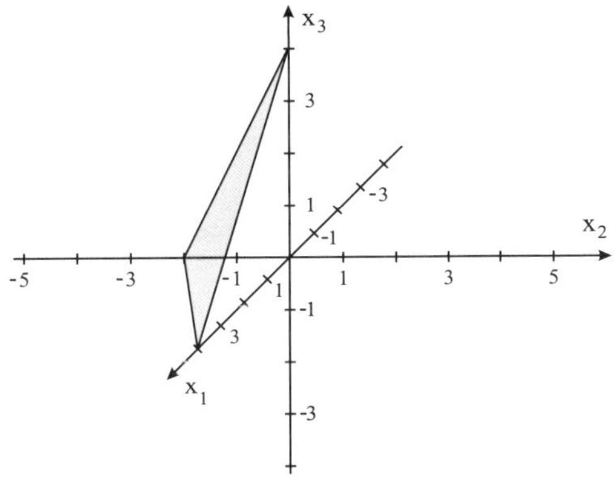

Aufgabe b)

c) $E: 3x_1 - 3x_2 - 3x_3 = 9$. Spurpunkte: $3x_1 = 9 \Rightarrow S_1\,(3 \mid 0 \mid 0)$, $-3x_2 = 9 \Rightarrow S_2\,(0 \mid -3 \mid 0)$ und $-3x_3 = 9 \Rightarrow S_3\,(0 \mid 0 \mid -3)$.

d) $E: 2x_1 + 4x_2 = 8$. Spurpunkte: $2x_1 = 8 \Rightarrow S_1\,(4 \mid 0 \mid 0)$ und $4x_2 = 8 \Rightarrow S_2\,(0 \mid 2 \mid 0)$. Da es keinen Spurpunkt auf der x_3-Achse gibt, bedeutet dies, dass die Ebene parallel zur x_3-Achse ist.

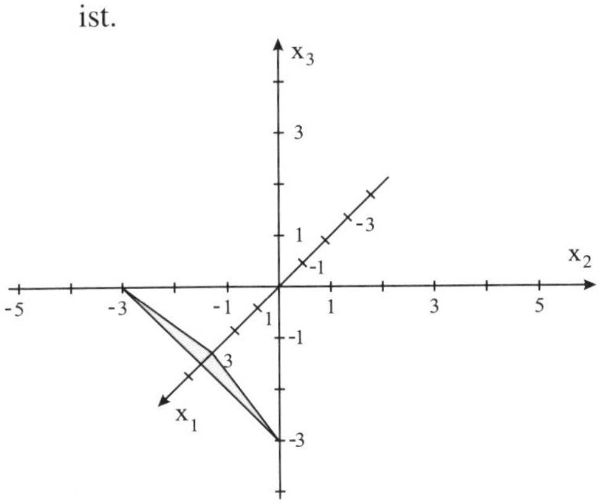

Aufgabe c)

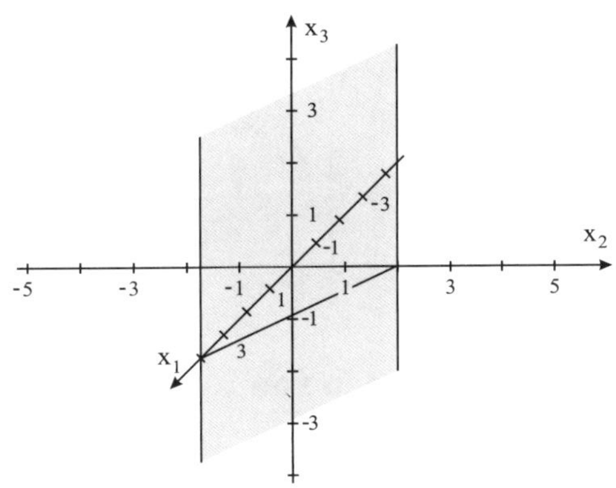

Aufgabe d)

e) $E: x_1 + 2x_3 = 4$. Spurpunkte: $x_1 = 4 \Rightarrow S_1\,(4 \mid 0 \mid 0)$ und $2x_3 = 4 \Rightarrow S_3\,(0 \mid 0 \mid 2)$. Da es keinen Spurpunkt auf der x_2-Achse gibt, bedeutet dies, dass die Ebene parallel zur x_2-Achse ist.

f) $E: 3x_2 + x_3 = 3$. Spurpunkte: $3x_2 = 3 \Rightarrow S_2\,(0 \mid 1 \mid 0)$ und $x_3 = 3 \Rightarrow S_3\,(0 \mid 0 \mid 3)$. Da es keinen Spurpunkt auf der x_1-Achse gibt, bedeutet dies, dass die Ebene parallel zur x_1-Achse ist.

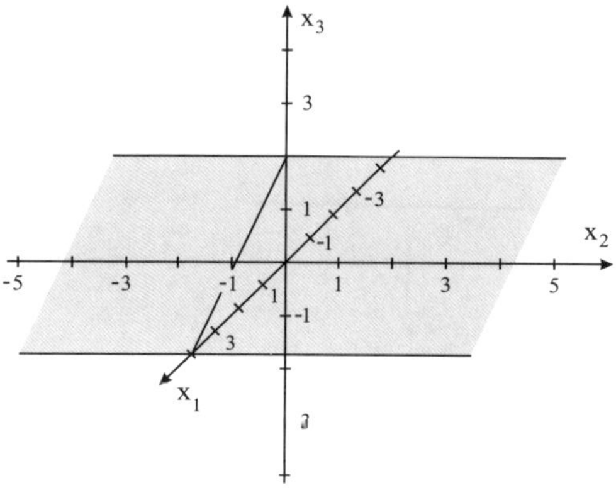

Aufgabe e)

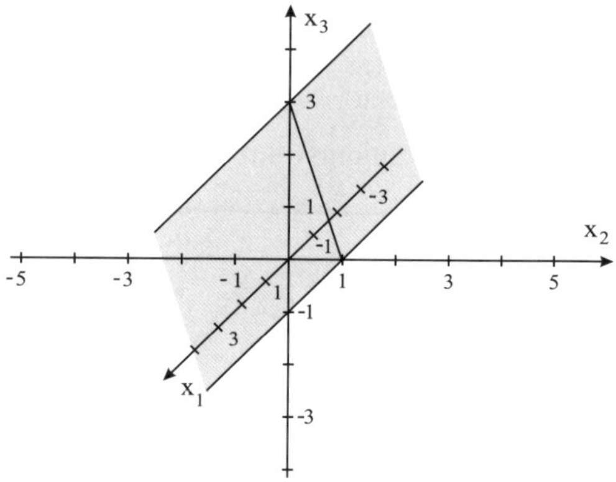

Aufgabe f)

g) $E : x_2 = 3$. Spurpunkt: $x_2 = 3 \Rightarrow S_2\,(0 \mid 3 \mid 0)$. Da es keinen Spurpunkt auf der x_1- und der x_3-Achse gibt, bedeutet dies, dass die Ebene parallel zur x_1x_3-Ebene ist.

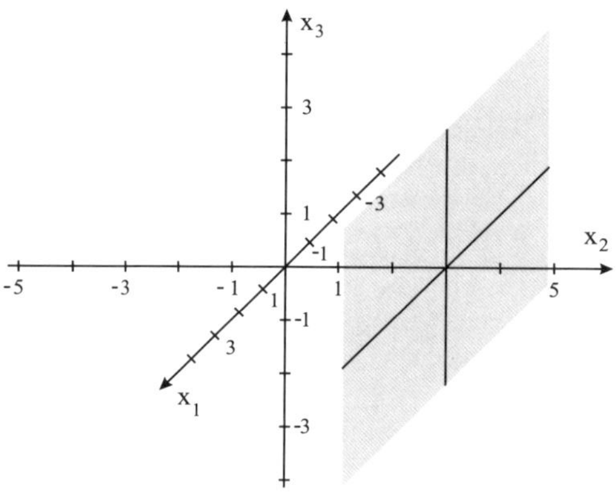

Aufgabe g)

12.4 Bestimmen von Geraden und Ebenen in einem Quader

a) $\overrightarrow{OB} = \overrightarrow{OA} + \overrightarrow{OC} \Rightarrow \overrightarrow{OB} = \begin{pmatrix} 4 \\ 6 \\ 0 \end{pmatrix} \Rightarrow B\,(4 \mid 6 \mid 0)$

$\overrightarrow{OD} = \overrightarrow{OA} + \overrightarrow{OG} \Rightarrow D\,(4 \mid 0 \mid 5)$ $\quad \overrightarrow{OE} = \overrightarrow{OB} + \overrightarrow{OG} \Rightarrow E\,(4 \mid 6 \mid 5)$

$\overrightarrow{OF} = \overrightarrow{OC} + \overrightarrow{OG} \Rightarrow F\,(0 \mid 6 \mid 5)$ $\quad \overrightarrow{OM} = \overrightarrow{OB} + \frac{1}{2} \cdot \overrightarrow{OG} \Rightarrow M\,(4 \mid 6 \mid 2{,}5)$

$\overrightarrow{ON} = \overrightarrow{OC} + \frac{1}{2} \cdot \overrightarrow{OG} \Rightarrow N\,(0 \mid 6 \mid 2{,}5)$

b) Wenn man ein kartesisches Koordinatensystem zugrundelegt, ergibt sich aus der Zeichnung für den Normalenvektor $\vec{n} = \begin{pmatrix} 0 \\ 1 \\ 0 \end{pmatrix}$. Einsetzen von $\vec{b}$ in die Punkt-Normalenform ergibt für die Koordinatengleichung $x_2 = 6$.

c) Der Ortsvektor von A wird als Stützvektor genommen, der Verbindungsvektor von A zu N ist der Richtungsvektor. Die Gerade ist damit:

$$g: \vec{x} = \begin{pmatrix} 4 \\ 0 \\ 0 \end{pmatrix} + r \cdot \begin{pmatrix} -4 \\ 6 \\ 2{,}5 \end{pmatrix}$$

Für die zweite Gerade verfährt man analog:

$$h: \vec{x} = \begin{pmatrix} 0 \\ 0 \\ 5 \end{pmatrix} + r \cdot \begin{pmatrix} 4 \\ 6 \\ -2{,}5 \end{pmatrix}$$

d) Da die Ebene durch den Nullpunkt geht, muss man nur den Normalenvektor bestimmen: $\overrightarrow{OE}$ und $\overrightarrow{OF}$ dienen als Spannvektoren. Damit ergibt sich für die Ebene: $-5x_2 + 6x_3 = 0$. Zum Schluss wird noch eine Punktprobe mit A gemacht.

12.5 Bestimmen von Geraden und Ebenen in einer Pyramide

a) Da der Mittelpunkt der Pyramide der Koordinatenursprung ist, lassen sich die Punkte durch Symmetriebetrachtungen bestimmen: Q $(2 \mid 2 \mid 0)$, R $(-2 \mid 2 \mid 0)$, S $(-2 \mid -2 \mid 0)$.

b) Der Ortsvektor von P wird als Stützvektor der Geraden genommen, der Verbindungsvektor von P nach T als Richtungsvektor: Die Gerade ist damit:

$$g: \vec{x} = \begin{pmatrix} 2 \\ -2 \\ 0 \end{pmatrix} + r \cdot \begin{pmatrix} -2 \\ 2 \\ 6 \end{pmatrix}.$$

c) Der Ortsvektor von T dient als Stützvektor der Ebene, die Vektoren $\overrightarrow{TQ}$ und $\overrightarrow{TR}$ sind die Spannvektoren. Bestimmen des Normalenvektors und Einsetzen in die Punkt-Normalenform führt zu: $3x_2 + x_3 = 6$.

13 Gegenseitige Lage von Geraden und Ebenen

13.1 Gegenseitige Lage

a) Für die Gerade gilt:

$$\begin{aligned} x_1 &= 4 + t \\ x_2 &= 6 + 2t \\ x_3 &= 2 + 3t \end{aligned}$$

Die Werte für x_1, x_2 und x_3 setzt man in die Ebenengleichung ein und löst nach t auf (die Gerade wird als «allgemeiner Punkt» $P_t\,(4+t \mid 6+2t \mid 2+3t)$ in die Ebenengleichung eingesetzt):

$2\cdot(4+t)+4\cdot(6+2t)+6\cdot(2+3t)+12=0$. Auflösen der Klammern führt zu: $28t+56=0$ bzw. zu $t=-2$. Dies wird in die Geradengleichung eingesetzt, damit ist der Schnittpunkt $S\,(2 \mid 2 \mid -4)$.

b) Die Gerade wird als «allgemeiner Punkt» geschrieben und in die Ebenengleichung eingesetzt: $2\cdot(3+2s)+1\cdot(2+5s)-3\cdot(2+7s)=4$. Auflösen der Klammern führt zu: $s=-\frac{1}{6}$. In die Geradengleichung eingesetzt ergibt sich der Schnittpunkt $S\left(\frac{8}{3} \mid \frac{7}{6} \mid \frac{5}{6}\right)$.

c) Die Gerade und die Ebene werden gleichgesetzt:

$$\begin{pmatrix} 1 \\ -2 \\ -2 \end{pmatrix} + r\cdot\begin{pmatrix} 3 \\ 6 \\ -3 \end{pmatrix} + s\cdot\begin{pmatrix} 8 \\ -4 \\ 4 \end{pmatrix} = \begin{pmatrix} 4 \\ 1 \\ 3 \end{pmatrix} + t\cdot\begin{pmatrix} 2 \\ -1 \\ 1 \end{pmatrix}$$

daraus ergibt sich folgendes Gleichungssystem:

$$\begin{aligned} 3r + 8s - 2t &= 3 \\ 6r - 4s + t &= 3 \\ -3r + 4s - t &= 5 \end{aligned}$$

Löst man dieses Gleichungssystem mit dem Gaußschen Lösungsverfahren oder mit dem GTR/CAS, ergibt sich ein Widerspruch, d.h. es gibt keine Lösung. Das bedeutet, dass sich Gerade und Ebene nicht schneiden, die Gerade liegt also parallel zur Ebene.

d) Die Gerade und die Ebene werden gleichgesetzt:

$$\begin{pmatrix} 4 \\ 6 \\ 8 \end{pmatrix} + r\cdot\begin{pmatrix} 3 \\ 8 \\ 9 \end{pmatrix} + s\cdot\begin{pmatrix} 10 \\ 5 \\ 4 \end{pmatrix} = \begin{pmatrix} 3 \\ 4 \\ 7 \end{pmatrix} + t\cdot\begin{pmatrix} 1 \\ 0 \\ 1 \end{pmatrix}$$

daraus ergibt sich folgendes Gleichungssystem:

$$\begin{aligned} 3r + 10s - t &= -1 \\ 8r + 5s &= -2 \\ 9r + 4s - t &= -1 \end{aligned}$$

Löst man dieses Gleichungssystem mit dem Gaußschen Lösungsverfahren oder mit dem GTR/CAS ergibt sich $r=-\frac{2}{13}$, $s=-\frac{2}{13}$ und $t=-1$. Einsetzen von t in die Geradengleichung führt zum Schnittpunkt $S\,(2 \mid 4 \mid 6)$.

e) Die Gerade wird als «allgemeiner Punkt» geschrieben und in die Ebenengleichung eingesetzt: $1 \cdot (1+2s) - 1 \cdot (3+2s) = 0$. Auflösen der Klammern führt zu: $-2 = 0$. Dies ist ein Widerspruch, die Gleichung hat keine Lösung, also ist die Gerade parallel zur Ebene.

f) Die Gerade wird als «allgemeiner Punkt» geschrieben und in die Ebenengleichung eingesetzt: $13 \cdot (1+t) + 5 \cdot (2+3t) - 7 \cdot (3+4t) - 2 = 0$. Auflösen der Klammern führt zu: $0 = 0$. Die Gleichung hat unendlich viele Lösungen, also liegt die Gerade in der Ebene.

13.2 Gerade und Ebene parallel

a) Damit die Gerade g_t und die Ebene E parallel sind, muss der Normalenvektor $\vec{n}$ von E orthogonal zum Richtungsvektor $\vec{r}$ der Geraden sein: $\vec{n} \cdot \vec{r} = 0$. Ausrechnen des Skalarproduktes ergibt:

$$\begin{pmatrix} 2 \\ 1 \\ t \end{pmatrix} \cdot \begin{pmatrix} 1 \\ 2 \\ 4 \end{pmatrix} = 2 \cdot 1 + 1 \cdot 2 + t \cdot 4 = 0 \quad \Rightarrow \quad t = -1.$$

Für $t = -1$ ist g_t parallel zu E. Zum Nachweis, dass die Gerade echt parallel ist, setzt man noch den «Stützpunkt» der Gerade in die Ebenengleichung ein (Punktprobe). Dies führt auf einen Widerspruch, also ist die Gerade echt parallel.

b) Damit die Gerade g_t und die Ebene E_t parallel sind, muss der Normalenvektor $\vec{n}$ der Ebene orthogonal zum Richtungsvektor $\vec{r}$ der Geraden sein: $\vec{n} \cdot \vec{r} = 0$. Ausrechnen des Skalarproduktes ergibt: $1 \cdot t + t \cdot 2 + 2 \cdot (-1) = 0 \Rightarrow t = \frac{2}{3}$. Für $t = \frac{2}{3}$ ist g_t parallel zu E_t. Zum Schluss wird eine Punktprobe mit dem «Stützpunkt» der Geraden gemacht, welche die echte Parallelität zeigt.

c) Damit die Gerade g_t und die Ebene E_t parallel sind, muss der Normalenvektor $\vec{n}$ der Ebene orthogonal zum Richtungsvektor $\vec{r}$ der Geraden sein: $\vec{n} \cdot \vec{r} = 0$. Ausrechnen des Skalarproduktes ergibt: $1 \cdot 2t + t \cdot t + 2 \cdot (-1{,}5) = 0 \Rightarrow t^2 + 2t - 3 = 0$. Lösen mit der pq- oder abc-Formel ergibt $t_1 = 1$ und $t_2 = -3$. Die Gerade und die Ebene sind für $t = 1$ und $t = -3$ parallel zueinander. Zum Schluss wird eine Punktprobe mit dem «Stützpunkt» der Geraden gemacht, welche die echte Parallelität zeigt.

13.3 Allgemeines Verständnis von Geraden und Ebenen

a) Einen Normalenvektor $\vec{n}$ der Ebene E erhält man, indem man die Werte n_1, n_2 und n_3 der Koordinatengleichung von E: $n_1x_1 + n_2x_2 + n_3x_3 = b$ als Vektor $\vec{n} = \begin{pmatrix} n_1 \\ n_2 \\ n_3 \end{pmatrix}$ schreibt.

I) Damit die Gerade parallel zur Ebene liegt, muss der Richtungsvektor $\vec{r}$ der Geraden orthogonal zum Normalenvektor $\vec{n}$ der Ebene sein. Das Skalarprodukt der beiden muss Null ergeben: $\vec{r} \cdot \vec{n} = 0$. Außerdem muss eine Punktprobe des «Stützpunktes» A der Geraden in der Ebenengleichung einen Widerspruch ergeben, damit Gerade und Ebene echt parallel liegen.

II) Damit die Gerade senkrecht auf der Ebene steht, müssen der Richtungsvektor $\vec{r}$ der Geraden und der Normalenvektor $\vec{n}$ der Ebene linear abhängig (kollinear) sein. Also muss gelten: $\vec{n} = t \cdot \vec{r}$ mit $t \in \mathbb{R}$.

III) Damit die Gerade in der Ebene liegt, muss der «Stützpunkt» A der Geraden in der Ebene liegen und der Richtungsvektor $\vec{r}$ der Geraden orthogonal zum Normalenvektor $\vec{n}$ der Ebene stehen: $\vec{r} \cdot \vec{n} = 0$.

b) Man weist nach, dass eine Gerade in einer Ebene enthalten ist, indem man die Gerade als «allgemeinen Punkt» umschreibt und in die Koordinatengleichung einsetzt. Falls die Gleichung unendlich viele Lösungen besitzt, liegt die Gerade in der Ebene.
Alternativ kann man so vorgehen wie unter a) III) beschrieben.

13.4 Vermischte Aufgaben

a) Als Stützvektor der Geraden wählt man $\vec{p} = \begin{pmatrix} 4 \\ 9 \\ 7 \end{pmatrix}$, der Normalenvektor der Ebene ist $\vec{n} = \begin{pmatrix} 2 \\ 1 \\ -2 \end{pmatrix}$. Nun ist ein Richtungsvektor $\overrightarrow{r_g}$ so zu wählen, dass $\overrightarrow{r_g} \cdot \vec{n} = 0$. Beispiel:

$$\overrightarrow{r_g} = \begin{pmatrix} 1 \\ -2 \\ 0 \end{pmatrix} \text{ oder } \overrightarrow{r_g} = \begin{pmatrix} 1 \\ 0 \\ 1 \end{pmatrix}$$

Eine mögliche Geradengleichung ist

$$g: \ \vec{x} = \begin{pmatrix} 4 \\ 9 \\ 7 \end{pmatrix} + t \cdot \begin{pmatrix} 1 \\ -2 \\ 0 \end{pmatrix}; t \in \mathbb{R}$$

b) Als Stützvektor der Geraden wählt man $\vec{q} = \begin{pmatrix} 4 \\ -1 \\ 3 \end{pmatrix}$, der Normalenvektor der Ebene ist $\vec{n} = \begin{pmatrix} 4 \\ -3 \\ 5 \end{pmatrix}$. Da $g \perp$ E ist, kann man $\overrightarrow{r_g} = 1 \cdot \vec{n}$ wählen (oder ein anderes Vielfaches).

Eine mögliche Geradengleichung ist

$$g: \ \vec{x} = \begin{pmatrix} 4 \\ -1 \\ 3 \end{pmatrix} + t \cdot \begin{pmatrix} 4 \\ -3 \\ 5 \end{pmatrix}; t \in \mathbb{R}$$

c) Der Spurpunkt S (0 | 10 | 0) ist ein Punkt der Ebene, der Normalenvektor ist $\vec{n} = \begin{pmatrix} -2 \\ 1 \\ 2 \end{pmatrix}$.

Den Normaleneinheitsvektor $\vec{n_0}$ mit Länge 1 LE erhält man durch

$$\vec{n_0} = \frac{1}{|\vec{n}|} \cdot \vec{n} = \frac{1}{3} \cdot \begin{pmatrix} -2 \\ 1 \\ 2 \end{pmatrix}$$

Den Ortsvektor eines Punktes außerhalb der Ebene mit Abstand 3 LE erhält man durch

$$\overrightarrow{OP} = \overrightarrow{OS} + 3 \cdot \vec{n_0} = \begin{pmatrix} 0 \\ 10 \\ 0 \end{pmatrix} + 3 \cdot \frac{1}{3} \cdot \begin{pmatrix} -2 \\ 1 \\ 2 \end{pmatrix} = \begin{pmatrix} -2 \\ 11 \\ 2 \end{pmatrix}$$

dies ist der Stützvektor der

Geraden. Der Richtungsvektor $\vec{r_g}$ der Geraden ist so zu wählen, dass gilt $\vec{r_g} \cdot \vec{n} = 0$ (weil g parallel zu E), z.B. $\vec{r_g} = \begin{pmatrix} 1 \\ 0 \\ 1 \end{pmatrix}$ oder $\vec{r_g} = \begin{pmatrix} 1 \\ 2 \\ 0 \end{pmatrix}$.

Eine mögliche Geradengleichung ist

$$g: \ \vec{x} = \begin{pmatrix} -2 \\ 11 \\ 2 \end{pmatrix} + t \cdot \begin{pmatrix} 1 \\ 0 \\ 1 \end{pmatrix}; \ t \in \mathbb{R}$$

Eine weitere Geradengleichung ergibt sich mit Hilfe von $\overrightarrow{OP} = \overrightarrow{OS} - 3 \cdot \vec{n_0}$.

14 Gegenseitige Lage zweier Ebenen

14.1 Schnitt von zwei Ebenen

a) Wählt man in Gleichung I $x_3 = t$, so ergibt sich: $x_1 + 2t = 6 \Rightarrow x_1 = 6 - 2t$. Setzt man $x_1 = 6 - 2t$ und $x_3 = t$ in Gleichung II ein, ergibt sich: $6 - 2t + x_2 + t = 1 \Rightarrow x_2 = -5 + t$ Nun hat man je eine Gleichung für x_1, x_2 und x_3:

$$\begin{array}{rcrcr} x_1 & = & 6 & - & 2t \\ x_2 & = & -5 & + & t \\ x_3 & = & 0 & + & t \end{array}$$

Umschreiben zu einer Geradengleichung ergibt:

$$g\colon \vec{x} = \begin{pmatrix} 6 \\ -5 \\ 0 \end{pmatrix} + t \cdot \begin{pmatrix} -2 \\ 1 \\ 1 \end{pmatrix}$$

b) Subtrahiert man das 3-fache von Gleichung II von Gleich. I, ergibt sich: $-4x_2 + 4x_3 = 12$. Wählt man $x_3 = t$, so ergibt sich: $-4x_2 + 4t = 12 \Rightarrow x_2 = -3 + t$. Setzt man $x_2 = -3 + t$ und $x_3 = t$ in Gleichung I ein, erhält man: $6x_1 - (-3 + t) + t = 6 \Rightarrow x_1 = 0{,}5$. Umschreiben zu einer Geradengleichung ergibt:

$$g\colon \vec{x} = \begin{pmatrix} 0{,}5 \\ -3 \\ 0 \end{pmatrix} + t \cdot \begin{pmatrix} 0 \\ 1 \\ 1 \end{pmatrix}$$

c) Aus Gleichung I ergibt sich direkt: $4x_2 = 8 \Rightarrow x_2 = 2$. In Gleichung II setzt man $x_3 = t$, damit ist $2x_1 + 6t = 0 \Rightarrow x_1 = -3t$. Umschreiben zu einer Geradengleichung ergibt:

$$g\colon \vec{x} = \begin{pmatrix} 0 \\ 2 \\ 0 \end{pmatrix} + t \cdot \begin{pmatrix} -3 \\ 0 \\ 1 \end{pmatrix}$$

d) Die Ebene E_1 wird als drei Gleichungen geschrieben:

$$\begin{array}{rcrcrcr} x_1 & = & 5 & & & + & 2s \\ x_2 & = & 6 & - & 4r & - & 3s \\ x_3 & = & -4 & + & 7r & + & 4s \end{array}$$

Nun werden x_1, x_2 und x_3 in E_2 eingesetzt:

$$2(5 + 2s) - (6 - 4r - 3s) + (-4 + 7r + 4s) = 0$$

Nach dem Auflösen der Klammern ergibt sich $11s + 11r = 0$. Auflösen der Gleichung nach s führt zu $s = -r$. Dies wird in E_1 eingesetzt:

$$\vec{x} = \begin{pmatrix} 5 \\ 6 \\ -4 \end{pmatrix} + r \cdot \begin{pmatrix} 0 \\ -4 \\ 7 \end{pmatrix} - r \cdot \begin{pmatrix} 2 \\ -3 \\ 4 \end{pmatrix}$$

Zusammenfassen der Vektoren ergibt die Schnittgerade:

$$g:\ \vec{x} = \begin{pmatrix} 5 \\ 6 \\ -4 \end{pmatrix} + r \cdot \begin{pmatrix} -2 \\ -1 \\ 3 \end{pmatrix}$$

e) Die Ebene E_1 wird als drei Gleichungen geschrieben:

$$\begin{aligned} x_1 &= 2 - r + s \\ x_2 &= 2 + 2r - s \\ x_3 &= 2 + r + 2s \end{aligned}$$

Nun werden x_1, x_2 und x_3 in E_2 eingesetzt:

$$(2-r+s)+(2+2r-s)-2(2+r+2s) = -4$$

Nach dem Auflösen der Klammern ergibt sich $-r-4s=-4$. Auflösen der Gleichung nach r führt zu $r=4-4s$. Dies wird in E_1 eingesetzt:

$$\vec{x} = \begin{pmatrix} 2 \\ 2 \\ 2 \end{pmatrix} + (4-4s) \cdot \begin{pmatrix} -1 \\ 2 \\ 1 \end{pmatrix} + s \cdot \begin{pmatrix} 1 \\ -1 \\ 2 \end{pmatrix}$$

Auflösen der Klammern ergibt:

$$\vec{x} = \begin{pmatrix} 2 \\ 2 \\ 2 \end{pmatrix} + \begin{pmatrix} -4 \\ 8 \\ 4 \end{pmatrix} + s \cdot \begin{pmatrix} 4 \\ -8 \\ -4 \end{pmatrix} + s \cdot \begin{pmatrix} 1 \\ -1 \\ 2 \end{pmatrix}$$

Die Schnittgerade ist damit

$$g:\ \vec{x} = \begin{pmatrix} -2 \\ 10 \\ 6 \end{pmatrix} + s \cdot \begin{pmatrix} 5 \\ -9 \\ -2 \end{pmatrix}$$

f) Die Ebenengleichungen werden gleichgesetzt:

$$\begin{pmatrix} -4 \\ 1 \\ 6 \end{pmatrix} + r \cdot \begin{pmatrix} 5 \\ -3 \\ -2 \end{pmatrix} + s \cdot \begin{pmatrix} 2 \\ 2 \\ -1 \end{pmatrix} = \begin{pmatrix} 4 \\ 5 \\ -3 \end{pmatrix} + t \cdot \begin{pmatrix} 0 \\ -2 \\ 1 \end{pmatrix} + u \cdot \begin{pmatrix} -3 \\ 1 \\ 3 \end{pmatrix}$$

daraus ergibt sich folgendes Gleichungssystem:

$$\begin{array}{lrcrcrcrcr} \text{I} & 5r & + & 2s & & & + & 3u & = & 8 \\ \text{II} & -3r & + & 2s & + & 2t & - & u & = & 4 \\ \text{III} & -2r & - & s & - & t & - & 3u & = & -9 \end{array}$$

Vereinfachen mit dem Gauß-Verfahren führt zu:

$$\begin{array}{lrcrcrcrcr} \text{I} & 5r & + & 2s & & & + & 3u & = & 8 \\ \text{II}a & & & 16s & + & 10t & + & 4u & = & 44 \\ \text{III}b & & & & & t & + & 2u & = & 6 \end{array}$$

Alternativ kann man das Gleichungssystem auch mit Hilfe von Matrizenumformungen

(GTR / CAS) lösen und erhält als Lösungsmatrix:

$$\begin{pmatrix} 5 & 2 & 0 & 3 & 8 \\ -3 & 2 & 2 & -1 & 4 \\ -2 & -1 & -1 & -1 & -9 \end{pmatrix} \Rightarrow \begin{pmatrix} 1 & 0 & 0 & 1 & 2 \\ 0 & 1 & 0 & -1 & -1 \\ 0 & 0 & 1 & 2 & 6 \end{pmatrix}$$

In beiden Fällen ergibt sich für die unterste Zeile: $t+2u=6$. Nun stellt man nach einem Parameter um, es bietet sich t an, da sonst Brüche auftreten: $t=6-2u$. Anschließend setzt man diesen Ausdruck für t in E_2 ein:

$$\vec{x}=\begin{pmatrix} 4 \\ 5 \\ -3 \end{pmatrix}+(6-2u)\cdot\begin{pmatrix} 0 \\ 2 \\ 1 \end{pmatrix}+u\cdot\begin{pmatrix} -3 \\ 1 \\ 3 \end{pmatrix}$$

Ausmultiplizieren ergibt:

$$\vec{x}=\begin{pmatrix} 4 \\ 5 \\ -3 \end{pmatrix}+\begin{pmatrix} 0 \\ -12 \\ 6 \end{pmatrix}+u\cdot\begin{pmatrix} 0 \\ 4 \\ -2 \end{pmatrix}+u\cdot\begin{pmatrix} -3 \\ 1 \\ 3 \end{pmatrix}$$

Die Schnittgerade ist damit:

$$g:\ \vec{x}=\begin{pmatrix} 4 \\ -7 \\ 3 \end{pmatrix}+u\cdot\begin{pmatrix} -3 \\ 5 \\ 1 \end{pmatrix}$$

g) Die Ebenengleichungen werden gleichgesetzt:

$$\begin{pmatrix} 4 \\ 5 \\ 7 \end{pmatrix}+r\cdot\begin{pmatrix} 1 \\ 1 \\ 2 \end{pmatrix}+s\cdot\begin{pmatrix} 2 \\ 3 \\ 6 \end{pmatrix}=\begin{pmatrix} 3 \\ 2 \\ 11 \end{pmatrix}+t\cdot\begin{pmatrix} 1 \\ -1 \\ 2 \end{pmatrix}+u\cdot\begin{pmatrix} 2 \\ -5 \\ 8 \end{pmatrix}$$

Daraus ergibt sich folgendes Gleichungssystem:

$$\begin{array}{lrcrcrcrcr} \text{I} & r & + & 2s & - & t & - & 2u & = & -1 \\ \text{II} & r & + & 3s & + & t & + & 5u & = & -3 \\ \text{III} & 2r & + & 6s & - & 2t & - & 8u & = & 4 \end{array}$$

Vereinfachen mit dem Gauß-Verfahren führt zu:

$$\begin{array}{lrcrcrcrcr} \text{I} & r & + & 2s & - & t & - & 2u & = & -1 \\ \text{II}a & & & -s & - & 2t & - & 7u & = & 2 \\ \text{III}b & & & & - & 4t & - & 18u & = & 10 \end{array}$$

Aus der letzten Zeile ergibt sich $t+4,5u=-2,5$. Alternativ kann man das Gleichungssystem auch mit Hilfe von Matrizenumformungen (GTR / CAS) lösen und erhält als Lösungsmatrix:

$$\begin{pmatrix} 1 & 2 & -1 & -2 & -1 \\ 1 & 3 & +1 & 5 & -3 \\ 2 & 6 & -2 & -8 & 4 \end{pmatrix} \Rightarrow \begin{pmatrix} 1 & 0 & 0 & 6,5 & -9,5 \\ 0 & 1 & 0 & -2 & 3 \\ 0 & 0 & 1 & 4,5 & -2,5 \end{pmatrix}$$

In beiden Fällen ergibt sich für die unterste Zeile: $t+4,5u=-2,5$. Dieser Ausdruck wird nach t umgestellt: $t = -2,5 - 4,5u$ und für t in E_2 eingesetzt:

$$\vec{x} = \begin{pmatrix} 3 \\ 2 \\ 11 \end{pmatrix} + (-2,5 - 4,5u) \cdot \begin{pmatrix} 1 \\ -1 \\ 2 \end{pmatrix} + u \cdot \begin{pmatrix} 2 \\ -5 \\ 8 \end{pmatrix}$$

Ausmultiplizieren ergibt:

$$\vec{x} = \begin{pmatrix} 3 \\ 2 \\ 11 \end{pmatrix} + \begin{pmatrix} -2,5 \\ 2,5 \\ -5 \end{pmatrix} + u \cdot \begin{pmatrix} -4,5 \\ 4,5 \\ -9 \end{pmatrix} + u \cdot \begin{pmatrix} 2 \\ -5 \\ 8 \end{pmatrix}$$

Die Schnittgerade ist damit:

$$g: \ \vec{x} = \begin{pmatrix} 0,5 \\ 4,5 \\ 6 \end{pmatrix} + u \cdot \begin{pmatrix} -2,5 \\ -0,5 \\ -1 \end{pmatrix} \text{ bzw. } g: \ \vec{x} = \begin{pmatrix} 0,5 \\ 4,5 \\ 6 \end{pmatrix} + u \cdot \begin{pmatrix} 5 \\ 1 \\ 2 \end{pmatrix}$$

14.2 Parallele Ebenen

a) Die beiden Ebenengleichungen werden so addiert, dass x_1 wegfällt: $-2 \cdot \mathrm{I} + \mathrm{II}$: Es ergibt sich $15 = 14$, dies ist ein Widerspruch; es gibt keine Lösung für das Gleichungssystem, die Ebenen sind parallel. Alternativ könnte man auch die Normalenvektoren vergleichen, müsste dann aber noch eine Punktprobe machen, um die Identität auszuschließen.

b) Die beiden Gleichungen werden addiert: $2 \cdot \mathrm{I} + \mathrm{II}$: Es ergibt sich $5 = 0$, dies ist ein Widerspruch; die Ebenen sind parallel.

c) Die beiden Gleichungen werden addiert: $\mathrm{I} + 3 \cdot \mathrm{II}$: Es ergibt sich $11 = 0$; dies ist ein Widerspruch, die Ebenen sind parallel.

d) Damit die beiden Ebenen parallel sind, müssen die Normalenvektoren von E_t und F linear abhängig sein. Es muss also gelten: $\overrightarrow{n_E} = r \cdot \overrightarrow{n_F}$ mit $r \in \mathbb{R}$. Gesucht ist ein r, so dass gilt:

$$\begin{pmatrix} t \\ -2t \\ -4 \end{pmatrix} = r \cdot \begin{pmatrix} -2 \\ 4 \\ -4 \end{pmatrix}$$

Dies führt zu folgendem Gleichungssystem:

$$\begin{array}{lrcr} \mathrm{I} & t & = & -2r \\ \mathrm{II} & -2t & = & 4r \\ \mathrm{III} & -4 & = & -4r \end{array}$$

Die Gleichung III führt auf $r = 1$. Einsetzen in Gl. I führt zu: $t = -2$. Prüfen in II bestätigt diese Lösung. Zur Kontrolle, ob die Ebenen echt parallel sind, subtrahiert man noch die Gleichungen der Ebenen, es ergibt sich $0 = -1$, dies ist ein Widerspruch, die Ebenen sind also echt parallel.

e) Man geht vor wie in der vorangegangenen Aufgabe, es ergibt sich das Gleichungssystem

$$\begin{array}{lrcl} \text{I} & 2t & = & 8r \\ \text{II} & 1 & = & -2r \\ \text{III} & 3 & = & -6r \end{array}$$

Die Gleichungen II und III führen auf $r = -\frac{1}{2}$. Eingesetzt in I ergibt sich $t = -2$. Zur Kontrolle, ob die Ebenen echt parallel sind, addiert man noch die Gleichungen der Ebenen: $2 \cdot \text{I} + \text{II}$, es ergibt sich $0 = 23$. Dies ist ein Widerspruch; die Ebenen sind also echt parallel.

14.3 Verschiedene Aufgaben zur Lage zweier Ebenen

a) Wenn man die Gleichung von E mit $-1{,}5$ multipliziert, so ergibt sich die Gleichung von F, also sind die Ebenen identisch.

b) Damit die Ebenen identisch sind, muss sich bei der Addition der Ebenengleichungen $0 = 0$ ergeben. Aus den Faktoren vor x_1, x_2 und x_3 liest man ab, dass man Gleichung I mit 2 multiplizieren muss. Es wird also $2 \cdot \text{I}$ zu II addiert, damit ergibt sich $0 = 2d + 9$ $\Rightarrow d = -4{,}5$.

c) Wenn die Ebenen orthogonal zueinander sind, muss das Skalarprodukt der beiden Normalenvektoren gleich Null sein. Es ist

$$\begin{pmatrix} 3 \\ 4 \\ -2 \end{pmatrix} \cdot \begin{pmatrix} 2 \\ 1 \\ 5 \end{pmatrix} = 6 + 4 - 10 = 0.$$

Also sind die beiden Ebenen orthogonal.

d) Damit die Ebenen orthogonal zueinander sind, muss das Skalarprodukt der beiden Normalenvektoren gleich Null sein:

$$\begin{pmatrix} 2 \\ -1 \\ 3 \end{pmatrix} \cdot \begin{pmatrix} t \\ -2t \\ -4 \end{pmatrix} = 2t + 2t - 12 = 0.$$

Daraus ergibt sich $4t = 12 \Rightarrow t = 3$. Für $t = 3$ sind die Ebenen orthogonal zueinander.

e) I) Zwei parallel liegende Ebenen unterscheiden sich nur durch ihre Konstanten (d und h). Also müssen die Normalenvektoren der beiden Ebenen linear abhängig (kollinear) sein. Die Konstanten dürfen nicht gleich bzw. das gleiche Vielfache wie die Normalenvektoren sein, sonst wären die Ebenen identisch.

II) Damit die beiden Ebenen senkrecht aufeinander stehen, müssen die beiden Normalenvektoren senkrecht aufeinander stehen. Ihr Skalarprodukt ist damit: $\overrightarrow{n_E} \cdot \overrightarrow{n_F} = 0$. Anders ausgedrückt: $a \cdot e + b \cdot f + c \cdot g = 0$

III) Damit die beiden Ebenen identisch sind, müssen die gleichen Bedingungen wie für parallele Ebenen gelten (siehe I), allerdings müssen die Konstanten das gleiche Vielfache voneinander sein, wie die Normalenvektoren.

15 Abstandsberechnungen

15.1 Abstand Punkt – Ebene

a) Die Koordinaten des Punktes werden in die Hessesche Normalenform (HNF) eingesetzt:

$$d=\frac{|2\cdot 2-1\cdot 4+2\cdot(-1)-1|}{\sqrt{2^2+(-1)^2+2^2}}=\frac{|-3|}{\sqrt{9}}=1\,\text{LE}$$

b) Die Koordinaten des Punktes werden in die HNF eingesetzt:

$$d=\frac{|1\cdot 9+2\cdot 4+2\cdot(-3)+3|}{\sqrt{1^2+2^2+2^2}}=\frac{|14|}{\sqrt{9}}=\frac{14}{3}\,\text{LE}$$

c) Die Koordinaten des Punktes werden in die HNF eingesetzt:

$$d=\frac{|1\cdot 8-4\cdot 1-4\cdot 1|}{\sqrt{1^2+(-4)^2+(-4)^2}}=\frac{|0|}{\sqrt{33}}=0\,\text{LE}\Rightarrow\ \text{Q}\in\text{E}$$

d) Die Ebene wird zuerst in die Koordinatenform umgerechnet, anschließend wird wie in den vorangegangenen Aufgaben eingesetzt: $\text{E}:\ 2x_1+2x_2+x_3=26$, Einsetzen und Ausrechnen ergibt für den Abstand $\frac{8}{3}$ LE.

15.2 Abstand Punkt – Gerade

a) Einsetzen des Richtungsvektors von g und des Punktes T in die Punkt-Normalenform liefert die Hilfsebene $\text{E}_\text{H}:\ -2x_1+x_2+x_3=-9$. Schneiden mit g ergibt den Schnittpunkt $\text{L}(8\mid 3\mid 4)$. DerVerbindungsvektor ist $\overrightarrow{\text{LT}}=\begin{pmatrix}-2\\-9\\5\end{pmatrix}$. Für den Betrag des Verbindungsvektors ergibt sich $|\overrightarrow{\text{LT}}|=\sqrt{(-2)^2+(-9)^2+5^2}=\sqrt{110}$. Also ist der Punkt T $\sqrt{110}$ LE von der Geraden entfernt.

b) Einsetzen des Richtungsvektors von g und des Punktes P in die Punkt-Normalenform liefert die Hilfsebene $\text{E}_\text{H}:\ 3x_1-2x_3=3$. Schneiden mit g ergibt den Schnittpunkt $\text{L}(1\mid -4\mid 0)$. Betrag des Verbindungsvektors: $|\overrightarrow{\text{LP}}|=7$. Der Punkt P ist 7 LE von der Geraden entfernt.

15.3 Abstand paralleler Geraden

Die Fragestellung lässt sich auf den Abstand eines Punktes zu einer Geraden zurückführen: Wenn bewiesen ist, dass die Geraden parallel sind, berechnet man den Abstand des «Stützpunktes» der einen Geraden zur anderen Geraden.

a) Wenn die Geraden parallel oder identisch sind, müssen die Richtungsvektoren linear abhängig sein. Dies lässt sich unmittelbar an den beiden Vektoren ablesen: $\begin{pmatrix} 3 \\ 0 \\ 3 \end{pmatrix} = 3 \cdot \begin{pmatrix} 1 \\ 0 \\ 1 \end{pmatrix}$.
Nun wird der Abstand des «Stützpunktes» $\mathrm{S}\,(2 \mid 3 \mid 4)$ der Geraden h zu g berechnet: Einsetzen des Richtungsvektors von g und des Punktes S in die Punkt-Normalenform liefert die Hilfsebene $\mathrm{E_H}:\ x_1 + x_3 = 6$. Schneiden mit g ergibt den Schnittpunkt $\mathrm{L}\,(3 \mid 1 \mid 3)$. Für die Länge bzw. den Betrag des Verbindungsvektors ergibt sich $|\overrightarrow{\mathrm{LS}}| = \sqrt{6}$, damit sind die beiden Geraden $\sqrt{6}$ LE voneinander entfernt.

b) Die Richtungsvektoren sind linear abhängig, daher sind die Geraden parallel oder identisch. Nun wird der Abstand des «Stützpunktes» S der Geraden h zu g berechnet: Einsetzen des Richtungsvektors von g und des Punktes S in die Punkt-Normalenform liefert die Hilfsebene $\mathrm{E_H}:\ x_1 + 3x_2 + 4x_3 = 14$. Schneiden mit g ergibt $t = 0$ und damit den Schnittpunkt $\mathrm{L}\,(5 \mid -1 \mid 3)$. Für die Länge bzw. den Betrag des Verbindungsvektors ergibt sich $|\overrightarrow{\mathrm{LS}}| = \sqrt{56}$, damit sind die beiden Geraden $\sqrt{56}$ LE voneinander entfernt.

15.4 Verschiedene Aufgaben

a) Da der gesuchte Punkt A auf der Geraden von P und Q gleich weit entfernt ist, gilt: $|\overrightarrow{\mathrm{PA}}| = |\overrightarrow{\mathrm{QA}}|$. Die Gerade wird als «allgemeiner Punkt» geschrieben: $\mathrm{A}\,(2+2t \mid 1+t \mid 3+2t)$.

Eingesetzt ergibt sich $|\overrightarrow{\mathrm{PA}}| = |\vec{a} - \vec{p}| = \left|\begin{pmatrix} -3+2t \\ t \\ 3+2t \end{pmatrix}\right| = \sqrt{(-3+2t)^2 + t^2 + (3+2t)^2}$.

Für $|\overrightarrow{\mathrm{QA}}|$ ergibt sich entsprechend $|\overrightarrow{\mathrm{QA}}| = \sqrt{(-4+2t)^2 + (-2+t)^2 + (-4+2t)^2}$.
Die beiden Wurzeln werden gleichgesetzt:

$$\sqrt{(2t-3)^2 + t^2 + (2t+3)^2} = \sqrt{(2t-4)^2 + (t-2)^2 + (2t-4)^2}$$

Als Nächstes wird die Gleichung quadriert, um die Wurzel zu beseitigen, und die Klammern werden aufgelöst. Nachdem zusammengefasst wurde, ergibt sich $18 = 36t$. Dies führt zu $t = \frac{1}{2}$. Damit ist der gesuchte Punkt $\mathrm{A}\,(3 \mid 1{,}5 \mid 4)$.

b) Da der gesuchte Punkt M auf der Geraden von A und C gleich weit entfernt ist, gilt $|\overrightarrow{\mathrm{AM}}| = |\overrightarrow{\mathrm{CM}}|$. Die Gerade wird als «allgemeiner Punkt» geschrieben und eingesetzt: Für den «allgemeinen Punkt» gilt $\mathrm{M}\,(-1+2t \mid 4-2t \mid 1+t)$.

Eingesetzt ergibt sich $|\overrightarrow{\mathrm{AM}}| = |\vec{m} - \vec{a}| = \left|\begin{pmatrix} 2t-3 \\ -2t+6 \\ t \end{pmatrix}\right| = \sqrt{(2t-3)^2 + (-2t+6)^2 + t^2}$.

Für $|\overrightarrow{\mathrm{CM}}|$ ergibt sich entsprechend $|\overrightarrow{\mathrm{CM}}| = \sqrt{(2t)^2 + (-2t)^2 + (2+t)^2}$.

Die beiden Wurzeln werden gleichgesetzt:

$$\sqrt{(2t-3)^2+(6-2t)^2+t^2} = \sqrt{(2t)^2+(-2t)^2+(2+t)^2}$$

Als Nächstes wird die Gleichung quadriert, um die Wurzel zu beseitigen, und die Klammern werden aufgelöst. Nachdem zusammengefasst wurde, ergibt sich

$$9t^2-36t+45 = 9t^2+4t+4$$

Dies führt zu $t=\frac{41}{40}$. Damit ist der gesuchte Punkt $\mathrm{M}\left(\frac{21}{20} \mid \frac{39}{20} \mid \frac{81}{40}\right)$.

c) Da die beiden gesuchten Punkte P_1 und P_2 auf g die Entfernung 3 vom Punkt A haben, gilt $|\overrightarrow{AP}| = 3$. Die Gerade wird als «allgemeiner Punkt» umgeschrieben und eingesetzt: $P(1+2t \mid t \mid 2+2t)$. Damit ist $|\overrightarrow{AP}| = |\vec{p}-\vec{a}| = \sqrt{(2t-2)^2+(t-1)^2+(2t-2)^2} = 3$. Die Gleichung wird zuerst quadriert, dann werden die Klammern aufgelöst. Es ergibt sich $9t^2-18t=0$. Ausklammern von t oder Auflösen mit Hilfe der pq- oder abc-Formel führt zu $t_1=2$ und $t_2=0$. Damit sind die gesuchten Punkte $P_1\,(5 \mid 2 \mid 6)$ und $P_2\,(1 \mid 0 \mid 2)$.

d) Zuerst stellt man eine Ebenengleichung der drei Punkte auf. Die Höhe der Pyramide ist der Abstand des Punktes S von der Ebene. Die Ebene wird wie in Kapitel 13.1 aufgestellt, Koordinatengleichung: $E: \; x_1-x_2+x_3=1$. Eingesetzt in die Abstandsformel ergibt sich für den Abstand $d=\frac{15}{\sqrt{3}}$ LE. Die Wurzel im Nenner lässt sich noch durch ein Erweitern mit $\sqrt{3}$ beseitigen: $\frac{15}{\sqrt{3}}\cdot\frac{\sqrt{3}}{\sqrt{3}} = \frac{15\cdot\sqrt{3}}{3} = 5\sqrt{3}$ LE.

e) Gesucht ist der Wert b aus der Koordinatengleichung. Die Ebene, der Punkt und der Abstand werden in die Abstandsformel eingesetzt und anschließend nach b aufgelöst:

$$d(p;E) = \frac{|2\cdot(-1)+1\cdot 2-2\cdot(-3)-b|}{\sqrt{2^2+1^2+2^2}} = 2 \Rightarrow \frac{|6-b|}{3} = 2 \Rightarrow |6-b| = 6$$

Nun muss eine Fallunterscheidung gemacht werden, um den Betrag aufzulösen:
1. Fall: $(6-b)=6 \Rightarrow b_1=0$
2. Fall: $-(6-b)=6 \Rightarrow b_2=12$
Damit sind die gesuchten Ebenen $E_1: \; 2x_1+x_2-2x_3=0$ und $E_2: \; 2x_1+x_2-2x_3=12$.

f) Gesucht sind die Punkte auf der Geraden, die den Abstand 13 LE von der angegebenen Ebene haben. Die Gerade wird hierzu als «allgemeiner Punkt» geschrieben, und dieser und die Ebene werden in die Abstandsformel eingesetzt. Anschließend löst man nach dem Parameter s auf und setzt ihn in die Geradengleichung ein, um die Punkte zu bestimmen: «Allgemeiner Punkt» $P(1+2s \mid -3+s \mid 5-3s)$

$$d\,(P;E) = \frac{|1\cdot(1+2s)-4\cdot(-3+s)+8\cdot(5-3s)-1|}{\sqrt{81}} = 13$$

$$d\,(P;E) = \frac{|-26s+52|}{9} = 13.$$

Fallunterscheidung:
1. Fall: $\quad (2-s)=4,5 \Rightarrow s_1=-2,5$
2. Fall: $-(2-s)=4,5 \Rightarrow s_2=6,5$
Einsetzen in die Geradengleichung führt zu $P_1\,(-4 \mid -5,5 \mid 12,5)$ und $P_2\,(14 \mid 3,5 \mid -14,5)$.

g) Einsetzen des «allgemeinen Punktes» $P\,(2+2t \mid -5+4t \mid -3+5t)$ in die Abstandsformel:

$$d\,(P;E)=\frac{|2\cdot(2+2t)+1\cdot(-5+4t)+2\cdot(-3+5t)-11|}{\sqrt{9}}=\frac{|18t-18|}{3}=3$$

Fallunterscheidung:
1. Fall: $\quad (18t-18)=9 \Rightarrow t_1=1,5$
2. Fall: $-(18t-18)=9 \Rightarrow t_2=0,5$
Einsetzen in die Geradengleichung führt zu $P_1\,(5 \mid 1 \mid 4,5)$ und $P_2\,(3 \mid -3 \mid -0,5)$.

h) Einsetzen des «allgemeinen Punktes» $P\,(2t \mid 4+2t \mid -2+t)$ in die Abstandsformel:

$$d\,(P;E)=\frac{|8t-8|}{3}=8$$

Fallunterscheidung:
1. Fall: $\quad (8t-8)=24 \Rightarrow t_1=4$
2. Fall: $-(8t-8)=24 \Rightarrow t_2=-2$
Einsetzen in die Geradengleichung führt zu $P_1\,(8 \mid 12 \mid 2)$ und $P_2\,(-4 \mid 0 \mid -4)$.

i) Wenn g parallel zu E ist, müssen der Richtungsvektor der Geraden $\vec{r}$ und der Normalenvektor $\vec{n}$ der Ebene senkrecht aufeinander stehen:

$$\vec{r}\cdot\vec{n}=0:\ \begin{pmatrix}2\\-1\\3\end{pmatrix}\cdot\begin{pmatrix}4\\-1\\-3\end{pmatrix}=8+1-9=0 \Rightarrow$$ g ist parallel zu E bzw. könnte in E liegen. Zur Abstandsberechnung wird der Abstand des «Stützpunktes» der Geraden zur Ebene E ausgerechnet: $d\,((1 \mid 2 \mid 3);E)=\frac{|-26|}{\sqrt{26}}=\frac{26}{\sqrt{26}}=\sqrt{26}$ LE.

j) Wenn die Ebenen parallel zueinander liegen, müssen die beiden Normalenvektoren linear abhängig sein. Es ist $\vec{n}_1=(-1)\cdot\vec{n}_2$, damit ist bewiesen, dass die Ebenen parallel liegen (bzw. identisch sein können). Abstand der Ebenen: Man bestimmt einen Punkt $P\,(p_1 \mid p_2 \mid p_3)$ in E_2 und berechnet den Abstand des Punktes zu E_1. Es werden p_1 und p_2 Null gesetzt und p_3 bestimmt: $-2\cdot 0+3\cdot 0-1\cdot p_3=-7 \Rightarrow p_3=7$. Damit ist $P(0 \mid 0 \mid 7)$, für den Abstand folgt: $d\,((0 \mid 0 \mid 7);E_1)=\frac{3}{\sqrt{14}}$ LE.

15.5 Abstand windschiefer Geraden

Um den Abstand von zwei windschiefen Geraden $g: \vec{x}=\vec{a}+s\cdot\vec{r}$ und $h: \vec{x}=\vec{b}+t\cdot\vec{v}$ zu berechnen, benötigt man einen Vektor $\vec{n}$, der auf den beiden Richtungsvektoren senkrecht steht. Für den Abstand d gilt dann

$$d\,(g;h)=\frac{\left|\left(\vec{a}-\vec{b}\right)\cdot\vec{n}\right|}{|\vec{n}|}$$

Den Vektor $\vec{n}$ bestimmt man mit Hilfe des Vektorproduktes $\vec{n} = \vec{r} \times \vec{v}$.

a) $\vec{n} = \begin{pmatrix} 4 \\ 1 \\ -1 \end{pmatrix} \times \begin{pmatrix} 2 \\ 0 \\ -1 \end{pmatrix} = \begin{pmatrix} -1 \\ 2 \\ -2 \end{pmatrix}$. Der Vektor $\vec{a} - \vec{b}$ ist $\begin{pmatrix} -1 \\ 1 \\ -3 \end{pmatrix}$.

In die Gleichung eingesetzt ergibt sich

$$d(g;h) = \frac{\left| \begin{pmatrix} -1 \\ 1 \\ -3 \end{pmatrix} \cdot \begin{pmatrix} -1 \\ 2 \\ -2 \end{pmatrix} \right|}{\sqrt{1+4+4}} = \frac{|1+2+6|}{3} = \frac{|9|}{3} = 3 \text{ LE.}$$

Der Abstand der beiden Geraden ist 3 LE.

b) $\vec{n} = \begin{pmatrix} 2 \\ 1 \\ -2 \end{pmatrix} \times \begin{pmatrix} 0 \\ 1 \\ 2 \end{pmatrix} = \begin{pmatrix} 4 \\ -4 \\ 2 \end{pmatrix}$. Der Vektor $\vec{a} - \vec{b}$ ist $\begin{pmatrix} 2 \\ -4 \\ 6 \end{pmatrix}$.

In die Gleichung eingesetzt ergibt sich

$$d(g;h) = \frac{\left| \begin{pmatrix} 2 \\ -4 \\ 6 \end{pmatrix} \cdot \begin{pmatrix} 4 \\ -4 \\ 2 \end{pmatrix} \right|}{\sqrt{16+16+4}} = \frac{|8+16+12|}{6} = \frac{36}{6} = 6 \text{ LE.}$$

Der Abstand der beiden Geraden ist 6 LE.

c) Man schreibt die Geraden g bzw. h als «parameterisierte Punkte» G bzw. H mit jeweils einem Parameter $t \in \mathbb{R}$ (z.B. $g: \ \vec{x} = \begin{pmatrix} 2 \\ 1 \\ 3 \end{pmatrix} + t \cdot \begin{pmatrix} 4 \\ 2 \\ 5 \end{pmatrix} \Rightarrow \mathrm{G}(2+4t \mid 1+2t \mid 3+5t)$).

1. Der Verbindungsvektor $\overrightarrow{\mathrm{GH}}$ wird ermittelt. (Er hat *zwei* Parameter).
2. Der Vektor $\overrightarrow{\mathrm{GH}}$ steht senkrecht auf g bzw. h, also ist jeweils das Skalarprodukt mit den Richtungsvektoren $\vec{r_g}$ bzw. $\vec{r_h}$ Null. Damit ergeben sich folgende zwei Gleichungen: I $\overrightarrow{\mathrm{GH}} \cdot \vec{r_g} = 0$, II $\overrightarrow{\mathrm{GH}} \cdot \vec{r_h} = 0$
3. Man löst das Gleichungssystem bestehend aus den Gleichungen I und II und ermittelt die Punkte G und H durch Einsetzen der Parameter.
4. Der Abstand der windschiefen Geraden ist dann $|\overrightarrow{\mathrm{GH}}|$.

16 Winkelberechnungen

16.1 Winkel zwischen Vektoren und Geraden

Zuerst stellt man die Verbindungsvektoren auf. Anschließend setzt man in die Formel für den Winkel ein.

a)

$$\cos\beta = \overrightarrow{BA}\cdot\overrightarrow{BC} = \frac{\begin{pmatrix}2\\-4\\4\end{pmatrix}\cdot\begin{pmatrix}-4\\2\\4\end{pmatrix}}{\sqrt{2^2+(-4)^2+4^2}\cdot\sqrt{(-4)^2+2^2+4^2}} = 0 \Rightarrow \beta = 90^\circ$$

$$\cos\gamma = \overrightarrow{CA}\cdot\overrightarrow{CB} = \frac{\begin{pmatrix}6\\-6\\0\end{pmatrix}\cdot\begin{pmatrix}4\\-2\\-4\end{pmatrix}}{\sqrt{72}\cdot 6} = \frac{36}{\sqrt{72}\cdot 6} = \frac{6}{\sqrt{72}} = \frac{6}{\sqrt{36}\cdot\sqrt{2}} = \frac{6}{6\cdot\sqrt{2}} = \frac{1}{\sqrt{2}} \Rightarrow \gamma = 45^\circ$$

$$\cos\alpha = \overrightarrow{AB}\cdot\overrightarrow{AC} = \frac{\begin{pmatrix}-2\\4\\-4\end{pmatrix}\cdot\begin{pmatrix}-6\\6\\0\end{pmatrix}}{6\cdot\sqrt{72}} = \frac{36}{6\cdot\sqrt{72}} = \frac{6}{\sqrt{72}} = \frac{1}{\sqrt{2}} \Rightarrow \gamma = 45^\circ$$

b) I) Durch die Aufgabenstellung ist vorausgesetzt, dass sich die beiden Geraden tatsächlich schneiden, dies hätte sonst geprüft werden müssen. Der Winkel zwischen den beiden Geraden wird berechnet, indem man den Winkel zwischen den Richtungsvektoren berechnet:

$$\cos\alpha = \frac{\left|\begin{pmatrix}-1\\3\\5\end{pmatrix}\cdot\begin{pmatrix}7\\-1\\2\end{pmatrix}\right|}{\sqrt{35}\cdot\sqrt{54}} = \frac{|-7-3+10|}{\sqrt{35}\cdot\sqrt{54}} = \frac{|0|}{\sqrt{35}\cdot\sqrt{54}} = 0 \Rightarrow \alpha = 90^\circ$$

II) Auch hier wird der Winkel α zwischen den Richtungsvektoren bestimmt:

$$\cos\alpha = \frac{\left|\begin{pmatrix}2\\-6\\10\end{pmatrix}\cdot\begin{pmatrix}2\\3\\5\end{pmatrix}\right|}{\sqrt{140}\cdot\sqrt{38}} = \frac{|4-18+50|}{\sqrt{140}\cdot\sqrt{38}} = \frac{36}{\sqrt{140}\cdot\sqrt{38}} \Rightarrow \alpha = 60,42^\circ$$

16.2 Winkel zwischen Ebenen

a) Der Winkel zwischen zwei Ebenen wird berechnet, indem man den Winkel zwischen den Normalenvektoren berechnet:

$$\cos\alpha = \frac{\left|\begin{pmatrix}1\\-1\\2\end{pmatrix}\cdot\begin{pmatrix}6\\1\\-1\end{pmatrix}\right|}{\sqrt{1^2+(-1)^2+2^2}\cdot\sqrt{6^2+1^2+(-1)^2}} = \frac{|6-1-2|}{\sqrt{6}\cdot\sqrt{38}} = \frac{3}{\sqrt{6}\cdot\sqrt{38}} \Rightarrow \alpha = 78{,}54^\circ$$

b) Auch hier wird der Winkel zwischen den Normalenvektoren bestimmt:

$$\cos\alpha = \frac{\left|\begin{pmatrix}0\\4\\0\end{pmatrix}\cdot\begin{pmatrix}6\\0\\5\end{pmatrix}\right|}{4\cdot\sqrt{6^2+5^2}} = \frac{0}{4\cdot\sqrt{61}} = 0 \Rightarrow \alpha = 90^\circ$$

16.3 Winkel zwischen Gerade und Ebene

a) Der Winkel zwischen einer Gerade und einer Ebene wird berechnet, indem man den Winkel zwischen dem Richtungsvektor der Geraden und dem Normalenvektor der Ebene berechnet. Dabei wird im Unterschied zum Winkel zwischen zwei Geraden oder zwischen zwei Ebenen der *Sinus* des Winkels bestimmt:

$$\sin\alpha = \frac{\left|\begin{pmatrix}1\\2\\-1\end{pmatrix}\cdot\begin{pmatrix}3\\5\\-2\end{pmatrix}\right|}{\sqrt{6}\cdot\sqrt{38}} = \frac{|3+10+2|}{\sqrt{6}\cdot\sqrt{38}} = \frac{15}{\sqrt{6}\cdot\sqrt{38}} \Rightarrow \alpha = 83{,}41^\circ$$

b) Es ist:

$$\sin\alpha = \frac{\left|\begin{pmatrix}0\\1\\0\end{pmatrix}\cdot\begin{pmatrix}6\\10\\-4\end{pmatrix}\right|}{\sqrt{1}\cdot\sqrt{152}} = \frac{|0+10+0|}{\sqrt{152}} = \frac{10}{\sqrt{4\cdot 38}} = \frac{10}{\sqrt{4}\cdot\sqrt{38}} = \frac{5}{\sqrt{38}} \Rightarrow \alpha = 54{,}20^\circ$$

c) Es ist:

$$\sin\alpha = \frac{\left|\begin{pmatrix}1\\2\\3\end{pmatrix}\cdot\begin{pmatrix}0\\0\\1\end{pmatrix}\right|}{\sqrt{14}\cdot 1} = \frac{3}{\sqrt{14}} \Rightarrow \alpha = 53{,}30^\circ$$

17 Spiegelungen

Alle Spiegelpunkte sind im Folgenden mit einem Sternchen * versehen.

17.1 Punkt an Punkt

Um den Punkt P an Q zu spiegeln, wird der Vektor $\overrightarrow{PQ}$ an den Ortsvektor von Q einmal angehängt. (Alternativ kann man auch an den Ortsvektor von P den Vektor $\overrightarrow{PQ}$ zweimal anhängen). Damit ist:

a) $\overrightarrow{OP^*} = \overrightarrow{OQ} + \overrightarrow{PQ} = \begin{pmatrix} 2 \\ 1 \\ 2 \end{pmatrix} + \begin{pmatrix} -1 \\ -3 \\ -3 \end{pmatrix} = \begin{pmatrix} 1 \\ -2 \\ -1 \end{pmatrix}$, also ist $P^*(1 \mid -2 \mid -1)$.

b) $\overrightarrow{OP^*} = \overrightarrow{OR} + \overrightarrow{PR} = \begin{pmatrix} 0 \\ 3 \\ -2 \end{pmatrix} + \begin{pmatrix} -3 \\ -1 \\ -7 \end{pmatrix} = \begin{pmatrix} -3 \\ 2 \\ -9 \end{pmatrix}$, also ist $P^*(-3 \mid 2 \mid -9)$.

c) $\overrightarrow{OP^*} = \overrightarrow{OS} + \overrightarrow{PS} = \begin{pmatrix} -3 \\ 1 \\ 4 \end{pmatrix} + \begin{pmatrix} -6 \\ -3 \\ -1 \end{pmatrix} = \begin{pmatrix} -9 \\ -2 \\ 3 \end{pmatrix}$, also ist $P^*(-9 \mid -2 \mid 3)$.

17.2 Punkt an Ebene

Um einen Punkt P an einer Ebene zu spiegeln, braucht man zuerst den sog. Lotfußpunkt L, das ist der Punkt der Ebene, der den kürzesten Abstand zu P besitzt (es wird «das Lot von P auf die Ebene gefällt»). An diesem Punkt wird P gespiegelt. L bestimmt man, indem man eine Lotgerade durch den Punkt P aufstellt und als Richtungsvektor den Normalenvektor $\vec{n}$ der Ebene benutzt.

a) Lotgerade $g_l: \vec{x} = \begin{pmatrix} 1 \\ 4 \\ 7 \end{pmatrix} + s \cdot \begin{pmatrix} 1 \\ -1 \\ -2 \end{pmatrix}$, diese wird geschnitten mit

$E: x_1 - x_2 - 2x_3 + 11 = 0 \Rightarrow 1 + s - (4 - s) - 2(7 - 2s) + 11 = 0 \Rightarrow 6s = 6 \Rightarrow s = 1.$

Es wird s in g_l eingesetzt, damit ergibt sich für den Lotfußpunkt $L(2 \mid 3 \mid 5)$.

Nun wird A an L gespiegelt: $\overrightarrow{OA^*} = \overrightarrow{OL} + \overrightarrow{AL}$, damit ist $A^*(3 \mid 2 \mid 3)$.

b) Lotgerade $g_l: \vec{x} = \begin{pmatrix} 1 \\ -4 \\ -9 \end{pmatrix} + t \cdot \begin{pmatrix} 2 \\ -2 \\ 1 \end{pmatrix}$, Schnitt mit E ergibt $t = 1$, damit ist $L(1 \mid -6 \mid -8)$.

Nun wird S an L gespiegelt, es ist $S^*(3 \mid -8 \mid -7)$.

c) Lotgerade $g_l: \vec{x} = \begin{pmatrix} 2 \\ 3 \\ 4 \end{pmatrix} + r \cdot \begin{pmatrix} 4 \\ 1 \\ -1 \end{pmatrix}$, Schnitt mit E ergibt $r = -\frac{2}{9}$, damit ist

$L\left(\frac{10}{9} \mid \frac{25}{9} \mid \frac{38}{9}\right)$. Nun wird P an L gespiegelt, es ist $P^*\left(\frac{2}{9} \mid \frac{23}{9} \mid \frac{40}{9}\right)$.

17.3 Punkt an Gerade

Ein Punkt wird an einer Geraden gespiegelt, indem man eine Hilfsebene durch den Punkt und senkrecht zur Geraden aufstellt (ähnlich wie bei der Abstandsberechnung eines Punktes von einer Geraden wird der Richtungsvektor $\vec{r}$ der Geraden als Normalenvektor $\vec{n}$ benutzt). Anschließend wird die Hilfsebene mit der Geraden geschnitten und der Punkt am Schnittpunkt S von Gerade und Ebene gespiegelt.

a) Einsetzen von P und $\vec{r}$ in die Punkt-Normalenform: $\left(\begin{pmatrix} x_1 \\ x_2 \\ x_3 \end{pmatrix} - \begin{pmatrix} 2 \\ 3 \\ 4 \end{pmatrix}\right) \cdot \begin{pmatrix} 1 \\ 0 \\ 1 \end{pmatrix} = 0$, damit ist die Hilfsebene $E_H: \; x_1 + x_3 = 6$. Schneiden mit g führt zu $2+t+2+t=6$ $\Rightarrow t=1$. Einsetzen in die Geradengleichung führt auf den Schnittpunkt $S\,(3 \mid 1 \mid 3)$. Spiegeln von P an S ergibt $P^*\,(4 \mid -1 \mid 2)$.

b) Einsetzen von B und $\vec{r}$ in die Punkt-Normalenform ergibt die Hilfsebene $E_H: \; 4x_1 - x_2 - x_3 = 21$. Schneiden mit g führt zu $t=2$. Einsetzen in die Geradengleichung führt auf den Schnittpunkt $S\,(7 \mid 4 \mid 3)$. Spiegeln von B an S ergibt $B^*\,(9 \mid 10 \mid 5)$.

17.4 Allgemeine Spiegelungen

a) Bei der Spiegelung einer Geraden $g: \; \vec{a} + s \cdot \vec{r}$ an einer Ebene unterscheidet man zwei Fälle:

   I) Die Gerade ist parallel zur Ebene: In diesem Fall spiegelt man den «Stützpunkt» A der Geraden an der Ebene, indem man eine Hilfsgerade senkrecht zu E durch A aufstellt und den Lotfußpunkt ermittelt. Der gespiegelte «Stützpunkt» A^* ist der «Stützpunkt» der neuen Geraden. Der Richtungsvektor $\vec{r}$ wird übernommen.

   II) Die Gerade schneidet die Ebene: Zuerst ermittelt man den Schnittpunkt der Geraden mit der Ebene. Anschließend spiegelt man den «Stützpunkt» A (oder einen beliebigen anderen Punkt außer dem Schnittpunkt) der Geraden an der Ebene. Der Spiegelpunkt ist A^*. Die Spiegelgerade besitzt den «Stützpunkt» A^*, als Richtungsvektor dient der Verbindungsvektor zwischen A^* und dem Schnittpunkt mit der Ebene.

b) Bei der Spiegelung einer Ebene E_1 an einer Ebene E_2 können zwei Fälle auftreten:

   I) Die Ebenen sind parallel: Zuerst bestimmt man einen Punkt auf E_1, dieser Punkt wird an E_2 gespiegelt. Der Normalenvektor wird übernommen, da die Ebenen parallel sind. Der Spiegelpunkt und der Normalenvektor werden in die Punkt-Normalenform eingesetzt und ergeben die Spiegelebene.

   II) Die Ebenen schneiden sich: Es wird zuerst eine Schnittgerade ermittelt. Anschließend wird ein Punkt P, der nicht auf der Schnittgeraden liegt, auf der Ebene E_1 bestimmt und an E_2 gespiegelt. Mit der Schnittgeraden und dem Spiegelpunkt P^* wird die Spiegelebene aufgestellt.

18 Lineare Abbildungen und Matrizen

Ausführliche Rechenregeln zum Rechnen mit Matrizen finden Sie bei den Tipps auf Seite 113.

18.1 Rechnen mit Matrizen

a) I) $A+B=\begin{pmatrix} 2 & 1 \\ 3 & 2 \end{pmatrix}+\begin{pmatrix} 4 & 0 \\ 1 & 3 \end{pmatrix}=\begin{pmatrix} 6 & 1 \\ 4 & 5 \end{pmatrix}$

II) $3\cdot A=3\cdot\begin{pmatrix} 2 & 1 \\ 3 & 2 \end{pmatrix}=\begin{pmatrix} 6 & 3 \\ 9 & 6 \end{pmatrix}$

III) $(-2)\cdot B=(-2)\cdot\begin{pmatrix} 4 & 0 \\ 1 & 3 \end{pmatrix}=\begin{pmatrix} -8 & 0 \\ -2 & -6 \end{pmatrix}$

IV) $\vec{x}\cdot\vec{y}=\begin{pmatrix} 3 \\ 1 \end{pmatrix}\cdot\begin{pmatrix} 4 \\ -1 \end{pmatrix}=3\cdot 4+1\cdot(-1)=11$

V) $A\cdot\vec{x}=\begin{pmatrix} 2 & 1 \\ 3 & 2 \end{pmatrix}\cdot\begin{pmatrix} 3 \\ 1 \end{pmatrix}=\begin{pmatrix} 2\cdot 3+1\cdot 1 \\ 3\cdot 3+2\cdot 1 \end{pmatrix}=\begin{pmatrix} 7 \\ 11 \end{pmatrix}$

VI) $B\cdot\vec{y}=\begin{pmatrix} 4 & 0 \\ 1 & 3 \end{pmatrix}\cdot\begin{pmatrix} 4 \\ -1 \end{pmatrix}=\begin{pmatrix} 4\cdot 4+0\cdot(-1) \\ 1\cdot 4+3\cdot(-1) \end{pmatrix}=\begin{pmatrix} 16 \\ 1 \end{pmatrix}$

VII) $A\cdot B=\begin{pmatrix} 2 & 1 \\ 3 & 2 \end{pmatrix}\cdot\begin{pmatrix} 4 & 0 \\ 1 & 3 \end{pmatrix}=\begin{pmatrix} 2\cdot 4+1\cdot 1 & 2\cdot 0+1\cdot 3 \\ 3\cdot 4+2\cdot 1 & 3\cdot 0+2\cdot 3 \end{pmatrix}=\begin{pmatrix} 9 & 3 \\ 14 & 6 \end{pmatrix}$

VIII) $B\cdot A=\begin{pmatrix} 4 & 0 \\ 1 & 3 \end{pmatrix}\cdot\begin{pmatrix} 2 & 1 \\ 3 & 2 \end{pmatrix}=\begin{pmatrix} 4\cdot 2+0\cdot 3 & 4\cdot 1+0\cdot 2 \\ 1\cdot 2+3\cdot 3 & 1\cdot 1+3\cdot 2 \end{pmatrix}=\begin{pmatrix} 8 & 4 \\ 11 & 7 \end{pmatrix}$

b) I) $\vec{x}\cdot\vec{y}=\begin{pmatrix} 1 \\ 4 \\ -2 \end{pmatrix}\cdot\begin{pmatrix} 0 \\ -2 \\ 1 \end{pmatrix}=1\cdot 0+4\cdot(-2)+(-2)\cdot 1=-10$

II) $A\cdot\vec{x}=\begin{pmatrix} 3 & 2 & -1 \\ 1 & 0 & 1 \\ 2 & 1 & 2 \end{pmatrix}\cdot\begin{pmatrix} 1 \\ 4 \\ -2 \end{pmatrix}=\begin{pmatrix} 3\cdot 1+2\cdot 4+(-1)\cdot(-2) \\ 1\cdot 1+0\cdot 4+1\cdot(-2) \\ 2\cdot 1+1\cdot 4+2\cdot(-2) \end{pmatrix}=\begin{pmatrix} 13 \\ -1 \\ 2 \end{pmatrix}$

III) $B\cdot\vec{y}=\begin{pmatrix} 4 & 1 & 0 \\ 2 & -1 & 1 \\ 3 & 0 & -2 \end{pmatrix}\cdot\begin{pmatrix} 0 \\ -2 \\ 1 \end{pmatrix}=\begin{pmatrix} -2 \\ 3 \\ -2 \end{pmatrix}$

IV) $A\cdot B=\begin{pmatrix} 3 & 2 & -1 \\ 1 & 0 & 1 \\ 2 & 1 & 2 \end{pmatrix}\cdot\begin{pmatrix} 4 & 1 & 0 \\ 2 & -1 & 1 \\ 3 & 0 & -2 \end{pmatrix}=\begin{pmatrix} 13 & 1 & 4 \\ 7 & 1 & -2 \\ 16 & 1 & -3 \end{pmatrix}$

$$\text{V)}\ \mathrm{B}\cdot\mathrm{A}=\begin{pmatrix}4&1&0\\2&-1&1\\3&0&-2\end{pmatrix}\cdot\begin{pmatrix}3&2&-1\\1&0&1\\2&1&2\end{pmatrix}=\begin{pmatrix}13&8&-3\\7&5&-1\\5&4&-7\end{pmatrix}$$

c) $$\text{I)}\ \begin{pmatrix}2&4\\9&0\\3&-1\end{pmatrix}\cdot\begin{pmatrix}1\\3\end{pmatrix}=\begin{pmatrix}2\cdot1+4\cdot3\\9\cdot1+0\cdot3\\3\cdot1+(-1)\cdot3\end{pmatrix}=\begin{pmatrix}14\\9\\0\end{pmatrix}$$

$$\text{II)}\ \begin{pmatrix}2&1\\4&2\\1&5\end{pmatrix}\cdot\begin{pmatrix}4&2&1\\1&3&2\end{pmatrix}=\begin{pmatrix}9&7&4\\18&14&8\\9&17&11\end{pmatrix}$$

18.2 Matrizen bei Abbildungen

a) $\alpha:\vec{x}'=\begin{pmatrix}1&2\\5&-4\end{pmatrix}\cdot\vec{x}+\begin{pmatrix}-4\\7\end{pmatrix}$

Setzt man die Koordinaten von P$(2\mid3)$ in die Gleichung von α ein, so erhält man:

$$\vec{p}'=\begin{pmatrix}1&2\\5&-4\end{pmatrix}\cdot\begin{pmatrix}2\\3\end{pmatrix}+\begin{pmatrix}-4\\7\end{pmatrix}=\begin{pmatrix}1\cdot2+2\cdot3\\5\cdot2+(-4)\cdot3\end{pmatrix}+\begin{pmatrix}-4\\7\end{pmatrix}$$
$$=\begin{pmatrix}8\\-2\end{pmatrix}+\begin{pmatrix}-4\\7\end{pmatrix}=\begin{pmatrix}4\\5\end{pmatrix}\Rightarrow \mathrm{P}'(4\mid5)$$

Setzt man die Koordinaten von Q$(-1\mid4)$ in die Gleichung von α ein, so erhält man:

$$\vec{q}'=\begin{pmatrix}1&2\\5&-4\end{pmatrix}\cdot\begin{pmatrix}-1\\4\end{pmatrix}+\begin{pmatrix}-4\\7\end{pmatrix}=\begin{pmatrix}7\\-21\end{pmatrix}+\begin{pmatrix}-4\\7\end{pmatrix}=\begin{pmatrix}3\\-14\end{pmatrix}$$
$\Rightarrow \mathrm{Q}'(3\mid-14)$

Setzt man die Koordinaten der Geraden $g:\vec{x}=\begin{pmatrix}4\\-3\end{pmatrix}+t\cdot\begin{pmatrix}1\\2\end{pmatrix}$ in die Gleichung von α ein, so erhält man

$$\begin{pmatrix}1&2\\5&-4\end{pmatrix}\cdot\begin{pmatrix}4+t\\-3+2t\end{pmatrix}+\begin{pmatrix}-4\\7\end{pmatrix}=\begin{pmatrix}4+t+2\cdot(-3+2t)\\5\cdot(4+t)+(-4)\cdot(-3+2t)\end{pmatrix}+\begin{pmatrix}-4\\7\end{pmatrix}$$
$$=\begin{pmatrix}-2+5t\\32-3t\end{pmatrix}+\begin{pmatrix}-4\\7\end{pmatrix}=\begin{pmatrix}-6+5t\\39-3t\end{pmatrix}$$
$$\Rightarrow g':\vec{x}=\begin{pmatrix}-6\\39\end{pmatrix}+t\cdot\begin{pmatrix}5\\-3\end{pmatrix}$$

b) Da bei dieser Aufgabe der Nullvektor und die Einheitsvektoren abgebildet werden, lässt sich die Abbildung relativ einfach bestimmen: Man benötigt die Verbindungsvektoren von O' zu E_1' bzw. zu E_2' und von O zu O'. Es gilt

$$\overrightarrow{\mathrm{O'E_1'}}=\begin{pmatrix}7-2\\2-5\end{pmatrix}=\begin{pmatrix}5\\-3\end{pmatrix},\ \overrightarrow{\mathrm{O'E_2'}}=\begin{pmatrix}-2-2\\6-5\end{pmatrix}=\begin{pmatrix}-4\\1\end{pmatrix}\ \text{und}\ \overrightarrow{\mathrm{OO'}}=\begin{pmatrix}2\\5\end{pmatrix}.$$

Die Vektoren $\overrightarrow{O'E_1'}$ und $\overrightarrow{O'E_2'}$ bilden die «Spaltenvektoren» der Matrix, somit gilt für die Abbildung: $\alpha: \vec{x}' = \begin{pmatrix} 5 & -4 \\ -3 & 1 \end{pmatrix} \cdot \vec{x} + \begin{pmatrix} 2 \\ 5 \end{pmatrix}$.

c) Als Ansatz für die affine Abbildung α verwendet man:

$$\alpha: \begin{pmatrix} x_1' \\ x_2' \end{pmatrix} = \begin{pmatrix} a_1 & b_1 \\ a_2 & b_2 \end{pmatrix} \cdot \begin{pmatrix} x_1 \\ x_2 \end{pmatrix} + \begin{pmatrix} c_1 \\ c_2 \end{pmatrix}$$

bzw.

$$\begin{array}{rcccccc} x_1' & = & a_1x_1 & + & b_1x_2 & + & c_1 \\ x_2' & = & a_2x_1 & + & b_2x_2 & + & c_2 \end{array}$$

Setzt man die Koordinaten von A (2 | 3), A′(7 | −6), B (5 | 1), B′(11 | −2), C (−2 | −3) und C′(−7 | 6) in α ein, so erhält man insgesamt 6 Gleichungssysteme, die man entsprechend der Variablen in zwei Gleichungssysteme aufteilt:

$$\begin{array}{llcrcrcl} \text{I} & 7 & = & 2a_1 & + & 3b_1 & + & c_1 \\ \text{II} & 11 & = & 5a_1 & + & b_1 & + & c_1 \\ \text{III} & -7 & = & -2a_1 & - & 3b_1 & + & c_1 \end{array} \quad \text{und} \quad \begin{array}{llcrcrcl} \text{IV} & -6 & = & 2a_2 & + & 3b_2 & + & c_2 \\ \text{V} & -2 & = & 5a_2 & + & b_2 & + & c_2 \\ \text{VI} & 6 & = & -2a_2 & - & 3b_2 & + & c_2 \end{array}$$

Addiert man Gleichung I und III, so erhält man: $c_1 = 0$.
Subtrahiert man das 3-fache der Gleichung II von Gleichung I, so erhält man: $a_1 = 2 \Rightarrow b_1 = 1$.
Addiert man Gleichung IV und VI, so erhält man: $c_2 = 0$.
Subtrahiert man das 3-fache der Gleichung V von Gleichung IV, so erhält man: $a_2 = 0 \Rightarrow b_2 = -2$.

Somit hat die affine Abbildung α folgende Matrixdarstellung: $\alpha: \vec{x}' = \begin{pmatrix} 2 & 1 \\ 0 & -2 \end{pmatrix} \cdot \vec{x}$.

d) Man verwendet für die affine Abbildung den gleichen Ansatz wie in der vorangehenden Aufgabe.
Setzt man die Koordinaten von A (3 | 0), A′(−1 | −2), B (0 | −3), B′(−7 | −5), C (−2 | 0) und C′(−1 | −2) in α ein, so erhält man insgesamt 6 Gleichungssysteme, die man entsprechend der Variablen in zwei Gleichungssysteme aufteilt:

$$\begin{array}{llcrcrcl} \text{I} & -1 & = & 3a_1 & & & + & c_1 \\ \text{II} & -7 & = & & - & 3b_1 & + & c_1 \\ \text{III} & -1 & = & -2a_1 & & & + & c_1 \end{array} \quad \text{und} \quad \begin{array}{llcrcrcl} \text{IV} & -2 & = & 3a_2 & & & + & c_2 \\ \text{V} & -5 & = & & - & 3b_2 & + & c_2 \\ \text{VI} & -2 & = & -2a_2 & & & + & c_2 \end{array}$$

Subtrahiert man Gleichung III von Gleichung I, so erhält man: $a_1 = 0 \Rightarrow c_1 = -1$ und $b_1 = 2$.
Subtrahiert man Gleichung VI von Gleichung IV, so erhält man: $a_2 = 0 \Rightarrow c_2 = -2$ und $b_2 = 1$. Somit hat die affine Abbildung α folgende Matrixdarstellung:

$$\alpha: \vec{x}' = \begin{pmatrix} 0 & 2 \\ 0 & 1 \end{pmatrix} \cdot \vec{x} + \begin{pmatrix} -1 \\ -2 \end{pmatrix}$$

e) Eine Verschiebung um einen Vektor $\vec{v}$ hat die Darstellung $\alpha: \vec{x}' = \vec{x} + \vec{v}$, also

$$\alpha: \vec{x}' = \vec{x} + \begin{pmatrix} -1 \\ 3 \end{pmatrix}$$

Eine Drehung um den Ursprung um einen Winkel α hat die Darstellung
$\beta: \vec{x}' = \begin{pmatrix} \cos\alpha & -\sin\alpha \\ \sin\alpha & \cos\alpha \end{pmatrix} \cdot \vec{x}$, also $\beta: \vec{x}' = \begin{pmatrix} \cos 60^\circ & -\sin 60^\circ \\ \sin 60^\circ & \cos 60^\circ \end{pmatrix} \cdot \vec{x}$ bzw.

$$\beta: \vec{x}' = \begin{pmatrix} 0,5 & -\frac{1}{2}\sqrt{3} \\ \frac{1}{2}\sqrt{3} & 0,5 \end{pmatrix} \cdot \vec{x}$$

Eine zentrische Streckung vom Ursprung aus mit Streckfaktor $k \neq 0$ hat die Darstellung
$\gamma: \vec{x}' = \begin{pmatrix} k & 0 \\ 0 & k \end{pmatrix} \cdot \vec{x}$, also $\gamma: \vec{x}' = \begin{pmatrix} -\frac{2}{5} & 0 \\ 0 & -\frac{2}{5} \end{pmatrix} \cdot \vec{x}$.

Eine Spiegelung an einer Ursprungsgeraden, die mit der x_1-Achse einen Winkel α einschließt, hat die Darstellung $\delta: \vec{x}' = \begin{pmatrix} \cos(2\alpha) & \sin(2\alpha) \\ \sin(2\alpha) & -\cos(2\alpha) \end{pmatrix} \cdot \vec{x}$.

Da die Gerade $g: \vec{x} = t \cdot \begin{pmatrix} 2 \\ 3 \end{pmatrix}$ die Steigung $\frac{3}{2}$ hat, gilt: $\tan\alpha = \frac{3}{2} \Rightarrow \alpha \approx 56,3^\circ$. Somit gilt $\delta: \vec{x}' = \begin{pmatrix} \cos(2\cdot 56,3) & \sin(2\cdot 56,3) \\ \sin(2\cdot 56,3) & -\cos(2\cdot 56,3) \end{pmatrix} \cdot \vec{x}$ bzw. $\delta: \vec{x}' = \begin{pmatrix} -0,38 & 0,92 \\ 0,92 & 0,38 \end{pmatrix} \cdot \vec{x}$.

f) Bei $\alpha: \vec{x}' = \begin{pmatrix} \frac{12}{13} & \frac{5}{13} \\ \frac{5}{13} & -\frac{12}{13} \end{pmatrix} \cdot \vec{x}$ handelt es sich um eine Spiegelung, da die Matrix die Form einer Spiegelmatrix

$$\begin{pmatrix} \cos(2\gamma) & \sin(2\gamma) \\ \sin(2\gamma) & -\cos(2\gamma) \end{pmatrix}$$

hat. Für den Winkel zwischen Spiegelachse und x_1-Achse gilt $\cos(2\gamma) = \frac{12}{13} \Rightarrow \gamma \approx 11,31^\circ$ und $\sin(2\gamma) = \frac{5}{13} \Rightarrow \gamma \approx 11,31^\circ$.

Bei $\beta: \vec{x}' = \begin{pmatrix} \frac{12}{13} & -\frac{5}{13} \\ \frac{5}{13} & \frac{12}{13} \end{pmatrix} \cdot \vec{x}$ handelt es sich um eine Drehung, da die Matrix die Form einer Drehmatrix

$$\begin{pmatrix} \cos\alpha & -\sin\alpha \\ \sin\alpha & \cos\alpha \end{pmatrix}$$

hat. Der Drehwinkel kann wie folgt berechnet werden: $\cos\alpha = \frac{12}{13} \Rightarrow \alpha \approx 22,62^\circ$ und $\sin\alpha = \frac{5}{13} \Rightarrow \alpha \approx 22,62^\circ$.

18.3 Verkettete Abbildungen

a) I) Bei der Verkettung «erst α, dann β» ($\beta \circ \alpha$) wird die Matrix von β von links mit der Matrix von α multipliziert: $\vec{x}' = \begin{pmatrix} 0 & -2 \\ -2 & 0 \end{pmatrix} \cdot \begin{pmatrix} 2 & 3 \\ 0 & 4 \end{pmatrix} \cdot \vec{x} = \begin{pmatrix} 0 & -8 \\ -4 & -6 \end{pmatrix} \cdot \vec{x}$

II) Bei der Verkettung «erst β, dann α», also $\alpha \circ \beta$, wird die Matrix von α von links mit der Matrix von β multipliziert: $\vec{x}' = \begin{pmatrix} 2 & 3 \\ 0 & 4 \end{pmatrix} \cdot \begin{pmatrix} 0 & -2 \\ -2 & 0 \end{pmatrix} \cdot \vec{x} = \begin{pmatrix} -6 & -4 \\ -8 & 0 \end{pmatrix} \cdot \vec{x}$

b) I) Die Matrix D bei einer Drehung um O (0 | 0) um 30° lautet:

$$\mathrm{D} = \begin{pmatrix} \cos 30^\circ & -\sin 30^\circ \\ \sin 30^\circ & \cos 30^\circ \end{pmatrix} = \begin{pmatrix} \frac{1}{2}\sqrt{3} & -0,5 \\ 0,5 & \frac{1}{2}\sqrt{3} \end{pmatrix}$$

Die Gerade $g: \vec{x} = t \cdot \begin{pmatrix} 1 \\ 1 \end{pmatrix}$ hat die Steigung 1 und schließt somit mit der x_1-Achse einen Winkel von 45° ein. Somit lautet die Spiegelmatrix S

$$\mathrm{S} = \begin{pmatrix} \cos 90^\circ & \sin 90^\circ \\ \sin 90^\circ & -\cos 90^\circ \end{pmatrix} = \begin{pmatrix} 0 & 1 \\ 1 & 0 \end{pmatrix}$$

Wird zuerst gedreht und dann gespiegelt, gilt für die Verkettung:

$$\mathrm{M} = \mathrm{S} \cdot \mathrm{D} = \begin{pmatrix} 0 & 1 \\ 1 & 0 \end{pmatrix} \cdot \begin{pmatrix} \frac{1}{2}\sqrt{3} & -0,5 \\ 0,5 & \frac{1}{2}\sqrt{3} \end{pmatrix} = \begin{pmatrix} 0,5 & \frac{1}{2}\sqrt{3} \\ \frac{1}{2}\sqrt{3} & -0,5 \end{pmatrix}.$$

II) Die Matrix Z bei einer zentrischen Streckung von O (0 | 0) aus mit Streckfaktor $k = 3$ lautet: $\mathrm{Z} = \begin{pmatrix} 3 & 0 \\ 0 & 3 \end{pmatrix}$. Die x_2-Achse schließt mit der x_1-Achse einen Winkel von 90° ein, also gilt für die Spiegelmatrix $\mathrm{S} = \begin{pmatrix} \cos 180^\circ & \sin 180^\circ \\ \sin 180^\circ & -\cos 180^\circ \end{pmatrix} = \begin{pmatrix} -1 & 0 \\ 0 & 1 \end{pmatrix}$

Wird zuerst gestreckt und dann gespiegelt, gilt für die Verkettung:

$$\mathrm{M} = \mathrm{S} \cdot \mathrm{Z} = \begin{pmatrix} -1 & 0 \\ 0 & 1 \end{pmatrix} \cdot \begin{pmatrix} 3 & 0 \\ 0 & 3 \end{pmatrix} = \begin{pmatrix} -3 & 0 \\ 0 & 3 \end{pmatrix}.$$

18.4 Inverse Matrizen

a) I) Es sind $\mathrm{A} = \begin{pmatrix} 1 & -3 \\ 1 & -4 \end{pmatrix}$, $\mathrm{B} = \begin{pmatrix} 4 & -3 \\ 1 & -1 \end{pmatrix}$.

Multipliziert man A mit B, so erhält man:

$$\mathrm{A} \cdot \mathrm{B} = \begin{pmatrix} 1 & -3 \\ 1 & -4 \end{pmatrix} \cdot \begin{pmatrix} 4 & -3 \\ 1 & -1 \end{pmatrix} = \begin{pmatrix} 1 & 0 \\ 0 & 1 \end{pmatrix}.$$

Somit sind A und B zueinander invers. Das gleiche Ergebnis hätte man auch erhalten, wenn man $\mathrm{B} \cdot \mathrm{A}$ berechnet hätte.

II) Es sind $A = \begin{pmatrix} -1 & 2 & 0 \\ 0 & -1 & 1 \\ 1 & 1 & 1 \end{pmatrix}$ und $B = \begin{pmatrix} -\frac{1}{2} & -\frac{1}{2} & \frac{1}{2} \\ \frac{1}{4} & -\frac{1}{4} & \frac{1}{4} \\ \frac{1}{4} & \frac{3}{4} & \frac{1}{4} \end{pmatrix}$.

Multipliziert man A mit B, so erhält man:

$$A \cdot B = \begin{pmatrix} -1 & 2 & 0 \\ 0 & -1 & 1 \\ 1 & 1 & 1 \end{pmatrix} \cdot \begin{pmatrix} -\frac{1}{2} & -\frac{1}{2} & \frac{1}{2} \\ \frac{1}{4} & -\frac{1}{4} & \frac{1}{4} \\ \frac{1}{4} & \frac{3}{4} & \frac{1}{4} \end{pmatrix} = \begin{pmatrix} 1 & 0 & 0 \\ 0 & 1 & 0 \\ 0 & 0 & 1 \end{pmatrix}.$$

Somit sind A und B zueinander invers. Auch in diesem Fall hätte man das gleiche Ergebnis erhalten, wenn man $B \cdot A$ berechnet hätte.

b) Es ist $A = \begin{pmatrix} 3 & 1 \\ -2 & -1 \end{pmatrix}$. Wendet man die auf Seite 116 beschriebene Formel zur Bestimmung der Inversen an, ergibt sich:

$$\det(A) = \begin{vmatrix} 3 & 1 \\ -2 & -1 \end{vmatrix} = 3 \cdot (-1) - (-2) \cdot 1 = -1.$$

Für B gilt damit:

$$B = A^{-1} = \frac{1}{\det A} \begin{pmatrix} -1 & -1 \\ -(-2) & 3 \end{pmatrix} = \frac{1}{-1} \cdot \begin{pmatrix} -1 & -1 \\ 2 & 3 \end{pmatrix} = \begin{pmatrix} 1 & 1 \\ -2 & -3 \end{pmatrix}.$$

c) Man schreibt zunächst links die Matrix A auf, und rechts daneben die Einheitsmatrix. Nun wird die (linke) Matrix auf Diagonalenform gebracht, indem Vielfache der Zeilen zueinander addiert werden. Anschließend wird jede Zeile durch die in der Hauptdiagonale stehende Zahl geteilt, falls diese ungleich 1 ist, damit in der Hauptdiagonale nur noch Einsen stehen. Mit der rechten Einheitsmatrix werden in jedem Schritt die gleichen Umformungen durchgeführt:

$$\left.\begin{array}{rr|rrl|l} 1 & 4 & 1 & 0 & \text{I} & \\ 2 & 6 & 0 & 1 & \text{II} & -2\cdot\text{I} \\ & & & & & \\ 1 & 4 & 1 & 0 & \text{I} & +2\cdot\text{IIa} \\ 0 & -2 & -2 & 1 & \text{IIa} & \end{array}\right\}\text{Auf Diagonalenform bringen}$$

$$\left.\begin{array}{rr|rrl|l} 1 & 0 & -3 & 2 & \text{Ia} & \\ 0 & -2 & -2 & 1 & \text{IIa} & :(-2) \end{array}\right\}\text{Dort, wo es nötig ist, teilen}$$

$$\begin{array}{rr|rrl|} 1 & 0 & -3 & 2 & \text{Ia} \\ 0 & 1 & 1 & -\frac{1}{2} & \text{IIb} \end{array}$$

Damit ist $A^{-1} = \begin{pmatrix} -3 & 2 \\ 1 & -\frac{1}{2} \end{pmatrix}$.

d) Um die Inverse A^{-1} von A zu bestimmen, schreibt man links die Matrix A auf und rechts daneben die Einheitsmatrix. Dann formt man beide Matrizen gleichzeitig mit Hilfe der sogenannten elementaren Umformungen (siehe Seite 116) so lange um, bis links die Einheitsmatrix steht. Rechts steht dann die inverse Matrix:

1	1	1	1	0	0	I	
2	4	1	0	1	0	II	$-2 \cdot \text{I}$
1	5	0	0	0	1	III	$-1 \cdot \text{I}$

Zunächst wird die Matrix auf Dreiecksform gebracht, dazu werden erst die Elemente in der linken Spalte eliminiert.

1	1	1	1	0	0	I	
0	2	-1	-2	1	0	IIa	
0	4	-1	-1	0	1	IIIa	$-2 \cdot \text{IIa}$

Anschließend das Element in der mittleren Spalte.

1	1	1	1	0	0	I	$-1 \cdot \text{IIIb}$
0	2	-1	-2	1	0	IIa	$+1 \cdot \text{IIIb}$
0	0	1	3	-2	1	IIIb	

Nun werden die Elemente oberhalb der Hauptdiagonale in der rechten Spalte eliminiert.

1	1	0	-2	2	-1	Ia	$-\frac{1}{2} \cdot \text{IIb}$
0	2	0	1	-1	1	IIb	
0	0	1	3	-2	1	IIIb	

Anschließend das Element in der mittleren Spalte

1	0	0	$-\frac{5}{2}$	$\frac{5}{2}$	$-\frac{3}{2}$	Ib	
0	2	0	1	-1	1	IIb	:2
0	0	1	3	-2	1	IIIb	

Zum Schluss wird dort, wo es nötig ist, geteilt.

1	0	0	$-\frac{5}{2}$	$\frac{5}{2}$	$-\frac{3}{2}$	Ib
0	1	0	$\frac{1}{2}$	$-\frac{1}{2}$	$\frac{1}{2}$	IIc
0	0	1	3	-2	1	IIIb

Rechts steht nun die gesuchte inverse Matrix.

Damit ist $A^{-1} = \begin{pmatrix} -\frac{5}{2} & \frac{5}{2} & -\frac{3}{2} \\ \frac{1}{2} & -\frac{1}{2} & \frac{1}{2} \\ 3 & -2 & 1 \end{pmatrix}$.

e) Es wird analog zur vorstehenden Aufgabe vorgegangen:

1	4	-2	1	0	0	I	
2	2	-1	0	1	0	II	$-2 \cdot \text{I}$
-1	-2	2	0	0	1	III	$+1 \cdot \text{I}$

Zunächst wird die Matrix auf Dreiecksform gebracht, dazu werden erst die Elemente in der linken Spalte eliminiert.

1	4	-2	1	0	0	I	
0	-6	3	-2	1	0	IIa	
0	2	0	1	0	1	IIIa	$+\frac{2}{6} \cdot \text{IIa}$

Anschließend das Element in der mittleren Spalte.

1	4	-2	1	0	0	I	$+2\cdot$ IIIb	Nun werden die Elemente oberhalb der Hauptdiagonale in der rechten Spalte eliminiert.
0	-6	3	-2	1	0	IIa	$-3\cdot$ IIIb	
0	0	1	$\frac{1}{3}$	$\frac{1}{3}$	1	IIIb		

1	4	0	$\frac{5}{3}$	$\frac{2}{3}$	2	Ia	$+\frac{2}{3}\cdot$ IIb	Anschließend das Element in der mittleren Spalte.
0	-6	0	-3	0	-3	IIb		
0	0	1	$\frac{1}{3}$	$\frac{1}{3}$	1	IIIb		

1	0	0	$-\frac{1}{3}$	$\frac{2}{3}$	0	Ib		Zum Schluss wird dort, wo es nötig ist, geteilt.
0	-6	0	-3	0	-3	IIb	$:(-6)$	
0	0	1	$\frac{1}{3}$	$\frac{1}{3}$	1	IIIb		

1	0	0	$-\frac{1}{3}$	$\frac{2}{3}$	0	Ib		Rechts steht nun die gesuchte inverse Matrix.
0	1	0	$\frac{1}{2}$	0	$\frac{1}{2}$	IIc		
0	0	1	$\frac{1}{3}$	$\frac{1}{3}$	1	IIIb		

Damit ist $A^{-1} = \begin{pmatrix} -\frac{1}{3} & \frac{2}{3} & 0 \\ \frac{1}{2} & 0 & \frac{1}{2} \\ \frac{1}{3} & \frac{1}{3} & 1 \end{pmatrix}$.

f) Man geht vor wie bei der Bestimmung der Inversen A^{-1}. Tritt dabei eine Nullzeile auf, gibt es keine Inverse Matrix zu A:

1	-1	3	1	0	0	I		Zunächst wird die Matrix auf Dreiecksform gebracht, dazu werden erst die Elemente in der linken Spalte eliminiert.
2	1	2	0	1	0	II	$-2\cdot$ I	
4	-1	8	0	0	1	III	$-4\cdot$ I	

1	-1	3	1	0	0	I		Anschließend das Element in der mittleren Spalte.
0	3	-4	-2	1	0	IIa		
0	3	-4	-4	0	1	IIIa	$-1\cdot$ IIa	

1	-1	3	1	0	0	I
0	3	-4	-2	1	0	IIa
0	0	0	-2	-1	1	IIIb

Die dritte Zeile ist eine Nullzeile, damit existiert keine Inverse A^{-1}.
Alternativ kann man zeigen, dass die Determinante von A gleich Null ist. Auch damit ist gezeigt, dass die Matrix nicht invertierbar ist.

Stochastik

19 Berechnung von Wahrscheinlichkeiten

19.1 Additionssatz, Vierfeldertafel

a) Es ergeben sich folgende ergänzte Tafeln:

I)

	A	$\overline{A}$	
B	0,3	0,1	0,4
$\overline{B}$	0,5	0,1	0,6
	0,8	0,2	1

II)

	A	$\overline{A}$	
B	$\frac{1}{8}$	$\frac{1}{2}$	$\frac{5}{8}$
$\overline{B}$	$\frac{1}{4}$	$\frac{1}{8}$	$\frac{3}{8}$
	$\frac{3}{8}$	$\frac{5}{8}$	1

b) I)

	F	$\overline{F}$	
S	0,4	0,2	0,6
$\overline{S}$	0,3	0,1	0,4
	0,7	0,3	1

Es sind:
F: mag Fußball
S: mag Schwimmen
$\overline{F}$: mag Fußball nicht
$\overline{S}$: mag Schwimmen nicht

Gegeben sind $P(F) = 0{,}7$ und $P(S) = 0{,}6$ sowie $P(F \cup S) = 0{,}9$ bzw.
$P(\overline{F} \cap \overline{S}) = 0{,}1$, da sich 10 % der Schüler für keine der beiden Sportarten begeistern.
Aus der Vierfeldertafel ergibt sich: $P(F \cap S) = 0{,}4$.
Somit begeistern sich 40 % der Schüler für beide Sportarten.

II) Der Additionssatz besagt in diesem Fall:
$P(F \cup S) = P(F) + P(S) - P(F \cap S)$, also:
$0{,}9 = 0{,}7 + 0{,}6 - 0{,}4$.
Der Additionssatz gilt somit für diese Aufgabe.

19.2 Baumdiagramme und Pfadregeln

a) I)

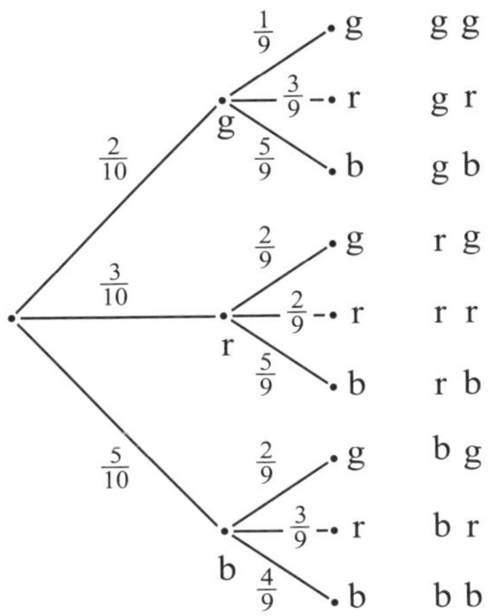

Da insgesamt 10 Kugeln in der Urne sind, betragen die Wahrscheinlichkeiten beim 1. Ziehen für grün, rot bzw. blau: $\frac{2}{10}$, $\frac{3}{10}$ bzw. $\frac{5}{10}$.

Danach sind nur noch 9 Kugeln in der Urne und die Wahrscheinlichkeiten bzgl. der 2. Ziehung hängen jeweils davon ab, welche Farbe beim 1. Mal gezogen wurde.

II) Die erste Pfadregel (Produktregel) besagt, dass sich die Wahrscheinlichkeit für einen Pfad aus dem Produkt der Wahrscheinlichkeiten längs des Pfades ergibt.

Dem Ereignis A entspricht der Pfad zu gg, dem Ereignis B entsprechend zu rb.

$A = \{gg\}; P(A) = \frac{2}{10} \cdot \frac{1}{9} = \frac{1}{45}$.

$B = \{rb\}; P(B) = \frac{3}{10} \cdot \frac{5}{9} = \frac{1}{6}$.

Die zweite Pfadregel (Summenregel) besagt, dass sich die Wahrscheinlichkeit eines Ereignisses aus der Summe der Wahrscheinlichkeiten aller Pfade, die zu diesem Ereignis gehören, ergibt.

$C = \{rg, gr\}; P(C) = \frac{3}{10} \cdot \frac{2}{9} + \frac{2}{10} \cdot \frac{3}{9} = \frac{2}{15}$.

$D = \{gg, rr, bb\}; P(D) = \frac{2}{10} \cdot \frac{1}{9} + \frac{3}{10} \cdot \frac{2}{9} + \frac{5}{10} \cdot \frac{4}{9} = \frac{2+6+20}{90} = \frac{14}{45}$.

$E = \{gg, gr, rg, rr\}; P(E) = \frac{2}{10} \cdot \frac{1}{9} + \frac{2}{10} \cdot \frac{3}{9} + \frac{3}{10} \cdot \frac{2}{9} + \frac{3}{10} \cdot \frac{2}{9} = \frac{2+6+6+6}{90} = \frac{2}{9}$.

b) I)

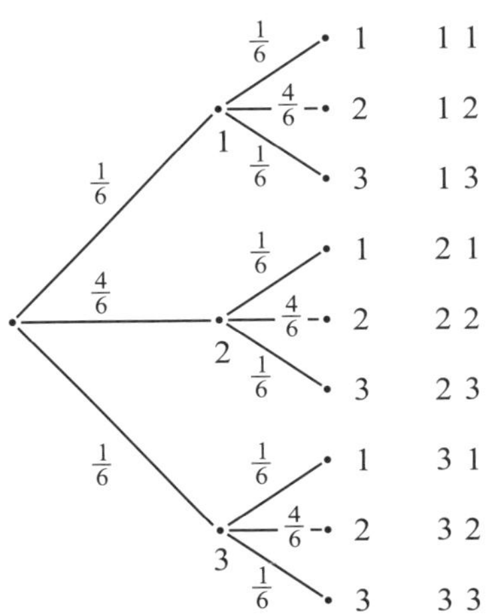

II) $A = \{12\}; P(A) = \frac{1}{6} \cdot \frac{4}{6} = \frac{1}{9}$.

$B = \{12, 22, 32\}$; $P(B) = \frac{1}{6} \cdot \frac{4}{6} + \frac{4}{6} \cdot \frac{4}{6} + \frac{1}{6} \cdot \frac{4}{6} = \frac{1}{9} + \frac{4}{9} + \frac{1}{9} = \frac{6}{9} = \frac{2}{3}$.
$C = \{11, 12, 13\}$; $P(C) = \frac{1}{6} \cdot \frac{1}{6} + \frac{1}{6} \cdot \frac{4}{6} + \frac{1}{6} \cdot \frac{1}{6} = \frac{1+4+1}{36} = \frac{6}{36} = \frac{1}{6}$.
$D = \{13, 22, 31\}$; $P(D) = \frac{1}{6} \cdot \frac{1}{6} + \frac{4}{6} \cdot \frac{4}{6} + \frac{1}{6} \cdot \frac{1}{6} = \frac{1+16+1}{36} = \frac{18}{36} = \frac{1}{2}$.
$E = \{11, 13, 23, 31\}$; $P(E) = \frac{1}{6} \cdot \frac{1}{6} + \frac{1}{6} \cdot \frac{1}{6} + \frac{4}{6} \cdot \frac{1}{6} + \frac{1}{6} \cdot \frac{1}{6} = \frac{1+1+4+1}{36} = \frac{7}{36}$.

c) I) e: Fehler erkannt; $P(e) = 0{,}8$.
$\bar{e}$: Fehler nicht erkannt; $P(\bar{e}) = 0{,}2$.
Zweimal den Fehler übersehen und beim dritten Mal erkennen entspricht dem Pfad $\bar{e}\bar{e}e$.

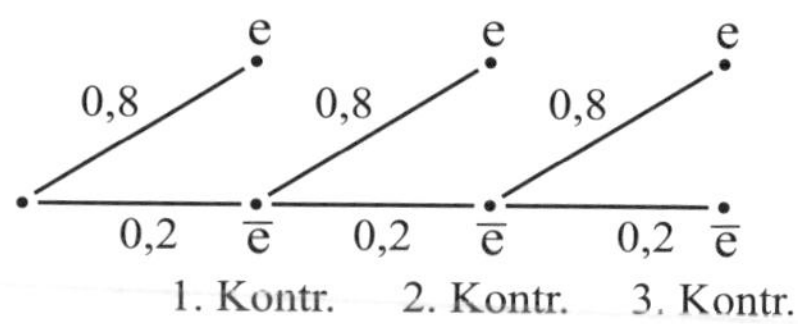

Es ist $P(\bar{e}\bar{e}e) = 0{,}2 \cdot 0{,}2 \cdot 0{,}8 = 0{,}032 = 3{,}2\,\%$.

II) Den Fehler spätestens beim 3. Mal erkennen bedeutet $\{e, \bar{e}e, \bar{e}\bar{e}e\}$.
Es ist: $P(e) = 0{,}8$, $P(\bar{e}e) = 0{,}2 \cdot 0{,}8 = 0{,}16$ und $P(\bar{e}\bar{e}e) = 0{,}032$.
Nach der 2. Pfadregel gilt:
P(«spätestens beim 3. Mal erkannt») $= 0{,}8 + 0{,}16 + 0{,}032 = 0{,}992 = 99{,}2\,\%$.
Schneller lässt sich die Wahrscheinlichkeit mit dem Gegenereignis bestimmen. Es heißt hier: «Der Fehler ist auch beim 3. Mal noch nicht erkannt» und bedeutet $\{\bar{e}\bar{e}\bar{e}\}$.
Für die Wahrscheinlichkeit des Gegenereignisses gilt:
$P(\bar{e}\bar{e}\bar{e}) = 0{,}2 \cdot 0{,}2 \cdot 0{,}2 = 0{,}008 = 0{,}8\,\%$.
Damit ist $100\,\% - 0{,}8\,\% = 99{,}2\,\%$ die gesuchte Wahrscheinlichkeit.

d)

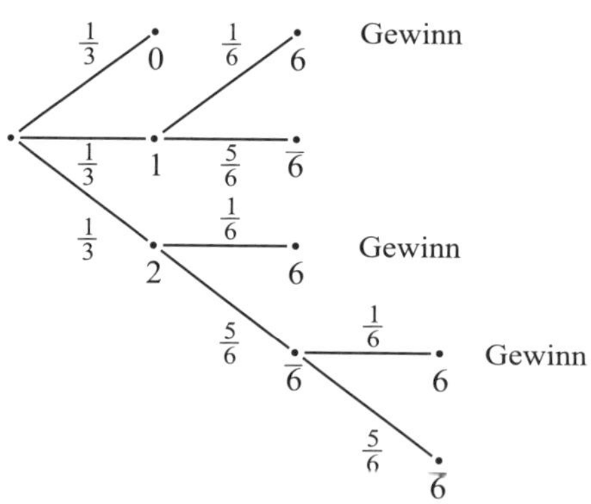

Die drei Pfade (1,6), (2,6) und (2,$\bar{6}$,6) führen zum Gewinn.
$P(\text{Gewinn}) = \frac{1}{3} \cdot \frac{1}{6} + \frac{1}{3} \cdot \frac{1}{6} + \frac{1}{3} \cdot \frac{5}{6} \cdot \frac{1}{6}$
$= \frac{6+6+5}{108} = \frac{17}{108} \approx 0{,}16$
Die Gewinnwahrscheinlichkeit beträgt etwa $16\,\%$.

e)

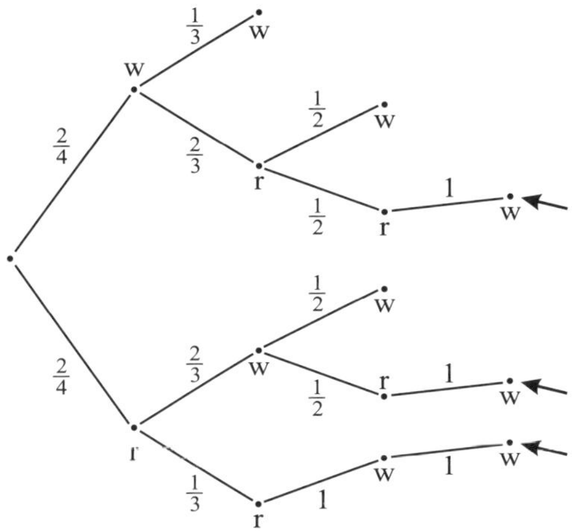

Bei den drei markierten Pfaden mussten alle vier Kugeln herausgenommen werden.
P(«4-mal ziehen»)
$= \frac{2}{4}\cdot\frac{2}{3}\cdot\frac{1}{2}\cdot 1+\frac{2}{4}\cdot\frac{2}{3}\cdot\frac{1}{2}\cdot 1+\frac{2}{4}\cdot\frac{1}{3}\cdot 1\cdot 1$
$= \frac{1}{6}+\frac{1}{6}+\frac{1}{6}=\frac{1}{2}.$
Die gesuchte Wahrscheinlichkeit beträgt $\frac{1}{2}$ oder 50 %.

f)

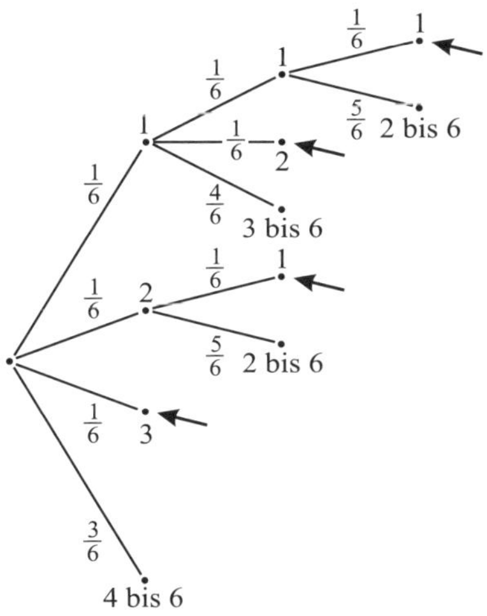

Die markierten Pfade führen zum Gewinn.
$P(\text{Gewinn}) = \frac{1}{6}\cdot\frac{1}{6}\cdot\frac{1}{6}+\frac{1}{6}\cdot\frac{1}{6}+\frac{1}{6}\cdot\frac{1}{6}+\frac{1}{6}$
$= \frac{1+6+6+36}{216} = \frac{49}{216} \approx 0,23$
Die Gewinnwahrscheinlichkeit beträgt $\frac{49}{216}$ oder etwa 23 %.

19.3 Unabhängigkeit von zwei Ereignissen

a) I)

	A	$\overline{A}$	
B	0,32	0,08	0,4
$\overline{B}$	0,48	0,12	0,6
	0,8	0,2	1

II)

	A	$\overline{A}$	
B	$\frac{3}{5}$	$\frac{1}{15}$	$\frac{2}{3}$
$\overline{B}$	$\frac{3}{10}$	$\frac{1}{30}$	$\frac{1}{3}$
	$\frac{9}{10}$	$\frac{1}{10}$	1

III)

	A	$\overline{A}$	
B	$\frac{1}{20}$	$\frac{1}{5}$	$\frac{1}{4}$
$\overline{B}$	$\frac{3}{20}$	$\frac{3}{5}$	$\frac{3}{4}$
	$\frac{1}{5}$	$\frac{4}{5}$	1

b) Es ist: $P(m) = \frac{90}{200} = 0,45$; $P(R) = \frac{80}{200} = 0{,}4$; $P(m \cap R) = \frac{36}{200} = 0,18$.
Da $0{,}45 \cdot 0{,}4 = 0{,}18$ gilt der spezielle Multiplikationssatz und die Ereignisse sind unabhängig.
Alternativer Lösungsweg:

Man prüft nach, ob der Anteil an Rauchern unter allen Befragten genau so groß ist wie der Anteil an Rauchern unter den Männern.
Anteil der Raucher unter allen Befragten: $\frac{80}{200} = \frac{2}{5} = 0,4$.
Anteil der Raucher unter den Männern: $\frac{36}{90} = \frac{2}{5} = 0,4$.
Die Werte stimmen überein, also sind Geschlecht und Rauchverhalten unabhängig voneinander.

19.4 Bedingte Wahrscheinlichkeit

a) Es ist a: älter als 70 Jahre, j $(= \overline{a})$: höchstens 70 Jahre, m: männlich, w$(= \overline{m})$: weiblich.
Gegeben sind $P(a) = 0,3$; $P_a(m) = 0,4$ und $P_j(m) = 0,5$
Dann gilt: $P(a \cap m) = P(a) \cdot P_a(m) = 0,3 \cdot 0,4 = 0,12$.
$P(j) = 1 - P(a) = 0,7$.
$P(j \cap m) = P(j) \cdot P_j(m) = 0,7 \cdot 0,5 = 0,35$.

P(a), P(j), $P(a \cap m)$ und $P(j \cap m)$ werden in die Vierfeldertafel eingetragen und diese wird vervollständigt: Gesucht ist $P_m(j)$.
Entsprechend der Formel gilt:
$P_m(j) = \frac{P(m \cap j)}{P(m)} = \frac{0,35}{0,47} \approx 0,74 = 74\,\%$.
Also sind rund 74 % der Männer höchstens 70 Jahre alt.

	a	j	
m	0,12	0,35	0,47
w	0,18	0,35	0,53
	0,3	0,7	1

b) Es ist a: über 40 Jahre, j: bis 40 Jahre und L: Leserin.
Aus den Angaben lassen sich folgende Wahrscheinlichkeiten bestimmen:
$P(a) = \frac{65}{250} = \frac{13}{50} = 0,26$.
$P(L) = \frac{100}{250} = 0,4$.
$P(a \cap L) = \frac{32}{250} = 0,128$.
$P_L(a) = \frac{32}{100} = 0,32$ (für die Vierfeldertafel nicht nötig).

Die ersten drei Wahrscheinlichkeiten werden in eine Vierfeldertafel eingesetzt und diese wird vervollständigt.
Gesucht sind $P_a(L)$ und $P_j(L)$.
Bei bedingten Wahrscheinlichkeiten gilt der spezielle Multiplikationssatz:
$P_a(L) = \frac{P(L \cap a)}{P(a)} = \frac{0,128}{0,26} \approx 0,49 = 49\,\%$ und
$P_j(L) = \frac{P(L \cap j)}{P(j)} = \frac{0,272}{0,74} \approx 0,37 = 37\,\%$.

	L	$\overline{L}$	
a	0,128	0,132	0,26
j	0,272	0,468	0,74
	0,4	0,6	1

Die Zeitschrift spricht also mehr die älteren Frauen an; dies hätte man auch schon daraus ersehen können, dass $P_L(a)$ größer als P(a) ist.

c) Es ist k: krank, g: gesund, «+»: positiv getestet, «−»: negativ getestet.

I) Aus den Angaben lassen sich folgende Wahrscheinlichkeiten bestimmen:
$P(k) = 0{,}2$; $P_k(+) = 0{,}96$; $P_g(-) = 0{,}94$.
Damit ist:
$P(g) = 1 - P(k) = 0{,}8$.
$P(k \cap +) = P(k) \cdot P_k(+) = 0{,}2 \cdot 0{,}96 = 0{,}192$
$P(g \cap -) = P(g) \cdot P_g(-) = 0{,}8 \cdot 0{,}94 = 0{,}752$
Gesucht sind $P_+(k)$ und $P_-(g)$. Daher gilt:
$P_+(k) = \frac{P(k \cap +)}{P(+)} = \frac{0{,}192}{0{,}24} = 0{,}8 = 80\,\%$ und
$P_-(g) = \frac{P(g \cap -)}{P(-)} = \frac{0{,}752}{0{,}76} \approx 0{,}99 = 99\,\%$.

	k	g	
+	0,192	0,048	0,24
−	0,008	0,752	0,76
	0,2	0,8	1

Die Wahrscheinlichkeit, dass man bei einem positiven Testergebnis tatsächlich krank ist, beträgt 80 %.
Die Wahrscheinlichkeit, dass man bei einem negativen Testergebnis tatsächlich gesund ist, beträgt 99 %.

II) Aus den Angaben lassen sich folgende Wahrscheinlichkeiten bestimmen:
$P(k) = 0{,}5$; $P_k(+) = 0{,}96$; $P_g(-) = 0{,}94$.
Die Rechnungen wie bei I) ergeben nebenstehende Vierfeldertafel.
Gesucht sind wieder $P_+(k)$ und $P_-(g)$.
Daher gilt:
$P_+(k) = \frac{0{,}48}{0{,}51} \approx 0{,}94 = 94\,\%$ und
$P_-(g) = \frac{0{,}47}{0{,}49} \approx 0{,}96 = 96\,\%$.

	k	g	
+	0,48	0,03	0,51
−	0,02	0,47	0,49
	0,5	0,5	1

Je größer der Anteil der Kranken an der Bevölkerung wird, desto sicherer deutet ein positives Testergebnis auf eine Erkrankung hin. Dafür kann man sich auf ein negatives Testergebnis weniger verlassen.

20 Erwartungswert und Standardabweichung

20.1 Erwartungswert

a)

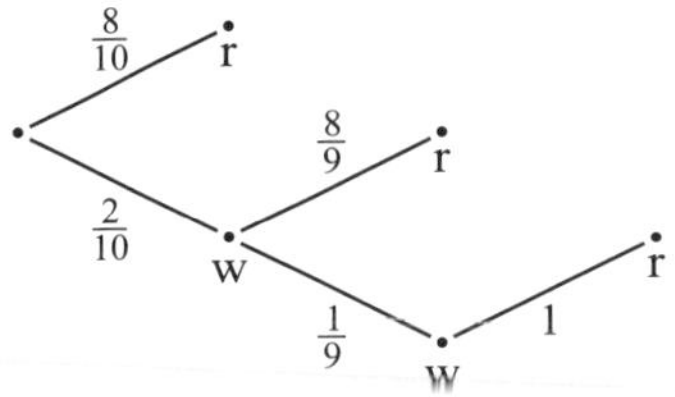

$P(r) = \frac{8}{10}$,
$P(wr) = \frac{2}{10} \cdot \frac{8}{9} = \frac{16}{90}$,
$P(wwr) = \frac{2}{10} \cdot \frac{1}{9} \cdot 1 = \frac{2}{90}$.

Ergebnis	Anzahl der Züge x_i	$P(x_i)$	$x_i \cdot P(x_i)$
r	1	$\frac{8}{10}$	$\frac{8}{10}$
wr	2	$\frac{16}{90}$	$\frac{32}{90}$
wwr	3	$\frac{2}{90}$	$\frac{6}{90}$
			$\frac{110}{90}$

Die Summe der letzten Spalte ergibt den Erwartungswert E(X):

$$E(X) = \Sigma x_i \cdot P(x_i) = \frac{8}{10} + \frac{32}{90} + \frac{6}{90} = \frac{72+32+6}{90} = \frac{110}{90} = \frac{11}{9} = 1,\overline{2}.$$

Man braucht durchschnittlich etwa 1,2 Züge.

b)

Augensumme	Auszahlung x_i in Euro	$P(x_i)$	$x_i \cdot P(x_i)$
2	4	$\frac{1}{36}$	$\frac{4}{36}$
3	1	$\frac{2}{36}$	$\frac{2}{36}$
4	1	$\frac{3}{36}$	$\frac{3}{36}$
5 bis 12	0	$\frac{30}{36}$	0
			$\frac{9}{36}$

Die Summe der letzten Spalte ergibt den Erwartungswert E(X):

$$E(X) = \frac{4+2+3}{36} = \frac{9}{36} = \frac{1}{4} = 0,25.$$

Man bekommt im Durchschnitt 25 Cent ausgezahlt.

c) I)

Entnommener Betrag x_i in Euro	$P(x_i)$	$x_i \cdot P(x_i)$
0,50	$\frac{6}{10}$	$\frac{3}{10}$
1	$\frac{3}{10}$	$\frac{3}{10}$
2	$\frac{1}{10}$	$\frac{2}{10}$
		$\frac{8}{10}$

Die Summe der letzten Spalte ergibt den Erwartungswert E(X):
$E(X) = \frac{3+3+2}{10} = \frac{8}{10} = 0,8.$
Man kann durchschnittlich 80 Cent erwarten.

II)

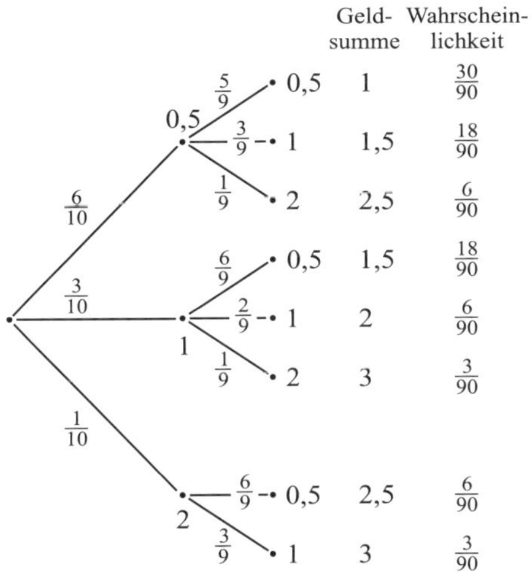

Zusammengefasst:

Entnommener Betrag x_i in Euro	$P(x_i)$	$x_i \cdot P(x_i)$
1	$\frac{30}{90}$	$\frac{30}{90}$
1,5	$\frac{36}{90}$	$\frac{54}{90}$
2	$\frac{6}{90}$	$\frac{12}{90}$
2,5	$\frac{12}{90}$	$\frac{30}{90}$
3	$\frac{6}{90}$	$\frac{18}{90}$
		$\frac{144}{90}$

Die Summe der letzten Spalte ergibt den Erwartungswert E(X):
$E(X) = \frac{30+54+12+30+18}{90} = \frac{144}{90} = \frac{16}{10} = 1,6.$
Man erhält im Durchschnitt 1,60 Euro.

d) Insgesamt gibt es $\binom{10}{3}$ Ausfälle.
Wenn man von 6 schwarzen (s) Kugeln 3 auswählt, gibt es $\binom{6}{3}$ günstige Ausfälle, also ist $P(sss) = \frac{\binom{6}{3}}{\binom{10}{3}} = \frac{20}{120} = \frac{1}{6}.$
Wenn man von 6 schwarzen Kugeln 2 auswählt und von 4 weißen (w) Kugeln eine, so gibt es $\binom{6}{2} \cdot \binom{4}{1}$ günstige Ausfälle, also ist $P(ssw) = \frac{\binom{6}{2} \cdot \binom{4}{1}}{\binom{10}{3}} = \frac{15 \cdot 4}{120} = \frac{60}{120} = \frac{1}{2}.$
Wenn man von 6 schwarzen Kugeln eine auswählt und von 4 weißen Kugeln 2, so gibt es $\binom{6}{1} \cdot \binom{4}{2}$ günstige Ausfälle, also ist $P(sww) = \frac{\binom{6}{1} \cdot \binom{4}{2}}{\binom{10}{3}} = \frac{6 \cdot 6}{120} = \frac{36}{120} = \frac{3}{10}.$
Wenn man von 4 weißen Kugeln 3 auswählt, so gibt es $\binom{4}{3}$ günstige Ausfälle, also ist $P(www) = \frac{\binom{4}{3}}{\binom{10}{3}} = \frac{4}{120} = \frac{1}{30}.$

Ereignis	Punkte x_i	$P(x_i)$	$x_i \cdot P(x_i)$
(sss)	3	$\frac{1}{6}$	$\frac{1}{2}$
(ssw)	4	$\frac{1}{2}$	2
(sww)	5	$\frac{3}{10}$	$\frac{3}{2}$
(www)	6	$\frac{1}{30}$	$\frac{1}{5}$
			$\frac{21}{5}$

Die Summe der letzten Spalte ergibt den Erwartungswert E(X).
$E(X) = \frac{1}{2} + 2 + \frac{3}{2} + \frac{1}{5} = 4 + \frac{1}{5} = 4,2.$
Man erhält durchschnittlich 4,2 Punkte.

20.2 Varianz und Standardabweichung

a) I)

Ereignis	Gewinn x_i	$P(x_i)$	$x_i \cdot P(x_i)$	$(x_i - E(X))^2$	$(x_i - E(X))^2 \cdot P(x_i)$
weiß	4	0,1	0,4	$2,8^2 = 7,84$	0,784
rot	8	0,1	0,8	$6,8^2 = 46,24$	4,624
schwarz	0	0,8	0	$(-1,2)^2 = 1,44$	1,152
			$E(X) = 1,2$		$V(X) = 6,56$

Die Varianz V(X) ergibt sich als Summe der letzten Spalte:
$V(X) = \Sigma(x_i - E(X))^2 \cdot P(x_i) = 0,784 + 4,624 + 1,152 = 6,56.$
Die Standardabweichung σ erhält man durch $\sigma(X) = \sqrt{V(X)} = \sqrt{6,56} \approx 2,56.$
Der Erwartungswert für den Gewinn beträgt 1,20 Euro, die Standardabweichung 2,56 Euro.

II)

Ereignis	Gewinn x_i	$P(x_i)$	$x_i \cdot P(x_i)$	$(x_i - E(X))^2$	$(x_i - E(X))^2 \cdot P(x_i)$
weiß	1	0,4	0,4	$(-0,2)^2 = 0,04$	0,016
rot	2	0,4	0,8	$0,8^2 = 0,64$	0,256
schwarz	0	0,2	0	$(-1,2)^2 = 1,44$	0,288
			$E(X) = 1,2$		$V(X) = 0,56$

Die Varianz V(X) ergibt sich als Summe der letzten Spalte:
$V(X) = 0,016 + 0,256 + 0,288 = 0,56.$
Die Standardabweichung σ erhält man durch $\sigma(X) = \sqrt{V(X)} = \sqrt{0,56} \approx 0,75.$

III) In beiden Spielen beträgt der durchschnittliche Gewinn, wenn man oft spielt, 1,20 Euro. Die Standardabweichung $\sigma(X)$ ist bei I) wesentlich größer als bei II); dies liegt daran, dass bei I) die Gewinne bis zu 8 Euro betragen (allerdings mit viel kleinerer Wahrscheinlichkeit), bei II) ist der höchste mögliche Gewinn nur 2 Euro. Wer das Risiko liebt und bei wenigen Spielen auf einen großen Gewinn spekuliert, wird Spiel I) bevorzugen. Wer eher «auf Nummer sicher geht», wird die 80 %ige Gewinnchance bei Spiel II) nutzen, auch wenn die Gewinne geringer sind. Wenn man sehr oft spielt, ist es sowieso egal, welches der beiden Spiele man wählt (wegen des gleichen Erwartungswertes E(X)).

b) Es bietet sich an, die Tabelle mit den absoluten Häufigkeiten $H(x_i)$ aufzustellen:

I)

Note x_i	1	2	3	4	5	6	
$H(x_i)$	3	7	11	6	2	1	
$x_i \cdot H(x_i)$	3	14	33	24	10	6	90*
$(x_i - E(X))^2$	$(-2)^2 = 4$	$(-1)^2 = 1$	0	$1^2 = 1$	$2^2 = 4$	$3^2 = 9$	
$(x_i - E(X))^2 \cdot H(x_i)$	12	7	0	6	8	9	42**

Den Erwartungswert E(X) erhält man, indem man $\Sigma x_i \cdot H(x_i)$ durch die Gesamtzahl der Schüler teilt:
$^*E(X) = \frac{90}{30} = 3.$
Die Varianz V(X) erhält man, indem man $\Sigma(x_i - E(X))^2 \cdot H(x_i)$ durch die Gesamtzahl der Schüler teilt:
$^{**}V(X) = \frac{42}{30} = 1{,}4.$
Die Standardabweichung σ ist $\sigma(X) = \sqrt{V(X)} = \sqrt{1{,}4} \approx 1{,}18.$

II)

Note x_i	1	2	3	4	5	6	
$H(x_i)$	5	8	5	8	2	2	
$x_i \cdot H(x_i)$	5	16	15	32	10	12	90*
$(x_i - E(X))^2$	$(-2)^2 = 4$	$(-1)^2 = 1$	0	$1^2 = 1$	$2^2 = 4$	$3^2 = 9$	
$(x_i - E(X))^2 \cdot H(x_i)$	20	8	0	8	8	18	62**

Den Erwartungswert E(X) erhält man, indem man $\Sigma x_i \cdot H(x_i)$ durch die Gesamtzahl der Schüler teilt:
$^*E(X) = \frac{90}{30} = 3.$
Die Varianz V(X) erhält man, indem man $\Sigma(x_i - E(X))^2 \cdot H(x_i)$ durch die Gesamtzahl der Schüler teilt:
$^{**}V(X) = \frac{62}{30} = 2{,}0\overline{6}.$
Die Standardabweichung σ ist $\sigma(X) = \sqrt{V(X)} = \sqrt{2{,}06} \approx 1{,}44.$
Der Notendurchschnitt E(X) ist bei beiden Klassenarbeiten derselbe, die Streuung V(X) ist bei der zweiten Klassenarbeit aber größer.

21 Binomialverteilung

21.1 Bernoulliketten

a) Ein Bernoulli-Experiment ist ein Zufallsexperiment, das nur zwei Ausfälle hat, einer davon wird als «Treffer» bezeichnet. Seine Wahrscheinlichkeit nennt man die Trefferwahrscheinlichkeit p. Eine Bernoullikette entsteht, wenn dasselbe Bernoulli-Experiment mehrmals nacheinander ausgeführt wird. Die Länge n der Bernoullikette gibt an, wie oft das einzelne Experiment nacheinander ausgeführt wird.

b) I) Bernoullikette: Auf jeder Stufe geht es nur um «6» oder «$\overline{6}$» («nicht Sechs»). Wird der Treffer mit «6» bezeichnet, so ist die Trefferwahrscheinlichkeit $p = \frac{1}{6}$, die Länge der Kette ist $n = 3$.

II) Keine Bernoullikette: Es kommt auf die Augenzahl (1 bis 6) an, also mehr als 2 Ausfälle auf jeder Stufe.

III) Keine Bernoullikette: Da die Kugeln nicht zurückgelegt werden, ändert sich die Trefferwahrscheinlichkeit (z.B. für «weiß») auf jeder Stufe.

IV) Bernoullikette der Länge $n = 4$ mit $p = 0,3$ bei Treffer «weiß» ($p = 0,7$ bei Treffer «rot»).

V) Keine Bernoullikette, da es auf jeder Stufe 3 relevante Ausfälle gibt.

VI) Bernoullikette der Länge $n = 8$: Es kommt nur auf «3» oder «$\overline{3}$» an. Bei Treffer «3» ist $p = \frac{1}{4}$ ($= 25\ \%$).

VII) Bernoullikette mit nicht festgelegter Länge, aber $n \leqslant 5$ und $p = \frac{1}{4}$ für Treffer «3».

21.2 Binomialverteilung mit Gebrauch der Formel (Taschenrechner)

Bei einem Bernoulli-Experiment wird die Wahrscheinlichkeit P eines Ereignisses bei k Treffern mit der Trefferwahrscheinlichkeit p und der Kettenlänge n (Anzahl der Durchführungen des Experiments) mit folgender Formel berechnet:
$P(X = k) = \binom{n}{k} \cdot p^k \cdot (1-p)^{n-k}$.

a) Bei Treffer «Zahl» ist $p = \frac{1}{2}$, die Kettenlänge ist $n = 5$.
$P(A) = P(X = 2) = \binom{5}{2} \cdot \left(\frac{1}{2}\right)^2 \cdot \left(\frac{1}{2}\right)^3 = 10 \cdot \left(\frac{1}{2}\right)^5 = \frac{10}{32} = \frac{5}{16} \approx 0,3125$.
$P(B) = P(X = 0) = \binom{5}{0} \cdot \left(\frac{1}{2}\right)^0 \cdot \left(\frac{1}{2}\right)^5 = \frac{1}{32} = 0,03125$.
$P(C) = P(X \leqslant 1) = P(X = 0) + P(X = 1) = \frac{1}{32} + \binom{5}{1} \cdot \left(\frac{1}{2}\right)^1 \cdot \left(\frac{1}{2}\right)^4 = \frac{1}{32} + \frac{5}{32} = \frac{3}{16} = 0,1875$.
$P(D) = P(X \geqslant 1) = 1 - P(X = 0) = 1 - \frac{1}{32} = \frac{31}{32} = 0,96875$ (Rechnen mit dem Gegenereignis).

b) Bei Treffer «Stern» ist $p = \frac{1}{3}$, die Kettenlänge ist $n = 4$.
$P(A) = P(X = 3) = \binom{4}{3} \cdot \left(\frac{1}{3}\right)^3 \cdot \left(\frac{2}{3}\right)^1 = 4 \cdot \frac{2}{81} = \frac{8}{81} \approx 0,099$.
$P(B) = P(X \geqslant 3) = P(X = 3) + P(X = 4) = \frac{8}{81} + \binom{4}{4} \cdot \left(\frac{1}{3}\right)^4 = \frac{8}{81} + \frac{1}{81} = \frac{9}{81} = \frac{1}{9} = 0,\overline{1}$.

$$\begin{aligned}P(C) &= P(X \leqslant 1) = P(X=0) + P(X=1)\\ &= \binom{4}{0} \cdot \left(\tfrac{1}{3}\right)^0 \cdot \left(\tfrac{2}{3}\right)^4 + \binom{4}{1} \cdot \left(\tfrac{1}{3}\right)^1 \cdot \left(\tfrac{2}{3}\right)^3 = \tfrac{16}{81} + 4 \cdot \tfrac{8}{81} = \tfrac{48}{81} = \tfrac{16}{27} \approx 0,593.\end{aligned}$$

c) Bei Treffer «verdorben» ist $p = \frac{1}{5}$, die Kettenlänge ist $n = 5$.
$P(A) = P(X=1) = \binom{5}{1} \cdot \left(\frac{1}{5}\right)^1 \cdot \left(\frac{4}{5}\right)^4 = 5 \cdot \frac{4^4}{5^5} = \left(\frac{4}{5}\right)^4 = \frac{256}{625}$.
$P(B) = P(X=0) = \binom{5}{0} \cdot \left(\frac{1}{5}\right)^0 \cdot \left(\frac{4}{5}\right)^5 = \left(\frac{4}{5}\right)^5 = \frac{1024}{3125}$.
$$\begin{aligned}P(C) &= P(X \geqslant 2) = 1 - P(X \leqslant 1) = 1 - P(X=1) - P(X=0)\\ &= 1 - \tfrac{1024}{3125} - \tfrac{256}{625} = 1 - \tfrac{1024}{3125} - \tfrac{1280}{3125} = \tfrac{821}{3125}.\end{aligned}$$

d) Bei Treffer «Mädchen» ist $p = 0,49$, die Kettenlänge ist $n = 4$.
$P(A) = P(X=2) = \binom{4}{2} \cdot 0,49^2 \cdot 0,51^2 \approx 0,375$.
$P(B) = P(X \leqslant 3) = 1 - P(X=4) = 1 - \binom{4}{4} \cdot 0,49^4 \cdot 0,51^0 \approx 0,942$.

e) Bei Treffer «Wappen» ist $p = \frac{1}{2}$; gesucht ist die Kettenlänge n.
Bedingung: $P(X \geqslant 1) \geqslant 0,99$, d.h. für das Gegenereignis gilt: $P(X=0) \leqslant 0,01$.
Da $P(X=0) = \binom{n}{0} \cdot \left(\frac{1}{2}\right)^0 \cdot \left(\frac{1}{2}\right)^n = \left(\frac{1}{2}\right)^n$ muss also gelten:

$$\begin{aligned}\left(\tfrac{1}{2}\right)^n &\leqslant 0,01 && \mid \text{Logarithmieren mit lg}\\ \lg\left(\tfrac{1}{2}\right)^n &\leqslant \lg 0,01 && \mid \text{Anwenden der Logarithmusgesetze}\\ n \cdot \lg\left(\tfrac{1}{2}\right) &\leqslant -2 && \mid \text{teilen durch } \lg\left(\tfrac{1}{2}\right)\\ n &\geqslant \tfrac{-2}{\lg\left(\frac{1}{2}\right)} \approx 6,64 && \mid\\ n &\geqslant 6,64\end{aligned}$$

Man muss also 7-mal eine Münze werfen, um mit 99 %iger Sicherheit mindestens einmal Wappen zu erhalten.

f) Bei Treffer «Sechs» ist $p = \frac{1}{6}$, gesucht ist die Kettenlänge n.
Bedingung: $P(X \geqslant 1) \geqslant 0,9$, d.h. für das Gegenereignis gilt: $P(X=0) \leqslant 0,1$.
Da $P(X=0) = \binom{n}{0} \cdot \left(\frac{1}{6}\right)^0 \cdot \left(\frac{5}{6}\right)^n = \left(\frac{5}{6}\right)^n$, muss also gelten:

$$\begin{aligned}\left(\tfrac{5}{6}\right)^n &\leqslant 0,1 && \mid \text{Logarithmieren mit lg}\\ n \cdot \lg\left(\tfrac{5}{6}\right) &\leqslant -1 && \mid \text{teilen durch } \lg\left(\tfrac{1}{2}\right)\\ n &\geqslant \tfrac{-1}{\lg\left(\frac{5}{6}\right)} \approx 12,63 && \mid\\ n &\geqslant 12,63\end{aligned}$$

Man muss 13-mal würfeln, um mit 90 %iger Sicherheit mindestens eine «Sechs» zu erhalten.

21.3 Binomialverteilung mit Gebrauch der Tabelle

In der Tabelle «Binomialverteilung (Summenfunktion)» auf Seite 251 kann man die Wahrscheinlichkeit $P(X \leqslant k)$ ablesen.

a) Ablesen aus der Tabelle für $n = 20$ in der Spalte $p = \frac{1}{3}$ führt zu:
$P(X \leqslant 5) = 0,2972 = 29,72\,\%$.
$P(X < 10) = P(X \leqslant 9) = 0,9081 = 90,81\,\%$.
$P(X > 6) = 1 - P(X \leqslant 6) = 1 - 0,4793 = 0,5207 = 52,07\,\%$.
$P(X \geqslant 3) = 1 - P(X \leqslant 2) = 1 - 0,0176 = 0,9824 = 98,24\,\%$.
$P(4 \leqslant X \leqslant 10) = P(X \leqslant 10) - P(X \leqslant 3) = 0,9624 - 0,0604 = 0,9020 = 90,20\,\%$.

b) Ablesen aus der Tabelle für $n = 100$ in der Spalte $p = 0,4$ führt zu:
$P(X \leqslant 40) = 0,5433 = 54,33\,\%$.
$P(X > 45) = 1 - P(X \leqslant 45) = 1 - 0,8689 = 0,1311 = 13,11\,\%$.
$P(X \geqslant 50) = 1 - P(X \leqslant 49) = 1 - 0,9729 = 0,0271 = 2,71\,\%$.
$P(X < 30) = P(X \leqslant 29) = 0,0148 = 1,48\,\%$.
$P(X = 40) = P(X \leqslant 40) - P(X \leqslant 39) = 0,5433 - 0,4621 = 0,0812 = 8,12\,\%$.
$P(35 \leqslant X \leqslant 45) = P(X \leqslant 45) - P(X \leqslant 34) = 0,8689 - 0,1303 = 0,7386 = 73,86\,\%$.

c) Für die Ereignisse A bis E ist $n = 50$ und $p = \frac{1}{6}$ bei Treffer «Sechs»:
$P(A) = P(X \leqslant 10) = 0,7986 = 79,86\,\%$.
$P(B) = P(X \geqslant 10) = 1 - P(X \leqslant 9) = 1 - 0,6830 = 0,3170 = 31,70\,\%$.
$P(C) = P(X = 10) = P(X \leqslant 10) - P(X \leqslant 9) = 0,7986 - 0,6830 = 0,1156 = 11,56\,\%$.
$P(D) = P(5 \leqslant X \leqslant 11) = P(X \leqslant 11) - P(X \leqslant 4) = 0,8827 - 0,0643 = 0,8184 = 81,84\,\%$.
$P(E) = P(3 < X < 14) = P(X \leqslant 13) - P(X \leqslant 3) = 0,9693 - 0,0238 = 0,9455 = 94,55\,\%$.
Für die Ereignisse F bis H ist $n = 50$, aber $p = \frac{1}{2}$, falls Treffer «gerade Augenzahl»:
$P(F) = P(X < 20) = P(X \leqslant 19) = 0,0595 = 5,95\,\%$.
$P(G) = P(X > 25) = 1 - P(X \leqslant 25) = 1 - 0,5561 = 0,4439 = 44,39\,\%$.
$P(H) = P(20 < X < 30) = P(X \leqslant 29) - P(X \leqslant 20) = 0,8987 - 0,1013 = 0,7974$
$= 79,74\,\%$.

d) Da $p > 0,5$ müssen die Werte aus der Tabelle «von unten» abgelesen und noch von 1 subtrahiert werden. Ablesen aus der Tabelle für $n = 50$ in der Spalte $p = 0,7$ führt zu:
$P(X \leqslant 40) = 1 - 0,0402 = 0,9598 = 95,98\,\%$.
$P(X < 30) = P(X \leqslant 29) = 1 - 0,9522 = 0,0478 = 4,78\,\%$.
$P(X = 35) = P(X \leqslant 35) - P(X \leqslant 34) = (1 - 0,4468) - (1 - 0,5692) = 0,1224 = 12,24\,\%$.
$P(32 \leqslant X \leqslant 38) = P(X \leqslant 38) - P(X \leqslant 31) = (1 - 0,1390) - (1 - 0,8594) = 0,7204$
$= 72,04\,\%$.
$P(X > 36) = 1 - P(X \leqslant 36) = 1 - (1 - 0,3279) = 0,3279 = 32,79\,\%$.

e) Setzt man als Treffer «keimt nicht», so ist $p = 1 - 0,90 = 0,1$ und $n = 20$.
A: Mindestens 16 Blumenzwiebeln keimen bedeutet, dass höchstens 4 nicht keimen:

$P(A) = P(X \leqslant 4) = 0{,}9568 = 95{,}68\,\%$.

B: Mindestens 18 Blumenzwiebeln keimen bedeutet, dass höchstens 2 nicht keimen:

$P(B) = P(X \leqslant 2) = 0{,}6769 = 67{,}69\,\%$.

C: Alle Blumenzwiebeln keimen bedeutet, dass keine nicht keimt:

$P(C) = P(X \leqslant 0) = 0{,}1216 = 12{,}16\,\%$.

f) Setzt man als Treffer «die Mannschaft gewinnt», so ist $p = \frac{1}{3}$ (Erfahrung aus der letzten Saison) und $n = 20$ (Spiele in der kommenden Saison):

$P(A) = P(X = 7) = P(X \leqslant 7) - P(X \leqslant 6) = 0{,}6615 - 0{,}4793 = 0{,}1822 = 18{,}22\,\%$.

$P(B) = P(X > 7) = 1 - P(X \leqslant 7) = 1 - 0{,}6615 = 0{,}3385 = 33{,}85\,\%$.

$P(C) = P(X > 10) = 1 - P(X \leqslant 10) = 1 - 0{,}9624 = 0{,}0376 = 3{,}76\,\%$.

21.4 Erwartungswert und Standardabweichung

a) Sei X Zufallsvariable für die Anzahl der defekten Glühbirnen.
Mit $n = 150$ und $p = 0{,}04$ (4 %) erhält man:
Erwartungswert: $E(X) = \mu = n \cdot p = 150 \cdot 0{,}04 = 6$.
Zugehörige Standardabweichung: $\sigma = \sqrt{n \cdot p \cdot (1-p)} = \sqrt{150 \cdot 0{,}04 \cdot 0{,}96} = 2{,}4$.
Bei einer Entnahme von 150 Glühbirnen hat man durchschnittlich mit 6 defekten Glühbirnen zu rechnen. Die zugehörige Standardabweichung beträgt 2,4 Glühbirnen.

b) I) Erwartungswert: $E(X) = \mu = n \cdot p = 80 \cdot 0{,}3 = 24$.
Zugehörige Standardabweichung: $\sigma = \sqrt{n \cdot p \cdot (1-p)} = \sqrt{80 \cdot 0{,}3 \cdot 0{,}7} \approx 4{,}10$.

II) Erwartungswert: $E(X) = \mu = n \cdot p = 50 \cdot 0{,}4 = 20$.
Zugehörige Standardabweichung: $\sigma = \sqrt{n \cdot p \cdot (1-p)} = \sqrt{50 \cdot 0{,}4 \cdot 0{,}6} \approx 3{,}46$.

III) Erwartungswert: $E(X) = \mu = n \cdot p = 20 \cdot 0{,}6 = 12$.
Zugehörige Standardabweichung: $\sigma = \sqrt{n \cdot p \cdot (1-p)} = \sqrt{20 \cdot 0{,}6 \cdot 0{,}4} \approx 2{,}19$.

c) Sei X Zufallsvariable für die Menge verdorbener Tomaten (in kg).
Mit $n = 30$ und $p = 0{,}2$ (20 %) erhält man:
Erwartungswert: $E(X) = \mu = n \cdot p = 30 \cdot 0{,}2 = 6$.
Zugehörige Standardabweichung: $\sigma = \sqrt{n \cdot p \cdot (1-p)} = \sqrt{30 \cdot 0{,}2 \cdot 0{,}8} \approx 2{,}19$.
Bei einer Entnahme von 30 kg sind durchschnittlich 6 kg verdorbene Tomaten zu erwarten. Die zugehörige Standardabweichung beträgt etwa 2,2 kg.

d) Sei X Zufallsvariable für die Anzahl der mängelbehafteten Autos.
Mit $n = 2300$ und $p = 0{,}08$ (8 %) erhält man:
Erwartungswert: $E(X) = \mu = n \cdot p = 2300 \cdot 0{,}08 = 184$.
Zugehörige Standardabweichung: $\sigma = \sqrt{n \cdot p \cdot (1-p)} = \sqrt{2300 \cdot 0{,}08 \cdot 0{,}92} \approx 13{,}01$.
An einem Tag hat man durchschnittlich mit 184 mängelbehafteten Autos zu rechnen. Die zugehörige Standardabweichung beträgt etwa 13 Autos.

22 Normalverteilung

22.1 Berechnung von Wahrscheinlichkeiten

a) Der Intelligenzquotient IQ ist normalverteilt mit dem Erwartungswert $\mu = 100$ und der Standardabweichung $\sigma = 15$.

I) Wenn der IQ zwischen 85 und 115 liegt, gilt für die Wahrscheinlichkeit:
$P(85 < X < 115) = \Phi\left(\frac{115-100}{15}\right) - \Phi\left(\frac{85-100}{15}\right) = \Phi(1) - \Phi(-1) = 0{,}8413 - 0{,}1587$
$= 0{,}6826 = 68{,}26\,\%$.

II) Wenn der IQ kleiner als 90 ist, gilt für die Wahrscheinlichkeit:
$P(X < 90) - \Phi\left(\frac{90-100}{15}\right) = \Phi\left(-\frac{2}{3}\right) = \Phi(-0{,}67) = 0{,}2514 = 25{,}14\,\%$.

III) Wenn der IQ größer als 120 ist, gilt für die Wahrscheinlichkeit:
$P(X > 120) = 1 - P(X \leqslant 120) = 1 - \Phi\left(\frac{120-100}{15}\right) = 1 - \Phi\left(\frac{4}{3}\right) = 1 - \Phi(1{,}33)$
$= 1 - 0{,}9082 = 0{,}0918 = 9{,}18\,\%$

b) Das Gewicht von Brezeln ist normalverteilt mit dem Erwartungswert $\mu = 58\,\text{g}$ und der Standardabweichung $\sigma = 2\,\text{g}$.

I) Wenn eine Brezel weniger als 54 g wiegt, gilt für die Wahrscheinlichkeit:
$P(X < 54) = \Phi\left(\frac{54-58}{2}\right) = \Phi(-2) = 0{,}0228 = 2{,}28\,\%$.

II) Wenn eine Brezel zwischen 55 g und 61 g wiegt, gilt für die Wahrscheinlichkeit:
$P(55 < X < 61) = \Phi\left(\frac{61-58}{2}\right) - \Phi\left(\frac{55-58}{2}\right) = \Phi(1{,}5) - \Phi(-1{,}5) = 0{,}9332 - 0{,}0668$
$= 0{,}8664 = 86{,}64\,\%$.

III) Wenn eine Brezel mehr als 60 g wiegt, gilt für die Wahrscheinlichkeit:
$P(X > 60) = 1 - P(X \leqslant 60) = 1 - \Phi\left(\frac{60-58}{2}\right) = 1 - \Phi(1) = 1 - 0{,}8413 = 0{,}1587$
$= 15{,}87\,\%$.

c) Das Gewicht der Birnensorte ist normalverteilt mit dem Erwartungswert $\mu = 150\,\text{g}$ und der Standardabweichung $\sigma = 5\,\text{g}$. Eine Packung (Leergewicht 50 g) enthält 6 Birnen. Da das Leergewicht der Verpackung immer konstant ist, muss man vom Gesamtgewicht das Leergewicht subtrahieren und erhält das «Nettogewicht». Dieses ist normalverteilt mit dem Erwartungswert $\mu^* = 6 \cdot 150\,\text{g} = 900\,\text{g}$ und der Standardabweichung $\sigma^* = \sqrt{6} \cdot 5\,\text{g} \approx 12{,}25\,\text{g}$.

I) Wenn das Gesamtgewicht zwischen 930 g und 960 g liegt, liegt das normalverteilte Nettogewicht zwischen 880 g und 910 g. Somit gilt für die Wahrscheinlichkeit:
$P(880 < X < 910) = \Phi\left(\frac{910-900}{12{,}25}\right) - \Phi\left(\frac{880-900}{12{,}25}\right) \approx \Phi(0{,}82) - \Phi(-1{,}63)$
$= 0{,}7939 - 0{,}0516 = 0{,}7423 = 74{,}23\,\%$.

II) Wenn das Gesamtgewicht weniger als 925 g beträgt, muss das Nettogewicht kleiner als 875 g sein. Somit gilt für die Wahrscheinlichkeit:
$P(X < 875) = \Phi\left(\frac{875-900}{12{,}25}\right) \approx \Phi(-2{,}04) = 0{,}0207 = 2{,}07\,\%$.

III) Wenn das Gesamtgewicht mehr als 980 g beträgt, muss das Nettogewicht größer als 930 g sein. Somit gilt für die Wahrscheinlichkeit:
$P(X > 930) = 1 - P(X \leqslant 930) = 1 - \Phi\left(\frac{930-900}{12{,}25}\right) \approx 1 - \Phi(2{,}45) = 1 - 0{,}9929$
$= 0{,}0071 = 0{,}71\,\%$.

22.2 Erwartungswert und Standardabweichung

a) Wenn die Hypothese $\mu = 3{,}5$ nicht verworfen werden soll, muss der Mittelwert $\overline{x} = 3{,}9$ mit einer Wahrscheinlichkeit von ca. 95 % im $2\sigma^*$-Intervall liegen.
Bei 34 Klassenarbeiten gilt für die Standardabweichung: $\sigma^* = \frac{\sigma}{\sqrt{34}} = \frac{1{,}3}{\sqrt{34}} = 0{,}22$
Somit ist das $2\sigma^*$-Intervall:
$[\mu - 2\sigma^*; \mu + 2\sigma^*] = [3{,}5 - 2 \cdot 0{,}22; 3{,}5 + 2 \cdot 0{,}22] = [3{,}06; 3{,}94]$
Da $\overline{x} = 3{,}9$ innerhalb des Intervalls liegt, kann man die Hypothese annehmen.

b) Wenn die Hypothese $\mu = 1000\,\text{ml}$ nicht verworfen werden soll, muss der Mittelwert $\overline{x} = 995\,\text{ml}$ mit einer Wahrscheinlichkeit von ca. 95 % im $2\sigma^*$-Intervall liegen.
Bei 20 Flaschen gilt für die Standardabweichung: $\sigma^* = \frac{\sigma}{\sqrt{20}} = \frac{10}{\sqrt{20}} \approx 2{,}24\,\text{ml}$.
Somit ist das $2\sigma^*$-Intervall:
$[\mu - 2\sigma^*; \mu + 2\sigma^*] = [1000 - 2 \cdot 2{,}24; 1000 + 2 \cdot 2{,}24] = [995{,}52; 1004{,}48]$
Da $\overline{x} = 995\,\text{ml}$ nicht innerhalb des Intervalls liegt, muss die die Hypothese $\mu = 1000\,\text{ml}$ verworfen und die Befüllungsanlage neu eingestellt werden.

c) Wenn die Hypothese $\mu = 500$ Stunden nicht verworfen werden soll, muss der Mittelwert $\overline{x} = 495$ Stunden mit einer Wahrscheinlichkeit von ca. 95 % im $2\sigma^*$-Intervall liegen.
Bei 100 Lampen gilt für die Standardabweichung: $\sigma^* = \frac{\sigma}{\sqrt{100}} = \frac{20}{\sqrt{100}} = 2$ Stunden.
Somit ist das $2\sigma^*$–Intervall: $[\mu - 2\sigma^*; \mu + 2\sigma^*] = [500 - 2 \cdot 2; 500 + 2 \cdot 2] = [496; 504]$
Da $\overline{x} = 495$ Stunden nicht innerhalb des Intervalls liegt, muss die die Hypothese $\mu = 500$ Stunden verworfen werden.

d) Als Testgröße verwendet man das Gesamtgewicht der Packung.
Der Erwartungswert des Gesamtgewichts ist: $\mu^* = 620 \cdot \mu = 620 \cdot 0{,}4\,\text{g} = 248\,\text{g}$, die Standardabweichung ist: $\sigma^* = \sqrt{620} \cdot \sigma = \sqrt{620} \cdot 0{,}1 \approx 2{,}49\,\text{g}$.
Wenn die Hypothese $\mu = 620$ Feuerbohnen nicht verworfen werden soll, muss das Packungsgewicht $x = 250\,\text{g}$ mit einer Wahrscheinlichkeit von ca. 95 % im $2\sigma^*$–Intervall liegen.
Es gilt für das $2\sigma^*$-Intervall:
$[\mu^* - 2\sigma^*; \mu^* + 2\sigma^*] = [248 - 2 \cdot 2{,}49; 248 + 2 \cdot 2{,}49] = [243{,}02; 252{,}98]$
Da $x = 250\,\text{g}$ innerhalb des Intervalls liegt, kann man die Hypothese «die Packung enthält 620 Feuerbohnen» annehmen.

e) Bei n Menschen beträgt der Erwartungswert für die Länge: $\mu^* = n \cdot \mu = n \cdot 1{,}6$. Die Standardabweichung beträgt $\sigma^* = \sqrt{n} \cdot \sigma = \sqrt{n} \cdot 0{,}4$.

Um die Anzahl der Menschen mit einer Wahrscheinlichkeit von 95 % zu bestimmen, muss die Gesamtlänge $l = 1000\,\text{m}$ im $2\sigma^*$-Intervall liegen.

Es gilt für das $2\sigma^*$-Intervall: $[\mu^* - 2\sigma^*\,;\, \mu^* + 2\sigma^*] = \left[1{,}6\text{n} - 2 \cdot 0{,}4 \cdot \sqrt{\text{n}};\, 1{,}6\text{n} + 2 \cdot 0{,}4 \cdot \sqrt{\text{n}}\right]$
$= \left[1{,}6\text{n} - 0{,}8\sqrt{\text{n}};\, 1{,}6\text{n} + 0{,}8\sqrt{\text{n}}\right]$

Da $l = 1000\,\text{m}$ innerhalb dieses Intervalls liegen muss, sind folgende zwei Gleichungen zu lösen:

I) $1{,}6\text{n} - 0{,}8\sqrt{\text{n}} = 1000$ führt mit der Substitution $\text{z} = \sqrt{\text{n}}$ zu $1{,}6\text{z}^2 - 0{,}8\text{z} = 1000$ mit der positiven Lösung der quadratischen Gleichung $\text{z} \approx 25{,}25 \Rightarrow \text{n} \approx 638$.

II) $1{,}6\text{n} + 0{,}8\sqrt{\text{n}} = 1000$ führt mit der Substitution $\text{z} = \sqrt{\text{n}}$ zu $1{,}6\text{z}^2 + 0{,}8\text{z} = 1000$ mit der positiven Lösung der quadratischen Gleichung $\text{z} \approx 24{,}75 \Rightarrow \text{n} \approx 613$.
Das «Konfidenzintervall» (Vertrauensintervall) ist somit: $[613\,;\, 638]$.
Man braucht für eine Menschenkette von 1 km Länge 613 bis 638 Menschen.

f) Wenn 30 Schrauben 162 g wiegen, ist der Mittelwert für das Gewicht einer Schraube: $\overline{\text{x}} = \frac{162}{30} = 5{,}4\,\text{g}$, die Standardabweichung ist: $\sigma^* = \frac{\sigma}{\sqrt{30}} = \frac{0{,}3}{\sqrt{30}} \approx 0{,}055\,\text{g}$.
Der Erwartungswert für das Gewicht einer Schraube liegt mit einer Wahrscheinlichkeit von 95 % im $2\sigma^*$-Intervall:
$[\overline{\text{x}} - 2\sigma^*\,;\, \overline{\text{x}} + 2\sigma^*] = [5{,}4 - 2 \cdot 0{,}055\,;\, 5{,}4 + 2 \cdot 0{,}055] = [5{,}29\,;\, 5{,}51]$
Somit kann man für eine Schraube ein Gewicht von etwa 5,3 g bis 5,5 g erwarten.

23 Hypothesentests

23.1 Grundbegriffe, Fehler 1. und 2. Art

a) Die Nullhypothese lautet: H_0: $p = \frac{1}{6}$ bei Treffer «Sechs», $n = 60$.
Der Annahmebereich ist $A = \{8, 9, 10, 11, 12\}$, der Ablehnungsbereich ist
$\overline{A} = \{0, ..., 7\} \cup \{13, ..., 60\}$.
Wenn nur 7-mal «Sechs» fällt, wird die Hypothese abgelehnt. Ist der Würfel trotzdem in Ordnung, begeht man einen Fehler 1. Art.
Die Wahrscheinlichkeit, einen Fehler 1. Art zu begehen, heißt Irrtumswahrscheinlichkeit α. Im vorliegenden Fall ist α die Wahrscheinlichkeit, dass weniger als 8 oder mehr als 12 «Sechsen» fallen, obwohl $p = \frac{1}{6}$ gilt.

b) Die Nullhypothese lautet: H_0: $p \leqslant 0{,}05$ bei Treffer «Apfel nicht einwandfrei», $n = 50$.
Ein möglicher Annahmebereich ist beispielsweise $A = \{0, .., 4\}$, entsprechend ist dann der Ablehnungsbereich $\overline{A} = \{5, 6, ..., 50\}$.
Es handelt sich um einen rechtsseitigen Test, da $\overline{A}$ die großen Werte enthält. Wird A vergrößert, so wird $\overline{A}$ und damit auch $P(\overline{A})$ unter der Voraussetzung $p \leqslant 0{,}05$ verkleinert. Dies ist die Wahrscheinlichkeit für einen Fehler 1. Art. Die Wahrscheinlichkeit, dass man dem Händler glaubt, obwohl mehr Äpfel nicht einwandfrei sind (Fehler 2. Art), nimmt dabei zu.

23.2 Einseitiger Test

a) I) Man verwendet die Tabelle für $p = 0{,}4$ und $n = 100$:
Für $\overline{A} = \{50, ..., 100\}$ ergibt sich:
$\alpha = P(\overline{A}) = P(X \geqslant 50) = 1 - P(X \leqslant 49) = 1 - 0{,}9729 = 0{,}0271 = 2{,}71\,\%$.
Für $\overline{A} = \{49, ..., 100\}$ ergibt sich:
$\alpha = P(\overline{A}) = P(X \geqslant 49) = 1 - P(X \leqslant 48) = 1 - 0{,}9577 = 0{,}0423 = 4{,}23\,\%$.

II) Man verwendet die Tabelle für $p = 0{,}8$ und $n = 100$:
Wegen $p > 0{,}5$ müssen die Werte in der Tabelle «von unten» abgelesen und die Differenz zu 1 gebildet werden.
Für $\overline{A} = \{0, ..., 74\}$ ergibt sich:
$\alpha = P(\overline{A}) = P(X \leqslant 74) = 1 - 0{,}9125 = 0{,}0875 = 8{,}75\,\%$.

b) I) Es handelt sich um einen rechtsseitigen Test.
Die Tabelle für $n = 100$ und $p = 0{,}1$ liefert:
$P(X \leqslant 14) = 0{,}9274 \Rightarrow P(X > 14) = 0{,}0726 = 7{,}26\,\%$.
$P(X \leqslant 15) = 0{,}9601 \Rightarrow P(X > 15) = 0{,}0399 = 3{,}99\,\%$.
$P(X \leqslant 16) = 0{,}9794 \Rightarrow P(X > 16) = 0{,}0206 = 2{,}06\,\%$.
$P(X \leqslant 17) = 0{,}9900 \Rightarrow P(X > 17) = 0{,}0100 = 1{,}00\,\%$.
Da $P(\overline{A})$ höchstens den Wert α annehmen darf, ist der Ablehnungsbereich
$\overline{A} = \{16, ..., 100\}$ für $\alpha = 5\,\%$ bzw. $\overline{A} = \{18, ..., 100\}$ für $\alpha = 2\,\%$ und $\alpha = 1\,\%$.

II) Es handelt sich um einen linksseitigen Test.
Die Tabelle für $n = 50$ und $p = 0,3$ liefert:
$P(X \leqslant 7) = 0,0073 = 0,73\,\%$.
$P(X \leqslant 8) = 0,0183 = 1,83\,\%$.
$P(X \leqslant 9) = 0,0402 = 4,02\,\%$.
$P(X \leqslant 10) = 0,0789 = 7,89\,\%$.
Also ist der Ablehnungsbereich $\overline{A} = \{0,...,9\}$ für $\alpha = 5\,\%$,
$\overline{A} = \{0,...,8\}$ für $\alpha = 2\,\%$ und $\overline{A} = \{0,...,7\}$ für $\alpha = 1\,\%$.

c) Die Nullhypothese lautet: H_0: $p \leqslant 0,04$ bei Treffer «Chip defekt» und $n = 100$.
Es handelt sich um einen rechtsseitigen Test mit $\alpha = 5\,\%$.
Die Tabelle liefert:
$P(X \leqslant 7) = 0,9525 \Rightarrow P(X > 7) = 1 - P(X \leqslant 7) = 1 - 0,9525 = 0,0475 = 4,75\,\%$.
Also ist $A = \{0,...,7\}$ und $\overline{A} = \{8,...,100\}$.
Da eine 9 im Ablehnungsbereich liegt, kann man bei $\alpha = 5\,\%$ auf mehr als $4\,\%$ Ausschuss schließen.

d) Die Nullhypothese lautet: H_0: $p \geqslant 0,3$ bei Treffer «die Partei wird gewählt» und $n = 100$.
Es handelt sich um einen linksseitigen Test mit $\alpha = 5\,\%$.
Die Tabelle liefert:
$P(X \leqslant 22) = 0,0479 = 4,79\,\%$.
$P(X \leqslant 23) = 0,0755 = 7,55\,\%$ (zu groß).
Also ist $\overline{A} = \{0,...,22\}$ und $A = \{23,...,100\}$.
Da 25 nicht im Ablehnungsbereich liegt, kann man bei der vorgegebenen Irrtumswahrscheinlichkeit nicht auf einen gesunkenen Stimmenanteil schließen.

e) Die Nullhypothese lautet: H_0: $p \leqslant 0,04$ bei Treffer «Birne defekt» und $n = 50$.
Es handelt sich um einen rechtsseitigen Test.
Da $\overline{A} = \{5,...,50\}$ und $A = \{0,...,4\}$, ist
$P(\overline{A}) = P(X \geqslant 5) = 1 - P(X \leqslant 4) = 1 - 0,9510 = 0,0490 = 4,90\,\%$.
Die Irrtumswahrscheinlichkeit beträgt somit $4,9\,\%$.
Um $\alpha = 2\,\%$ zu erreichen, muss $\overline{A}$ verkleinert werden. Die Tabelle liefert:
$P(X \leqslant 5) = 0,9856 = 98,56\,\% \Rightarrow P(X > 5) = 1,44\,\% < 2\,\%$.
Also ist der Ablehnungsbereich $\overline{A} = \{6,...,50\}$ bei $\alpha = 2\,\%$.

23.3 Zweiseitiger Test

a) I) Der Ablehnungsbereich ist $\overline{A} = \{0,...,7\} \cup \{13,...,20\}$.
Die Tabelle für $n = 20$ und $p = 0,5$ liefert:
$P(X \leqslant 7) = 0,1316 = 13,16\,\%$ und
$P(X \geqslant 13) = 1 - P(X \leqslant 12) = 1 - 0,8684 = 0,1316 = 13,16\,\%$.
Die gesamte Irrtumswahrscheinlichkeit beträgt also $13,16\,\% + 13,16\,\% = 26,32\,\%$.

II) Der Ablehnungsbereich ist $\overline{A} = \{0,..,3\} \cup \{14,...,50\}$.
Die Tabelle für $n = 50$ und $p = \frac{1}{6}$ liefert:
$P(X \leqslant 3) = 0,0238 = 2,38\,\%$ und
$P(X \geqslant 14) = 1 - P(X \leqslant 13) = 1 - 0,9693 = 0,0307 = 3,07\,\%$.
Die gesamte Irrtumswahrscheinlichkeit beträgt also $2,38\,\% + 3,07\,\% = 5,45\,\%$.

b) Die Tabelle für $n = 100$ und $p = \frac{1}{3}$ liefert:
$P(X \leqslant 21) = 0,0048 = 0,48\,\% \leqslant 0,5\,\%$.
$P(X \leqslant 22) = 0,0091 = 0,91\,\% \leqslant 1\,\%$.
$P(X \leqslant 23) = 0,0164 = 1,64\,\% \leqslant 2,5\,\%$.
$P(X \leqslant 24) = 0,0281 = 2,81\,\%$ (zu groß).
Ferner gilt:
$P(X \geqslant 43) = 1 - P(X \leqslant 42) = 1 - 0,9724 = 0,0276 = 2,76\,\%$ (zu groß).
$P(X \geqslant 44) = 1 - P(X \leqslant 43) = 1 - 0,9831 = 0,0169 = 1,69\,\% \leqslant 2,5\,\%$.
$P(X \geqslant 45) = 1 - P(X \leqslant 44) = 1 - 0,9900 = 0,0100 = 1,00\,\% \leqslant 1\,\%$.
$P(X \geqslant 46) = 1 - P(X \leqslant 45) = 1 - 0,9943 = 0,0057 = 0,57\,\%$.
$P(X \geqslant 47) = 1 - P(X \leqslant 46) = 1 - 0,9969 = 0,0031 = 0,31\,\% \leqslant 0,5\,\%$.
Daraus ergeben sich folgende Ablehnungs- und Annahmebereiche:
$\alpha = 5\,\%$: $\overline{A} = \{0,...,23\} \cup \{44,...,100\}$ und $A = \{24,...,43\}$.
$\alpha = 2\,\%$: $\overline{A} = \{0,...,22\} \cup \{45,...,100\}$ und $A = \{23,...,44\}$.
$\alpha = 1\,\%$: $\overline{A} = \{0,...,21\} \cup \{47,...,100\}$ und $A = \{22,...,46\}$.

c) Die Nullhypothese lautet: H_0: $p = 0,5$ bei Treffer «Zahl» und $n = 50$.
Es handelt sich um einen zweiseitigen Test mit $\alpha = 5\,\%$.
Die Tabelle liefert:
$P(X \leqslant 17) = 0,0164 = 1,64\,\% \leqslant 2,5\,\%$.
$P(X \leqslant 18) = 0,0325 = 3,25\,\%$ (zu groß).
$P(X \geqslant 32) = 1 - P(X \leqslant 31) = 1 - 0,9675 = 0,0325 = 3,25\,\%$ (zu groß).
$P(X \geqslant 33) = 1 - P(X \leqslant 32) = 1 - 0,9836 = 0,0164 = 1,64\,\% \leqslant 2,5\,\%$.
Also ist der Ablehnungsbereich $\overline{A} = \{0,...,17\} \cup \{33,...,50\}$.
Da 30 nicht im Ablehnungsbereich liegt, kann man bei $\alpha = 5\,\%$ nicht schließen, dass die Münze nicht ideal ist.

d) Die Nullhypothese lautet: H_0: $p = 0,2$ bei Treffer «Gewinn» und $n = 100$.
Es handelt sich um einen zweiseitigen Test mit $\alpha = 2\,\%$. Die Tabelle liefert:
$P(X \leqslant 10) = 0,0057 = 0,57\,\% \leqslant 1\,\%$.
$P(X \leqslant 11) = 0,0126 = 1,26\,\%$ (zu groß).
$P(X \geqslant 31) = 1 - P(X \leqslant 30) = 1 - 0,9939 = 0,0061 = 0,61\,\% \leqslant 1$.
$P(X \geqslant 30) = 1 - P(X \leqslant 29) = 1 - 0,9888 = 0,0112 = 1,12\,\%$ (zu groß).
Also ist der Ablehnungsbereich $\overline{A} = \{0,...,10\} \cup \{31,...,100\}$, der Annahmebereich ist $A = \{11,...,30\}$.

e) Die Nullhypothese lautet: $H_0 : p = 0,6$ bei Treffer «Gruppe bekannt» und $n = 100$.

Der Annahmebereich ist $A = \{53, ..., 67\}$, der Ablehnungsbereich ist
$\overline{A} = \{0, ..., 52\} \cup \{68, ..., 100\}$.
Da $p > 0,5$ muss die Tabelle «von unten» abgelesen und die Differenz zu 1 gebildet werden.

I) Die Tabelle liefert:
$P(X \leqslant 52) = 1 - 0,9362 = 0,0638 = 6,38\,\%$.
$P(X \geqslant 68) = 1 - P(X \leqslant 67) = 1 - (1 - 0,0615) = 0,0615 = 6,15\,\%$.
Die Irrtumswahrscheinlichkeit beträgt $6,38\,\% + 6,15\,\% = 12,53\,\%$.

II) Die Tabelle liefert:
$P(X \leqslant 49) = 1 - 0,9832 = 0,0168 = 1,68\,\% \leqslant 2,5\,\%$.
$P(X \leqslant 50) = 1 - 0,9729 = 0,0271 = 2,71\,\%$ (zu groß).
$P(X \geqslant 70) = 1 - P(X \leqslant 69) = 1 - (1 - 0,0248) = 0,0248 = 2,48\,\% \leqslant 2,5\,\%$.
$P(X \geqslant 69) = 1 - P(X \leqslant 68) = 1 - (1 - 0,0398) = 0,0398 = 3,98\,\%$ (zu groß).
Also ist der Ablehnungsbereich $\overline{A} = \{0, ..., 49\} \cup \{70, ..., 100\}$.

Binomialverteilung – Summenverteilung

$$P(X \leqslant k) = F_{n;p}(k) = \sum_{i=0}^{k} \binom{n}{i} \cdot p^i \cdot (1-p)^{n-i}$$

		p												
n	k	0,02	0,03	0,04	0,05	0,10	1/6	0,20	0,30	1/3	0,40	0,50	k	n
	0	0,6676	5438	4420	3585	1216	0261	0115	0008	0003	0000	0000	19	
	1	9401	8802	8103	7358	3917	1304	0692	0076	0033	0005	0000	18	
	2	9929	9790	9561	9245	6769	3287	2061	0355	0176	0036	0002	17	
	3	9994	9973	9926	9841	8670	5665	4114	1071	0604	0160	0013	16	
	4		9997	9990	9974	9568	7687	6296	2375	1515	0510	0059	15	
	5			9999	9997	9887	8982	8042	4164	2972	1256	0207	14	
	6					9976	9629	9133	6080	4793	2500	0577	13	
	7					9996	9887	9679	7723	6615	4159	1316	12	
20	8					9999	9972	9900	8867	8095	5956	2517	11	20
	9						9994	9974	9520	9081	7553	4119	10	
	10						9999	9994	9829	9624	8725	5881	9	
	11							9999	9949	9870	9435	7483	8	
	12								9987	9963	9790	8684	7	
	13								9997	9991	9935	9423	6	
	14									9998	9984	9793	5	
	15										9997	9941	4	
	16											9987	3	
	17											9998	2	
	0	0,3642	2181	1299	0769	0052	0001	0000	0000	0000	0000	0000	49	
	1	7358	5553	4005	2794	0338	0012	0002	0000	0000	0000	0000	48	
	2	9216	8108	6767	5405	1117	0066	0013	0000	0000	0000	0000	47	
	3	9822	9372	8609	7604	2503	0238	0057	0000	0000	0000	0000	46	
	4	9968	9832	9510	8964	4312	0643	0185	0002	0000	0000	0000	45	
	5	9995	9963	9856	9622	6161	1388	0480	0007	0001	0000	0000	44	
	6	9999	9993	9964	9882	7702	2506	1034	0025	0005	0000	0000	43	
	7		9999	9992	9968	8779	3911	1904	0073	0017	0000	0000	42	
	8			9999	9992	9421	5421	3073	0183	0050	0002	0000	41	
	9				9998	9755	6830	4437	0402	0127	0008	0000	40	
	10					9906	7986	5836	0789	0284	0022	0000	39	
	11					9968	8827	7107	1390	0570	0057	0000	38	
	12					9990	9373	8139	2229	1035	0133	0002	37	
	13					9997	9693	8894	3279	1715	0280	0005	36	
	14					9999	9862	9393	4468	2612	0540	0013	35	
	15						9943	9692	5692	3690	0955	0033	34	
	16						9978	9856	6839	4868	1561	0077	33	
	17						9992	9937	7822	6046	2369	0164	32	
50	18						9998	9975	8594	7126	3356	0325	31	50
	19						9999	9991	9152	8036	4465	0595	30	
	20							9997	9522	8741	5610	1013	29	
	21							9999	9749	9244	6701	1611	28	
	22								9877	9576	7660	2399	27	
	23								9944	9778	8438	3359	26	
	24								9976	9892	9022	4439	25	
	25								9991	9951	9427	5561	24	
	26								9997	9979	9686	6641	23	
	27								9999	9992	9840	7601	22	
	28									9997	9924	8389	21	
	29									9999	9960	8987	20	
	30										9986	9405	19	
	31										9995	9675	18	
	32										9998	9836	17	
	33										9999	9923	16	
	34											9967	15	
	35											9987	14	
	36											9995	13	
	37											9968	12	
n		0,98	0,97	0,96	0,95	0,90	5/6	0,80	0,70	2/3	0,60	0,50	k	n
		p												

Nicht aufgeführte Werte sind gleich 1
(auf 4 Stellen hinter dem Komma)

Für $p \geqslant 0,5$ wird von unten abgelesen.
Dabei gilt:
$P(X \leqslant k) = 1 -$ abgelesener Wert von p

Beispiel:
$F_{50;0,60}(25) = 1 - 0,9022 = 0,0978$

n	k	0,02	0,03	0,04	0,05	0,10	1/6	0,20	0,30	1/3	0,40	0,50	k	n
		p												
	0	0,1326	0476	0169	0059	0000	0000	0000	0000	0000	0000	0000	99	
	1	4033	1946	0872	0371	0003	0000	0000	0000	0000	0000	0000	98	
	2	6767	4198	2321	1183	0019	0000	0000	0000	0000	0000	0000	97	
	3	8590	6472	4295	2578	0078	0000	0000	0000	0000	0000	0000	96	
	4	9492	8179	6289	4360	0237	0001	0000	0000	0000	0000	0000	95	
	5	9845	9192	7884	6160	0576	0004	0000	0000	0000	0000	0000	94	
	6	9959	9688	8936	7660	1172	0013	0001	0000	0000	0000	0000	93	
	7	9991	9894	9525	8720	2061	0038	0003	0000	0000	0000	0000	92	
	8	9998	9968	9810	9369	3209	0095	0009	0000	0000	0000	0000	91	
	9		9991	9932	9718	4513	0213	0023	0000	0000	0000	0000	90	
	10		9998	9978	9885	5832	0427	0057	0000	0000	0000	0000	89	
	11			9993	9957	7030	0777	0126	0000	0000	0000	0000	88	
	12			9998	9985	8018	1297	0253	0000	0000	0000	0000	87	
	13				9995	8761	2000	0469	0001	0000	0000	0000	86	
	14				9999	9274	2874	0804	0002	0000	0000	0000	85	
	15					9601	3877	1285	0004	0000	0000	0000	84	
	16					9794	4942	1923	0010	0001	0000	0000	83	
	17					9900	5994	2712	0022	0002	0000	0000	82	
	18					9954	6965	3621	0045	0005	0000	0000	81	
	19					9980	7803	4602	0089	0011	0000	0000	80	
	20					9992	8481	5595	0165	0024	0000	0000	79	
	21					9997	8998	6540	0288	0048	0000	0000	78	
	22					9999	9370	7389	0479	0091	0001	0000	77	
	23						9621	8109	0755	0164	0003	0000	76	
	24						9783	8686	1136	0281	0006	0000	75	
	25						9881	9125	1631	0458	0012	0000	74	
	26						9938	9442	2244	0715	0024	0000	73	
	27						9969	9658	2964	1066	0046	0000	72	
	28						9985	9800	3768	1524	0084	0000	71	
	29						9993	9888	4623	2093	0148	0000	70	
	30						9997	9939	5491	2766	0248	0000	69	
	31						9999	9969	6331	3525	0398	0001	68	
	32							9985	7107	4344	0615	0002	67	
	33							9993	7793	5188	0913	0004	66	
100	34							9997	8371	6019	1303	0009	65	100
	35							9999	8839	6803	1795	0018	64	
	36							9999	9201	7511	2386	0033	63	
	37								9470	8123	3068	0060	62	
	38								9660	8630	3822	0105	61	
	39								9790	9034	4621	0176	60	
	40								9875	9341	5433	0284	59	
	41								9928	9566	6225	0443	58	
	42								9960	9724	6967	0666	57	
	43								9979	9831	7635	0967	56	
	44								9989	9900	8211	1356	55	
	45								9995	9943	8689	1841	54	
	46								9997	9969	9070	2421	53	
	47								9999	9983	9362	3087	52	
	48								9999	9991	9577	3822	51	
	49									9996	9729	4602	50	
	50									9998	9832	5398	49	
	51									9999	9900	6178	48	
	52										9942	6914	47	
	53										9968	7579	46	
	54										9983	8159	45	
	55										9991	8644	44	
	56										9996	9033	43	
	57										9998	9334	42	
	58										9999	9557	41	
	59											9716	40	
	60											9824	39	
	61											9895	38	
	62											9940	37	
	63											9967	36	
	64											9982	35	
	65											9991	34	
	66											9996	33	
	67											9998	32	
	68											9999	31	
n		0,98	0,97	0,96	0,95	0,90	5/6	0,80	0,70	2/3	0,60	0,50	k	n
		p												

Nicht aufgeführte Werte sind gleich 1
(auf 4 Stellen hinter dem Komma)

Für $p \geqslant 0,5$ wird von unten abgelesen.
Dabei gilt:
$P(X \leqslant k) = 1 -$ abgelesener Wert von p

Beispiel:
$F_{100;0,60}(50) = 1 - 0,9729 = 0,0271$

Gaußsche Summenfunktion

$\Phi(x) = \frac{1}{\sqrt{2\pi}} \int_{-\infty}^{x} e^{-t^2} dt$ mit $\Phi(-x) = 1 - \Phi(x)$ Beispiele: $\Phi(-0,47) = 0,3192$

$\Phi(1,05) = 0,8531$

x	$\Phi(-x)$	$\Phi(x)$	x	$\Phi(-x)$	$\Phi(x)$	x	$\Phi(-x)$	$\Phi(x)$	x	$\Phi(-x)$	$\Phi(x)$	x	$\Phi(-x)$	$\Phi(x)$
	0,	0,		0,	0,		0,	0,		0,	0,		0,	0,
0,01	4960	5040	0,61	2709	7291	1,21	1131	8869	1,81	0351	9649	2,41	0080	9920
0,02	4920	5080	0,62	2676	7324	1,22	1112	8888	1,82	0344	9656	2,42	0078	9922
0,03	4880	5120	0,63	2643	7357	1,23	1093	8907	1,83	0336	9664	2,43	0075	9925
0,04	4840	5160	0,64	2611	7389	1,24	1075	8925	1,84	0329	9671	2,44	0073	9927
0,05	4801	5199	0,65	2578	7422	1,25	1056	8944	1,85	0322	9678	2,45	0071	9929
0,06	4761	5239	0,66	2546	7454	1,26	1038	8962	1,86	0314	9686	2,46	0069	9931
0,07	4721	5279	0,67	2514	7486	1,27	1020	8980	1,87	0307	9693	2,47	0068	9932
0,08	4681	5319	0,68	2483	7517	1,28	1003	8997	1,88	0301	9699	2,48	0066	9934
0,09	4641	5359	0,69	2451	7549	1,29	0985	9015	1,89	0294	9706	2,49	0064	9936
0,10	4602	5398	0,70	2420	7580	1,30	0968	9032	1,90	0287	9713	2,50	0062	9938
0,11	4562	5438	0,71	2389	7611	1,31	0951	9049	1,91	0281	9719	2,51	0060	9940
0,12	4522	5478	0,72	2358	7642	1,32	0934	9066	1,92	0274	9726	2,52	0059	9941
0,13	4483	5517	0,73	2327	7673	1,33	0918	9082	1,93	0268	9732	2,53	0057	9943
0,14	4443	5557	0,74	2296	7704	1,34	0901	9099	1,94	0262	9738	2,54	0055	9945
0,15	4404	5596	0,75	2266	7734	1,35	0885	9115	1,95	0256	9744	2,55	0054	9946
0,16	4364	5636	0,76	2236	7764	1,36	0869	9131	1,96	0250	9750	2,56	0052	9948
0,17	4325	5675	0,77	2206	7794	1,37	0853	9147	1,97	0244	9756	2,57	0051	9949
0,18	4286	5714	0,78	2177	7823	1,38	0838	9162	1,98	0239	9761	2,58	0049	9951
0,19	4247	5753	0,79	2148	7852	1,39	0823	9177	1,99	0233	9767	2,59	0048	9952
0,20	4207	5793	0,80	2119	7881	1,40	0808	9192	2,00	0228	9772	2,60	0047	9953
0,21	4168	5832	0,81	2090	7910	1,41	0793	9207	2,01	0222	9778	2,61	0045	9955
0,22	4129	5871	0,82	2061	7939	1,42	0778	9222	2,02	0217	9783	2,62	0044	9956
0,23	4090	5910	0,83	2033	7967	1,43	0764	9236	2,03	0212	9788	2,63	0043	9957
0,24	4052	5948	0,84	2005	7995	1,44	0749	9251	2,04	0207	9793	2,64	0041	9959
0,25	4013	5987	0,85	1977	8023	1,45	0735	9265	2,05	0202	9798	2,65	0040	9960
0,26	3974	6026	0,86	1949	8051	1,46	0721	9279	2,06	0197	9803	2,66	0039	9961
0,27	3936	6064	0,87	1922	8078	1,47	0708	9292	2,07	0192	9808	2,67	0038	9962
0,28	3897	6103	0,88	1894	8106	1,48	0694	9306	2,08	0188	9812	2,68	0037	9963
0,29	3859	6141	0,89	1867	8133	1,49	0681	9319	2,09	0183	9817	2,69	0036	9964
0,30	3821	6179	0,90	1841	8159	1,50	0668	9332	2,10	0179	9821	2,70	0035	9965
0,31	3783	6217	0,91	1814	8186	1,51	0655	9345	2,11	0174	9826	2,71	0034	9966
0,32	3745	6255	0,92	1788	8212	1,52	0643	9351	2,12	0170	9830	2,72	0033	9967
0,33	3707	6293	0,93	1762	8238	1,53	0630	9370	2,13	0166	9834	2,73	0032	9968
0,34	3669	6331	0,94	1736	8264	1,54	0618	9382	2,14	0162	9838	2,74	0031	9969
0,35	3632	6368	0,95	1711	8289	1,55	0606	9394	2,15	0158	9842	2,75	0030	9970
0,36	3594	6406	0,96	1685	8315	1,56	0594	9406	2,16	0154	9846	2,76	0029	9971
0,37	3557	6443	0,97	1660	8340	1,57	0582	9418	2,17	0150	9850	2,77	0028	9972
0,38	3520	6480	0,98	1635	8365	1,58	0571	9429	2,18	0146	9854	2,78	0027	9973
0,39	3483	6517	0,99	1611	8389	1,59	0559	9441	2,19	0143	9857	2,79	0026	9974
0,40	3446	6554	1,00	1587	8413	1,60	0548	9452	2,20	0139	9861	2,80	0026	9974
0,41	3409	6591	1,01	1562	8438	1,61	0537	9463	2,21	0136	9864	2,81	0025	9975
0,42	3372	6628	1,02	1539	8461	1,62	0526	9474	2,22	0132	9868	2,82	0024	9976
0,43	3336	6664	1,03	1515	8485	1,63	0516	9484	2,23	0129	9871	2,83	0023	9977
0,44	3300	6700	1,04	1492	8508	1,64	0505	9495	2,24	0125	9875	2,84	0023	9977
0,45	3264	6736	1,05	1469	8531	1,65	0495	9505	2,25	0122	9878	2,85	0022	9978
0,46	3228	6772	1,06	1446	8554	1,66	0485	9515	2,26	0119	9881	2,86	0021	9979
0,47	3192	6808	1,07	1423	8577	1,67	0475	9525	2,27	0116	9884	2,87	0021	9979
0,48	3156	6844	1,08	1401	8599	1,68	0465	9535	2,28	0113	9887	2,88	0020	9980
0,49	3121	6879	1,09	1379	8621	1,69	0455	9545	2,29	0110	9890	2,89	0019	9981
0,50	3085	6915	1,10	1357	8643	1,70	0446	9554	2,30	0107	9893	2,90	0019	9981
0,51	3050	6950	1,11	1335	8665	1,71	0436	9564	2,31	0104	9896	2,91	0018	9982
0,52	3015	6985	1,12	1314	8686	1,72	0427	9573	2,32	0102	9898	2,92	0018	9982
0,53	2981	7019	1,13	1292	8708	1,73	0418	9582	2,33	0099	9901	2,93	0017	9983
0,54	2946	7054	1,14	1271	8729	1,74	0409	9591	2,34	0096	9904	2,94	0016	9984
0,55	2912	7088	1,15	1251	8749	1,75	0401	9599	2,35	0094	9906	2,95	0016	9984
0,56	2877	7123	1,16	1230	8770	1,76	0392	9608	2,36	0091	9909	2,96	0015	9985
0,57	2843	7157	1,17	1210	8790	1,77	0384	9616	2,37	0089	9911	2,97	0015	9985
0,58	2810	7190	1,18	1190	8810	1,78	0375	9625	2,38	0087	9913	2,98	0014	9986
0,59	2776	7224	1,19	1170	8830	1,79	0367	9633	2,39	0084	9916	2,99	0014	9986
0,60	2743	7257	1,20	1151	8849	1,80	0359	9641	2,40	0082	9918	3,00	0013	9987

Stichwortverzeichnis